# 微積分

張之嵐 著

## 勝典

# The Calculus Bible

## 微積分究竟在說什麼？進階版

$$(fg)' = f'g + fg'$$

$$= log(x) \cdot dsin(x)/dx + dlog(x)/dx \cdot sin(x)$$

$$= cos(x) \cdot log(x) + sin(x)/x$$

# 微積分是宇宙的大學問

　　這宇宙中任何的事與物如果只要存在著關聯性，就必然都會有一種相依的「因」與「果」的關係存在。事實上，這種因果關係並不僅僅是存在於人與人之間的關係，或是人與物之間的關係，或是事與物之間的關係。當然，這種因果關係也不是僅僅存在於地球上而已，而是可以擴展並延伸至整個宇宙之中。就單純的以事與物而言，能夠知道事情的「因」，那麼當然也就可以推導出「果」來。所以，「因果關係」其實就是一切事情的緣起與終結之間的關連性質。若問為什麼要努力的讀書？因為那可以獲得較好的成績。為什麼我們要努力的鍛鍊身體？因為那可以獲得更好與強健的身體與健康。所以說在這個世界上或宇宙中，所有的事情都必然有因果關係的存在。

　　現在就讓我們來談一談微積分。若問微積分究竟是在講什麼？它究竟又有什麼用途？而它究竟又是什麼樣子的一種學問？事實上，我想告訴各位的是：

「微積分是一種對於極微量之因果變化的一種演算的學問。」

也許有人會問，這種極微量的因果關係與變化有什麼重要的嗎？是的，這正是科學偉大與了不起的地方。我們可以從事與物的極微量的因果關係之變化，進而推導出因果之整體變化與結果。並可以因此而求得最終的關係究竟會是如何？

　　任何事物的發生，都是從極微量的變化開始的。白天不會一下子就是日正當中，天亮是從極微量的變化開始而慢慢地天亮。黑夜的道理也是相同的。所以說，任何事情在開始的時候，都是從極微量的變化開始的，這種極微量的變化與因果關係是可以量化的，從上面所敘述的這些事實，各位可以想想看，這是多麼偉大的一門學問啊！

　　在觀念與思想上，「請千萬不要用計算來困住自己」。各位要特別注意這個問題。那就是《微積分》真正的目的絕對不是在教人們如何用人力計算出微分的答案來？或是如何運用你的大腦，去將那難以積分的式子將它積出結果來。絕對不是此。如果有人說他計算能力很強，那麼我想問問他，下列的三個最簡單式子它的答案是什麼：

【問題】：

1. $\sqrt[3]{3} \times 2 = ?$
2. $\sqrt[3.14]{3.14} = ?$
3. $\log(3.14) * \exp(3.14) = ?$

　　當然，有人會用一天的時間求得答案，有人會用三天、一個禮拜，甚至是一個月，才能算到小數點第四位。當然也有人根本就不知道該如何著手，甚至是完全沒有概念。

　　這第一題的答案是 2.8845，第二題的答案是 1.4397，第三題的答案是 26.4360。就上述的問題而言，對於一個使用計算器 (Calculator) 或計算機 (Computer) 的計算者而言，求解這三題的答案總共所花的時間不會超過 10 秒分鐘（包含操作時間）。但是，對於人類的純"手工"而言，您不妨試試看，看看要多久的時間才可以算出答案來？

　　我們人類不是機器，人是思考性的動物，是有智慧的動物，把機器可以做的事情用人類的"手工"去做，那是本末倒置的事情與不合理的思維。應該交給機器去做的工作就要交給機器去做，而我們應該多去思考所有數學題目中，其真正內涵與意義所表達的思維與意義究竟是什麼？這正如我們要到遠方的國外去開會，我們應該使用一般的交通工具是乘坐飛機而去到該國。而如果捨棄飛機而不用，而一定要用兩條腿走到那個國家與開會地點，這樣的做法，相信每一個人都會覺得太荒謬而不可思議。但奇怪的是，即使在今日，很在數學上運算的行為，卻還是再用兩條腿，這樣的事情不但是有，而且卻還比比皆是。

　　當初牛頓爵士 (Sir Isaac Newton，1643-1727) 和德國數學家萊布尼茲（Gottfried Wilhelm Leibniz，1646-1716）為了要思考在極限狀態下的世界，各種事物的「因」與「果」之間的關係而發明《微積分》，但對於如何計算數值的問題並不是思考的重點。尤其是到了近代，能夠計算與演算的工具太多了，而這些計算與演算的工具當然也比人類快得太多，而且也精準無比。在極限的問題上，一般人可能是無感的，但事實上，它就在我們身邊，它與我們身邊的宇宙與生命有著極為密切的關係。所謂聚沙成塔，每一座房屋，每一棟大樓，乃至我們的身體，甚至是我們地球，宇宙的星球等等，都是由無數的微小聚集而成。所以它可以說是一門偉大的學問。

這也說明了在大學中的「理」、「工」、「商」、「醫」與「管」等等系所的學生都必需要學習《微積分》的道理，並以此結合專業技能，才能展現更宏偉的實質意義與思維。所以，在面對「微分」與「積分」的時候，就必須要有超越性的思維，才能夠有超越性的成果，而本書則正是在於強調這種超越性的特質。

能夠徹底的把微積分說清楚、講明白。讓讀本書的人可以在一開始就能真正的懂得「微積分究竟是在說甚麼？」這是本書的特色，也唯有把真相說清楚，把道理說明白，才是學問的真正起點。本書以特殊而精準的圖解方式，詳盡而深入淺出的方式，解說《微積分》的究竟與道理，更重要的是，書中使用了大量的「典範範例」，對於相關的問題以實例做成典範，配合精準的圖解，使每一個函數都以特性曲線圖的方式展現出來，並在完成微分或積分之後，再用特性曲線圖的變化，對於它的原因及道理做成更進一步與更詳盡的解說與分析，這是最難能可貴的，也是讀者之福。是故，爰以為序。


康達維（David Knechtges）博士
美國人文與科學院院士　　　　　　　　　　　　序於 2020 立夏

# 超越性的思維

　　《微積分》真正的目的不是在教人們如何去微分？或是如何積分？當初牛頓爵士 (Sir Isaac Newton，1643~1727) 和德國數學家萊布尼茲（Gottfried Wilhelm Leibniz，1646~1716）為了要思考在極限狀態下的世界，各種事物的「因」與「果」之間的關係而發明《微積分》，但對於如何計算數值的問題並不是思考的重點。尤其是到了近代，能夠計算與演算的工具太多了，而這些計算與演算的工具當然也比人類快得太多、太多，它不但是快而且精準無比。在極限的問題上，一般人可能是無感的。但事實上，它就在我們身邊，它與我們身邊的宇宙與生命有著極為密切的關係。所謂聚沙成塔，每一間房屋、每一棟大樓，乃至我們的身體，甚至是我們地球、宇宙的星球等等，都是由無數的微小聚集而成。所以它可以說是一門偉大的學問，這也說明了在大學的「理」、「工」、「商」與「管」等等院所的學生都必須要學習《微積分》的道理，並以此結合專業技能，才能展現更宏偉的實質意義與思維。所以，在面對「微分」與「積分」的時候，就必須要有超越性的思維，才能夠有超越性的成果，而本書則正是在於強調這種超越性的特質。

　　能夠徹底的把微積分說清楚、講明白，讓讀本書的人可以在一開始就能真正的懂得「微積分究竟是在說什麼？」這是本書的特色，也唯有把真相說清楚，把道理說明白，才是學問的真正起點。本書以特殊而精準的圖解方式，詳盡而深入淺出的方式，解說《微積分》的究竟與道理，更重要的是，書中使用了大量的「典範範例」，對於相關的問題以實例做成典範，配合精準的圖解，使每一個函數都以特性曲線圖的方式展現出來，並在完成微分或積分之後，再用特性曲線圖的變化，對於它的原因及道理做成更進一步與更詳盡的解說與分析，這才是最難能可貴的，也是讀者之福，是願為序。

張明文（台灣首位光學博士）

元智大學終生榮譽教授

## 自 序

　　《微積分》究竟是在說什麼？它究竟又能做什麼？這是絕大多數學理工商經管等科系的人應該要「問」而又「沒有問」的問題。事實上，

### 《微積分》是一門處理與研究「瞬息萬變」的大學問。

　　所有凡是跟瞬息變化有關的現象，都與《微積分》有關，你說這是不是一門偉大的學問？否則就不會有那麼多的科系都將它列為必修科目。本書的宗旨與寫作的方式不同於一般形式的教科書，更不以「教條式」方式來教導所有想要學習《微積分》的人們。因為，「教條式」的教學，所導致的必然結果就是教條式的背誦與教條式的演繹，而如果以「背誦」與「記憶」的方式在教導數學或是學習數學，尤其是對《微積分》而言，那將是一種大苦難，也是一種大災難。也因此使得所有的學習者不知《微積分》之所云，當然也就不知所學的是什麼。它的結果也就是使得所有的人對《微積分》失去了興趣，也失去了知覺，最終則是選擇遠離了它。

　　所以，本書在寫法上也完全不同於一般教科書的寫法，教科書是刻板的，尤其是《微積分》的教科書總是刻板而生硬得讓人們食之無味、啃嚼困難而確切的是不知所云，故而也就不知所措。這也正就是絕大多數的學生在學完《微積分》之後，不知道它在講什麼？更不知道它能做什麼？這樣的教學方式其實是失敗的。我們實在是不應該浪費太多的時間去記憶與背誦公式。而身為人師者，更不應該為了考試而要學生去背誦生硬的數學，而是要講道理，要讓所有的要學《微積分》的人，人人都能懂得《微積分》的真正道理，只有在真正的明白道理之後，它才能為我們所用，也才是屬於我們的。否則，教科書式的刻板教學終將是徒勞而無功的。花費了許多心血而一無所得、一無所獲，那真是對生命的一種浪費。生命是短暫的，我們不但要清清楚楚的明白所學的道理，更重要的是因而帶來的認知，如此，才能使我們的生命真正的受惠與提升。

　　在前面說過，我不反對在數學中使用記憶。「記憶」現象是人類，或者可以說是地球上所有的動物都與生俱來的本能。說得更深入一些，我們甚至可以說，凡是地球上所有的生命系統都具有「記憶」的本能。細菌不是動物，也不屬於植物，但

是它是生物。細菌當然有記憶能力，能夠複製自己就是最佳的記憶證明。不但如此，對於會傷害它的藥物，它也會記得住那些是對它有害的東西，並進而對那些藥物或抗生素產生了抗藥性。多次之後，它的記憶也越來越強。終於對這些藥物產生了足夠的記憶，並進而自身產生了抗體，下次再使用這些藥物來對付它就不靈光了，而這也正就是「記憶」的奇蹟。然而，記憶卻不是「無限大」，任何的生命系統它所存在己身的記憶細胞必然是極為有限的。我們不能全然的依賴「記憶」來處理數學或《微積分》的問題。數學是活的，而記憶卻是硬梆梆的。我不反對「記憶」，但是，卻堅決的反對以「記憶」的方式來教導或學習數學，尤其是《微積分》。面對一門講道理的學問，若是捨真理而不講不用，只求能記得住文字內容，那是才是真正捨本逐末的行為，當然是失敗的，故而也就不會有所得或有所獲了。事實上，能夠徹底的明瞭數學中的道理與相關的意義，我們不必痛苦的強行記憶，自然而然的它就能強化我們內在的記憶，這才是能夠獲得「一舉數得」的便利與智能。

至於說到要「考試」的這個問題上，有許多人說會用「背」的最快。

事實上，就人類而言，也就是對人類這種族群的生物而言，天生的就有兩大能力不足的地方，也可以說是人類的一種通盤性的「勢弱」，也可以說是一種缺失。那就是「記憶」與「計算」這兩大問題。也就是說記性不好或是算不出來那才是天性。我曾說過，如果有誰敢說自己的記憶好，只要把今天的報紙讓他背，看他要到哪天才能通通記得一字不漏？人類的記性不太好，是天生的，也是一種無比的福祉與恩典。人類第二種通盤性的「勢弱」，那就是「計算」能力的不足。算不出來是天經地義的事，更不必難過。如果有人使用複雜的算式去考別人，這的確是不好的行為，也正因為人類計算能力的薄弱，才會有電腦 (computer) 的發明。事實上，人類的這兩項缺失，卻正就是「電腦」的最強項。至於對付文史法學的科目，也許的確要多下一點人類弱項的「記憶」功夫。古人講求的是要下有「倒背如流」的苦功夫。我不曉得這種到背如流的苦功夫究竟有什麼用？一部「貝多芬」的第五交響樂就不能倒過來聽。任何一國家的國歌，也不能倒過來唱。

「微分」實際上是在計算事情微量的「因」與「果」的變化與關係！這是非常重要的一個觀念，也是一件非常重要的事情。當事情有着極微量的變化的時候，我們就要知道它對於結果會產生如何的影響？總不要等到事情鬧大了才知曉，那就來不及了。我承受過「背誦」《微積分》得痛苦。所以，我一直有一個心願，希望大

家都能理解《微積分》，進一步的能因理解而喜歡它。故而，本書的宗旨，是希望以最容易讓人看得懂的方式，平易近人的，由淺而深，並能徹底的把問題說清楚、講明白。讓讀本書的人可以在一開始就能真正的懂得微積分究竟是在說什麼？我們遇上的是什麼問題？我們該如何去解決問題？而它所代表的意義又是什麼？該如何進一步的研究與分析？也正因為如此，本書完全以圖解的方式來解說我們究竟是在做什麼？也因此可以讓學習微積分的人，能夠懂得微積分究竟是在說什麼？

絕大部分的人會有一種不正確的認知，那就是認為所謂《微積分》就是在教人們如何進行微分？或是如何想辦法去求得積分的結果。事實上，正如我常說的：

**數學是在描述宇宙的真理。**

我們該如何描述地心引力對地面上每一個物體所產生的重力現象與作用呢？我想，除了數學之外，沒有任何的語言可以說得清楚。數學的本身並不在於如何計算數值。正如 1+2=3 這種純數值的計算並不是數學本身的目地。數學是為了應用的需求而產生的，不是單純的在計算而已。同樣的，《微積分》它真正的目地也並不是在教人們如何計算求值，而它同樣的是用來表達與敘述宇宙的真理，並構思每一個問題所代表的意義與思維。

本書除了以平易直述的方式直接的敘述各相關的方法與學理之外，最主要也是最大的特色，就是獨創也是獨特的使用【典範範例】的方式，使用的是所有具有典範性質的範例來做說明，並配合實際的方法及理論，讓問題直接的凸顯在諸君各位的面前。

《微積分》的本身並不難，難的是有太多的人有着太多錯誤的認知，而這些錯誤的認知往往又是承襲上一代的沿襲，如此，不斷地構成惡性的循環，終於使得大多數的人們對於《微積分》懷著敬而遠之的態度。更可惜的是，在學習上面花費了多年而長期的時間，竟然是枉費的。而這也是本書的目的，希望凡是仔細的閱讀本書的人，都能夠有所豐收，也都能夠脫離對《微積分》的恐懼感，並以此為基石，增長知識，奠定日後所需要的更大的智能與超越自我。

☆ 本書深自的感謝十二位各相關領域的博士先進們之推薦。
特別是內人子卿，她才是我一生中最大成就，特此致謝。

獻給

那些對於微積分

從沒有被真正的「好老師」教過

而只會被不講理的要求

記憶與背誦的人們


如今

我願意以最誠摯的心

對那些迷惑在數學中的人們

讓他們

懂得真道理、真知識、真覺醒

並獲得更高的人生智慧

重要的

則是

在懂得這些知識的背後

所表達的宇宙與大自然的真理之後

的那份喜悅與自我超越

才是

真正的無價之寶

2020. 立夏

# 目錄

## 第 4 章　從微積分的思維說起

## 第 5 章　讓我們的思維飛到無窮遠的地方

## 第6章　微分究竟想做什麼？　　　　160

## 第 10 章 積分究竟是什麼？

## 第 11 章　用白話文講對數與指數的積分

## 第 12 章 卓越的三角函數積分

# 第 15 章 進入虛幻世界

640

# 1

# 緒 論

【本章你將會學到下列豐富的知識】：

# 超越的思維

　　「數學是科學之母」這是一句人人皆曉得的話。但是真能深入理解與體認的不多，最多是有點像小和尚唸經，有口無心似的。爲什麼這麼說呢？在一般的日常生活中，絕大多數的人感覺不到數學的存在，最多能用到一些「四則運算」就不錯了，哪裡用得到那些高深的數學呢？這樣的說法，對於一般的人或許可以說是的，但是，若身爲大學以上程度的，就未必是如此了。許多受過高等教育的人士，相信在他們的心中，總有些時候想知道一些大自然的真理或是探討一些宇宙的真相與現象。事實上，宇宙的真相與現象是無法使用「語言」口述或用「語言」描述的。唯一可以使用的方式就是數學。所以說：

**「數學是用來表達宇宙的真理。」**

　　宇宙的真理是無法使用一般的口語或是形容詞描述的。各位想一想，有誰可以使用一般的語言或是形容詞，來闡述在地球上所有的物質所受到「地心引力」作用的一切狀況與現象呢？這其實是地球上最普及的一種現象。每一個人都有重量，甚至是每一個物體在地球上都有它的重量。但是，幾千年下來沒有人可以說得清楚、講得明白。直到十八世紀發明《微積分》牛頓爵士 (Sir Isaac Newton，1643~1727) 在他所發表的《自然哲學的數學原理 ( Philosophiæ Naturalis Principia Mathematica)》一書中，發表了「牛頓萬有引力定律 (Newton's law of universal gravitation)」。這個萬有引力定律的「數學式子」，它不但說明了地球上的萬物的重力現象，更延伸到了太空與無盡深遠的宇宙星體與銀河系，這才是數學的偉大。

　　數學並不是僅僅用來計算之用的，「算盤 (Abacus)」不是數學，它只是古人的一種簡單計算工具。真正的數學是一種理念，也是一種思維，更是宇宙大自然所呈現的各種現象與狀態。正如我們需要跨過河川，遠渡重洋，缺少了輪船與飛機，讓我們到不了對岸，也不知對岸究竟是什麼？或是有什麼？數學的道理也正如上述用來跨越洲川與遠洋的船舶，沒有數學也就無法跨越這一切。這也就是人類數千年

來，對於宇宙的萬種現象一直無法突破、無法深入、無法駕馭的道理。我想再次的強調，數學是一種理念，是一種思維，是表達宇宙大自然所呈現的一切現象與狀態，而不是純粹用來計算數值之用的。所以說，如果將數學僅僅是用在講求計算的法門上，或是為了考試與升學而強行的用背誦與記憶的方式，那數學可能是真正天下最可怕，也最讓人作噩夢的一門學問。所以，希望各位在一開始入門的時候，觀念就要正確。

近代人類可以用來計算的機器到處都是，我們身為人類，為什麼要去跟機器比賽計算能力呢？如果有人說要憑一個人體力，徒步跟汽車比速度，跟輪船比渡海，跟火車比運輸，相信沒有任何人會認同他這種想法的，甚至認為這是荒謬的。但是，奇怪的是，直到現在的今天，還有太多太多的人想要使用人類的體力，去跟機器拼計算能力，而且一拼就是十年、二十年，這真是不可思議。但是，這卻是我們現在社會上與教育上最為普遍的現象，各位，你能想像嗎？

**「數學是人類所有的知識中最講理的一門學問。」**

歷史是後人的記述，藝術憑的是感情與感覺，甚至是哲學都各有各自的說法而未必相容。但是，數學不然。數學不但是全世界共同的語言，也是大自然的語言，更是唯一講理的一門學問。能夠懂數學的道理的人是幸運的，能夠理解大自然的人是智慧的。但是，如今卻有太多的人在使用不講理的方式在教導數學或是學習數學。也因此，許多在這種不講理的方式與教導之下，就會有太多痛苦的記憶與回憶。也因此，希望能藉著本書，能夠喚回人們對「數學」的真正認知，它是超越一般所認知的，更不是強迫式的記憶與計算，它是超越的，是屬於至高無上的宇宙中之「真理」。

「理念」就是理想與觀念的意思。數學是人類對於大自然的現象與真理，經過研究而得到一種具有觀念性與理想性的成果。所以，許多人認同「數學」其實就是一種理想。也因此，我們在學數學的時候，著重的是觀念而不是計算。先要有觀念才能進一步的往下走，當我們寫出 $f(x)=x$ 的時候，大家都可以知道它是 45 度的一條直線。而當函數成為 $f(x)=2x$ 的時候就知道它的仰角變大，而高度是原先的 2 倍，當有了相當穩固的基礎觀念之後，若再有良師益友就必然能夠更上一層樓，而看得整個的海闊天空。所以，對於數學具有正確的思維，才是整個問題的真正關鍵所在，

而不是計算，更不是記憶。

　　我想使用生活上真實的現象做為一個案例，說明給大家聽，各位不妨仔細的想一想，然後再思考看看事實是否真是如此？看看我說的是不是有道理？而這裡面又隱含著什麼樣不可思議的神奇現象與奇蹟？

　　各位都在學校裡上過課，而一個班級裡面總會有數十個同學在。也許是二、三十位，也許是四、五十位，但那不是重點。不論班上有多少同學在，但是，有一點是不會錯的，那就是沒有人會去「背誦」班上每一位同學的座位或位置，當然，那是相當無聊而且沒有意義的事。但是，這裡面卻有一件非常有趣的現象，那就是經過一學期後，每一位同學他們所在的座位或位置，在我們的心中卻是清清楚楚而且是明明白白的呈現着，一點都不會有差錯。我們要去找誰轉身立刻就可以毫不費力的找到。那麼，我要問：

**「有那麼多不規則性的姓名與位置，為什麼我們可以記憶得那麼清楚？甚至數十年後都不會忘記？」**

　　其實，這種神奇的現象卻讓我們在沒有特意的記憶下，仍然可以記得清清楚楚而長年不忘。如果能將這種事情運用在讀書與研究上，那豈不是太好了？是的，的確是可以達到這種境界的，也是我可以確切而肯定的認為每一個人都可以達到這種境界。而本書的編著，也正就是在朝這個方向做為思想理念與目標。相信，各位在往後閱讀本書的各個章節的時候，一定可以感受得到它的神奇與超越的效果。

# ☆ 1.2
# 不要用計算來困住自己

　　於數學這個領域中，在我們現在的這個社會裡，有一個相當奇怪而又讓人十分困擾不已的現象。那就是許多人，甚至是知識份子與知名者，他們把數學不當成是

數學，而是當成考試與進階的一種工具。在這裡面的學生們從小到大都在考試中過日子，每一個人都把一生或是人生目標投入在考試的煎熬中。大家都知道，在這所有的煎熬中，則又以「數學煎熬」那才是真如同是身陷煉獄，其痛苦又豈止是苦不堪言可以形容的？但是，若是這種痛苦經過千辛與萬苦的忍受之後，而如果還真的是有一些收穫，那也許還可以說是有一點值得。然而，若是歷經了種種的煉獄而卻又沒有任何的收穫，最後甚至是不知道自己究竟是在學什麼？那就不值得了，而且簡直就是在浪費寶貴的生命與時間。

尤其奇怪的是，在一些學校的數學課程裡面，從小就有許多的老師喜歡用千奇百怪的計算題目來考學生，不但用的是各式各樣，而且是無奇不有的一些計算題目，來讓學生們口瞪目呆，而自己則引以為傲，也同時顯示自己的偉大。多少年來，我始終覺得非常奇怪，當我們面對那些奇奇怪怪的題目，而又解不出來的時候，為什麼我們的學生不會在考試題目上，也給老師出一些計算題目，讓老師他們也來解一解看看。「學問」、「學問」，有學就要有問。譬如，如果有老師出的題目是：

**【問題】：求下列的數值等於多少？**

$$\sqrt[3]{3} \times 2 = ?$$

(a) 2.1845　(b) 3.1845　(c) 2.8845　(d) 2.0815　(e) 3.8045

這其實是一道非常簡單的題目，答案是 (c)。不過，這個「簡單」是要看對誰而言？如果對象是「人類」的話，那就不是簡單的問題，而如果對象是「電腦(computer)」或是「計算器 (calculator)」的話，那就簡單的不得了，包含打字或按鍵的時間在內，應該不會超過 5 秒鐘就可以得到答案。於是，我要認真的問，對於這樣的題目有什麼理由一定要人們徒手去做？人類是擅長思考、理解與推理及邏輯性的動物。所以，各位寫不出答案是非常正常。建議各位，當你面對這類題目做不出來的時候，是不是也可以在考試卷上出一些題目，請出題的老師來解答？於是各位可以在考卷上寫：

**請教老師，請計算下列的數值等於多少？**

(1). $\sqrt[3.14]{3.14} = ?$

(2). $log(3.14)*exp(3.14) = ?$

第 (1) 題的答案是：1.4397。第 (2) 題的答案是：26.4360。當然，這也都不是很難

的題目，但我不認為有哪一位數學老師可以輕易的徒手計算得出上列一些簡單的計算。當然，這裡所謂的簡單，是對計算機而言。如果是對人而言，那當然就不是簡單的事。我們應把純計算的事情交給機器去做，而身為人類與知識份子的一員，我們有更崇高的使命與更重大的意義的事情要做。正如我們在旅行的時候必須用車輛，坐在舒適的車輛旅行是十分愉悅的，但是，車輛並不是我們旅行的目的，它只是一種交通工具而已。這個觀念，希望所有學數學的人都必須能夠很清楚的認知才好。

# ☆ 1.3
# 數學小神童是真的嗎？

各位閱讀本書的時候，我希望能提供給各位一些較新、較正確，也是較超越式的思維與理念，那就是先不要去刻意的強調人類的「計算」能力，而身為老師的，更不應該以一些奇形怪狀的計算題目去刻意的考倒學生，那都是不對的。因為，屬於「計算」的工作，機器會做得比我們好得太多了。我們人類所需要有的是有構想、創新、思維與智慧，而不是在比加減乘除的事情。否則，那就是將「數學」本末倒置的教學，而學生們也本末倒置的在學「數學」，這是背離數學的主旨，也不符合數學的精神。如果真的有人說他的計算能力如何的強，又如何的強，那也很容易，就讓我們隨便在鍵盤上敲一個簡單的這個數值：

$$f = 3^{5.897} / 9^{-6.518} = ?$$

看一看他單憑手上的鉛筆，要到哪一輩子可以算得出來？當然，這還不包含指數、對數與特殊函數。可以預期的是他不會有結果的，那只會困死他自己。至於而這個數值，不要說用電腦了，即使是一般人使用工程型的「計算器 (Calculator)」，花個一分鐘敲一敲鍵盤，就可以得到答案。所以，我們又有什麼道理非要讓這種單純的數值計算來困住自己呢？因此，如果還有身為長者或是老師在強調個人的數字計算能力，那真的是在誤人子弟。當我們要到美國或歐洲去的時候，我們會搭乘舒

適的飛機過去，而不會使用我們身上的兩條腿走路過去。更重要的是，我們該思考的是到美國或歐洲要去做什麼？而不是將心思花在我們那兩條可憐的腿上面。

　　所以，各位一定要知道，數學的本身絕不等同於對於「數值計算」。多年來的努力，一直希望全世界的學生能用正面的思考來學數學，而不要再如以前都著重在「計算」能力上。計算能力沒有什麼不好，但卻不能用它做為數學的主題。正如許多小學的學童在課餘的時間去學珠算，而使用算盤的珠算，當然就更不能代表數學，它甚至與數學根本談不上有什麼關係，它只是一種古老的計算器具而已。在我小學的時候，「珠算」被列必須的課程，但時至今日，已經沒有人再理會那種古老的計算方式。雖然有的時候，還是偶爾會有珠算的高手在電視上表演他們對於數字的計算能力，讓社會大眾以為他們是數學小神童。其實，這種純數字上的計算方式與數學一點關係都沒有，它只是運用古人的算盤，求得一些數字計算的結果而已，它跟數學真的是一點關係都沒有。若是有不相信的，我現在就請他算一算下面的一個式子，看看他多久可以給出答案來？

$$1+2+3+……+28834 = ？$$

　　相信，這會讓他掛在黑板上而下不來的。我不認為那些數學天才可以算出這些簡單的計算來。為什麼說是「簡單的計算」呢？這對一位略懂程式設計的人而言，上面這道題目大約也是一、兩分鐘的事。如果還有人不死心，那就隨意的加上一些「指數」與「對數」或是特殊函數，且看他如何？如果再要深一點的，就來一些特殊的「微分」或是「積分」如何？事實上，機器的發明本來就是幫助人類的，也正因為是這些計算機器的發明，人類才有今天的成就與進步。就上述的題目而言，我實在看不出有什麼理由一定要用人力計算的方式來求得答案。單純的使用徒手人力計算，也許你會用上一個星期或是一個月或是一年，但相信絕大多時候，算出來的的結果還是錯誤的成分居多。請注意，「計算器 Calculator)」與「計算機 (Computer)」是不同的。「計算器 (Calculator)」是單純的用來計算數值用的，雖然可以做出很多的計算，但是它不能跑程式，也不能使用變數計算方程式。而「計算機 (Computer)」或俗稱為「電腦」，則不但可以使用變數，而且可以執行複雜的指令與程式。至於到了現在，毫無疑問的，人類絕大部分的控制設備，則都是在電腦控制之下才能完成。至今，還是有很多人不清楚「計算器」與「計算機」這是兩件完全不同的器具，也是完全不同的東西，而一律以「計算機」稱之，那是不對的，希望大家能夠注意。

「數學」與「數字」雖是一字之差，但是卻差了十萬八千里。數字不一定有意義，例如我說 300000 這個數字，沒有人可以知道那是什麼？但如果寫成 300，000 公里／秒，那就速度了，也就是每一秒有 30 萬公里的速度，當然，我們都知道那是真空中的「光速」。雖然 300，000 公里／秒已經有了初步的意義，但是那還是一個數值而已，還是與數學扯不上關係。那麼要怎樣的「數值」才能算是「數學」呢？各位到此不訪先思考一下。

　　單一個數值的確是與數學沒有什麼關係的，但是，一群數值就與數學有關係了，所以，數學是研究一群數值的數量及其結構與變化為基本，再以相關的定理、公式以及模型等將它們結合而成，並以此為基礎，以最嚴謹的思維與方法，推展而出所形成的一門科學。今日的數學被使用在世界上幾乎所有的領域上，包括上至天文下至地理，幾乎所有的科學、工程、醫學和經濟學等等，都與數學脫離不了關係。

　　數學並不一定指的是代數、三角、幾何、方程式，或是微分、積分、微分方程式等。剛剛說了，

**　　「數學是研究一組群的數值、數量及其結構與變化，再以相關的定理、公式以及符號等結合一體而成，並以此為基礎以最嚴謹的思維與法則所導證的一門科學。」**

　　一個數值的存在或是出現，這與數學還扯不上關係，但是，若是一群「相關」的數值結合在一起，要分析它們，那就與數學有關係了。順便一提的是，在本書中所使用的函數 (function) 這個符號 $f(x)$，它是一個泛用性的名稱，而不是具有專屬於特定的區域或範圍，即使是在同一頁中所使用的 $f(x)$ 也因它所代表函數不同而在意義上也就不同。例如，我們可以使用 $f(x)=x$，也可以使用 $f(x)=x2+2$，雖然我們都是使用 $f(x)$ 做為函數式的代表，但並不代表它們是同一個函數式，所以，$f(x)$ 它所代表的函數式是在不同的代表下而意義是不相同的。所以說，$f(x)$ 僅是代表函數式或方程式而已，並不能永遠的被固定為單一的使用用途及意義或範圍，這一點各位一樣要能認知的。

# ☆ 1.4
# 近代文明的基石

在西元 420 年代中國南北朝時代的南朝宋時期，在宋書中有「積微成著」這一句成語，它的意思為：「雖然是許多微小的事物，但聚積多了就會很顯著的」。另外還有一句成語「聚沙成塔」也與這個意思很類似。一座佛塔看起來很高，但是，它卻是由無數的細砂所結構而成的。

微積分 (calculus) 中的「calculus」這個字是源自於拉丁語，它的原意是小石子的意思。那是因為古代歐洲常用小石子來做計算，加加減減的，所以，calculus 也可以以看成是計算科學的緣起。事實上，微積分是分別由萊布尼茲 (Leibniz，1646~1716) 與牛頓 (Newton，1643~1717) 分別發明的，但是因為牛頓比較有名，所以後人大多只記得牛頓了，而不知道有萊布尼茲這個人，這就是名人佔便宜的地方。

當然，各位必然都知道，《微積分》這個中文名稱是一個合成的名稱，它是分別將微分 (differentiation) 與積分 (integration) 這兩個部分合起來而稱為《微積分》的，但在原文卻是「calculus」，它是單一字句，這與中文的將「微分」中的「微」字取出，將「積分」中的「積」字取出，合成了《微積分》，這在意義上是不相同的。在英文上並不是將「differentiation」與「integration」整合成一個字，這一點各位不要弄錯。從最大到最小，無窮（Infinite）與極限（limit）是微積分最重要的基石概念。在古代就有類似的論述。在戰國時代的莊子 ( 前 369～前 286 年 )，在他的〈天下篇〉中有言：「一尺之捶，日取其半，萬世不竭。」在這裡「捶」不是捶打的意思，而是一種「量杖」，是用來做度量的尺杖。這意思是說即使是一把一尺長的量杖，第一天截取一半，第二天再截取一半的一半，如此一直的截取下去，可以萬世截取不完。

兩千三百年前的戰國時期莊子就有了無窮與極限的觀念與思維，真是了不起。可惜因缺乏數學符號可以推導而演算與計算而沒有將他真正的思維傳承下來，殊為可惜，然而，這種追根究底的想法，也就是微積分的思想基石。微積分的出現是近代人類文明史的一件大事，它不但深深的影響了現代文明的發展，也是近代一切科學賴以進步的根本。事實上，不僅僅是數學是如此，人類的「生命」與「生活」也

是如此。人類的「生命」是泛指一種生物的機能，一個具有以物質和能量的代謝現象的個體，並且能夠對外界的刺激具有回應的能力，更進一步則是具有能自我複製的功能。「生命」的個體通常都要經歷出生、成長和死亡。生命種群則在一代代個體的更替中經過自然選擇而進化以適應環境。

但是，「生活」就不一樣了。人生在世，並不是只有身體的存活或是存在就夠了，那是行屍走肉。「生命」真正在過日子的是「生活」。「生活」是整個「我」的生命，它包含了物質生活和精神生活這兩個層面。生命需要物質生活，那是人命存活的基本要件，精神生活則是人們在得到了物質生活後，所追求的另一種精神領域的存在。這其中最特殊的就是只要是人，都總會有一個志願做為「生活」的目標。所以，「人」不單單是會回顧過去的種種，而且是具有前瞻的。那麼，「數學」與「生命」或「生活」究竟有什麼關係？是的，那其實是關係極為緊密的。一顆砲彈飛出去，什麼時間它的位置在哪裡？那是數學算出來的。一枚火箭將人造衛星設入太空軌道，所有的飛行與運行也是數學算出來的。太空梭往返地球與太空之間，它的每一時刻的動態如何？也全是數學算出來的。現在每個人常用的數位相機，它所照出來的照片，是經過數學中影像處理的結果，乃至於現在每個人用的手機，當然，通訊就更是數學的結晶，電磁波的運作人類看不到、聽不到、感覺不到，它的通訊理論，唯一可以憑藉的更是數學。那麼，《微積分》究竟是在學什麼呢？事實上：

**《微積分》是一種研究「瞬息萬變」的大學問。**

你能說它不偉大嗎？所以，各位能學習到《微積分》這門學科，應該深深的感覺到驕傲才是。

## ☆ 1.5 芝諾詭論 (Paradoxes of Zeno)

在數學上有一個非常有趣但卻十分詭異的詭論，那就是距今兩千四百年前的希

臘大哲學家芝諾所提出的《芝諾詭論 (Paradoxes of Zeno)》，這個問題一直持續了兩千年無人能直接求得其解，甚至連「牛頓」都困惑了很久。這個問題其實很簡單，那是在說：

**「一名古希臘戰士在戰場上，當他發現敵人拿起弓箭要射他的時候，此時他立刻轉身逃跑，假設敵人與他之間的距離是 100 公尺，箭的速度是人奔跑的速度的 10 倍。芝諾的結論是這支箭無論是如何的準確，在理論上是永遠射不到這名逃跑的希臘戰士的身上。」**

射出去的箭飛快，怎麼會「永遠」都射不到這名希臘戰士的身上？現在，讓我們來分析，講一點實際的道理，諸位請看：

在這支箭射出的同時，此時戰士與箭之間的距離是 100 公尺。

希臘戰士開始飛奔逃跑：

當箭飛行 100 公尺追上的時候，希臘戰士則跑了 10 公尺，

當箭再追上這 10 公尺時，則人又跑了 1 公尺，

當箭再追上這 1 公尺時，人又再跑了 10 公分，

當箭再追上這 10 公分時，人又再跑了 1 公分，

當箭再追上這 1 公分，人則是又跑了 0.1 公分，

箭再追上這 0.1 公分的時候，人則是又多跑了 0.01 公分……

**結論是：「人永遠是在箭尖的前面 0.1 的位置上，一直進行到無窮小，也就是說永遠、永遠的可以一直的進行下去。所以，這支箭永遠、永遠也射不到這位希臘戰士的身上。」**

這是在數理上詳盡的一種分析，這一切難道有錯嗎？這件事，在我們的感覺上，覺得是很荒謬的事，這怎麼可能呢？但上述的分析難道沒有道理嗎？然而經驗卻告訴我們，這卻又是不可能的事。

這是一題絕佳的「極限 (limit)」的題目，它可以讓人們思考到「無窮盡」的這個大問題。然而，也有許多的問題，它的本質是超越的，用一般的道理是講不出個關鍵性的結果來的。所以，我說它是一題絕佳的「問題」其原因就在這裡。這件事的道理就連發明微積分的牛頓，當時也困惑不已，而無法直接的面對問題而提出確切的解答。這道題目是屬於「空間」領域的一個問題，各位看看能不能解出答案來。

事實上，它是可以擴及到整個宇宙的一道題目，當然也跟《量子力學 (Quantum mechanics)》中的蒲郎克常數 (Planck constant) 的「時間」與「空間」的常數有關，當人類還不瞭解「時間」與「空間」的真實本質的時候，當然就無法對「時間」與「空間」的極限問題提出答案。至於真正的解答，則是到了二十世紀，德國物理學家「蒲郎克(Max Planck，1858~1947) 在《量子力學(quantum mechanics)》中的第一個方程式，也是驚天動地的一個公式，稱之爲《**不確定性原理**（uncertainty principle）》，證明了在宇宙中「時間」與「空間」都是不連續的，而其中的最微小的間隔量就是這個蒲郎克常數 (Planck constant. h)。蒲郎克博士於 1918 年獲得諾貝爾物理學獎。

　　那麼，宇宙的「時間」與「空間」不連續，它與我們的這道題目有什麼關係呢？是的，由於蒲郎克博士證明「時空」的不連續，在《微積分》明確的說明了，任何「不連續」的函數都是不可以「微分」的。簡單的說，只要是「不連續」的函數，就不可以用「極限 ((limit))」的觀念來解決問題。

# ☆ 1.6
# 金字塔的神奇

　　常有人說，現代的人要比以前的古人聰明多了。其實，這是完全沒有根據的，也是不負責任的說法。試看中國最古老的文獻之一，並被儒家尊稱爲「五經」之首的《易經》，真正瞭解《易經》的人，真是嘆爲觀止。至於金字塔的奇蹟，恐怕直到現代還是很難讓人類想像它的奇蹟。我的意思並不是說要蓋一座金字塔會有多麼的困難，大家都說在遠古時代要蓋一座如此龐大的金字塔，是不可思議的。但事實上，要蓋一座金字塔不論規模的大小，其實並不是太困難的事，只要善於使用當地的沙土，堆積起來，砌上石頭，再將沙土移除就可以了，工程是很浩大，但難度不高，所謂的外行看熱鬧。

　　但是內行的人的看法可能就不僅僅是如此了，各位如果要看真正的奇蹟，那就請將地圖拿出來，當然，必須是要有詳細的經緯線的地圖，這時候各位可以真正

的看到奇蹟，那就是埃及的那三個金字塔 (Khufu Pyramid 、Khafre pyramid、El giza's pyramids)，它們不但是正正方方的正方形，每邊剛好都等長 (230.37 公尺 )。但那不稀奇，重點是它們的方位竟然正正方方的是完完全全的吻合地球上的「經度」與「緯度」，其中就以最大的「Khufu 金字塔」來看，這金字塔頂端的位置之經緯度方位是正北緯 29˚ 58'44.62" 與正東經 31˚ 08'04.86"。也就是說，這個金字塔的邊緣的經緯度可以精準到「毫秒 (ms)」而絲毫不沒有歪斜。這也就是說，金字塔的每一個邊都與地球的經緯線完全的平行吻合，可以精準到度、分、秒甚至是秒以下的毫秒 (ms) 都能絲毫不差，這種如此完整而絲毫不差四個邊的方位，是完全正東、正西、正南、正北的四個座向，這就讓我們這些科學家們要用冷毛巾擦汗了。

「緯度」是與赤道線平行的，而「經度」則與赤道垂直。問題是，近代以地球之旋轉中心為「地軸 (earth axis)」，而繪製出「緯度」與「經度」，涵蓋整個的地表，也給地表上任何地方有了詳盡的地理位置。那麼，要問的是，五千年前的人類如何能知道有「地軸」的存在？又如何能夠測得出地球的經緯度？並進一步的繪製出了經緯線來？事實上，不要說是古代了，即使是今日的現代，又能有幾個人知道地軸的所在的位置？甚至還有許多人連經緯度都弄不清楚。但在五千年前的金字塔的四個邊線，竟然能完全而絲毫不差的吻合地球的經緯線，這其中的安排與智慧，真是令人匪夷所思。相對於中國的紫禁城而言，我們可以在地圖上明顯的看得出來，整個紫禁城在地圖上並不是正南與正北的座向，而是偏斜了 11.3 度，那是因為，我國自古以來就是使用指南針做為定向的方位，指南針是磁鐵做的，受地磁的影響，而地磁的「磁軸」則與地球自轉的「地軸」相差了 11.3 度的角度。

## ☆ 1.7
# 工具的發明使人類進入超越的時代

如果我要問：「什麼人對這個世界上最有貢獻？」當然，對於這種問題會有一

缸子的答案，每一種人都想要沾上一點邊。事實上，真正對於人類文明與生活進步的是「發明家」。各位想一想，我們每一個人的身上所有一切用品，包含衣、食、住、行，哪一樣不是發明家所發明的？發明家研究並發明出人類所需要的一切用品，我們才能有今天這樣的文明與便捷。

神話中的千里眼，也只不過能看千里而已，哈伯天文望遠鏡傳回來的是一百二十億年前的宇宙初態，並以攝影的方式，拍了許許多多的照片回來。

神話中的順風耳，也還必須順風才能聽得遠，現代人手一支手機，可以與世界上任何一個地方的人立即通話。如此簡易的工具，就已經輕易的超越了古代的神格與神話。這並不是所有的人們都變得聰明了，而是「數學」與「科技」結合，使人類擁有超越以往任何時代想像的能力，而世代的超越也是必然的結果。

雖然，這一切的成就要歸功於科學家與發明家。

然而，這事實的背後則還是「數學」的貢獻，科學越進步，仰賴數學之處也必然越多。這話也許有一些人聽不懂或是不以為然。

那麼，我就以剛才的手機的無線通訊來說好了，無線通訊靠的是電磁波的傳遞，那麼，各位想一想，對於一個完全看不到、聽不到、摸不到、感覺不到，甚至是沒有任何徵兆的電磁波，人類該如何能如此精準而隨意的駕馭它、改變它與控制它。凡是讀過《電磁學 (electromagnetism)》、《電磁波理論 (Electromagnetic wave theory)》與《通訊數學理論 (The mathematical theory of communication.)》的人一定深切的知道，所有的通訊完全是建立在數學的基石上，也就是說，沒有近代的微積分也就沒有近代的科學，當然更沒有今日人類通訊與太空上的成就。所以，你說微積分偉不偉大？

## ☆ 1.8
# 把數學口語化

真正好的數學大師，是要能夠把數學講得讓全世界的人都能說懂，也就是說，

他必須能把極為艱辛的數學說得口語化，讓人們都能夠懂得他在說什麼？數學是代表宇宙的真理，我們千萬不要把它認為只是一些符號式子而已，每一個數學式子都有它們的真實意義存在著。因此，對於教導或學習數學的人們，我都極力的呼籲他們，應該讓「數學口語化」，也就是以口語化的思維與意義，來讓數學變得更有意義也更真實，讓人們能進一步的懂得它們的真實含意，也就是說讓有心要學習它的人，一見到它就立刻知道它所要表達的真實意義是什麼。也唯有如此，才能一輩子都不會忘記它。

在數學的函數式中，我們必須要有一個很重要的認知，那就是對於「函數圖」的認知，有的時候又稱做「特性曲線圖」。這好比是我們在討論或是研究一個特殊的人的「臉」，不論你用語言或是文詞描述得多麼詳細，形容得多麼美好，都還是說不出一個究竟，然而，這一切終究都還是不如一張「照片」來得清清楚楚，這一張照片可以勝過千言萬語。而數學中的《微積分》更是如此。一個微分式子或是積分式子，在完成了之前，與完成了之後，它們的變化如何？它們在說什麼？若是沒有配合說明的「圖解」或「特性曲線圖」，那簡直不知道是在做什麼？也不知道是在說什麼？當然也就莫名所以。有許多的老師與學生，都認為計算出答案來了，那就對了，也就萬事 OK 了。那真是非常錯誤的想法，久而久之，大家都莫名其妙的學《微積分》，也都成了知其然而不知其所以然。如果是這樣子那對每一個人都是不好的。我們是人，不可以把人當作機器來用，也就是說，對人的教學一定要清晰而講理的，絕對不是把人當作計算的機器在使用。做學生的也有一份責任，如果能夠找到絕世高明的老師，自己自然而然的也就會成為絕世高明的一份子。

《微積分》在數學中是屬於基礎的，當然也是最重要的，基礎不牢則無以為繼。所以，幾乎所有的重大的或是高階的考試，諸如研究所、高等考試或是相關的特種考試等等，在理工與經濟方面，大概都一定脫離不了它。所以，在本書中，希望各位務必仔細的跟著學習，並配合本書大量的【典範範例】、【解析】、【特性曲線圖】以及【研究與分析】等一系列的說明，相信絕對可以帶給各位最大的知識、智慧與豐厚的收穫，並希望藉此能夠提供各位最大的助益，也讓各位可以進入超越，而獲得超越與非凡的成就。

# 2
# 數學是宇宙的真理

【本章你將會學到下列豐富的知識】：

# ☆ 2.1
# 你還在土法煉鋼嗎？

在第一章的時候就一再的強調，學習數學絕對不是在強調使用徒手的計算能力，做為評估數學好壞的標準。而不懂得一些現代化的工具與器具，那將是一種本末倒置的教學與學習方式。原因其實很簡單，因為人類天生就有兩項能力是最差的動物，其一是記憶能力很差；另一個就是計算能力更差。如果有人不信，我很願意做一些測試來證明。若是有人說他的記憶力有多好的話，我很樂意將當天的報紙拿給他，看看要到哪一天才可以將這一天的報紙通通都記憶住了？至於計算能力，我已經在上一章中略微的表述了一下，如果有人不服氣，相信大家都可以隨手出一些帶有三位小數點的指數或是次方的題目去考考他，如此可以讓他罰站很久。

單純人工的「計算」想要解決數學問題，那其實就是一種土法煉鋼的思維。古代沒有工具可以使用，當然只有憑著兩條腿走路，任憑那千山萬水，就是只能依靠兩條腿硬走，即使有馬車可坐，那恐怕也顛簸的要半條命，較高的山路那就更是上不去了。然而，現代已經有很好的工具可以使用，如果還要使用那土法煉鋼而靠兩條腿硬走的方式，那就是在認知上與思維上出了問題。人類之所以會進步，並不是人類變得比較聰明了，而是我們的工具進步了，這一點請務必要認識清楚。

我們看到有太多的人總認為：「數學就是用在計算上面」。這種的想法實在是太可怕了。我們都曾經經驗過，在課堂上看過太多的老師們花費了很長的時間，用盡了一切自身解題的技巧，為的就是要解出一題數學題目的答案。早期甚至是有一些人，只因為他們熟練於解題的技巧而被認為是大師級的人物。但是，如果真的認真的追究起來，至少我相信，在《微積分》裡沒有人敢說他能解出多少問題或是題目出來。至於積分來說，絕大多數的問題或是題目不是單憑人力就可以解答的。

事實上，我們真正應該專注的不是解題的技巧，而是這道題目或是這個方程式它究竟是在說什麼？它在表達什麼？也就是說，從一個方程式開始，我們真正應該知道或是具有概念的是它的特性曲線是如何？而當方程式微分之後，或是積分

之後則所代表的又是什麼意義？這才是我們真正應該瞭解的真相與事實。我們不妨問一問自己，你知不知道所面對的方程式是長成什麼樣子？它的特質是如何？而微分之後它曲線如何？代表的又是什麼意義？我相信大多數人都會無言以對的，而如果連方程式的圖形是什麼樣子？形狀如何？都講不出來，那麼這代表的意義是什麼呢？正如，如果有一位號稱是「人類學家」之士，卻連人類長成什麼樣子都不知道，那麼這不是十分奇怪的事嗎？然而，這種事情卻存在於我們每一個都曾經學習過數學的人之身邊。

時代在快速的進步，時至如今，有太多的工具可以幫助我們解決數學上「計算」的問題，所謂計算機 (Computer) 不就是要幫助我們解決計算的問題嗎？為什麼我們還要用那些所謂的「土法煉鋼」的方式，用人力徒手的方式來解決計算的問題，來面對現代瞬息萬變的時代？古代的人用兩條腿走路是做為交通工具，那是沒有辦法。但是，如果到了現在還想用他的兩條腿去橫越五大洲，那就是所謂的：

**「拿著古代的寶劍，到現在的戰場揮舞衝刺。」**

這樣的做法，除了浪費寶貴的生命與時間之外，更嚴重的是，那會讓所有的人放棄了數學，也背離的數學。各位一定要瞭解，在數學上有一個最重要的思維，那就是：

**「真理」**

這兩個字。有了如此遠大的目標，知道了數學是要解決宇宙中真理的問題。那麼，各位應當可以體認，你所面對的這門學問，是多麼偉大的一門學問啊！

# ☆ 2.2
# 數學是一種偉大的思維

　　我剛剛說了，我們人類自出生以來注定有兩件事情是「最差」的。只要是人，沒有人可以例外，那就是「記憶差」與「計算能力差」這兩件事。人類的「記憶」雖然是不好，然而，所幸的是我們的「理解力」與「思維能力」卻是在地球上是無敵的。這也就是說，「記憶」不好其實是沒有太大關係的，愛因斯坦的記憶力也很不好，他甚至連自己家裡的電話號碼都記不得。但是，不要忘了，電腦 (computer) 或是「微處理器 (Microprocessor)」的記憶能力卻是好得不得了，一旦輸入了，大概就永遠難忘了。所以，人類不必跟機器比記憶力。

　　現在再進一步的說到人類第二項最弱的事情，那就是「計算能力差」。也正因為如此，兩千年前人類就發明了「算盤」，用來輔助人類對於金錢或其他數值上的各項計算，以協助求得各項數值計算的結果。事實上，各位應該知道的，「算盤」只是屬於一種應用的工具，它與數學可以說是幾乎沒有任何的關係，現代的人沒有算盤，也不會使用算盤，但數學則仍然在繼續進步中。

　　現在，首先請各位一定先要知道「數學」它究竟是什麼？它能做什麼？請各位一定先要知道：

**「數學不僅代表的是人類的思維與理念，而且是超越的。所以，它可以用來代表宇宙的現象與真理。」**

　　理念與思維是可以經過計算而導引出「結果」來的。數學的知識與運用是個人與團體生活中不可或缺的。正如我們經營一家公司，一開始就要先確立我們經營這家公司的理念是什麼？這也就是公司經營的「營業項目」。這是神聖的，因為它代表著我們心中最高的目標，那就是「理想」。而數學正是理想的化身，如何將這一切說清楚、講明白？唯一可以依賴的就是數學，因為，公司的經營最後可以告訴我們的就是在最後數學上的「盈餘」。大自然的現象也是如此，就以「重力 (gravity)」這個問題來說好了，這個問題從理念與思維開始，最後導引出來的「結果」則是

「萬有引力定律 (Newton's law of universal gravitation)」。除此之外，沒有任何人可以用語言或其他任何的形容詞講清楚這個現象。但是，三百年前牛頓的這個「萬有引力定律」的數學公式，它也只是一個數學式子而已，就解決了這一切的問題。人類不但用它來解決相關的運動問題、飛行問題，甚至還用它飛到了月球，而無人的太空船則登陸了火星。雖然「重力 (Gravity)」問題，是屬於宇宙中的四種「原力 (Fundamental interactions of nature，)」之一，而「相對論 (Theory of relativity)」則確認重力現象必然會造成宇宙中「時間 (Time)」與「空間 (Space)」的變異而出現有黑洞 (Black hole) 的存在。但是，無論如何，牛頓的「萬有引力定律 (Newton's law of universal gravitation)」在常態的宇宙中還是很好用的。

數學是超越的，不論是在地球上，是在常態的宇宙中，還是具有「時空」的變異特殊宇宙，它們的現象與理論也都是數學所導證出來的，這整個宇宙「數學」都是通行的，也全都是數學在告訴我們這一切。宇宙的「時間」與「空間」的變異，看起來似乎是存在於遙不可及的宇宙深處。但事實不然，它其實就在我們的身邊。我們幾乎每天使用的手機或是汽車內使用的「全球衛星定位系統 (Global Positioning System，通常簡稱 GPS)」上的衛星，這些衛星上的時鐘同時受「狹義相對論 (Special Theory of Relativity）」因高速運動而導致的時間膨脹而變慢（-7.2 $\mu$ s/ 日），若是沒有經過「相對論」的校正，則必然會產生相對約為 7 公尺的誤差，這個誤差用於定位或導航的話，可以使我們在正常的道路上而掉落水溝或是撞牆。

人類生活的進步、智慧的增長與未來的前途，毫無疑問的，它們其實都繫之於快速成長的科技。而幾乎所有的科技都與數學脫離不了關係。事實上，數學才是人類真正偉大的思維與智慧的延伸。

# ☆ 2.3
# 在「答案」背後的意義

　　人類對於所關心的事情，有非常大的部分是放在對於未來的預測，以及對於未來發展的「結果」上，所以，有許多時候「結果」會被列於等同於「目的」的地位。因此，在數學中「結果」所顯示的資訊是非常重要的，當然，這些資訊也往往是珍貴無比的。事實上，數學在求得結果的過程中，是可以使用各種方式與方法的。也就是說在求解的過程中，並沒有限制使用什麼方法，我們其實並沒有固定使用單一的工具，因為工具會一再的改變，也會一再的隨著時代而進步。但是我們一定要確實領悟一件事情，那就是：「數學絕對不等同於計算工具」，而計算工具最多也還只是一種工具而已，它不能代替我們的思維，更不能取代我們的智慧，所以，希望大家都能深深的記住這句話。然而，就近代而言，計算工具的重要性也隨著時代在快速的提升之中，忽略計算工具是不智的，越進步的計算工具越可以為人類帶來越大的便捷性與更高的正確性。以前需要花三天三夜才計算得出來的問題，現在大概只需要三秒鐘，以前只能夠算到 12 位數的，或是小數點三位的，現在的電腦則幾乎可以隨你的指定位數，所以，重視工具，這一點在工程學與經濟學上都是十分重要的。可惜的是，在我們所經歷過的教學中，考試出題目的時候，往往沒有正確的認知到數學在思維上的重要性，所以在一出手的時候就只是想用計算上的困難度或技巧來「考」學生。這是在出發點上就錯誤了，而這種錯誤當然是影響極為嚴重的，因為，這會讓所有學習數學的人，以為數學就是解題與計算，並因而望之生畏，所以，也只想離得遠遠的。

　　現在，再來談談另一個會產生錯誤認知的地方，那就是計算的結果所得到的「答案」這兩個字。「答案」會有什麼問題呢？是的，絕大部分的人會將計算的結果「答案」等同於「分數」。「答案」對了就有分數，「答案」錯了就沒有分數。在這樣的認知下，就忘記了數學「答案」的真實意義究竟是什麼了？事實上，這種錯誤的認知，以為「答案」就是等同於「分數」，是本末倒置的。「答案」究竟所

代表的「意義」，那才是我們所需要之真正目的所在。也就是說，我們經過複雜的計算辛苦所得到的結果，而那個「結果」所代表的意義究竟是什麼？那才是最重要的。因為，我們要根據那「答案」所代表的意義，才能做出正確的決定。經過一連串數學計算的結果所得到的答案，會是一連串的數值，這些數值也只是數字而已，該如何解釋這些數字，那才是大學問之所在。所以，

**「那答案背後的意義究竟是什麼？」**

才是問題真正的重點。因此，就數學而言，那「答案」背後所代表的意義才是我們真正應該追求與探討的，那才是真正的「預言者」。然而，由於由來已久的傳承，多所見到的是「倒果為因」，人們多不在意那答案背後的真實意義。遺憾的是，這樣的教學方式似乎還在繼續不斷地進行中，並不斷地在傳承下去。各位必須承認，我們實在是無法使用記憶的方式來背誦或是記憶數學。那麼，想要學好數學唯一的關鍵就是多用我們的「邏輯」與「思維」。「邏輯」與「思維」能夠貫通了，自然就記得住，自然就能得心應手，自然就能夠得到答案，也自然就能夠知道真理而得到智慧。這才是「智慧的」，所以，也必然是可以「勝出的」，而最終則會帶給各位「超越」的智能。

## ☆ 2.4
# 數學是美也是真理

我們常說這人世間大多數的學問多是不講道理的。有講「情」的、有講「法」的、有講「關係」的、有講「利害」的等等。文學可以各說各話，歷史未必可以盡信，唯獨數學才是真正講道理的一門學問。不但如此，它還是世界上唯一通行全世界的一種通識語言。人類有今日的成就，其真實的源頭就是全體人類共同對「數學」的貢獻，新的數學模式也必然導致人類新的成就，甚至是新的知識革命。

如果說到數學是「美」的，可能很多人是不相信的。絕大部分的人很難將「數學」與「美」聯想在一起，甚至認為數學肯定是硬梆梆的東西，而絕不可能跟「美」有任何關係的。那麼，現在就讓我們略微的瀏覽一下，就可以很快的看到一些事實，數學的美其實就在我們的身邊。而現代的人類在處理許多美麗的事物，事實上，它的背後也還是數學。

　　就以如今我們最常接觸的攝影或是數位相機 (Digital Camera)，它在攝影時所產生的各種美麗圖案的背後，其實就是影像處理 (Image Processing) 的數學在運算。就如同書中的許多美麗的影像插圖，它們全都是在影像處理與數學運算的結果與結晶。時至今日，傳統的底片 (Film) 攝影已成為歷史名詞了，如何能夠使攝影更便捷、更美麗、更快速與更節省記憶體，是目前科學家們一直在努力的方向。

　　我們可以說，沒有影像處理的數學，就沒有影像處理，而沒有影像處理當然也就不會有那麼方便的數位相機與手機上的數位攝影。事實上，在人類進入二十一世紀以後，電腦與手機所能呈現的「美學」可以說遍及了我們生活中的每一個層面，而這些有關「美學」的事物也都是經過數位轉換與影像處理的結果。然而，這一切的背影都是以數學為基石在運作著，只是絕大部分的人不知道，當然也感覺不出來。有些數位相機或手機照人像的時候會照得不太好看，這除了與攝影者有關係外，專業的的人也會知道，那與機器內的處理軟體有著相當大的關係。不論是「電腦 (Computer)」或是「微處理器 (Microprocessors)」，它們的心臟都是一個「中央處理單元（Central Processing Unit.CPU.）」，也就是俗稱的 CPU。而在 CPU 中擔任最重要的角色的則是「算術邏輯單元（Arithmetic Logic Unit， ALU.）」。它是中央處理器的核心組成部分。也許有人會問，為什麼會叫做「算術邏輯單元）而不是代數或是微積分單元呢？事實上，不論有多麼高階的數學，它都是由基本的「算術 (Arithmetic)」所運算上來的。所以說，「美」是可以計算出來的。

# ☆ 2.5
# 數值在歷史上的迷思

　　這是一個很有趣的歷史實例，它代表人們對於數值上的一種概念，而這種概念同樣的在支配著人們的心性與行為，而產生了相當大的差異現象。這是來自我國春秋戰國時代的事情。話說當年趙國的趙惠文王（前310年～前266年，45歲）有一塊和氏璧，其質地之美，名揚四海，無與倫比。而當時的秦國的秦昭襄王（前325年～前251年，74歲），也聽說了。秦昭襄王也非常的喜歡這塊碧玉，於是向趙王提出懇求，希望能借過來欣賞一下，為期兩個月。當秦王的信送達趙王手中時，趙王感覺到非常的為難，如果不借，怕秦王生氣而發兵襲趙，如果借給秦王，又怕其言而無信，真是左右為難，於是要求秦王派遣一位重臣使趙以為抵押。當雙方言定後，這位重臣使趙前，秦王為了表慰問之意問之曰：

**「汝之使趙，為時兩月，路途辛勞，寡人何以報之？」**

　　使臣曰：

**「願陛下自臣使趙之日起，第一天送臣家中一銖錢，第二天二銖錢，第三天四銖錢，第四天八錢，第五天十六錢，如此每日倍給，至任滿兩月，臣返而止。」**

　　秦王聽後大略的掐指算了一下，這第一天一銖錢、第二天二銖錢、第三天四銖錢、第四天八銖錢、第五天十六銖錢、第六天三十二銖錢，都已經過了六天，已經過了十分之一的日期，才送區區的三十二銖錢，嗯！不多……不多……真省……於是言曰：

**「寡人同意，定當按時如數送至汝家中。」**

這時秦國宰相急忙出班稟曰：

**「陛下萬萬不可如此！請再三思！」**

　　秦王心想，從一銖錢送起，為時才不過兩個月，而且寡人掐指算過，第六天才不過三十二銖錢，那能有多少錢？我堂堂一個秦國霸主，若連這一點錢都捨不得、

送不起，豈不是遺笑天下，寡人又有何面目稱霸群雄呢？於是秦王曰：

**「寡人心意已決，勿再多言！」**

時日匆匆，秦王把玩和氏璧轉眼過了半個月，丞相臉色蒼白匆匆來報，謂國庫將於一週內空虛，十日後將耗盡全國的所有錢財。秦王一聽，大吃一驚，謂曰：

**「這如何可能？我秦國乃國強民富，如何可能在短短的一個月內變成民窮財盡？」**

丞相拿出帳簿曰：

**「啟稟大王過目。」**

秦王接下帳簿仔細一看，頓時跌坐在地上。不要說兩個月了，即便是一個月，都將耗盡國庫的所有錢財。諸位想不想看看丞相簿子裡寫的是如何？且看如下所示。各位如果有興趣可以用電腦程式跑一跑，很容易就可以得到如下的結果：

第 31 天之總金額 = *2,147,483,647.00* 銖錢

第 60 日的總金額 = *1,152,921,504,606,847,000.00* 銖錢

諸位請注意，先不要說如何計算出來的？但可以先試一試看，這個數值你可讀得下來嗎？

# ☆ 2.6
# 病毒數學有驚人智慧

在人類身處的地球上，以巨觀而言並不易遇上非常巨大的數值，但在微觀的世界中就不是如此了。例如，細胞、細菌或病毒就不是如此了。若問細菌究竟是動物還是植物？事實上，細菌它不屬於動物但也不是植物，而是「生物」，屬於原核生物（Prokaryota）。至於病毒 (Virus) 在地球上，它甚至不屬於生物，它在沒有宿體

內的時候，無生命跡象，但在找到宿體之後則會出現生命現象，它實際上就是具有保護性的外殼包裹的一段 DNA 或者 RNA，藉由感染的機制而獲得生命的機制。這些簡單的生物體可以利用「宿主 (Host .biology)」的細胞系統進行自我快速的複製，它能在細胞外保持極強的生命力。病毒可以感染所有的具有細胞的生命體。當它找不到「宿主」的時候，它呈現的是無生命狀態，沒有任何生命的跡象，而一旦有了「宿主」，它就會快速的自我複製，真是聰明透了。

病毒的本身並不存在於我們人類所在的光世界裡，因為，它的體積只有 30 奈米 (nanometer) 的大小，遠比人類可見光的最小極限 370 奈米 (nanometer) 小太多了。也就是說，人類絕對無法使用可見光來看到它，也無法使用任何「光學儀器」來看到它的真面目。唯一可以使用的就是「電子顯微鏡 (electron microscope)」了，以「電子」來檢測到它。因為，電子的體積比它還要小，電子雖然號稱為「粒子(particle)」，也有質量，但是它真正的大小，也就是我們常說的「體積」，電子的體積則是「零」。電子它是一個沒有體積的粒子。

我們不要看這個小小的病毒，病毒的複製情形，是以 2 的指數形式複製自己，它在宿主體內會增殖，由 1 個變 2 個，由 2 個變 4 個，4 變 8 個等等。有關於病毒的增殖，我們都知道它是很快的。但是究竟有多快呢？

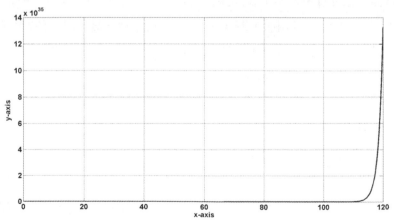

Fig 2.6.1 病毒的增殖（120 秒）後的數量

諸位可以先看一看在圖 Fig 2.6.1 中的曲線圖，它的數值高達 $14 \times 10^{35}$ 次方之多。如此龐大的數值是在多少時間達到的呢？事實上，它只有短短 2 分鐘的增殖結果而已。一個病毒在入侵人體才不過 2 分鐘，它的的複製數量就是 10 的 35 次方這個天文數字。這就是為什麼「病毒」一旦侵入人體，短短的時間，就是一個超大的天文數字，那麼，一個小時、一天呢？諸位就可以瞭解，為什麼病毒最終總是可以擊敗我們人類與一切生物的道理了。

# ☆ 2.7
# 數學是代表宇宙的真理

我們人類所在的這個世界上，有着各式各樣的學問，也都各有立場而也都在各自表述，但若要說的是「講道理」這回事，則又多為公說公有理，婆說婆有理，好像大家都有理似的。事實上，世上那些講道理的，全都是人類各自的想法，它與行為及立場有直接的關係。至於就人類所遺留下來的歷史而言，在神話的部分且不去談它，相信各位也一定知道，歷史上所書寫的紀錄，雖然也可能是事實，但那個事實卻未必是講道理的結果，也不是全然的來自於真理。因為，歷史是完全來自於「人為」。地球的存在有 45 億年了，這是不容置疑的。但是具有可考的歷史資料，地球上的人類只約有五千年而已，所有的文明古國他們所具有的真正證據，也都沒有超越這個年限。在這世界上，中國的文明是世界現存的所有古文明中持續時間最長的，世界上公認的中國文明有 3600 年，即開始於公元前 1556 年左右的商王朝開始。夏朝存在的證據，至目前則還嫌薄弱。至於盤古開天地，女媧補天，乃至三皇五帝，那也只能說是神話時代了。而中國的歷史即使是上推至盤古開天，也僅僅五千年而已，這已經是全世界最古老的文明了。

但是，畢竟這個世界上還是有一種唯一只講真理的學問，並且也是唯一能夠通行全世界的學問，那就是「數學」。它是一門真正只講道理的學問，當然，它也是世界上唯一的全世界都通行的一種語言。人類有今日的成就，那真實的源頭其實就是數學，任何新的科學理論與模式，也都必須透過數學的表達、統計、運算與結論，才能正式的被接受而成立。而這些新的科學理論與模式也必然導致人類會有新的成就，甚至是新知識的革命。

其實，各位應該要想到一個重要的問題，那就是為什麼人類持續了五千年的文明，而直到最近的兩百年，全人類的生活才開始突然的改變而產生出截然不同的效果呢？如今不但完全的脫離了以前的生活模式，甚至連思維都不一樣了，我們全體人類在過往的五千年中，所有的一切都沒有太大的變化，而現在卻如同「突變」似的一般，一下子完全的改觀了。諸位想一想，這種突然呈現的改變其原因是什麼？當然不是哪一個帝王或是統治者的功勞，也不是人類突然變得聰明了，而是人類發明了更進步的科學知識與工具，那就是「數學」。若是說得更確切一些，人類是由數學而進入了科學，而科學則給人類帶來了全新的生活方式與思維。

十七世紀法國的「笛卡兒（René Descartes，1596~1650）」，是世界上最著名的哲學家、數學家、物理學家之一，尤其是對於現代數學的發展有著極為重大的貢獻，同時他又被稱為《解析幾何 (Analytic geometry)》之父，除此之外，他也是現代西方的哲學思想的始祖。當他二十三歲的時候，在他內心中就有一種強烈的思維，並認為只有數學才是瞭解宇宙唯一關鍵的所在。基於這種思維使他成就了今日的「數學」語文，使得所有宇宙之間的真理與現象得以藉由數學表現出來，也就是說，數學是用來描繪與代表宇宙的真理與現象的。

在四百年前的人類，對於是平面上最簡單的一些直線條，以及該如何能真實而永遠不變的描述它，這在早期也的確是一個大問題，當時的確是很難正確而無誤的回答這個問題，雖然那僅僅是一些最簡單的直線而已，人類卻不知該如何處理這個問題。於是「笛卡兒」以簡單的一個二元一次方程式「$ax+by+c=0$」解決了這個問題。它可以代表所有的任意直線，雖然，這僅僅是很簡單的一些數學符號，但是，它卻將理想與實際結合在一起而成為一體，使得這一切能夠被理解並且可以永遠不會改變的被重現與複製。事實上，以一個簡單的二元一次方程式就解決了千古的問題，不要小看這幾個字，它的本身就是人類的一種理想。

宇宙的真理是無法使用形容詞、敘述詞或一般的口頭語言來描述的，我們先不要說具有微分觀念近代的「量子力學 (Quantum mechanics)」的問題。地球上有一種「作用」，它「作用」於我們每一個物質、每一個生物、每一個存在的人的身上，也就是說，存在於地球上所有的一切都「直接」的受到它的影響。那就是「地心引力」，也就是「重力」。若是仔細想來，就地球的這個本體而言，它讓地球上所有的生物與無生物甚至是一切物質都受到它的影響。如此重大的一個「地心引力」的現象與問題，千古以來，在牛頓之前，有誰能說得清楚？又有誰能真正的瞭解它的真相？人類的歷史自古以來就一直的延伸著，並沒有太大的進展。直到「數學」的出現，才解決了看似複雜其實則簡單的問題。艾薩克・牛頓爵士 (Sir Isaac Newton，1643~1727) 在 1687 年發表的論文《自然哲學的數學原理》裡，對萬有引力和三大運動定律進行了數學方程式的描述，這些數學方程式也因而奠定了人類此後三個世紀裡《物理學》的基本立論與科學實證，使人類的科技文明與相關的工程學進入了現代化。僅僅牛頓的一個「萬有引力定律 (Newton's law of universal gravitation)」就能涵蓋了地球上所有物質的重力現象，它不但可以鉅細靡遺的描述了大自然的重力現象，而且也為人類帶來無比的貢獻，就連近代人類登陸月球都離不開它，這個定律甚至可以延伸至整個宇宙的深遠之處均皆精準。你說它偉大不偉大？

　　講到了真實，我們都很清楚的知道，宇宙是真實的。面對如此真實的宇宙，我們應該要如何的去說明這一切？表達這一切？甚至是預言這一切？事實上，這所有的一切都與數學有關，不但是有關，而且是息息相關。在數學的理論中以其嚴謹性與精確性為其首要，由於它的嚴謹性，所以不容許有疏忽的差異。又由於有其極為精準的精確性，故而當然可以用它預測未來。「預測未來 (Predict the future)」是人類在進步的文明過程中極為重要的一個支點，不能「預測未來」則所有的科學都將停滯不前。一棟大樓在設計的時候，事實上就是在做「預測」的工程，我們要預先測出所使用的材料、土壤、地基、建築結構、基本應力，甚至要能預測受到若干級以上的地震而不會受到影響等等，也因而產生了許許多多的相關數據，然而，那才是一切的開始。從數學中所得到的結果，事實上，那也就是我們所要的預測未來的結果，它會告訴我們，這個預測的未來是否可行。根據這些預測，才能開展所有的未來。當然，至於電機、電子、航空或是太空工程等等則更是如此。

　　我們可以先不必說得太複雜，許多人對於工程的問題也許是陌生的，但如果說

到「經濟」問題，那與我們的生活則是難以分離的，也與每一個人都有相當大的關係了。《經濟學 (Economics)》的目的究竟是在研究什麼？它是在研究人類社會中的物質價格、資本、貨幣及財務的問題，而這所有一切的問題的最後關鍵，其實就是想要賺「錢」的問題。我們需要「經濟學」的目的，不論它的目標有多麼的崇高，答案就是賺錢，不論是為個人賺錢或是為公司或是為國家賺錢，它們的目標是一致的。然而，這一切的理論與方法的背後，其歸依仍然是使用數學對於未來的預測。也因為我們需要用數學來預測這千變萬化的經濟脈流，並從而決定如何從這大經濟的脈流中擷取自己源源不絕的錢流。這就是「經濟學」的目的。

　　自然科學的發展必須是極為嚴謹與精確的，宇宙中所有的理論與定理都必然有其適用的範圍。《物理學 (Physics)》在古代又稱之為「自然哲學 (Natural Philosophy)」，牛頓爵士在那個時代所發展出來極為豐富的各項物理定律，人類至今都還奉為遵行的經典，也因而建立起近代人類科學的基石與整體生活的變革，因為這些物理定律一直都是非常的精準。直到《相對論 (Theory of relativity)》的出現，在離開地球進入宇宙中的時候，原本一直被人類設定為常數的「時間」與「空間」，在根本上發生了變化，進入了「時間」與「空間」變異的現象，因而這一切也才必須再做更進一步的修正。但至少它在必球表面是精準的。所以，各位必須知道的是，數學的理論一旦被建立了，就不會再動搖的，這是因為數學的「演繹推理（deductive reasoning）」與「論證形式（Argument form）」與「演繹邏輯（Deductive logic）」的每一步驟，都在極為嚴謹與嚴格的管制條件下完成的，所以它的結論也必然是精確不移的。

# ☆ 2.8
# 數學之唯美

　　數學除了代表真理之外，還有另外的一種特質，那就是「美」。如果說到數學的美，很多人肯定是不相信的，一般絕大部分的人們很難將「數學」與「美」聯想在一起，甚至有非常多的人認為數學是什麼都可以，就是不會有「美」。但是，他們錯了，數學不但有「美」，而且它們彼此之間還有著非常緊密的關係。許多科學家從他們的數學工作中，得出難以言喻的一種美學與喜悅，甚至形容數學的美是一種極為高度的喜悅。

　　也有一些科學家會形容數學的方程式，它的本質就是藝術的形式，而且是極具創造性的。英國的哲學家也是數學家「伯特蘭・羅素 (3rd Earl Russell，1872~1970）」。曾經對數學的「美」，說過下列的話：

**「數學不單單是真理，而且是極端的美**(Mathematics， possesses not only truth， but supreme beauty.)**」**

　　「美」自古以來就是一種哲學概念，在中國的漢字語文中最能表現出它的意義。在古代造字的時候，「美」這個字是由「羊」和「大」組成，兩三千年以前的古代也許沒有「藝術」這兩個字，但肯定是有美感的，一隻肥大的羊在古代代表著「豐衣足食」，那當然是美好無比的。如今用通俗的話說，是指「可以引起人類心靈愉悅與感覺的事物」。

　　那為何數學是「美」的呢？若是有人問你「貝多芬第九號交響曲」美不美，相信你如果聽過的話，會說「美極了」。但是，它為什麼會是「美」呢？它是音樂啊！它不是用眼睛看的啊！的確，許多人誤會了，以為「美」是要用眼睛看得到的才叫「美」。事實上，「美」是一種感覺，是一種真理，它不是一定要用眼睛看的。也許，諸位說不出來「美」究竟是如何定義的？剛剛說了，「美」是一種感覺，是一種真理，感覺是無法以「定義」這兩得字來框述的，但是代表真理的「數學」卻可以。

那麼，數學是可以引起人類的愉悅與感覺之事物嗎？是的，一般而言，好的詩詞歌賦可以是很美。但是，好的數學方程式卻是令人嘆為觀止。事實上它們就存在於我們的身邊，就以今日人類離不開的計算機 (Computer) 而言，它的背後其實就是數學，不然如何會稱之為計算機呢？你說計算機美不美？它能夠在極短的時間裡提供人類無法計算出來的答案，這難道不「帥」嗎？正因為是如此的帥，所以幾乎每一個現代的知識份子早晚都離不開它。「手機 (cell phone)」更是近代的人類人人必備的隨身事物，許多人幾乎隨時都要用，所以才會有「低頭族」這個流行的名詞。「手機」其實就是一台極微型的計算機，正確的說法是「微處理器 (Microprocessor)」在作用。再如我們攝影用的數位相機 (Digital Camera)，我們在攝影時所產生的美麗的圖案的背後，其實就是資料處理 (Data Processing) 與影像處理 (Image Processing)，而這些也都是數學在運作。有一門相當卓越而且非常有趣的科學稱之為《碎形 (Fractal)》的，它普遍的存在於宇宙及大自然之中，就以我們所在的地球而言，在自然界中就存在著非常多「碎形」的事物，例如天空的白雲、山脈、閃電、各類的樹葉和雪花片片等等。碎形的特質就是可以近乎無限大的放大，也可以近乎無限小的縮小。它們在所有的尺度中都有其特質與相似度，所以常會被認為是無限複雜的。但是描述如此無限複雜的大自然現象的《碎形》，唯一可以用來依靠與解說的也只有是數學。

　　在文學的境界中，許多是用詩歌與散文的方式來描述對於美的意境。然而，卻很少人能夠知道數學的意境更「高」，也更「美」，而且是「極美」了。一個數學的函數式，它不但同樣具有詩歌和散文一般的氣質，更重要的是，它具有強烈震撼力。那是因為，數學式可以精準的預測未來，所以，它不但代表著美，而且也代表著「真理」。當然，這必須要達到一定水準與境界的人士才有可能領悟到「數學」所代表的這些事情與意境及真理。一位能夠體會和享受到數學之「美」的人，其實它的意境不但是美妙，而且是極高的一種超越。要知道，數學既有文學性方面的表述能力，而且它也有應用性的價值，我們在工作中經常會驚嘆於數學語言應用於解決實際問題的神奇。因為，它能讓我們真正享受到研究數學的樂趣與探討這其中各種彼此之間妙趣橫生的關係，那真理之下宇宙之中的各種現象，以致於匪夷所思的可以延伸自己的思維，那才是我們應該對這些感到無比興趣的。在《量子力學》中的第一個定律雖然只有簡短的兩三個式子，但是一旦我們深入的瞭解這其中宇宙所

代表的真理，其實是非常令人驚嚇不已的。它的數學式子在第一式中就直接的告訴我們：

**「宇宙中有一切的可能，但不存在永恆。」**

這話就連當年的愛因斯坦都認為不可思議，也不可能。但是，在事實與真理的面前，他最後終於低頭認錯了。對於這世界上的事情，必須要知道下面的這一句話：

**「懂得道理才會懂得美。」**

對於從未接觸過音樂的人而言，貝多芬的第五號「命運交響曲」簡直不知道在說什麼？倒是挺熱鬧的。但是，懂得貝多芬在耳聾的狀況下，將一生的生命融入了該曲，在細細的品味之下，它的美則往往是讓人熱淚盈眶的。

# ☆ 2.9
# 複數使宇宙變得偉大

絕大多數的人都會懷疑，我們為什麼要虛數 (Image number) 呢？又為什麼要學複數 (Complex Number) 呢？我們在日常生活中完全用不上呀！是的，許多人可能不知道，數學是超越的，它是超越日常生活與經驗的。這也正是數學它之所以偉大的地方。它可以天馬行空到達宇宙中的任一個地方，數學的嚴謹則又使它不會犯錯，這才是偉大中的偉大。

複數 (Complex Number) 是數系當中最大的，複數一般也有稱之為「複變數」的。

在所有的數系中它的位階是最高的，複數之下才又區分爲實數 (Real number) 與虛數 (Image number) 這兩大領域。實數是我們所熟悉的，在日常生活中幾乎是每天都會涉及到。但是，虛數是不是就是虛無飄渺而不存在的呢？事實不然，在「基本電學 (Basic Electricity)」、「電路學 (Electric Circuit)」、「電磁學 (Electromagnetism)」、「波動光學 (Wave optics)」、「傅立葉光學 (Fourier optics)」、「量子力學 (Quantum mechanics)」等等，這許許多多的科學，幾乎每天都必須要用到虛數才能解決問題。至於宇宙中的「時間」與「空間」，尤其是在近代最著名的英國物理學家，被譽爲繼愛因斯坦之後最傑出的理論物理學家史蒂芬·霍金（Stephen William Hawking，1942~2018），他也一再的使用了「虛數時間 (Image time)」來解釋宇宙中許多的現象。宇宙必須是以複數的型態存在才有道理，也就是宇宙同時是以「實數宇宙」與「虛數宇宙」的面貌存在著。也唯有如此才可以解釋《量子力學》，爲什麼一個基本粒子可以同時存在於兩個以上地方的道理，所以宇宙中不但有我們所熟知的「實數時間 (Real Time)」，同樣的也必然存在著「虛數時間 (Image Time)」。

宇宙的起源是源自於「奇異點 (Singularity)」的大爆炸，也就是一般所謂的「大霹靂 (Big Bang)」，由「奇異點」經過激烈的膨脹而產生現今的宇宙，它不但可以由極小開始而至極大的結構，同時宇宙也會有自生與自滅的現象，更重要的是宇宙會不斷地複製自己。幾乎所有關於大霹靂的宇宙膨脹理論所顯示的是線性的擴大。「時間膨脹 (Time dilation)」使我們可以去到未來。一個太空船以 0.9999C 的速度離開地球，去到一個距離 10 光年的星球，當他再以 0.9999C 的速度返回地球，雖然太空船裡的人來回花了 20 年的時間，但是，當我們降落的時候，地球上已經過了 1414.4 年，也許這就是所謂的另類神仙吧！雖然，目前還沒有人如此的經驗過，不過也同樣的沒有人可以推翻這一項事實。因爲，這一切的事實是來自於數學方程式的認證。我們人類不可能去經歷宇宙中的每一件事情，事實上，也沒有這種需要，如果不能推翻相關數學方程式的認證，那麼，毫無疑問的，我們就必須確認它的預言是相對成立的。

# ☆ 2.10
# 世界上最美的方程式

　　對數學如果略有研究的人，一定會知道生於瑞士的大數學家「尤拉 (Leonhard Euler，1707~1783)」。尤拉他是一位天才型的數學家。他將當時人類一直無法解決的「『-1』的平方根」也就是 $\sqrt{-1}$ 這個數究竟該如何處理下了一個定義，將 $\sqrt{-1}$ 這個數定義為「虛數(imaginary)」並以這個字母的第一個字做為虛數「$i$」的符號代表，訂定了虛數的基本演算法則。

　　很少人知道「虛數」其實跟「實數」是一樣偉大的，這是因為絕大多數的人在日常生活中根本遇不到虛數，也用不到虛數。但在科學上，人類要解決的並不是只有眼睛看得到的事與物，也不是只有眼前的「時間」與「空間」。如果沒有透過科學家的追根究底，我們同樣也是不知道有電子、原子或是分子這些物質，也不知道宇宙究竟是什麼樣子？但並不能說我們看不到、聽不到也感覺不到，就說這些事與物不存在。同樣的的道理，絕大部分的人用不到虛數，但並不表示虛數不存在。學電機工程的人一定知道，在最基礎的「基本電學」中，一開始的時候就要學到用在電子電路上三個被動元件，那就是電阻、電容與電感這三個被動元件。這其中在《電路學》用來計算電容與電感之阻抗等，在整個交流電的全程都必須使用到虛數「$i$」來進行所有的電路計算。至於到了《近代光學 (Modern optics)》之中，對於光的波動現象之描述，幾乎全部都用上了虛數「$i$」，也就是所有波動現象，都必須藉助虛數來表達，可以說絲毫都離不開虛數了。

　　尤拉他還發現了「世界上最美的數學式」，又稱之為「尤拉恆等式（Euler's identity）」。尤拉活了 76 歲，但是他在 31 歲的時候就右眼失明，而左眼視力也在減退之中，雖然，這對於一生致力於研究與寫作的他，是一項嚴重的打擊，到了59 歲他完全失明了。但是，如同樂聖貝多芬一樣的心境，絕不向命運低頭，他仍然持續的在寫作，而且是以每年 800 頁論文的速度在持續不斷地發表他的思想與研究。他不但在數學、微積分和圖論（Graph theory）上有過重大的貢獻，並且還在力

學、光學和天文學等學科上為人類有過突出的貢獻。他也發明了許多人類至今一直在沿用的符號，諸如函數「*f(x)*」的這個寫法，自然對數的底「*e*」這個符號，虛數「*i*」的這個符號及定義。尤拉可以稱得上是人類有史以來最偉大的數學家之一，他的一生寫作不斷，學術與文學的著作高達 80 冊之多。法國著名的天文學家和數學家，天體力學的大師「拉普拉斯侯爵（Pierre-Simon marquis de Laplace，1749~1827）」，他用數學方法證明了行星的軌道的大小與週期的變化，也就是著名的《拉普拉斯轉換 (place transform)》，它是一個線性變換系統，可將一個實數的函數轉換 *f(t)* 為一個為複數 *F(s)* 的函數。拉普拉斯他曾說：「大家去讀一讀尤拉的著作吧！不論在科學的任何方面，他都是我們可以跟隨的的大師。」

　　尤拉曾發現了人類目前所認為是「世界上最美的數學式」，又稱之為「尤拉恆等式（Euler's identity）」，那就是：

$$e^{i\pi} + 1 = 0$$

## 如何解讀世界上最美的方程式

　　在這個世界上最美的方程式中，

$$e^{i\pi} + 1 = 0$$

它包含了五個宇宙中的最基本的自然常數所組成的。那麼，我們該如何解讀這個世界上最美的方程式呢？現在，分別將它的實質意義分述如下：

1.　「*e*」是自然對數的底，*e=2.718281*……，以 *e* 為底的指數（Exponential）*eˣ* 稱之為「自然指數（natural exponential）」。自然指數是指數函數 (exponential function) 中的一個特例，也是大自然中十分奇特也是非常重要的一個常數，尤其是在生物方面，如細胞的分裂，包含動物與植物等生物的成長，人口的繁殖等等，都是以自然對數的方式在進行著。

2.　　「*i*」是虛數單位。代表的是「平方為 -1 的數值」。虛數並不是虛無飄渺的數，只是我們一般人在日常生活的實數領域中用不到而已。虛數與實數構成了數系中最高數系的複數系統 (Complex Number)。

3.　　現在，有一個非常有趣的「實例」，它曾經困擾了人類幾千年而無解，如今，就讓我們看一看下列最有名的這個真實的實例：

**「若 A 與 B 分別為兩個數值，則在宇宙中究竟有沒有哪兩個數值是符合下列所求的這兩個條件呢？」**

$$A+B=10 \text{ ------------------------}(1)$$

$$A\times B=40 \text{ ------------------------}(2)$$

要解這道題目，在直覺上，也就是用最直接的方法、最實際的方法來試一試就知道了，請看下列的幾個步驟：

根據 (1) 式

設 A=0 ，則 B=10　故 A×B=0　 ，不合條件 (2)

設 A=1 ，則 B=9　故 A×B=9　 ，不合條件 (2)

設 A=2 ，則 B=8　故 A×B=16　，不合條件 (2)

設 A=3 ，則 B=7　故 A×B=21　，不合條件 (2)

設 A=4 ，則 B=6　故 A×B=24　，不合條件 (2)

設 A=5 ，則 B=5　故 A×B=25　，不合條件 (2)

設 A=6 ，則 B=4　故 A×B=24　，不合條件 (2)

設 A=7 ，則 B=3　故 A×B=21　，不合條件 (2)

設 A=8 ，則 B=2　故 A×B=16　，不合條件 (2)

設 A=9 ，則 B=1　故 A×B=9　 ，不合條件 (2)

那麼看來，可以確證沒有任何實數是可以符合上述的聯立方程式。也許有人會想到非整數是不是可以。其實，這個念頭是可以不必的，因為，分數只會越乘越小，不會超越整數的。例如

設 A=9.5 ，則 B=0.5　故 A×B=4.75

不但不合條件 (2)，而且對於 (2) 式來說，其值則是越來越小了。所以，可以肯定的是，在實數領域裡面是沒有符合上述條件的答案。

4. 也許，有人會說，那麼使用「代數」的方法如何？是不是可以解的出來呢？當然我們可以使用「代數」的方法來解一解看，至於是不是可以解的出來，就先讓我們試一試才知道：

**我們可以使用代入法，那就是：**

由 (1) 式　　　　$B=10-A$

帶入 (2) 式可得：

$$(10-A) \times A = 40$$

$$10A - A^2 = 40$$

$$A^2 - 10A + 40 = 0$$

根據一元二次方程式「$ax^2+bx+c=0$」的求根公式，或稱之為通解。

$$x_{1,2} = \frac{-b \pm \sqrt{b^2 - 4ac}}{2a}$$

根據一元二次方程式的通解，我們解出了 A 與 B 的答案。它的答案是：

$$A = 5 + \sqrt{-15}$$

$$B = 5 - \sqrt{-15}$$

在宇宙中，的確是有符合上述 (1) 與 (2) 條件的答案的，也就是我們剛剛解出來的那個答案。各位如果不信，讓我們來驗算看看如下：

$$A + B = 5 + \sqrt{-15} + (5 - \sqrt{-15}) = 10$$

$$A \times B = (5 + \sqrt{-15}) \times (5 - \sqrt{-15})$$

$$= 25 - 5\sqrt{-15} + 5\sqrt{-15} + 15$$

$$= 25 + 15$$

$$= 40$$

但是，重點來了。是人類認為不可能存在的。它與人類的認知，也就是認為任何數的平方都一定為正值的認知相反，也一直不承認它的存在。但是，根據上述的演算，它明明是存在的。所以，尤拉就引進了「虛數 (i)」的這個數值，也終於解決了「無解」的這個問題。現在，就讓我們用「虛數 (i)」的方式來

演算一遍，看看是否可以解決問題。

$$A + B = 5 + \sqrt{15}i + (5 - \sqrt{15}i) = 10$$
$$A \times B = (5 + \sqrt{15}i) \times (5 - \sqrt{15}i)$$
$$= 25 - 5\sqrt{15}i + 5\sqrt{15}i - 15i^2$$
$$= 25 + 15$$
$$= 40$$

驗算的結果完全符合我們在上述 (1) 與 (2) 的條件而終於有了答案。但是，各位也看到上列所顯示的答案，很明顯的不存在於我們人類所慣於生活的世界裡，很多人會問那究竟是什麼？哪裡才可以找得到啊？是的，我剛才說了，這個答案不在我們所熟悉的實數領域裡面，這是因為我們總是喜歡以「自我」為起點來看這個世界或宇宙。先不必說那麼遙遠的宇宙問題，即使在這世界上，複數幫我們實際的解決了絕大部分的數學及工程與科技上面的問題。

我曾說過，數學是代表宇宙中的真理，在數學中有真實答案的，則在宇宙中必然就會有這樣的現象或結果存在。當世界著名的物理學家史帝芬 • 霍金 (Stephen William Hawking，1942~2018) 在他的知名著作《時間簡史 (A Brief History of Time)》中，一再的提到關於「虛數時間 (Image time)」的諸多現象與問題時，各位應當可以初略的領悟到，這個宇宙不全是整數或實數的宇宙，除此之外，還有太多的空間是可以探討的。

5.　「π」是圓周率，$\pi =3.14159\cdots\cdots$，這是大家所熟悉的。事實上 π 也是宇宙中很奇特的一件事物。宇宙中不論大小，從極大至極小一切的現象都是由「圓」所構成的，不論是正圓、扁圓或是橢圓，其實它們都與「圓」形脫離不了關係。「圓」的問題的確是很偉大的，只是各位習慣了，而認為它是天經地義的。事實上，若要認真的探討下去，包含原子的結構、太陽系各星球的運行、銀河系的旋轉乃至整個宇宙的結構都有「圓」大道理存在。

6.　「1」這個數大家都懂，它是正數個體的起點。但是，在另外一方面，「1」這個數也代表著「有」。它也在告訴我們，宇宙中的一切是實有而且是存在的。而這個「1」也告訴我們，它有相對性的一面，它的相對面也就是「0」，那就是「無」。「有」與「無」是一切的起點，也是一切的終點，它可以是有關係，也可以是沒有關係，可以是「實」也可以是「虛」，可以是「在」也可以是「不

在」等等。所以，它的涵義是深遠的。

7. 「**0**」是偉大的。這整個「尤拉恆等式」的結果是「零」。這與佛教「空」的思維有著極為奇妙的對應關係。這個式子更令人震驚的是虛數的 $e^{i\pi}$ 與實數的 1 之總和會是等於「零」，這也是在十八世紀時就在告訴我們，宇宙中實數宇宙與虛數宇宙的合併會是「零」，回到原點的大霹靂。正物質宇宙與反物質宇宙的總和會是「零」。宇宙中所有實數的總和與虛數的總和相加的結果會是一個「0」。事實上，一個「尤拉恆等式」可以告訴我們實在是太多了，我們也實在是不得不佩服那些探討宇宙真理大師們，他們是真正對宇宙人生的熱愛而付出了偉大的貢獻。

# ☆ 2.12
# 思維的特質使人成為天才

　　美國蘋果公司的聯合創始人，有一位曾任董事長及執行長職位的賈伯斯先生（Steven Paul Jobs，1955~2011，56 歲），他是一位具有極度思維特質的人，也因此使他最早看到了人類使用滑鼠來驅動電腦圖形的人機介面 (Interface) 之潛力，並將其非常成功的應用於 Apple Lisa 及麥金塔電腦上面。他同時也看到了動畫在人類未來影視市場的潛力，而成立了皮克斯（Pixar）公司，為人類帶來了另類的視覺效應。2007 年賈伯斯被《財富》雜誌評為年度全球最為成功的電腦科學家與商人。事實上，他並不是天才，他也有許多失敗的紀錄，但是他的思維特質，成就了他的一切。他的「美學至上」的設計理念，更是獲得全世界人們的認同與推崇，也因而認同了他的成就與他所具有獨特的思維特質。

　　絕大部分學習數學的人，在他們學習的過程中，很可能會認真的做兩件事情，

那就是 1.「講求計算」2.「取得答案」。只要會「計算」，就覺得高人一等，只要答案對了，就萬事吉祥。事實上，只懂得「講求計算」與「取得答案」的這種事情，是造成了許多人對於數學的無知，甚至完全不知道數學究竟是用來做什麼的？這樣的說法，就真實面而言，一點也不過分，各位不妨問一問你周圍的人，問他們兩件事情：

1. **「微積分究竟在説什麼？」**
2. **「微積分究竟能做什麼？」**

大概多數的人是回答不出來的。因爲，現代的人都是考試出身的，只要會「計算」，只要「答案」算對了，其他就可以完全的不管了。這真是一種本末倒置的教育，而不幸的是，卻讓這種倒果爲因成爲教育的通識與常態，這真是不應該的。我一直在說：「數學是表達宇宙中的真理。至少，它也是真理的代表者。」數學唯一講求的就是講理，奈何絕大部分的人卻以最不講理的方式在對待它，也對待著自己。在「序言」之中，我曾經說了，事實上《微積分》是很偉大的，因爲：

**《微積分》是一門處理與研究「瞬息萬變」的大學問。**

至於許多人斤斤計較的那些所謂的「解題能力」這件事情，人們真的是不應該，也不需要太擔心的，更不需要在那上面花費與消耗龐大的時間與精力。爲什麼呢？時代是在快速的進步中，人類可以使用的工具太發達了。沒有人會爲了寄一封信，會騎著快馬，在馬背上千里迢迢的日夜奔馳一個月，只是爲了從南方送一封信到北方去。當然，現在早已經不是那個時代了。雖然，人類曾經有過這個歲月，而且是很長的一段歲月，但是，並不代表日子都會是這個樣子。是「工具」使人類提升到了一日千里的境界，甚至，早已超越「一日千里」這個名詞了。「手機 (cell phone)」現在幾乎是許多人每天都要用的一種通訊工具，瞬間即可將資訊傳到世界上各個地方。才不過是一百年的時間，人類就已經改變到這種程度。那麼，「數學」呢？「數學」當然也不例外，不但是沒有例外，而且是進步得更快。各位，你要仔細的跟上。

以前的人類，花費在數學上的時間多是用在「解」題目上面，也就是爲了要求得數學上的答案，想盡了千方百計，用盡了一切手段與方法，只爲了要求得一個答案。但是如今，這一切早已經全然的改觀了。如果我問：

「*exp(1) x log(1)*」=?

　　面對這樣的題目，很可能會有一些人一時之間不知道該如何回答這個問題？也就是說，不知道它的結果會是什麼？其實，這是一題觀念性的題目。對懂得的人來說，它可能不需要一秒鐘就可以回答這個問題。但是，對沒有觀念或是沒有建立這方面認知的人而言，那就很難回答了。那麼，我希望的是，能帶給各位的是一種超越性的思維，尤其是在《微積分》上面，能夠帶給各位有超越性的思維與超越性的成就。

　　剛才說了，*exp(1) x log(1)=?* 對於這個問題，如何能夠具有超越性的思維呢？其實不難。請各位跟著一步一步往下走：

(1) *exp(1)=e1=2.718*（這是自然指數的定義）

(2) *log(1)= loge(1) =ln(1)=0*

(3) *ln(1)= loge(1)* 其意義是：

　　　　「*e* 的幾次方 *(x)* 會等於 1 呢？ *(e^x =1)*」

　　請記住在 *e^x =1* 的式中，這個 ln(1) 所要代表的是 *e^x* 上面的那個 *x*。
　　因為 *e^0 =1* ，所以，*ln(1)=0*

(4) 於是我們可以直接的寫出來：

　　*exp(1) x log(1)=0*

(5) 我期望能夠有超越式的思維，如此，則必然會帶給各位超越式的成就。

# 3

# 大自然的曼妙哲學與原理

【本章你將會學到下列豐富的知識】：

# ☆ 3.1
# 脫離傳統的制度

　　我們有很多人從很小的時候就開始為了要應付各項的考試，老師們就會要求他的學生們，以「背誦」的方式來應付所有的學科考試。原因很簡單，因為現有的考試是不容許你好好的使用思想與思考的，看到題目就得立即做答，否則，若是要再想一想，則在「時間」上就一定不夠用。考試不但可以決定你現有的一切，而且也決定你的未來人生。不幸的是，在現有的社會制度上，所有的考試都不會給你充分的「思考」時間，尤其是進入電腦閱卷的時代，直接用讀卡機來閱讀你的考試答案，當然就更不會給你「思考」問題的時間了。一個小時的考試你可能面對的是幾十道考題，甚至是幾百道考題。在這種考試的趨勢之下，於是迫使幾乎所有的學生，走向了似乎是唯一的途徑，那就是「背誦與記憶」，也因此，讓所有的學生們，把讀書視為是極度辛苦的苦難。只要一提到要好好讀書，那代表的就是「苦難」的日子來臨了。

　　要應付這種考試所面臨的苦難與困境，實際上有兩種方法可以選擇：

(1) 傳統式的「背誦法」：

　　不管任何考試，它的範圍都是有限的，超過了範圍是不被允許的。所以，只要在考試的範圍之中，進行全面性的「背誦」，似乎是可以立見成效的。因為，考試要的只是你的「答案」，而不是你的「思想」，更不需要你的「創意」。這是年輕人在千古以來，在成長的過程中所必須面對的時代性苦難與災難。古人說的十年寒窗苦讀，當然，也僅是為了科舉考試。而如果沒有考上呢？那苦讀的十年寒窗就算是白白的浪費了。

　　我一再的說，記憶力是人類最差的本能之一，奈何我們所有的考試，都是在考記憶力的問題，記憶得多也就寫得多，記憶得少也就寫得少。記憶的問題似乎是關係著一個人的前途。但是，諸位想一想，這樣對嗎？人類不是記憶的動物，卻偏偏要用記憶來決定一切。這樣的考試，其實是荒謬無比的。尤

其是有關於數學的問題，背誦數學，我想那會是人類所遭受最大的苦難與災難之一。如果背誦或記憶之後，在未來的日子還是可以用的話，那還說得過去。偏偏許多的科目，就如同是數學一般，在記憶與背誦過後就忘得一乾二淨了，那才真是冤枉了自己的生命。我曾見過最厲害的人，他從來都不跟同學出去玩，當別人在玩的時候，他都在讀書。有一次讓我遇見了，他口中唸唸有詞，手上拿著字典，我本能的反應是是他在背字典，於是我就直接問他：「你在背字典？背了多久？」他不能否認了，只能說：「是的，我背了三年。」不可思議的是，它背誦字典已經背誦了三年，但他卻連一句英文都說不好，甚至遇到外國人的時候，他連一句話都說不出來，也聽不懂別人在說什麼？記憶除了讓他應付考試外，竟然使他失去了語言能力。很難想像，他用生命換來的是什麼？

(2) 這第二種方式就是「解悟法」：

從這個字面上，我們可以瞭解這是一種「解讀」與「領悟」的做法。也就是對於你所要學習的一切使用「理解」與「領悟」的做法。當然，我們目前談的是數學，別的領域我就不便多費篇幅。所以，就數學而言，就必須要從懂得它的道理開始，那正是因為數學是講理的學問，對於數學若能夠真正懂得它的道理與實質意義的所在，並訓練自己快速、熟練而正確的思維，則必將可以「迅速」的提升自己的各項認知能力，有了這項認知能力，一定能使得自己出類而拔萃的。事實上，「解悟法」是可以帶領我們具有真正的「超越」能力的方法。

「解悟法」的本質是一種理解、領悟與思維作用（intellection）。「理解」是一種高級的心理活動的形式，人腦對信息的處理達到「理解」的狀態時，也就是已經對該事物實現了一定程度的吸收與轉化。所以，它是經由一種心智作用的過程，並且運用思維的意識，對所面臨的問題或對象加以迅速、確切而適當的處理，所以說，若是「解悟法」運用得當，則必然具有「超越」的本質與能力。

# ☆ 3.2
# 只要懂得她就不會忘記她

　　想要記住任何的事情除了要用心之外就是要「懂得」或是「理解」它。能懂、能理解，依據人類腦部的特質，自然也就能記得住。各位絕對不會記得今天早上在刷牙的時候，你總共刷了幾下？因為，我們不會用心去記它。但是，當你「懂得」或「理解」一件事情之後，那就是有了印象，不必去記它，卻自然而然的就記住了。如果各位到過美國的大峽谷玩過，住上兩天，好好的品味大自然的偉大，則我相信，在你的這一生中，任何時間只要有人提及大峽谷的風光，你一定就會立刻想起來，而不會忘記了。這種一輩子都能夠記憶不忘的現象何其偉大，讀書不應該如此嗎？

　　我們也許不必把數學說成是情人，那也許有人不同意。但卻是可以將數學當成是親近的人。當你多接近她而漸漸的瞭解她的時候，那份逐漸形成的感覺與印象，會長期的停留在我們的心裡。事實上，我們的心總是藏著大大小小或是片片段段的記憶，有的時候想起來，彷彿才是昨天的事，記憶還停留在那個時空裡。我們的記憶是幾近於無限的，尤其是在年輕的時候，許許多多的小記憶可以收藏了一大堆呢！對於所關心過的過往與某些事與回憶，仍常會攀繞在心上，有如一條看不見卻極為堅韌的繩子，一連串的繫著我們，讓我們終生不會忘記。

　　各位，你可以試著將數學當成是自己無數喜愛中的一個，多情不是壞事，這不是專對某一個人而言，而是多情於這世界上無數可以愛戀的事物，如果說你只愛戀玫瑰，難道其他的花朵樹木就不屑一顧嗎？太多的人害怕數學了，那是身為老師的人要負很大的責任，因為，他們沒有將學生教懂、教會，教得有興趣。但也不能說自己就完全沒有責任，問題是在於你沒有鍥而不捨的一直追下去，纏著老師不放，把他問倒，那麼老師就會在回去以後，努力去想辦法解決你的問題，如此說來，多去問老師數學思維上的問題，我們就可以節省許多自己的時間了，豈不快哉。

　　好的數學題目或是數學方程式絕對可以比擬詩詞的美妙的，也更吸引人的，但是，數學卻除了可供欣賞外，它還代表著「真理」。每次我在參閱《電磁學》中的

《馬克士威爾方程組 (Maxwell's equations)》總是嘆為觀止。馬克士威爾（1831~1879）是神嗎？為什麼他可以在十九世紀的時候就導出了如此偉大的方程式，造就了人類今日的文明，為什麼他可以在一百五十年前就導出光速，並告訴世人，「光」是電磁波，為什麼他甚至可以告訴世人，「光」是以三個軸度同時在行進的？當然，不論是「電 (Electricity)」 或是「電磁波 (Electromagnetic radiation)」都不是人類的肉體可以感受得到的。但是，它存在。不但存在，而且《馬克士威爾方程組》可以遍及整個宇宙都成立，這才是偉大。

現在，就讓我們談一談有一條大自然很偉大的曲線，我們稱之為「高斯分布 (Gaussian distribution）」曲線，如 Fig3.2.1 所示。圖中所示的是屬於高斯分布的「標準常態分布（standard normal.）」，曲線的最高點是位於曲線的中間位置，但這並不代表所有的狀態都會是如此，所以說它是「標準常態分布」。在某些情況下，曲線的最高位置可能偏左，也可能是偏右，也就是說曲線的最高位置可能位於左端，也可能位於較右端的位置，但這並不一定哪一種好或是哪一種不好，而是必須依照目的之不同而異。高斯分布不但是在物理、各類工程學及統計學等等多方面有著重大的影響力，更奇特的是它是一條大自然的分布曲線。什麼叫做「大自然的分布曲線」？也就是說，大自然中有許多的現象是按照這條曲線在分布的，所以，我們又常稱它為「常態分布（Normal distribution）」的。高斯分布是《自然科學》與《行為科學》中在做的定量分析時常會產生的一種「現象曲線」。許多大自然的現象，甚至是在光學上面，不論是《粒子光學》或是《波動光學》也都呈現這種分布的現象，雖然這些現象的根本原因人類尚並不完全知曉，但如果我們把許多微小的因素與變量疊加起來，其結果總是服從這個高斯分布曲線的。

「高斯分布」是高斯（Carolus Fridericus Gauss，1777~1855），德國著名數學家、物理學家、天文學家與電磁學家。在數學方面，高斯被認為是人類最重要的數學家之一，在年輕的時候即有「數學王子」的稱號。「高斯分布」又被稱為「常態分布」，因為這表示有許多大自然或是人世間的事情，其自然分配的現象就是以這種曲線的型態而分布的，這個「常態分布」曲線有一個非常重要的性質，那就是在統計上，隨機變量的和之分布狀態，總是趨於這種常態分布的形式。

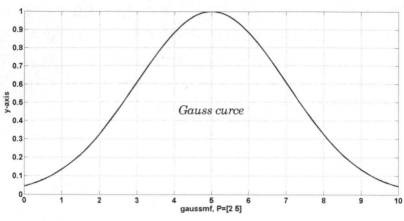

Fig3.2.1 高斯分布（1）

　　請注意，這種曲線圖代表的不是各個「數值」的本身，而是一種分布的「狀態」。也就是說，分布在接近於中間的「數值」或「狀態」的人或事是居於絕大多數的。也就是在 Fig3.2.1 這個圖中，它的「中間」數值是位於「5」的地方。至於這個「中間」數值究竟被定義為什麼事或是什麼物？那就必須因應各種狀態而訂定。就以人類的身高而言，若以男人的平均高度而言是 170 公分為平均的中間值，也就是說，絕大部分男人之身高會落在這個中間值的左右範圍之內。當然，這 Fig3.2.1 圖只是在用以說明常態分布的現象，如果真的用在人類身高的統計研究上，則還必須配合相當多的參數才有意義。例如人種的不同、年齡的區別、男女的差異，它甚至與居住的區域都有關係。

　　在日常生活上，其實我們每一個人也都實際的經歷過。在學校讀書的時候，一個班級中的任何一個科目，其全體修課的學生其成績的分布，原則上都應該會以這種「高斯曲線」做為常態分布的形式而呈現，所以才稱之為「常態」分布。這種常態分布的現象說明了絕大多數人的成績會落在中間值的前後。我想再強調的是，這中間值絕對不是分數的本身，也就是說，這個中間值並不是 50 分的成績分數，我們可以把它定義在 60 或是其他數值。如果說我們仍然將中間值定義在 60 分上面，而最後的統計出來結果則是如圖 Fig3.2.2 中所見的分布狀態並非如此，而所顯示的分布情形是趨於偏低的狀態居多，那很有可能老師需要好好的檢討一下，為什麼學生的成績普遍偏低，是自己太嚴格了？還是大多數的學生聽不懂？常態分布曲線

圖所顯示的是一種結果，至於造成這種結果的原因，則需要另外去做不同種類的分析，才會得到進一步的結論。

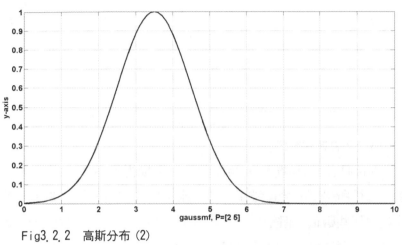

Fig3.2.2　高斯分布（2）

　　在另一個圖 Fig3.2.3 的分布中，我們可以看出這條曲線的峰值向高階偏移。許多人常會認為 Fig3.2.2 或 Fig3.2.3 是一種偏離常態的分布現象。事實上，在這裡產生一個很重要的觀念，那就是曲線的本身並沒有意義或是好與壞的問題，它只是根據所給予的數值而表達出的一種現象，而現象本身的意義究竟是好或是壞，那是另一個問題了。就如 Fig3.2.2 與 Fig3.2.3 曲線圖的本身而言，它們同樣的也只是表達一種現象而已，我們也不能說它就一定是偏離常態分布，因為，這要看我們是將「常態」的分布「定義」在什麼位置上。就以 Fig3.2.3 圖來說，如果這是對一些滿意度的調查而言，這樣的曲線分布會是正常的。而如果是對於一些災害的統計結果，那就不太好了。所以，我們不可以說該曲線的峰值的偏高或偏低就代表是好或是壞，這樣的論斷是不正確的。高斯分布曲線只是提供曲線的分布狀態，它在本質上必須由使用者來定義它所表達的真實意義。

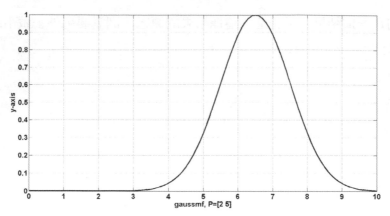

Fig3.2.3 高斯分布 (3)

　　現在，再回到我們的論題上，為什麼「只要懂得她就不會忘記她」的道理。對於數值進行分析所得到的最後結果，該結果可能往往有如天文數值一般的數目，沒有人可以記憶那些數值，但是，一條玲瓏的曲線，卻可能讓我們一生都忘不了它的形狀。大自然是很奇怪的，我們從來沒有看過任何一條河流從頭至尾是走直線式的，全世界的河流都是蜿蜒而下，除非它是人工的。我們也從來沒有看過任何一座山脈，它高聳的山峰是一條直線式的。曲線是宇宙中以及大自然中最自然的現象，而且也是必然的現象。所以，只要我們能夠瞭解一條曲線它所代表的實質意義，我們就一定會忘不了她。

# ☆3.3
# 偉大的生命曲線

　　在高斯曲線中，它的分布狀態看起來沒有什麼特殊奇異之處。但是，事實上，這個高斯曲線卻蘊合著宇宙中最高的哲理，那就是「一切」的事與物以及生命的現象，都顯示在的這個高斯曲線的蘊涵之中，是道理也是法則。那麼，這個道理也是

法則究竟是什麼呢？那就是蘊涵了整個宇宙與人生的五大階段，也就是「生、起、盛、衰、亡」的這個法則。我說的「一切」是包含了宇宙中萬事與萬物的衍化的道理。各位不要小看這五個字，這五個字道盡了宇宙中的一切道理與現象，它同時也是宇宙自然及人生現象衍化的天理所在。能懂得這個道理的也就是所謂的「天道」。

太陽是在大約 45.7 億年前，由在坍縮的氫分子雲所形成的，它現在正在進行將每秒 400 萬噸的物質於太陽的核心中轉化成為能量，而產生微中子和太陽輻射。現在的太陽正值它的盛年期，若以質能轉化的這個速率而言，太陽的生命循環將在 45 億年後而成為「紅巨星 (red giant)」，並逐漸的式微成為「白矮星 (white dwarf)」而爆炸，再次的把一切還給宇宙。我們人類在地球上的生命比起宇宙起源「大霹靂 (Big Bang)」的 137 億年，那也只能說是微小到難以描述的一瞬間而已。雖然我們的壽命是如此的短暫，但是在這短暫的生命中卻還是充滿著無窮的變化，觀看一個人的榮枯盛衰，其實有著人類與天地萬物之間共通的密切與關係。現在，就讓我們進一步的看一看，並且充分的深入體認自己，如下圖 Fig3.3「大自然的生命曲線」所示。這不只是人類，而是一切萬物的生命週期。所謂「大自然的生命曲線」所說的並不是單指有生命的動物或植物，而所謂「大自然」在意義上就包含了宇宙的一切自然現象，人類也只是宇宙大自然中的一粒沙塵而已。而宇宙中的星球、銀河系、星雲 (nebulas)、螺旋星系 (Spiral Galaxy)，以致更大的星系團（Galaxy groups and clusters）等等，如果我們能將眼光放遠，深入宇宙，我們將會發現，整個宇宙中的每一個星球，每一個銀河系、星雲、星系等等都脫離不了這「生、起、盛、衰、亡」五個字的道理。宇宙的自然現象涵蓋了一切，我們不可以將「大自然」僅僅的定義在地球或人類上面，那就把我們限制住了，而眼光也就太淺顯了。

生命是大自然的一部分，回過頭來看一看我們自己，去體認一下，生命是在不斷地成長中，還是已經逐漸的到了高峰？現在我們就用 Fig3.3 圖來看一看我們的生命成長的過程曲線。首先是「生」，當然我們從「無」而來，也就是生命起自「零 (Zero)」點，然後再逐漸的長大，由幼兒、少年而青年，這是我們生理與心理發育必然的過程。再跟著而來的就是求學時代，由小學、國中、高中、大學乃至於研究所這一連串而上的教育。除了教育之外，同時也可以是我們的事業逐漸的立碁，這時候是一切開始的興「起」，這是生命、學業或事業的「起發期」，所以，是一個「起」字。再經過了一段歲月之後，我們的身體的發育會達到一個巔峰狀態，而事

業也會到達最巔峰與興盛的狀態，這也是一生中的最佳狀態，這是一個「盛」字。這期間，每一個人最佳的狀態與時態並不都是相同的，有人藉助運動或醫療使自己的身體保持一段較長時間的最佳狀態，但這並不代表他可以一直的維持在那種狀態之中而不會下降。事業也是如此，有些事業可以在很長的時間都維持得很好，同樣的，這也並不代表它可以永遠如此，這世界上沒有不會死亡的人，也沒有不會衰敗的事業，更沒有不會滅亡的帝國，所以，接著而來的是一個「衰」字。所有的一切都會在週期內循環，只是有些的週期長一些，有些峰值的位置會提前或是落後。生活在這個世界上，而這一切的最後，都還是要回歸到「零」點，也就是這個「亡」字。各位，在看完這「大自然的生命曲線」之後，你可以想想看，你現在是處於哪一個階段？但無論如何，我們都可以深深的感觸得到生命的無常，但是，卻絕對不要讓生命匆匆而來，匆匆而過，總要留下些什麼才是。

　　所以，當我們深深的瞭解這一個曲線所代表的意義之後，不但是對於該曲線會有了新的認知，而且，也必然會對該曲線產生了相關的引伸或聯想。當我們對一條曲線有了瞭解之後，正如我們對一位好朋友是一樣的，在我們熟悉並深交了一位好朋友之後，相信，我們一生都不會忘記的。雖然我們未必天天放在心中，但是，隨時卻也都可以想得起來。而彼此之間的互益與互利，卻是終生受惠的。用曲線來認識數學的這種方法，就如同我們認識一位好朋友是一樣的，它讓我們終生都不會忘記，這才是真正懂得讀書的方法，也才是真正用對了方法。如此，則恭喜你，因為你必將終生受惠。在後面的微分章節裡，會進一步的將這個「大自然的生命曲線」加以微分，讓我們看一看這個「大自然的生命曲線」在微分之後，會帶給我們什麼重大的啟發？

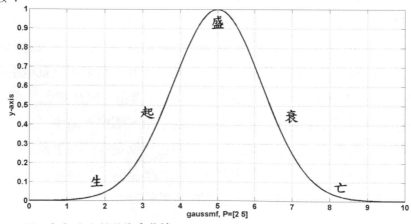

Fig 3.3 大自然的生命曲線

# ☆ 3.4
# 函數是一種因果的對應關係

　　現在，讓我們進一步的談談「函數 (Function)」的問題。很多人對於「函數」的觀念還不是很熟，因此，我必須要提出來詳細的談一談，如果對於函數在觀念上還不是很清楚的人，那麼，就應該好好利用現在這個機會，建立起對於「函數」正確而真實的觀念。否則，對數學整體而言，你還是無法真正入門的。所以，這種入門的功夫，需要再次的被強調，即使是對於使用函數已經很久的人，我相信在本章之中，仍然有許多的觀念、思維與理念，對諸位而言是有相當助益的，也是超越的。

　　什麼是「函數 (Function)」，說得直接而明白一點的，「函數」就是一種「對應關係 (Correspondence principle)」，但如果再說得清楚一些與白話一些，「函數」實際上就是一種「因果關係」，也就是說：

**「函數」是一種因與果的對應關係。**

　　簡單的說，你種什麼「因」，就會得到什麼「果」。這樣一種存在的關係就是「函數」。所以說，「函數」的本質就是在談「因」與「果」之間的「關係」問題。一個函數的基本特質就是對於每一個輸入值，也就是「因」，都有唯一的輸出值，也就是「果」與其對應。更廣泛的說，函數的因與果並不一定都與數值有關，它也可以是文字或其他相關的型態等等。在 Fig 3.4.1 圖中，我們可以看到由圓形的「因」，經過變化之後 ( 箭頭 ) 而成為「果」。這種的因與果的對應關係可以用在一切的事物上面，當然它也不是人類的專屬，而是可以擴及全世界甚至遍及整個宇宙的。「函數」是相當偉大的。在 Fig 3.4.1 圖中刻意的使用「因」與「果」的不同外型，避免讓人產生性質相同或大小的聯想。更進一步的，我甚至連形狀都改變了，也同樣的避免讓人然產生「因」與「果」外型會有相似的聯想。

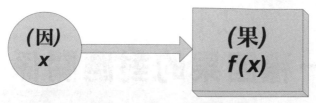

Fig 3.4.1 函數就是一種因與果的對應關係。

現在就讓我們再進一步的談一談函數的問題,在函數的表達式中:

**有 x 這個「因」,然後經由「處理器(箭頭)」處理之後,得到 f(x) 的這個結「果」。**

*x* 這個因,可以是「多因」的。也就是說,可以有許多不同 *x* 的「因」,而也可以對應不同的 *f(x)* 的「果」。如同 Fig 3.4.2 所示。有的時候為了方便起見,我們直接就用「*y*」來代替。也就是說,雖然用 *f(x)* 或用 *y* 這兩種不同的符號,但是它們的意義卻是相同的。

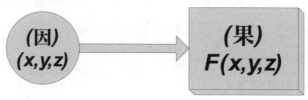

Fig 3.4.2 多「因」的函數

上述的是,這種函數的「果」未必僅由單一的一種「因」所造成的,它可以是由多種的「因」所共同造成的結果。這種現象在人世間或是在大自然中反而是比較多見的,在絕大多數的狀況下,一個結果大多不會是由單一的現象所造成的。就如一個大學生考上了大學,不會是由單一的科目而造成的,絕大多數都是由許多科目的成績同時所造成的結果。同樣的,我們是生活在三維立體的 *(x.y.z)* 空間裡,絕大多數時候,其作用的起因也多是三維因素的,當然,有的時候加上時間的因素,那就是四維了。

有一種狀況需要各位加以特別注意的,那就是一個「因」,也可以對應許多「果」,這在人世間與自然界也是常見的。那麼,它是什麼樣的函數呢?又該如何去稱呼這種函數呢?各位可以先看一看下列如圖 Fig 3.4.3 所示的「因」「果」關係:

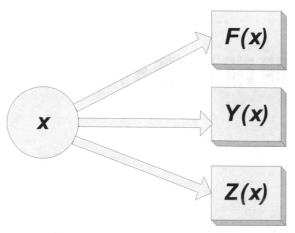

Fig 3.4.3 一個「因」所對應的是許多的「果」。

在 Fig 3.4.3 圖中，我們看到的是只有一個「因」，然而卻對應了許多的「果」。這會是怎麼樣的函數呢？事實上，這種型態的「因」、「果」方式，也就是說這種型態的對應關係，它就不能算是函數啦！因為它不符合「函數」的定義，那就是：

**「函數的基本特質，就是對於每一個輸入值（因）都只有唯一的一個輸出值（果）與其對應。」**

這是一句非常重要的一句話，也希望各位能夠牢牢的記住。

因此，我們可以在 Fig 3.4.3 圖中看出一些名堂來，它所對應的關係不是「函數」的關係式。

那麼，這種關係究竟還是不是屬於數學的領域呢？

當然，它還是屬於數學的範圍。至於這一類對應關係的數學問題，有許多專門的專業類別在談論這些問題。

如同《混沌理論 (Chaos theory)》中的「蝴蝶效應 (Butterfly effect)」，在空地上的一隻小小的蝴蝶，扇動著翅膀而擾動了空氣，最終可能導致遙遠的的地方發生了一場暴風雨。蝴蝶的扇動引起了小小的擾動空氣，而小的空氣之擾動，則有可能引起空氣的流動、氣壓上的變化、濕度的變化，然後再引起其他的連鎖反應，終於導致一場暴風雨。

它們的對應不是一對一的，而可能是以一而對應眾多的，因此，我們並不將這種現象列入一般的「函數」的形式，而是有另外不同的數學定義「$f'$」，它表現出系統對於初始條件的敏感性與依賴性。

# ☆ 3.5
# 明晰透徹的解悟

　　要瞭解數學，首先就要看得懂數學方程式，然而，想要看得懂數學方程式就必須看得懂方程式的意義。這之間的關係是緊密的，也是不可分的。對一位數學的行家而言，只要他看上一眼，就可以體會出這個方程式是會成為什麼樣子？能夠知道方程式的概要，當然，就一定可以說出它相關的內涵來。這種現象在我們人類的生活世界裡，其實是相當自然的。因此，希望所有學數學的人都不要用記憶或是背誦的方式，否則，真的是太可惜了。

　　我們每一個人都會有親人與許多的朋有，我們要認識一個人不就是先從他的外貌與外形開始認識起嗎？我們不可能說有一位經常交往的好朋友，然而，卻說不知道他的外貌與長相是如何？這是說不過去的。我如果問各位說：「你見過玫瑰花嗎？」而如果你曾經看過玫瑰花，首先在心裡面就會浮現出玫瑰花的模樣來，而不會說完全沒有一點概念的。也就是說，只要你具有「認知」，心中立刻就會浮現出所「認知」的相關意識來。是的，諸位如果懂我說這段話的真實含意，那麼就應該知道，對數學而言，也是有著同樣的道理的。當我們從地上撿起一塊石頭，用力的向大河中間投擲過去，我們可以預期所丟出去的石頭大致上會落在河流的水中。這是為什麼呢？因為我們大約都知道投出去的石頭會以拋物線的形狀飛出去，這就是不知不覺的在心中就有了數學，這個拋物線的軌跡在我們的心中是存在的，所以我們可以大致上估計得出來，以我們所丟出去的力量，大約就可以估計出石頭的的落點，而不會天馬行空的亂猜一番。對於數學，我們是不是也更應該如此呢？諸位不妨好好的想一想。

　　文字只能帶來許多的想像，並不能真正的描述事實，即使是天上掉下來的流星，也沒有人可以用文字說得清楚它有多亮？多快？或是多麼的一瞬間。但是，在十八世紀時英國的愛德蒙・哈雷（Edmond Halley， 1656~1742），他是天文學家，也是數學家，觀察一顆接近太陽系非常亮的彗星 (Halley's Comet)，這顆彗星在古代

的中國、巴比倫和中世紀的歐洲，都有這詳細而清楚的記錄這顆彗星的出現，但是，在當時並沒有人知道這是同一顆彗星的一再出現。哈雷以數學算出了它的軌道，並同時計算出該彗星是離心率(Eccentricity)為 0.96 的橢圓軌道，只要是橢圓行的軌道，它就一定會再出現。並因而計算出它的週期為 76 年。而當 76 年後這顆彗星又準時出現時，人們就將這顆彗星命名為「哈雷彗星」。常說，數學是用來表達大自然的現象，這就是一個早期的典範，也是在十八世紀時就被人類所確認是真實的事實。

數學中的方程式是可以讓我們產生「意象」的。「意」是意識，「象」是形象，也就是說，數學中的方程式是可以讓我們產生意識與形象的。這對一般人而言，好像是不可思議的事情。但事實上，對一些「超越」的人而言，這卻是不爭的事實。為什麼「數學」可以產生「意象」呢？實際上，這一點都不難的，因為，它是有方法可行的、有軌跡可依的、有脈絡可循的。我們應該訓練自己，讓自己可以到達一種較高而超越的境界，只要看一眼，就可以約略的知道這個方程式的形狀以及它的曲線會是一個如何的狀態。當然，只要知道曲線的形狀與狀態，那對整個方程式而言，不論是任何方面的問題，也就可以迎刃而解，至少也八九不離十的可以捉得住關鍵與重點。

為了希望能夠讓各位以最快的方式進入狀況，並得到最大的獲益，所以，我將以實際而具有典範作用的範例，用此來做為最有效率的一種學習方式，故而將它命名為「典範範例」。在這些一連串的「典範範例」中，首先，會先提出具有「典範」效果與意義的題目來，在需要時也會將方程式列出來，然後再進一步的將整個方程式的特性曲線圖繪製出來，並配合最詳盡【解析】，將方程式與特性曲線圖都加以詳盡的解析說明，務必要達到說清楚、講明白的目的。各位請注意，在「典範範例」的前端標記有「★」號，它的意義是在說明該題目的相對重要性，當然，「★」號越多則代表該題目的重要性或是難度也越重要或是越高，但沒有星號，並不代表該題目不重要，而大多是較為基礎性的問題或是題目。我深信，以這種方式，必然可以讓各位進一步的提升自己並進而迅速的超越群倫。

# ☆ 3.6
# 【典範範例】集錦

### ★★★【典範範例 3-01】

請思考與研判，下列兩個函數式它們的特性曲線圖如何？

其差異性是什麼？.

(1). $f(x)=x$　　　　　　(2). $f(x)=2x+5$

## 【解析】

1. 在這裡我想要特別強調一點的，那就是要問，為什麼我們要強調函數的特性曲線圖的重要性？答案很簡單，那是因為：

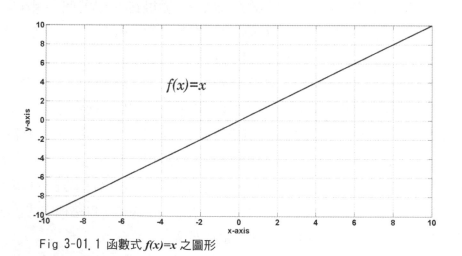

Fig 3-01.1 函數式 $f(x)=x$ 之圖形

**「一個函數的特性曲線圖可以告訴我們這個函數中所有的一切現象與答案。」**

所以，要瞭解一個方程式，就一定要先從它的特性曲線圖著手。否則，即使計

算出了答案來，也不知道自己究竟是在做什麼？

2.  在這同時，我也希望諸位也一定要養成一個習慣，在看到整個函數式的時候，先靜下心來思考這個函數式具備了哪些基本的「特質」與「特徵」。從這些特質與特徵裡，我們能夠解讀出哪些訊息？而這些訊息的意義又是什麼？如果能夠做到這些，那麼對我們所面對的函數或方程式，在自己的心目中就會有一個大致上的「圖像」存在，這一點是非常重要的。在心中一旦有了這函數圖形的「圖像」，答案就一定不會離題太遠。如此久而久之，久鍊成鋼，以後再遇到相近似或是相關的問題，就能迎刃而解了。而這才是真正有智慧的人所應該學到的事情。

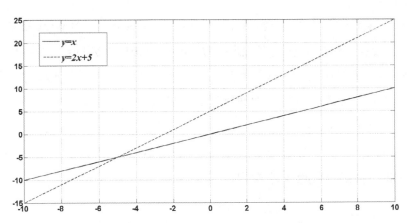

Fig 3-01.2 函數式 *f(x)=x* 與 *f(x)=2x+5* 的特性曲線圖

3.  我們先不必看其他任何的輔助資料，應該可以很清楚的可以知道 *f(x)=x* 是一條傾斜45度的直線，直線的中心點為座標軸的 (0，0)，對 *x* 軸與 *y* 軸完全對稱，這是最基本的，也是最簡單的一個函數式。如圖 Fig 3-01.1 所示。有一點需要說明的，那就是在 Fig 3-01.1 圖中的 *x* 軸格線 (scale) 與 *y* 軸中的格線 (scale) 並不是 1:1 的正格。這是為了節省不必要的篇幅，以免高度拉得太高而佔用太多的頁面篇幅。

4.  接著讓我們看一看 *f(x)=2x+5* 這個函數式與 *f(x)=x* 這兩者之間有何不同？各位請先仔細的想一想。*f(x)=2x+5* 與 *f(x)=x* 這兩個函數式究竟有哪裡不同？請先在心中盤算一下。

5. 在二元一次方程式 ( linear equation in the two variables) 中，它的標準式 (standard form) 是：

*ax+by=c*

我們可以得知它的斜率公式如下：

*ax+by=c*
*by=-ax+c*
*y=(-a/b)x+c/b*
*y=mx+d*
*Slope(m) =-a/b*

所以，依據上述斜率的定義，函數式 *y=x* 的斜率是 1，而 *y=2x+5* 斜率可以整理成標準式為 *2x-y+5=0*。故而它的斜率 *Slope(m) =-a/b=-(2/-1)=2*。很顯然，函數式 *y=2x+5* 的斜率要大於函數式 *y=x*。那麼，究竟是斜率比較大的比較傾斜？還是比較小的比較傾斜呢？毫無疑問的，當然是斜率比較大的比較傾斜。因為，如果是斜率等於零的話，那根本就是一條水平線。故而，在這道題目中，*y=2x+5* 的直線傾斜度要比 *y=x* 的傾斜度大。事實上，由圖 Fig 3-01.2 中，如果我們仔細的閱讀的話，依然可以清楚的看得出對應各函數的斜率數值來的。

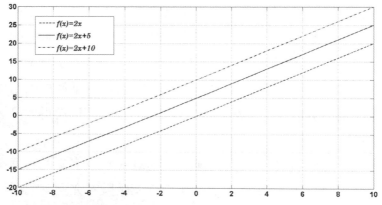

Fig 3-01. 3 函數式 *f(x)=2x*，*f(x)=2x+5*，*f(x)=2x+10*

3 大自然的曼妙哲學與原理

## 【延伸題】

1. 現在，讓我們進一步看看下列這三個式子究竟有什麼不同呢？各位請先不要急著看答案，先仔細的思考一下：

$$f(x) = 2x$$
$$f1(x) = 2x+5$$
$$f2(x) = 2x+10$$

在這三個式子中，各位可以很明顯的看得出來，它們之間，僅僅相差的是常數項。那麼，常數項的不同會對這些函數式造成什麼影響呢？說得更清楚一點，那就是上面的這三個函數式究竟有什麼差異呢？

2. 它們這三個函數式的「斜率 (Slope)」相等，故而各直線的傾斜相同。.
   「斜率」的另一個定義是：

$$Slope = \Delta y / \Delta x。$$

   a. 所以，當 $f(x) = y = 2x$ 時，$x=0$，$y=0$
      $\qquad\qquad\qquad\qquad\qquad x=1$，$y=2$
      可得：$\Delta x = 1$，$\Delta y = 2$ 。$Slope = \Delta y / \Delta x = 2$

   b. 當 $f(x) = y = 2x+5$ 時，$x=0$，$y=5$
      $\qquad\qquad\qquad\qquad\qquad x=1$，$y=7$
      可得：$\Delta x = 1$，$\Delta y = (7-5) = 2$。$Slope = \Delta y / \Delta x = 2$

   c. 當 $f(x) = y = 2x+10$ 時，$x=0$，$y=10$
      $\qquad\qquad\qquad\qquad\qquad x=1$，$y=12$
      可得：$\Delta x = 1$，$\Delta y = (12-10) = 2$ 。$Slope = \Delta y / \Delta x = 2$

3. 由於這三個函數式的差異只在於常數項的不同，故而斜率相同。因此可知，常數項的不同只會造成函數特性曲線的「平移」現象，而不會改變曲線的形狀。如 Fig 3-01.3 所示之特性曲線圖，分別將這三個函數式繪製在同一張圖表裡，相信各位一眼就可以看得出來，這是三條平行的直線，因為它們的 *x* 項一直都沒有改變，而變化的常數項並不影響斜率之值。當 *x=0* 時，可以分別求得各函數在 *y* 軸上的「截距 (y-intercept)」，而事實上，各函數在 *y* 軸上的「截距」即分別是它們的常數項。

## ★★★【典範範例 3-02】

請仔細的思考與研判，繪製出下列函數的特性曲線圖並請詳加解析。

$$f(x) = \frac{1}{x^2}$$

## 【解 析】

1. 有許多的人，可能對於 $f(x)=x^2$ 這個方程式還不很熟悉。當然，如果對於 $f(x)=x^2$ 的函數式還不是很熟悉的話，會比較難以思考這一題的函數式。但是，卻不是一定不可行。事實上，是可以一石二鳥的，所以，讓我們先建立起 $f(x)=x^2$ 這個函數式的整體觀念，再進一步來談該要如何處理本題的方程式。

2. 就 $f(x)=x^2$ 這個函數式而言，首先，我們可以分析出它具有哪些特性與特質，如圖 Fig 3-02.1 所示。

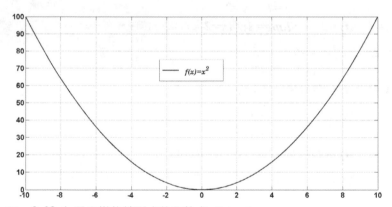

Fig 3-02.1 反向拋物線形式的函數式 $f(x)=x2$

(1). 這個函數式的中心點是位於座標軸 (0，0) 的位置上，且整個函數對稱於這個位置上。我們可以很直接的看得出來，這個式子是對 $y$ 軸對稱，而且均為正值，因為 $x^2$ 必然是正值。也就是說，這個函數式在 $y$ 軸中是不會有負數出現的。由於 $f(x)=x^2$ 這是一個反向的拋物線形式的函數式，如圖 Fig 3-02.1 所示。所以，該拋物線的形式是呈現於 $x$ 軸的正上方。所謂反向拋物線的意思是指它與傳統的拋物線形式相反。

(2) 現在再回到題目中 $f(x)=1/x^2$ 的這個函數式來。我們可以看得出來 $x^2$ 是位於分母的位置，且還是 $x$ 的平方倍。在這種狀態下，由於分母不得為零，所以，當 $x$ 趨近於零的時候，也就是分母 $x$ 趨近於零，而整個函數 $f(x)$ 的值就會趨於無限大。這種趨近於零的狀態可以分成兩個部分，一個是在正的部分趨近於零，則 $f(x)$ 的值就會趨於正的無限大。另一個是在負的部分趨近於零，則 $f(x)$ 的值還是會趨於正的無限大。

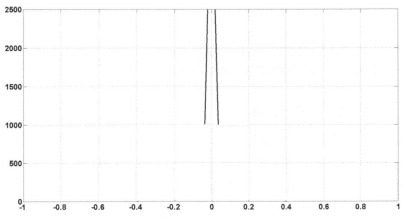

Fig3-02.2 函數上半部之局部曲線圖形

(3) 至此，我們有了一個確切的認知，首先，我們就可以推估出在接近軸 $y$ 也就是 $x$ 趨近於 $0^+$ 的時候，曲線會貼近 $y$ 軸而延伸至正無窮遠 $(+\infty)$。同理，在 $x$ 趨近於 $0^-$ 的時候，曲線也會貼近 $y$ 軸而延伸至正無窮遠 $(+\infty)$，而且是 $x$ 的值越接近於零則 $f(x)$ 的值就越遠。如圖 Fig 3-02.2 所示，函數曲線的上半部。

(4) 現在，讓 $x$ 值逐漸變大的時候，如此則將導致 $f(x)=1/x^2$ 的值逐漸降低，而當 $x$ 值趨於正無限大的時候，將使 $f(x)$ 的值趨近於正的零值。同理當 $x$ 值趨於負無限大的時候，亦將使 $f(x)$ 的值趨近於正的零值。其結果則如 Fig 3-02.3 圖所示。

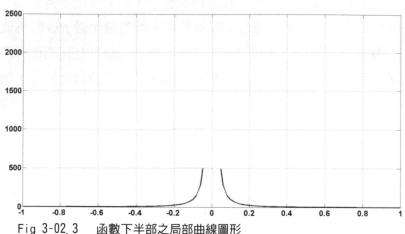

Fig 3-02. 3    函數下半部之局部曲線圖形

(5). 現在讓我們將圖 Fig 3-02.2 與圖 Fig 3-02.3 這兩個圖形合而為一，就成了一張完整的 *f(x)= 1/x²* 函數特性曲線圖。如圖 Fig 3-02.4 所示。

許多人在思考這道題目的時候，會將它與上一題的 *f(x)= x²* 做聯想，這是非常錯誤的想法。各位可以看得出，這兩道題目它們的函數特性曲線圖是完全不同的，甚至沒有任何一個相關聯的。結論是，雖然是同一個變數，但它位於分子或是在分母，則所得到的結果是完全不同的，當然，在函數特性曲線圖上面，也相差了十萬八千里。

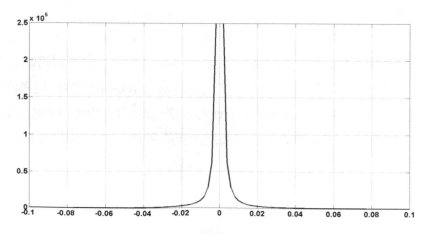

Fig 3-02. 4    *F(x)=1/x²* 函數之特性曲線圖

## 【延伸題】

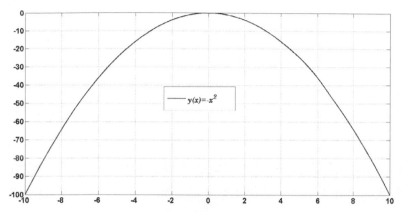

Fig 3-02.5 頂部在上之拋物線函數式 $f(x)=-x^2$

　　我們在上面已經知道了 $f(x)=x^2$ 這是一個開口向上「碗形」拋物線形狀的一條曲線。那麼，如果我們希望的是一個正式的拋物線形式的圖形，那請各位仔細的想一想，在最小的變動之下，我們該如何修改這個函數式？答案其實是很簡單的，請各位記住，我們要調整一個函數式的正反方向，只要用「正」號與「負」號調整就可以了。因此，在這道題目中我們只要把等號的右端加上一個「負」號就可以了。也就是讓函數式成為 $f(x)=-x^2$。它的特性曲線圖則如圖 Fig 3-02.5 所示。

### ★★★【典範範例 3-03】

　　請仔細的思考與研判，下列函數所呈現的特性曲線與特質如何？

$$f(x)=x^3$$

## 【解析】

1. 　對沒有經驗的人而言，想要完整的繪製出這個函數式的曲線圖是相當不容易的。但是，不要緊，就讓我們一步一步踏實的走下來，看一看它究竟與我們的推想是不是能夠達成一致化。首先，我們當然會先設定 $x=0$ 所對應的 $f(x)$ 的值，這是最容易的了。所以我們就會得到第一個 $x$ 函數對應值，那就是當 $x=0$ 時，$f(x)=0$，這是一個可以確立的點，也就是原點。這讓我們知道，這條曲線通過

原點。

2. 當變數 $x$ 正值逐漸增大的時候，$f(x)$ 所對應的值會以 3 次方的比例而增加。所以，$f(x)$ 的曲線不會是一條直線，而是斜著向上的快速增加。同理，當變數 $x$ 逐漸負向增大的時候，因為 $f(x)$ 所對應的值會以 3 次方，以負數快速的增加。所以，$f(x)$ 的曲線會快速的向下墜落。也就是以 $x$ 的三次方在急遽的向下延伸，所以 $x$ 軸與 $y$ 軸也是以三次方的比值在變化，只是方向相反。

3. 這個 $f(x)=x^3$ 的方程式在一般數學上使用的非常多，各位必須要能夠充分的瞭解才好。為什麼呢？因為這是一個基礎。說得更確切一點，不論是 $f(x)=x^2$ 或是 $f(x)=x^{-2}$、$f(x)=x^3$ 等等，這些都是數學方程式的最基本模式，能夠熟悉這些數學方程式的最基本模式，將來再依此而延伸，就可以馬到功成，隨心而應手了。對於 $f(x)=x^3$ 方程式的特性曲線圖則如圖 Fig3-03.1 所示。

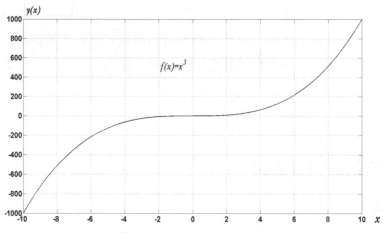

Fig3-03.1　$f(x)=x^3$ 三次方函數式特性曲線圖

### ★★★【典範範例 3-04】

請仔細的思考與研判，下列函數的特性曲線與特質如何？

$$f(x) = \frac{1}{x}$$

## 【解 析】

1.  這個函數式與 *f(x)=x* 函數都是數於一次方的函數式。在形式看起來有一些相似,但是符號卻是相反的 *f(x)=x⁻¹*。在觀念上,首先,最特別的地方就是變數在分母的這個部分。諸位要知道,當變數在分母的時候就要特別的小心,因為它會有無限大的情況出現。

2.  因為變數在分母,當變數 *x* 延著座標軸而行走的時候,在它的兩個極端都是我們要注意的重點。尤其是接近「原點」的時候,就要小心了。這個曲線在 *y* 軸的部分,*x* 不可以等於零,因為,*x=0* 時則 *y=1/0*,這是一個無限大的值。但是,我們可以使用極限的觀念,讓 x 無限的接近它,這種情況則是成立的,也是被允許的。

3.  當 *x* 趨於 0⁺ 時 ( 比 0 大一點點 ),*y* 會趨於正的無限大。當 *x* 趨於 0⁻ ( 比零小一點點 ) 時,*y* 會趨於負的無限大,這是兩個最為極端的現象。所以,這個時候 *y* 軸的右側正值 *x*,由 *x* 趨於 0⁺ 逐漸向左趨於零的時候,會有一條上升而趨於極限的線段。同理,在 *y* 軸的左側在 0⁻ 逐漸向右趨於零的時候,會有一條下降而趨於負無限大的線段。這是在 *y* 軸上的分析。

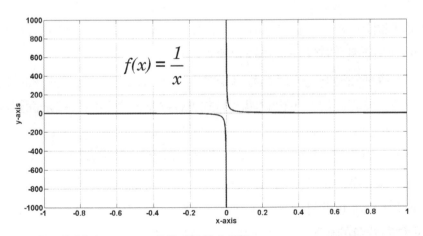

Fig 3-04. 1　*f(x)=1/x* 函數式特性曲線圖

4.  那麼,另外一個就 *x* 軸的分析會如何呢?當 *x* 如果逐漸趨向於正極大值的時候,*f(x)* 的值必然會急遽的下降而趨於 0⁺。同樣的道理,*x* 如果逐漸趨向於負極大值的時候,*f(x)* 的值也會急遽的下降而趨於 0⁻。如圖 Fig3-04.1 所示。請各

位要注意，由於篇幅的關係，在圖中 $x$ 軸與 $y$ 軸的刻度 (scale) 彼此之間的值並非 1:1 的比值。

---

### ★★★【典範範例 3-05】

請仔細的思考與研判，下列函數的特性曲線與特質如何？

$$f(x) = \frac{1}{x^3}$$

---

## 【解 析】

1. 這個函數式與上一個【典範範例 3-04】在形式上看起來非常相似，但分母卻是三次方。函數 $f(x)=x^3$ 在指數部分為負號。也許會有很多人覺得分母是三次方的函數式，不太容易想像它的特性曲線會是如何？事實上，有一個特質請各位一定要知道，將來對各位一定會有超越性的助益：

   **函數式若是為「偶次」次方的，它們之間的特性曲線會是十分相似。**
   **函數式若是為「奇次」次方的，它們之間的特性曲線也是十分相似。**

   比較複雜的是一個函數式，若同時具有「奇次」次方與「偶次」次方的變數，那問題就會比較複雜。但是，我們仍然會為各位整理出許多超越性的思維，這在後面的章節裡會有進一步的詳細論述。

2. 各位需要特別知道的是，因為分母是奇次方，所以，它整個特性曲線的特質會與上一個「典範範例」，也就與函數式 $f(x)=1/x$ 極為相似。這是面對題目的時候所應該有的第一個觀念。

3. 對於奇次方的分母，它的重點是接近「原點」的時候，就要小心了。因為這個曲線在 $x$ 趨於零的正負兩側極限的時候，會有兩個截然不同，而且是趨於無限大的 $y$ 值出現。也就是說，當 $x$ 趨於 $0^+$ 時，$y$ 會趨於正的無限大。當 $x$ 趨於 $0^-$ 時，$y$ 會趨於負的無限大，這是兩個最為極端的現象。也就是說，在 $y$ 軸的右側由 $x$ 趨於 $0^+$，亦即逐漸向左趨於零的時候，會有一條上升而趨於極限的線段。同樣的，在 $y$ 軸的左側在 $0^-$ 由右趨於零的時候，會有一條下降而趨於負無限大的線段。

4. 那麼，另外一個相對應的現象是什麼呢？當 $x$ 如果逐漸增大而趨向於正極大值

的時候，*f(x)* 的值則會急遽的下降而趨於 $0^+$，也就是一直都會在 0 的上方，而永遠不會等於 0。同樣的道理，*x* 如果逐漸趨向於負極大值的時候，*f(x)* 的值也會急遽的下降而趨於 $0^-$。

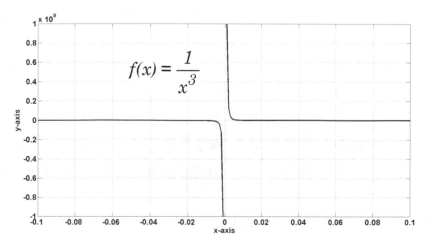

Fig 3-05.1　*f(x)=1/x³* 函數式特性曲線圖

如圖 Fig3-05.1 所示，事實上，它是另一個直角雙曲線 *f(x)=1/x* 的同型，它們是非常相近的，只是 *f(x)=1/x³* 的這個函數式在接近中心點的地方變化得更快而已。在懂了上述對於這個函數相關「端點」的敘述與分析之後，相信以後遇到相關與類似的問題，就知道該如何著手，該如何獲得一個具體的形象與概念，也唯有如此，才能以超越的姿態，超越一般人。再次的說明一點，由於篇幅的關係，在圖中 *x* 軸與 *y* 軸的刻度 (scale) 彼此之間的值並非 1:1 的比值。各位可以看得出來，*x* 軸與 *y* 軸相差了 $10^9$ 的倍率。

### ★★★【典範範例 3-06】

請仔細的思考與研判，下列函數的特性曲線及其特質如何？

$$f(x) = \sqrt{x}$$

### 【解　析】

1.　就一般人而言，遇上了具有根號的方程式，在思考該函數的特性曲線與特質時，就覺得要困難得多了，甚至於難以思考了或是無法想像了。事實上，諸位

可以不必如此的過分擔心。因為，我相信在解過這題之後，將會突破諸位的心理障礙，反而覺得是一項成就，而再也不覺得它有什麼神祕與困難了。雖然，這個函數圖形對一般較為沒有經驗的人而言是比較難以進行思考的，不過沒關係，讓我們逐步的去瞭解它，以後如果再遇上相關的問題，就可以迎刃而解了。

2. 首先，在 $f(x) = \sqrt{x}$ 的式子裡，我們會注意到的是 $x$ 的值不可以是負值，因為，如果 $x$ 的值是負值則會產生虛數的問題。所以，我們首先排除 $x$ 是負值的部分。也就是說，這個函數的特性曲線與特質必然是在座標軸 $y$ 軸的右側，而 $x$ 負值的部分是沒有曲線可以存在的。而如果 $x$ 的值是不可以有負值，也就是說 $x$ 的值必須是正值，那麼開根號的結果，函數式 *f(x)* 當然也必然是正值，也就是 $y$ 值必須是正值。

3. 有了上面所說的這些限制與條件，我們就可以先得到一個初步的結果，那就是整個曲線圖只能存在於第一象限。由於函數式 $f(x) = \sqrt{x}$ 不是線性的，所以它應該是以曲線的形勢而對應上升。但是，它究竟應該是以凸出的形式上升或是以凹陷的形式上升呢？現在，讓我們看這個函數式 $f(x) = \sqrt{x}$，這其中 $x$ 的值必須要有平方倍，才能與 *f(x)* 的值相等。所以，在特性曲線圖的部分，我們應當可以推想得出在 $x$ 軸上的 $x$ 值會是 *f(x)* 數值的平方倍。所以，這個函數的特性曲線圖應該是以略似於拋物線的形狀，由原點升起，而以一個弧度的形式上升。如圖 Fig3-06 所示。

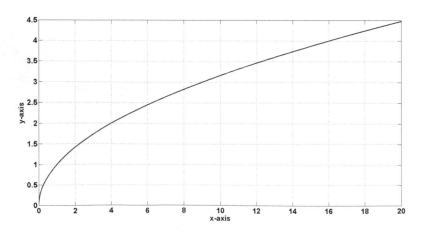

Fig3-06　　$f(x) = \sqrt{x}$

## ★★★【典範範例 3-07】

請仔細的思考與探究下列的問題，有所謂「賭神」的，聽說他在賭場中能呼風喚雨，戰無不勝。各位，讓我們幫他算一算，連贏十場的機率如何？事實上，這就是一條很有名的「賭博曲線」。

## 【解 析】

許多人喜歡賭博，甚至有人被尊稱為「賭神」的，似乎他能夠在賭場上任意的呼風喚雨，要紅桃有紅桃，要方塊有方塊，戰無不勝，攻無不克。但是，讓我們用較淺易的數學幫他算一算，如果不使用詐術的話，一個人如果想要在賭桌上連贏 10 次，他的機率會是多少呢？我們知道，在賭博時勝負之間的機率是各佔 1/2，而連贏兩把的機率是 1/4，連贏三把的機率是 1/8。這是 $f(n)=1/2^n$ 極為簡單的函數式。當然，如果有其他限制或規定則另當別論。

根據這個簡單的函數原理 $f(n)=1/2^n$，我們可以繪製得出來這條函數曲線，如 Fig4-09 的賭博曲線圖。諸位如果仔細的看過的話，必然可以想到對應的一句話，那就是「久賭必輸」，曲線向下墜落的速度非常的快，直到接近於「零」的附近才趨緩，想要連贏十次的機率在圖上可以看得出來是接近於零的，如果各位將它放大來看，可以看得出來正確的值是 0.0009765625。這也是為什麼很少有人在賭場中能夠全身而退，而賭場卻是越開越興盛的的道理所在。

各位也許會說，任何事情不都是相對的嗎？反過來說，賭場的人不也是如此嗎？事實不然，在賭場上它是莊家，就以世界上最大的賭場之一「拉斯維加斯 (Las Vegas)」來說，每一個去的人都會去玩「Blackjack」這個賭牌。也有稱為「二十一點 (21 points)」的。但是，就這個賭牌而言，他先發牌給各家，然後開始給各家補牌，「爆 (busting or going bust)」掉的人，它就先把錢收走了，而莊家卻是最後一個補牌的人。它還沒有給自己補牌的時候，就已經收走了一大堆「爆」掉的人的牌與錢。當然，看似機率公平，其實這已經有先後的問題了。這在「機率學」上我們可以很輕易的證明莊家在人多的賭博中，他會贏的機率要大得多。更何況，他是最後補牌者，而你的牌只要一「爆」，他就收你的牌，也收你的錢。天底下最喜歡當莊家賭博的就是政府，他們發行各種彩券，五花八門，希望大家都來買彩券，因為，最大

的贏家就是政府這個大莊家。

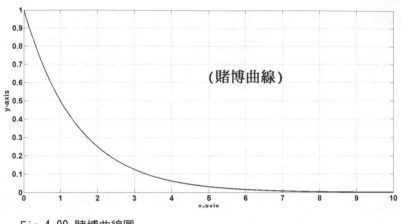

Fig 4-09 賭博曲線圖

### ★★★【典範範例 3-08】

請仔細的思考與研判，下列函數所呈現的特性曲線及其特質如何？

$$f(x)=x+sin(x)$$

### 【解 析】

1. 許多人看到這種題目都會嚇壞了，甚至於放棄了。其實，這種題目如果能夠解悟的話，它是相當簡單的。很明顯的，這個函數式是由兩個部分所組成的，其一變數 *x*，另外一個 *sin(x)*。如果單獨處理這兩個變數當然是容易，但是這兩個變數加在一起了，那會是什麼樣的一個狀態？

2. 在直覺上，應該是將這兩個變數的波形加在一起。這樣的想法並沒有錯，而事實上也的確是如此。讓我們先不要去看後面的答案與結果，就讓我們先在心裡面將這兩個變數加在一起來想。當然，我們首先單看函數式是 *f(x)=x*，那就非常容易了，因為它是一條直線，而且 *f(x)* 與 *x* 的數值是等值，成 45 度角度而上的直線，如下圖 Fig 3-08.1 所示。而如果我們單獨討論 *f(x)=sin(x)* 那也十分容易，因為它是一條標準的正弦 *Sin* 波形，如下圖 Fig 3-08.2 所示。

3. 我們都知道，兩個單獨的數值是可以使用加法予以相加而求其「和」的。但是，兩個單獨的波形可以相互加減嗎？那會是如何呢？答案是肯定的。在此正是給各位一個絕佳的機會，讓各位可以先在心裡面，將這兩個波形予以加減混合，

看看各位心中所想的波形合成之後，究竟會是如何？

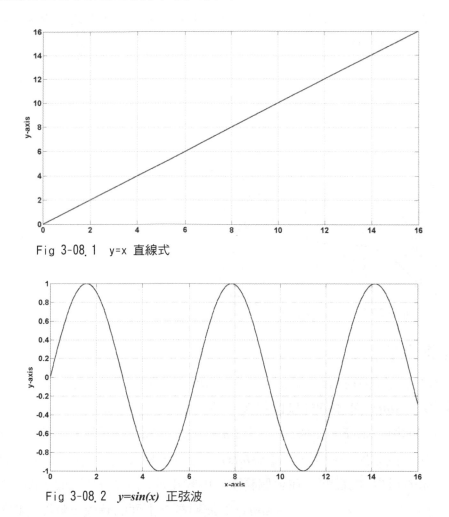

Fig 3-08.1　y=x 直線式

Fig 3-08.2　*y=sin(x)* 正弦波

4.　如果各位心目中所想的結果真的是如圖 Fig3-08.3 中所示的，那麼，就要恭喜
　　各位了，這代表各位已經有了波形合成想像力與波形合成的創造力。這個函數
　　波形 *f(x)=x+sin(x)* 的確是十分有趣的，各位可以完全看得出來，它真的就是將
　　*f(x)=x* 與 *f(x)=sin(x)* 的函數波形加在一起。當然，這也是作者的精心安排，讓
　　各位可以逐漸的提升對於函數波形的思維能力。

5.　這也是為什麼我一直的在強調要學習「智慧」這兩個字，那就是：

**「在面對數學的時候，心目中要有能與函數對應的波形或圖形存在。」**

也唯有如此，才能將數學融入真正的生命之中，否則它還是它，而你還是你，那就是浪費時間了，也是浪費了生命。當然，對於宇宙進一步的真理現象也就無法充分與真實的瞭解與解讀了。

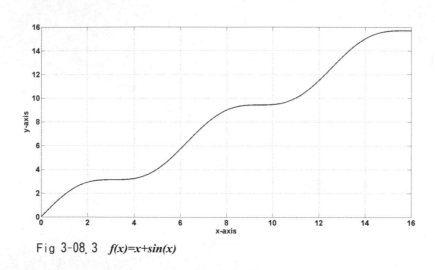

Fig 3-08.3 *f(x)=x+sin(x)*

## 【研究與分析】

也許會有人覺得在 Fig 3-08.2 圖形中，*sin(x)* 波型的幅度較大，而在 Fig 3-08.3 圖中所顯現的 *sin(x)* 波型的幅度比較起來感覺要小得多。事實不然，這是「刻度(Scale)」上的問題。在 Fig 3-08.2 圖形中 *sin(x)* 波型的幅度感覺較大，那是因為它所使用的「刻度」較小。我們都知道，*sin(x)* 波型的振幅最大值是從 +1 至 -1 而已。也就是說 *sin(x)* 波型的振幅就在這個範圍之中變化而已。相對於 Fig 3-08.1 的直線式，它的幅度要大得多。所以，當 *sin(x)* 的波形載在上面的時候，就顯得相對的小了。諸位可以注意另一件事情，那就是 *sin(x)* 的波形在 **5π** 的範圍中，我們可以看得出它與圖 Fig 3-08.3 中是相互一致的。這就可以進一步的證實了在數學中的加法原理。事實上，在函數的特性曲線圖中也同樣的適用。故而，若能善加的運用這一個現象，則對函數的認知與解悟是有很大助益的。

現在，有一個「很重要」的新問題出現了，如果我問：

$$f(x)=x \cdot sin(x)$$

請仔細的思考與研判，上面的這個函數所呈現的特性曲線及其特質如何？這一

題希望諸位可以好好的思考一下。那麼，現在就讓我來進一步的加以說明，其實，這一題是具有相當基礎概念，而且是必須真正瞭解與懂的一道題目。首先，我們在看到 *f(x)=x・sin(x)* 這種題目的時候，先「不要」認為 *f(x)* 只是將這兩個變數相乘以求得結果。這樣的想法故無不可，但是，那是沒有什麼概念的。因為，許多人把相「乘」認為只是一種運算而已。這樣的想法就不是在「思考」數學，而是在「做」數學。如果要講「做」數學，那機器會「做」得比我們好得太多了。

　　這一題 *f(x)=x・sin(x)* 真正應該的想法是：

**sin(x) 的變數值，會被另個變數 *x* 放大 *x* 倍。**

　　如果能夠這樣思考的話，則這一題的答案與特性曲線圖就可以呼之欲出了。說得更確切一些，也就是變數 *sin(x)* 的值會被 *x* 的值逐漸的放大。所以，它會出現一個由小而大的震盪波形。如圖 Fig 3-08.4 所示。而它的週期則如同 *sin(x)* 的週期是一樣的。那麼它為什麼沒有如圖 Fig 3-08.3 *f(x)=x+sin(x)* 中，圖型逐步的被墊高呢？那是因為在 *f(x)=x・sin(x)* 這一題中，變數 *x* 的值直接被融入了 *f(x)* 之中，而沒有單獨「直流」*x* 的成分在內。

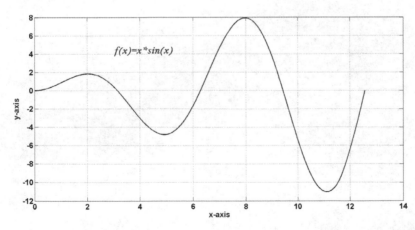

Fig 3-08.4

# 4

# 從微積分的思維說起

【本章你將會學到下列豐富的知識】：

# ☆ 4.1
# 人們自古就喜歡算命

「甲骨文」又稱「甲骨卜辭」，主要指中國商朝或商朝之前的時代，王室或諸侯用於占卜或記事，在龜甲或獸骨上所刻出來的文字，它是中國已知最早的能解讀並成體系的文字。君王或社會上重大的事情，由「占卜」來做為取決事情的依據。即使是百姓在日常生活中的大小事情，也同樣的脫離不了與「占卜」的關係，只是不用「甲骨」而已。在《禮記》中的〈表記〉篇章中，有很明確的一段文字記載道：

**「殷人尊神，率民以事神，先鬼而後禮。」**

這是在說，在中國殷商時期社會上的人們都極為遵從鬼神，而各地的王公侯都將侍奉鬼神視為極為重要事情，舉凡處理大小事務，都要先侍奉鬼神，祈問鬼神，然後才能講求禮儀，進行論事。「甲骨卜辭」就是用甲骨先進行占卜，事後將所問之事鍥刻於甲骨上。這是中國已知最早幾乎可以完全被解讀而成體系的文字。這句話中的「鬼」這個字，並非指的是妖魔鬼怪的「鬼」，而是指已逝去的「尊長」或「先人」。

就現代的人而言，已經沒有人會再使用甲骨來占卜，但是，這並不代表現代的人們並不迷信了，而是現代的人可以用來算命占卜的東西太多了，對二十一世紀現在的人們來說，仍然有太多的人沒有接受到真正的科學知識教育，故而對於迷信的問題，在本質上說來並沒有太大的改變。

事實上，我們必須要知道，不論是算命或占卜都脫離不了「因果之道」的。也就是說，不論是如何的算命或是如何的占卜，若是背離了「因果之道」則都不能夠長久成立的。

正如我們丟出去了一塊石頭，這是「因」，然而，無論如何它都要落地的，這是「果」。至於丟出去的石頭何時落地？或是落在什麼地方？則是受到許多相關的「變數 (variable)」之影響，例如溫度、濕度或是風速，甚至於是石頭的形狀等，都會影響到石頭的落點。許多人想要發財而中特獎，這是「果」，但無論如何還必

須去買獎券，這才有「因」，而這「因」與「果」之間的關係則是一個「機率」的問題。我不認為哪一位算命的先生可以幫得上忙，算得出中獎的號碼，否則他大可不必擺攤子辛苦的幫他人算命，自己算準了，去買獎券就好了，可以成為世界首富。問題是，他行嗎？同樣的，不努力讀書而期待神仙能在夢中洩漏考題，那還是癡人說夢。

　　人類在面對著不可預知的未來，不知道天下「最重要」的一件事情，究竟會如何？什麼是天下「最重要」的事情？那就是自己的「命」。面對著未知的「命」，內心中難免總會有無可奈何的感覺，於是相關的算命的學說，也就應運而生。「準」了就說神準，不準就是心不誠。我實在不知道，古代的神如何能知道現代人類的生活？也很難想像，古代的神如何會用現代的手機，而且還能答應或允諾你的那些祂從未見過的事與物？

<br>

## ☆ 4.2
# 微分是研究因果相應之道的大學問

　　宇宙的本質是「變化」的，而且是無時無刻不在變化之中。我們的銀河系(Milky Way Galaxy) 在宇宙中運動的速度，約為每秒 600 公里，而銀河系 (Milky Way) 中的太陽，則帶領著我們整個太陽系 (Solar System) 的行星，以每秒 220 公里的速度，環繞著銀河系中心旋轉著。而地球則又以每秒 30 公里的速度，環繞著太陽旋轉。宇宙中有無限多的銀河系 (Galaxy) 彼此又以高速度在相互遠離的飛奔。宇宙中沒有永恆，一切都在變化。這所有的一切天體的變化，都是驚天動地的大。但是，無論如何，這所有的一切變化，不論它有多大，卻都「始」自於極微量的開始，它起自於極其微量變化的因與果。所以說，「微分」的本質是偉大的，這一點也不過分。

　　剛才說了，若是有脫離了「因果之道」的事情，在這世界上是絕對不會存在的，

至少在我們這個人世間是不會發生的。各位想一想，在我們的人世間如何會有「果」而卻無「因」的。在我們的一生中，會發生很多很多的事情，我們也可能會覺得有些事情沒有什麼道理但是卻是發生了。所謂「因果」，無因是不會有果的，只是許多時候，人們並不知道真正的「因」是在哪裡？而卻只是體驗到了「果」的降臨。

至於在宗教界所常談的「因果報應」，那是涉及到了人類各種行為的原由與現象，在意識型態上的「因」當然也是有的。雖然，人類的意識型態是具有相當複雜的因素，但是，基本上還是脫離不了「因果之道」。這天底下可有人不買獎券就能中第一特獎的？那當然是不可能。但買了獎券卻未必就能中第一特獎。有人會說那有「因」卻未必有「果」啊！這倒不是這麼說，就發行獎券的公司而言，你沒有中獎卻是它最重要的「果」。古人得到了流感感冒，認為那是風邪所引起的，至於什麼是風邪，千古以來，沒有人可以說得清楚。但是，到了近代我們很清楚的知道，那是流感病毒((Influenza))所引起的結果。因此，這還是回到了「因果之道」的路上。

所以，這「因果之道」才是真正的天理所在，才是真正宇宙中的大學問。然而，卻很少人知道，《微積分 (calaulus)》正是研究這「因果之道」的學問所在。《微積分》跟因果有什麼關係嗎？是的：

**《微積分》是研究微量因果變化之道的科學與真實的學問。**

《微積分》可以區分為「微分 (differential)」與「積分 (integral)」這兩個大的部分。由於它是**「研究微量因果變化之道的學問」**，所以，「極限 (Limit)」也是包含在它的領域之內。那麼，它們究竟是在談什麼呢？有一句名言說得很好，「聖人見微知著，睹始知終。」所以說，諸位若是能見微知著，睹始知終，必然都可以成為聖人了。就以近代大家都可以看到的巨型建築物而言，從一開始，它們講求的就是絕不允許有任何答案之外的微量變化，否則等到肉眼都可以看到大樓歪斜那就來不及了。

「微分」：是在談「微觀」的事情。在「極微量」的「因」的變化狀況下，它與「果」之間的對應之道究竟是如何。亦即微分可以描述為：

**當函數自變數有了極微小的變化時，函數的對應值會是怎樣的結果呢？**

說得白話一點，

「微分」就是研究微量因果變化之道的學問。

在《微積分》上的寫法是：

$$f'(x) = \frac{dy}{dx}$$

這是在說：

**「就極微量的函數 $dy$ 而言，當它的變數 $dx$ 在極微小變化之時，它們之間所產生的變化會是如何呢？也就是 $f'(x)$ 這個結果會是如何呢？」**

所以說，它是在談在微量的變化狀況下，因與果之間的關係之道。故而，它是拆解極微量的「因」而求其極微量所對應的「果」究竟是如何？所以說，它當然是始自於「微觀」的。

根據「微分」的基本定義，可得微分的基本運算法則如下：

$$\frac{d}{dx}(x^n) = nx^{n-1}$$

# ☆ 4.3
# 積分是研究「積因得果」之道

那麼「積分」呢？積分的觀念是「巨觀」的嗎？不，「積分」同時包含了「微觀」與「巨觀」的這兩種極端的觀念。所以說，「積分」的本質同樣是偉大的。那麼，「積分」究竟是什麼觀念呢？它究竟是在講什麼大道理呢？是的，「積分」的概念是：

**「將許多不同的極微量值累加在一起的時候，它的結果會是如何呢？」**

它同樣的是因與果之間的對應之道。亦即積分可以描述當函數的自變數做很小量而不斷地累加時，函數的對應值會是怎樣的呢？它在《微積分》上的寫法是：

$$\int f(x)\,dx$$

它表示的是在 $f(x)$ 函數中，當 $dx$ 不斷地進行微量的累積，則最後累積的結果會是如何呢？各位可以看得出來，上面的這個式子，似乎是沒有範圍的限制。是的，它的確對於微量的累積沒有任何的限制，對於這樣的積分，我們稱它為「不定積分 (indefinite integral)」，因為它的範圍未定，所以求出來的將會是一般性的「通解」。

當然，凡事總要有一個範圍的，總不能動不動就把範圍從無限小一直的延伸到無限大這個天大的範圍。在一般情況下，一般性的問題都是有範圍的，故而，對於這樣的積分就必須有一些範圍的限制，這就稱之為「定積分 (definite integral)」了，如下所示：

$$\int_a^b f(x)\,dx$$

這個式子是表示積分的範圍，是從實數 a 到 b 的這個區段中，對函數 $f(x)$ 進行積分，$dx$ 是代表極微量或小段的變數量。

在這些數學表達式的背後，也許有人會問，「積分」究竟有什麼用途呢？真的有用嗎？還是只是一種數學運算而已。答案是非常肯定的，說到這裡，我想問各位一個問題，在高中之前或是在沒有學《微積分》之前，對物體的「面積」而言，各位能夠計算的面積大概只有那些屬於正方形、長方形、平行四邊形、圓形或是三角形等的，都是屬於具有規則形狀的面積或體積。對計算物體的「體積」而言，同樣的，也還是只有那些具有規則形狀的正方體、長方體、平行四邊體、圓形體或是三角體。那麼，我進一步的要問，對於那些不規則形狀的「面積」，我們要不要處理？對於那些不規則形狀的「體積」，我們要不要計算？毫無疑問的，我們當然是要計算，要知道。不但是要計算、要知道而且是要非常詳細的要能夠計算與能夠知道。那麼，請問各位在高中之前或是沒有學《微積分》之前，各位能用什麼方法解決這些重大的問題？事實上，在我們日常生活中所有使用的物體或事物，絕大部分都是不規則的。尤其是生產事業，對於所生產的物件，若是產品的面積或體積由於計算的失誤而有些微的浪費，那麼當產量達到幾百萬件或是幾千萬件的時候，所浪

費的材料或物資就也可能是一個天文數字，甚至將所獲得利潤吃光。所以，在工程界對於一個物體的面積或體積的計算不但是相當重要的，而且是必須非常精準而不容有絲毫誤差的，否則就沒有生產事業可言，也沒有任何人類的「工程」事業可言，這一切的的答案都是在「積分」上。所以，你說它偉大不偉大。

也許會有人說，積分只是用來計算面積或是體積的嗎？當然不是，如下圖 Fig 4.3.1 所示，若是如下列的積分式，則的確是可以求出該灰色區域的面積 A。

不過，這樣的用法也只是積分的萬般用法中的一種而已。同樣的用法，在圖 Fig 4.3.2 中所代表的意義就完全不同了。我們可以在橫軸上看到的是「時間 t (time)」，而在縱軸上看到的是「速度 *V(t)*」。那麼，如下列所示的積分則代表的是在自 *a* 至 *b* 的「時間」片段裡，與代表「速度」的 *V(t)* 積分的結果，它的結果雖然看起來還是一塊面積，但是，它卻代表的是在由 *a* 至 *b* 的時間片段裡所走的「距離」D。

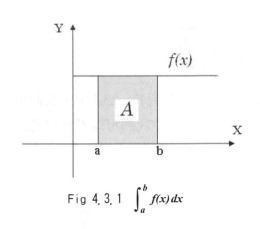

Fig 4. 3. 1　$\int_a^b f(x)\,dx$

也許，還有人會想，就 Fig 4.3.2 圖而言，使用最簡單的幾何方形的「長」乘「寬」不就解決了嗎？何必勞師動眾用到「積分」呢？是的，在 Fig 4.3.2 圖中各位覺得可以不必用「積分」來計算，這一點我個人也同意。但是，請各位再看一看圖 Fig 4.3.3 中所示的圖形，就人類而言，跑步的速

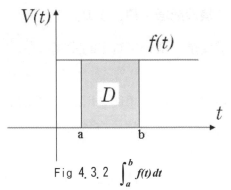

Fig 4. 3. 2　$\int_a^b f(t)\,dt$

度不會是一直不變的，而是會有變化的，所以，圖 Fig 4.3.3 所表示的這個圖中的面積，也就是人們由 a 至 b 的跑步時間裡，到底跑了多少距離呢？這恐怕就不是一般幾何可以求得出來的。當然，也就必須要用到「積分」不可了。還有一個非常重要的觀念，那就是自 a 點至 b 點的這兩點的距離，在本題為時間，而兩點之間的距離則是可變的，也就是說，在「積分」的概念中，我們是可以計算得出任何一段時間

所走的距離。具有這樣子的觀念是相當重要的，在這個觀念下，整個題目是活的，也是可以「因應」的。而這也正是數學可以包羅萬象的原因。

### 「數學」是活的

具有這個觀念的人，才能真正的把「數學」學得好而且是活生生的。而不是將「數學」學得硬梆梆，那不但是沒有用，而且是無趣的。

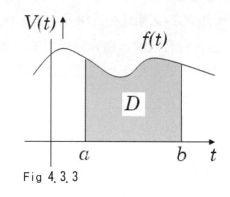

Fig 4.3.3

事實上，「積分」同樣也是依循「因果律」而成。在圖 Fig 4.3.4 中，我們可以看到無數的極為微小的 dx 累積而成整個總面積。在圖中我們可以看到它是由 **dx1**、**dx2**、**dx3**…… **dxn** 累加在一起而得到最後的結果。所以說，「積分」同樣是依循「因果律」而成的。有一句話說得很好，那就是：

### 「積沙成塔，積土成山」

這就是「積分」真正的意義所在。

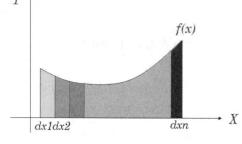

Fig 4.3.4

數學是根據思想與應用的需求而給予各相關之需求的定義。「積分」的本質則可再進一步的區分為「定積分 (definite integral)」和「不定積分 (indefinite integral)」這兩種方式。

「不定積分 (indefinite integral)」是表示在積分的過程中，不具有特定的「區間 (interval)」範圍，簡單的說，也就是沒有範圍的限制，故定義為：

$$\int f(x)dx = F(x) + c$$

其中的 F 是 f 的「不定積分」。根據「乘冪法則 (power rule)」可得積分的基本運算如下：

$$\int x^n dx = \frac{x^{n+1}}{n+1} + c \; , \; n \neq 1$$

其中的 **dx** 表示 **x** 是 **f(x)** 中要進行積分的那個變數，故又稱之爲「積分變數 (variable of integration)」。這個「∫」符號又稱之爲「積分符號 (integral sign)」。事實上，這個積分符號它是拉丁語「總計」（Summa）」或稱之爲「Sum」。所以，積分的符號也可以說是這個字母「S」的另一種寫法。

對「定積分」而言，就是一個實值函數 **f(x)**，該函數 **f(x)** 在一個固定的實數「區間 (interval)」**[a , b]** 裡面運作。因此，「定積分」在數學上的定義如下：

$$\int_a^b f(x)dx = F(b) - F(a) = F(x)\Big|_a^b$$

這個式子稱之爲「微積分基本定理 (Fundamental theorem of calculus)」。所以，如果一個函數若是它的積分存在，而且是有限的，我們就可以說這個函數是「可積的 (integrable)」。而 **a** 稱之爲「下限 ( lower limit)」，**b** 則稱之爲「上限 (upper limit)」。「定積分 ( **f** )」與「不定積分 **(F)**」之間還是有某種特殊關係存在的，它們之間的差異則是在於一個常數 C 值。也就是 **f** 與 **F** 之間的差異是在於一個 F + C。

## ☆ 4.4
# 微積分是一種研究「瞬息萬變」的大學問

現代的科學告訴我們，在宇宙中是沒有永恆的，所有的一切都在瞬息的變化之中。事實上，這種瞬息萬變的情況，與《微積分》有着緊密的關係，這種瞬息

萬變的情況不但與《微積分》有關係，而且是具有極爲密切的關係的。所以，我們也可以直接的說：

**「微積分是一種研究「瞬息萬變」的大學問。」**

　　《微積分》最基本的概念就是源自於極爲「微小」的變異思維。諸位不要小看「微小」這兩個字。別忘了，就連我們的身體都是由極爲微小的細胞 (Cell) 所構成的，而它也是一切生物體結構的基本單位。所有的生物體也都是由細胞所累積而成的，當然，也包含了我們的人體由微小的細胞累積至約 60 兆 ($10^{13}$) 個細胞而成爲一個完整的人體。那麼，各位可以想一想，這種現象不也正是包含了「微觀」而成就了「巨觀」的事實與思維在內嗎？爲什麼又說它是瞬息萬變的呢？是的，各位應該可以想像得到，在微觀的世界裡所有的現象都是瞬息在變化的。也就是說，正因爲它是微觀的，所以它的變化是快速的。爲什麼在微觀之中所有的一切的變化是快速的呢？這個道理其實不難，正如我們要拋擲一個銅板，我們可以輕易的把它丟到 10 公尺的地方，而且是瞬間就可以完成。但如果我們要拋擲一塊與我們體重一樣重的石頭到 10 公尺遠的地方，那可能就要分好幾次才能完成，而且也不是瞬間可以完成的。一隻小狗在地上可以隨意的改變方向而跑來跑去，但是一隻大象就不是那麼容易隨便轉彎的。這就是爲什麼在「微觀」的狀態下，可以是瞬息萬變的。而就《微積分》來說，不論是「微分」或是「積分」，都是從「微觀」開始，這一切都是息息相關而不可以片刻分離的。所以說，《微積分》就是一種研究瞬息萬變的學問，而這也是一門大學問的道理之所在。

　　再進一步的分析「微分」的觀念與思維：

**它是以無限小的「線段」之對應與相互之間的變化關係，來取代「點對點」的對應與變化關係。**

　　爲什麼不是使用「點對點」的對應與變化關係來談微積分呢？。事實上，這裡面隱藏著一個重大的觀念，那就是在理論上，「點（point）」是沒有大小的，也是不能累積的，在同一個位置上即使是累積了一百個、一千個、一萬個都還是一個「點」，那個點不會變長，也不會變大，更不能走遠。所以，「微分」的真正觀念則是以無限小的「線段」來取代「點對點」的對應與變化關係。其原因就在於此。

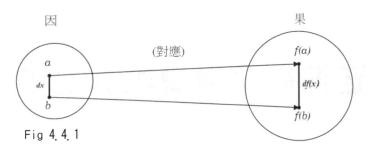

Fig 4. 4. 1

　「線段」是可以累積的，即使它是無限的小，在理論上它是可以累積的，而且可以累積到無限大，在圖 Fig 4.4.1 中所表達的是微分的微量「因」與微量「果」的對應關係。這個微量「因」又稱之為 *dx*，而微量的「果」則稱之為 *df(x)* 或是 *dy*。然而這個「因」已不再是一個「點」而已，而是一條很小而且是極小的「線段」，這一條小「線段」我們稱它為「*dx*」。從圖中我們很清楚的可以看到在「因」的這方面，有一個點 *a* 對應到 *f(a)*，有另外一點 *b* 對應到 *f(b)*，但當 *a* 與 *b* 連上線以後，就成了一條線段，這個線段可以是很小很小，故又稱之為 *dx*，如上圖所示。而整個 *dx* 所對應的對象則是另一條線段，這條線段就是 *df(x)*，有的時候我們就直接的稱之為 *dy*。所以，*dx* 又稱之為「因」的變動量。而 *df(x)* 或 *dy* 則稱之為「果」的變動量。

　　事實上，「微分」也可以把它想成是一種「放大率」。什麼是「放大率」？那就是一種放大倍率。各位可以在 Fig 4.4.1 圖中看到，在「因」的 *dx* 中，到了「果」的那一端被放大而成為 *df(x)* 或 *dy*。所以，我們也常常可以概略的將「微分」想為是那種「放大率」。例如說，若是「微分」的結果是 3，這個「3」就是放大的倍率。也就是說，*dx* 的變化到了 *df(x)* 被放大了 3 倍。如果 *dx* 的變化是 1 公分，到了 *df(x)* 被放大了 3 倍就成了 3 公分。但是，有一點需要特地提出來說明的，雖然在圖中的 *dx* 這個微量線段看起來要比它所對應的 *df(x)* 來得小，但在實際上由於對應的各種條件之不同，所以，*dx* 這個量與質未必都會來得比 *df(x)* 小。

　　也就是說，這個「放大率」的觀念不一定都是「放大」的，也很有可能反而是「縮小」的。「放大率」可以是「正」的，當然也可以是「負」的。各位經常是用「放大鏡」看東西，它可以把物件放大得很清楚。但是，各位應當也看過「近視」的人所戴的眼鏡，諸位將它拿起來遠看，就會發現這個近視眼鏡卻會將眼前的景物縮小。這個世界上幾乎所有的事物都是相對的，所以，有正的微分值或放大率，當然就有負的微分值或是可以縮小倍率的。

# ☆ 4.5
# 不要把微分與導數弄混淆了

在名詞方面，「微分（differentiation）」與「導數（derivative）」一直有許多的人弄不清楚它們的區別，甚至有許多人認為它們是一體的，或是認為它們是相同的一件事。如果有這樣的想法或觀念則是相當錯誤的。事實上，「微分」與「導數」它們在「微分」中都具有相當重要的基礎與觀念。但是，它們是不同的也是有區別的：

**「微分」是一種計算變化率的「方法」。這個方法是在求得當輸入的 *dx* 變化時，所對應的 *df(x)* 該如何求得它的結果。**

**「導數」則指的是一種「變化率（*rate of change*）」。它並不涉及「方法」的問題，所以，「導數」只是一個數，故稱之為導數。**

所以，在觀念上，「微分」與「導數」是相去十萬八千里的。簡單的說，「微分」是針對一個函數中的指定區域變化率的一種對應關係的描述及求解。所以，「微分」可以非常接近地描述函數，它著重在當它的自變數在極小的改變狀況時，所對應的函數值會是怎樣的改變？因此又可以說，「微分」是在研究函數自變量在微量的變化時，該如何求得函數值所對應的變化結果。而「導數」僅著重在函數的局部性質，也就是提供給人們的是一個「變化率」。所以，「導數」它只是一個數，因此才稱之為「導數」。

要注意的是，並不是所有的「函數」都有「導數」。也許各位會覺得很奇怪，怎麼會這樣呢？因為，並不是所有的「函數」都可以「微分」的。在「函數」中，有些「函數」是不連續的，也就是說，它的「函數」或是「特性曲線」是會間斷的，而在間斷的地方並沒有值，當然在該點也就不能「微分」。同樣的，也就不可能會有「導數」的存在。這也就是說，一個函數也不一定在所有的點上都可以「微分」或是都有「導數」。所以，我們說：

**若是某函數在某一點的導數是存在的，則稱其在這一點為「可導」的，否則稱為「不可導」。**

「可導」的意思就是可以求得導數，因此，「不可導」當然也就是說那一點是不可以求得導數，當然，它也就是不存在的。還有一點要注意的，那就是：

**如果函數的自變數與所對應函數之值若皆為實數，則函數在該點的導數，就是該函數在這一點上切線的斜率 *(slope)*。」**

所以，針對一個「導數」而言，也就是該點的「斜率 (slope)」，而該點的「斜率」則又等於它的切線的斜率。

# ☆ 4.6
# 為什麼積分是反微分呢？

「積分」又稱之為「反微分 (antiderivative)」。許多人會問，為什麼呢？它們之間有什麼關聯嗎？它們之間的計算公式也看不出有什麼相反的關係。雖然，「微分」與「積分」在表面上看起來是完全不一樣的事物，但是，實際上它們卻是一體兩面的。它們之間的關係我想可以用「冰」與「水」來做比喻是相當恰當的。各位可以看一看下列的關係式：

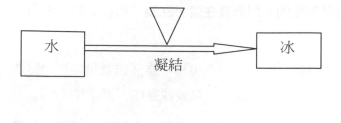

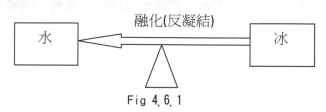

Fig 4.6.1

各位可以很明顯的看得出來，在圖 Fig 4.6.1 中的「水」與「冰」的位置都沒有變，但是，有一項東西改變了，那就是它們之間的程序改變了，而且是反轉的。「水」經過「凝結」的過程而成為「冰」。而「冰」在經過「融化」也就是「反凝結」的過程而成為「水」。我們可以由上圖充分的瞭解到「水」與「冰」本是一體的，但經過不同的程序或是過程與處理，它們就是不同的事物。

「微分」與「積分」它們之間的關係也正是如此。各位請看：

**「微分」是把一個整體的東西，做細微的分解與解析。**

**「積分」是把許多細微的東西，結合而成為一個整體。**

所以說，「積分」是一種「反微分 (antiderivative)」。再讓我們看一看它們之間的運算狀況，我們就用 $f(x)=x^2$ 這個函數來看好了，如圖 Fig 4.6.2。

有了這個微分」與「積分」它們之間的關係的概念，相信對於未來做進一步深入的研究的時候，將會有莫大的幫助。我常說，數學是要用理解的，而《微積分》則更是如此。能夠懂得這其中的奧妙，則未來必然可以獲得舉一反三的功效與成果，而各位的功力也必然會大增。

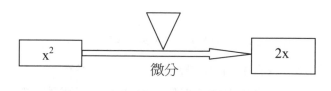

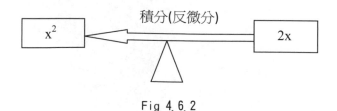

Fig 4.6.2

# ☆ 4.7
# 微分與積分在觀念上的精細解析

不論是微分或是積分，我們首先要談的對象都是以「直線」做為開始。

各位可能會進一步的問，對於「直線」的微分與積分之後，它究竟會成為如何呢？為什麼要單獨的談「直線」的微分與積分呢？道理其實很簡單，那是因為「直線」是所有函數方程式中最簡單的，能夠充分的瞭解「直線」的函數方程式，才有資格進一步的談其他比較複雜的函數方程式。

說到這裡，我想提出下列兩個問題，希望各位能夠好好的，仔細的想一想：

**1. 直線的「微分」它的結果代表什麼？為什麼？**

**2. 直線的「積分」它的結果代表什麼？為什麼？**

這兩個問題都不難，而且，這是最基本的認知，也是最根本應該知道的。現在，就讓我們用「範例」分別的來看一看「直線」方程式的微分與積分會是如何的呢？

## ★★★【範例 4.7.1】

設直線函數方程式為 $f(x)=2x+3$ 。

求 $f'(x)$ 並請詳加解釋微分之後代表什麼意義？為什麼？。

## 【解 析】

1.  原函數及微分之後分別為：

$$f(x)=2x+3$$
$$f'(x)=2$$

這是根據微分的通則，函數 $f(x)=2x+3$ 的微分結果 $f'(x)=2$ 。但是，這究竟代表的是什麼意義？該如何解釋這其中的意義？而這些變化又代表的是什麼意義？現在，就讓我們先從圖 Fig 4.7.1 所示的函數特性曲線圖看起。

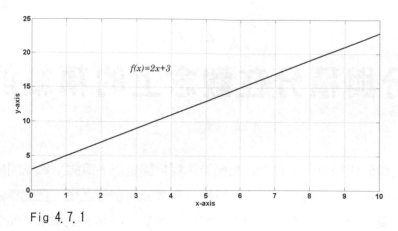

Fig 4.7.1

2. 在 Fig 4.7.1 圖中，我們可以看到原函數 *f(x)=2x+3* 是一條傾斜而上的直線，但是它並沒有通過原點，這是很通俗也很常見的一條直線。這條直線微分的結果是 *f '(x)=2*。這是一個常數，繪成圖表如圖 Fig 4.7.2 所示。這張圖會比較特殊一些，因為上面同時放的有原函數 *f(x)=2x+3* 以及它微分的結果 *f '(x)=2* 這兩個函數的特性曲線圖，也就是我們將微分前與微分後的結果同時放在一張圖上，是為了便於我們可以加以比較與比對。

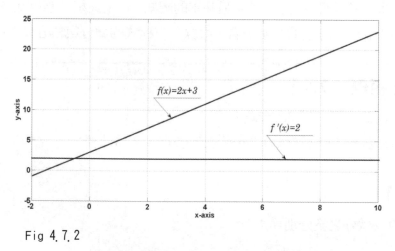

Fig 4.7.2

3. 對於 *f(x)* 這個函數的特性曲線圖是一條斜直線，各位應該不會有任何的疑義。但是它的微分 *f '(x)=2* 是一條水平線，那是什麼意思？

$$f(x)=2+3$$
$$f '(x)=2$$

該原函數的微分 *f '(x)=2* 究竟是什麼意思？

它的實質意義如下：

(1) *f '(x)=2* 是一個常數，這是在說，在原函數的特性曲線中，該曲線的斜率從頭到尾沒有任何的變化而是一個常數。

(2) 斜率沒有任何的變化的進一步的意思是說，在該原函數的特性曲線中，沒有任何的轉彎或彎曲的現象，所以，它當然是一條直線。

(3) 原函數的微分為 *f '(x)= 2*，亦即其斜率固定為 2，所以，它是對 Y 軸的節距為 2 的一條水平線。如上圖 Fig 4.7.2 所示。

# 【★★★問題與研究】

1. 這是由上面這個「範例」所引發進一步的一個問題與深入的研究。首先我問過了，這個 *f '(x)=2* 究竟是什麼意思？當然，各位應當知道了，這是說該原函數的斜率 (slope)=2。那麼，斜率 (slope)=2 代表的實質意義是什麼？對於這個問題，其實它是一個最根本的問題。但是要回答它，卻也必須從最根本的地方著手。首先，讓我們從下列 Fig 4.7.3 的曲線圖說起。這裡面分別有 *f(x)*、*g(x)* 與 *h(x)* 這三個函數式，而這三個函數式的微分分別等於：

$$f(x)=x \quad , \quad f'(x)= 1$$
$$g(x)=2x \ , \ g'(x)= 2$$
$$h(x)=3x \ , \ h'(x)= 3$$

這 *f '(x)*、*g '(x)* 與 *h '(x)* 分別等於三個常數，也是三條相鄰的直線。那麼這些直線的本身又有什麼意義嗎？是的，當然有它實際上的意義。所以，我們可以進一步的說 *f '(x)=1* 的意思是在說斜率 (slope)=1，也就是說，在這條直線上，*y* 值與 x 值的比值是等於 1，所以，這是一條傾斜 45 度的直線。請注意，在圖 Fig 4.7.3 中所使用 *y* 軸與 *x* 軸的格線 (scale) 並不是 1:1 的相同，所以，看起來不像是 45 度的樣子，這是為了還要縮短一些篇幅與容納其他線段的關係。

2. 在 Fig 4.7.3 圖中，各位請注意 *f(x)* 這條函數線，當 *x=5* 時所對應的是 *y=5*，所以 *y/x=1*，也就是 *f '(x)=1*。同樣的道理我們看 *g(x)* 這條函數線，當 *x=5* 時所對應的是 *y=10*，所以 *y/x=2*，也就是 *g'(x)=2*。再看 *h(x)* 函數線，當 *x=5* 時所

對應的是 **y=15**，所以 **y/x=3**，也就是 **h'(x)=3**。現在，我們終於可以明白，微分等於是一個常數的時候，它其實代表的是一個 y 軸對 x 軸的比值。當然，這個比值越大，也就是：

**斜率越大，所代表的是該線段的傾斜度也越大。**

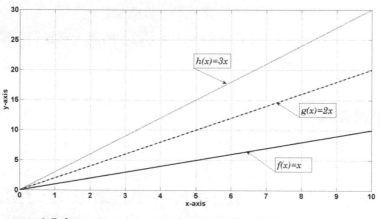

Fig 4.7.3

3. 那麼在 **f(x)=2x+3** 這個函數中，當常數項 3 這個值如果產生變化的時候，對於該函數的特性曲線會有什麼影響呢？各位可以看到圖 Fig 4.7.4 中所顯示的三條函數的線段，各位一定可以看得出來，這個常數項只會對函數的特性曲線產生平移的現象，而不會影響函數式的傾斜角度。

所以說，在任何函數式中所帶有的常數項，對於函數曲線的外形變化都沒有影響，只是會產生「平移」的現象而已。

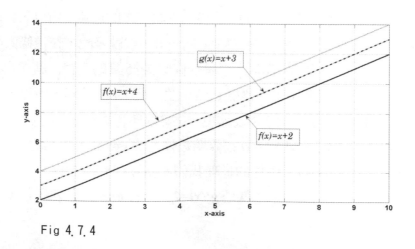

Fig 4.7.4

# ☆ 4.8
# 直線的積分會是什麼？

　　現在，讓我們來看一看一條直線函數的積分代表的是什麼意義？現在，設直線函數如下：

$$f(x)=x$$

　　如果要對 $f(x)$ 積分做「定積分 (definite integral)」，首先就必須知道它的範圍，也就是說它積分的上限與下限是什麼？今設其為

$$g(x) = \int_0^4 f(x)dx = \int_0^4 xdx = \frac{1}{2}x^2 \Big|_0^4 = 8 - 0 = 8$$

　　那麼，這 $g(x)=8$ 代表的是什麼意義呢？先讓我們看一看下圖 Fig 4.8.1 所示，我們所求的 $f(x)=x$ 這條直線下陰影部分的面積，從圖上可以看得出來，這陰影部分的面積是 16 的二分之一，也就是 8。
很顯然的，它所代表的正是 $f(x)=x$ 這條直線下 $x=0$ 至 $x=4$ 這個陰影部分的面積。所以，積分可以求得一個函數或是方程式在所求區域裡面的面積。

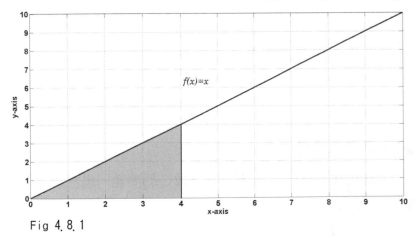

Fig 4.8.1

　　以上我們計算的是定積分，也就是有特定範圍的積分，這種二維的積分所求得的是面積。當然，求函數的面積是積分最主要的工作項目與任務之一。現在，如果

我們要超越定積分的思維，而讓整個函數能夠顯現它的面積特性，則我們就必須求助於在原函數積分後的函數式，也就是：

$$g(x) = \int f(x)dx = \int xdx = \frac{1}{2}x^2$$

這是一個「不定積分 (indefinite integral)」式，它會得到的一個函數式，這是一個非常有趣的函數式。因為，它涵蓋了整個變數 x 所能對應的一切數值。也就是說，它能告訴我們所有的變數 x 所對應的面積，這真是很偉大的。讓我們看看在圖 Fig 4.8.2 中，當 *x=4* 這一點（事實上也就是 *x=0* 到 4 的值）所對應的函數值 *f(x)* 也就是 *y* 值正是 8。我們可以在 *x* 軸上任意的選擇一點，都可以找到它所對應的面積。也就是說，這條曲線所代表的是函數 *f(x)* 這條直線，在求直線之下任意 *x* 點位置時，所累積得到之真實面積，各位，你不得不佩服積分的確是很偉大吧！附記的是，在 Fig 4.8.2 圖中所提供的僅僅是局部性的圖示，各位可以進一步的繪製出 *g(x)* 函數式的整個曲線圖，你就會發現它是一個「碗狀」的拋物線形式。

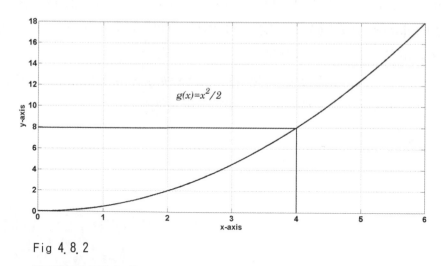

Fig 4.8.2

## 【★★★問題與研究】

事實上，對於 *g(x)* 的積分，還有一個常數 C 的問題，也就是說，真正的積分結果應該是：

$$g(x) = \int f(x)dx = \int xdx = \frac{1}{2}x^2 + c$$

那麼，這個常數 *c* 的有無對於 *g(x)* 的結果究竟有沒有影響呢？答案當然是有

影響的。但是，這個影響是在常識的範圍之中。爲什麼這麼說呢？請先看看下列的圖 Fig 4.8.3 所示。

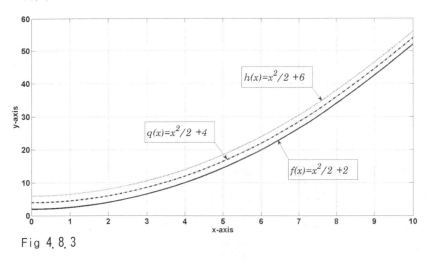

Fig 4.8.3

這三個函數 *f(x)*、*h(x)*、*q(x)* 曲線，它們之間唯一差別的就是一個常數項。各位可以看到這三個函數曲線的特質是完全平行的，但是唯一的差別就只是在這個常數項上面。所以說，常數項對於函述是有影響的，但是，雖然是如此，有的時候卻也不能完全的忽略它們。

# 生命曲線的微分會是什麼？

有一句話希望大家能夠共同認知的，那就是：

「數學必須是與大自然結合的，更需要在人類的社會與現象中得到應用。數學不可以獨立於自然與人生之外，而成爲只是一種符號編輯、符號運算或是符號邏輯的，那就沒有什麼意思了。」

數學也是與生命結合的，同樣的是可以反過來而由生命延伸到整個宇宙。宇宙有其生存之道，若問什麼才是宇宙的生存之道呢？其實，也不是什麼高不可測或是深不可達的道理，它其實就存在於我們一般的日常生活之中。不是只有地球如此，而是整個宇宙中都有其運行之道理而相互的輪迴着。

高斯函數 (Gaussian function) 是一種非常有趣的函數，它不但在我們人類的生命中經常而廣泛的被使用，而且在自然科學、社會科學及工程科學等領域中，也經常的被使用到。

尤其是在數學與統計學中，高斯函數的常態分布常是用來做為取決的標準。所以，這種「常態分布 (Normal distribution)」故又稱之為「高斯分布 (Gaussian distribution)」或「高斯曲線 (Gaussian curves)」。如圖 Fig 4.9.1 所示。

「高斯曲線 (Gaussian curves)」看起來沒有什麼特殊奇異之處。但是，事實上，整個高斯曲線卻蘊含著宇宙中至高的哲理，也是一切事物與生命現象的道理與運行法則，它道盡了宇宙中的一切「事」與「物」的興亡盛衰之道，它同時也是宇宙自然及生命衍化的天理所在，能懂得這個道理的也就是所謂的「大自然之道」，其實，它也是完全符合人類的「生」、「起」、「盛」、「衰」、「亡」的道理。

所以，這個「高斯曲線」又稱之為「**大自然生命曲線**」。如圖 Fig 4.9.1 所示。

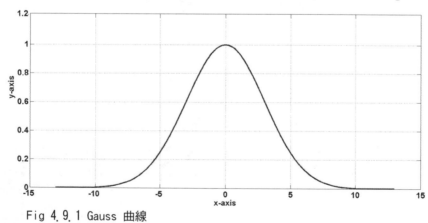

Fig 4.9.1 Gauss 曲線

現在，讓我們深入的探討一下，這個問題是一個非常特異的問題，也是極為傑出的一個思維。那就是「**大自然生命曲線**」它的確是代表了宇宙大自然運行的最高定律，那麼，這個要問：

**「大自然生命曲線」也就是「Gauss 曲線」它的微分會是什麼？**

　**4**　從微積分的思維說起

也許有人會問：「**大自然生命曲線**」是論述宇宙大自然的的運行之道，那是可以微分的嗎？是的，任何的函數與曲線只要它是具有連續性的，都是可以微分的。那麼，「**大自然生命曲線**」可以微分嗎？答案是肯定的。那麼，它的微分會是什麼？微分後它又能告訴我們什麼？在談這個之前，我們還需要先瞭解一件事情，那就是 Gauss 曲線的函數式是什麼？這個「**大自然生命曲線**」不是用嘴巴說說而已，它是以 Gauss 曲線的型態在表現，也就是說，它本質還是一個數學函數式，它的函數式為如下所示：

$$y(x) = A \cdot exp(-\frac{x^2}{B})$$

式中的 A 決定着 Gauss 曲線的高度，而 B 則是決定着 Gauss 曲線的寬度。事實上，Gauss 曲線的峰值未必都出現在 *x=0* 的位置，它可以是向左移動或是向右偏移。也就是它的均值中心不一定都是在中央的位置。正如每一個國家的 GDP(Gross Domestic Product) 並不全然相同，所以有些國家的國民所得高，它的均值也高，有些國家的國民所得低，而它的均值也就較低。所以說它的均值中心不一定都是在中央的位置就是這個道理。

那麼，這個大自然生命曲線的微分會成為什麼？讓我們以 Fig 4.9.1 圖為範本進行微分，得到的曲線如圖 Fig 4.9.2 所示。那麼，又該如何解釋它的現象與道理呢？這實在是很有趣的一個問題。

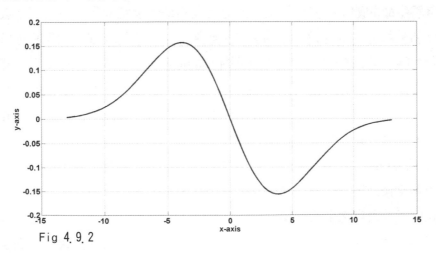

Fig 4.9.2

## 【★★★問題與研究】

那麼，這個大自然生命曲線的微分會成為什麼？又該如何解釋它的現象與道理呢？這實在是很有趣的一個問題。首先，讓我們來看看這 Gauss 曲線的微分結果，為了方便起見，分別設 *A=1*，*B=1*，如此則整個方程式成為

$$y(x) = A \times exp(-\frac{x^2}{B})$$
$$= exp(-x^2)$$

微分的結果為：

$$y'(x) = -\frac{2x}{exp(x^2)}$$

請注意：

$$exp(x)=e^x$$
$$exp(-x)=1/exp(x)=1/e^x$$

故而

$$y(x)= exp(-x^2)$$
$$y'(x)= -2x/exp(x^2)$$

有關於「指數」的微分，將會有專門的章節於後面討論之。這個「**大自然生命曲線**」微分的結果，是以 Fig 4.9.1 為基本函數而微分所成的。為了能深入的分析這個「**大自然生命曲線**」的微分結果，究竟代表的是什麼意義與人生道理？於是用下列幾項分別來做進一步的說明，為了方便解說起見，首先，讓我們先將這整個「**大自然生命曲線**」的微分圖區分為 5 個重點，如圖 Fig 4.9.3 所示，在圖上面標示的有「★」記號與序號，以便於可以分別的加以解說。在觀看圖 Fig 4.9.3 的時候，必須再詳細的做進一步的對照，尤其是點對點的對照。也就是圖 Fig 4.9.3 的 1★須對照圖 Fig 4.9.4 中的 1★，其餘的依此類推之。

(1) 在分析圖 Fig 4.9.4 的時候，首先，就大格局來看，我們立即可以看到它的正半波與負半波這兩個半波呈現的是全然對稱的形式，正半波與負半波各佔一半。這說明了「**大自然生命曲線**」進一步用微分來看，它的「好」與「壞」或是「白天」與「夜晚」或是「北半球」與「南半球」或是「男性」與「女性」等等，都是各自佔一半的道理，事實上，整個大自然的運作與道理也是如此的，這個圖一看就很偉大。

(2) 這整個「**大自然生命曲線**」或是用「**生命曲線**」來簡稱之，在它的生命曲線上，
共有三個「轉折點」，分別是 2、3 與 4 這三點。就一般人而言，大多只認為
只有 3 才是一個「轉折點」，但在圖 Fig 4.9.4 的這個微分後的曲線圖告訴我們，
事實不然，它有 3 個「轉折點」，這是它第二個很偉大的地方。的確，第 2 與
4 這兩點「轉折點」在高斯曲線圖中是不易看得出來的，除非是很有經驗的人
士。「2」這個點在整數上是在 *x=-3* 的位置上，「3」這個點則是很明顯的位
於 *x=0* 這個位置。而「4」這個點在整數上則是位於 *x=+3* 的位置上。事實上，
*x* 值之位置的多寡或是前後一點，並不是問題的關鍵，它會因為曲線的高低、
寬窄或是偏移而會略有所不同。而本例題所使用的是一個較為典型的例子。

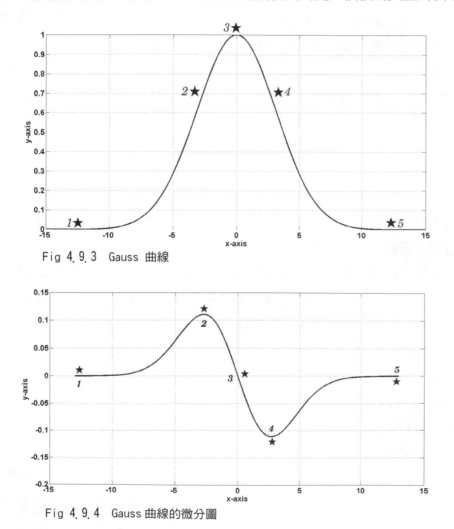

Fig 4.9.3　Gauss 曲線

Fig 4.9.4　Gauss 曲線的微分圖

(3) 這三個「轉折點」都有它們不同的意義。首先從「2」這一點說起，它是在「起」與「興」這個階段的中間。它提早在預告我們未來的成長將會「趨緩」，而在超越「2」點之後，事實上整個成長的「態勢」是朝降低或漸少的趨勢發展的。這個預告的趨勢在圖 Fig 4.9.3 的 Gauss 曲線中尚看不出來，但微分之後已經提前的警示我們了。這種的變化對分析人員而言，是需要提前留神與注意的。關鍵點是在「2」與「3」這兩個位置的斜率是「負向」的，它提醒了我們這是一種預警作用，也就是說，當人們還看不出來的時候，「微分」已經很明顯的在警示了。這是它第三個很偉大的地方。

(4) 當整個趨勢再繼續往下走的時候，就來到了第「3」點，這是一個關鍵點。它是由「正」值轉往「負」值的起點，回過頭來看，在第「2」點位置的時候所表達的還只是一個趨勢，但是到了第「3」點則不一樣了，這個關鍵點使趨勢為真，由「正」值區域進入了「負」值區域，這也是一切衰敗的開始。就一般人而言，會認為第「3」點是一個「峰值」，是最高境界，也就是一般人可能看到的只是「旺」。並認為「旺」才是生命的最高峰。但是，事實不然，在圖 Fig 4.9.4 的這個微分後的曲線圖告訴我們，它是「正」、「負」的交接之點，往後會有一段下滑的路程。俗語說得好「物極必反」，在中國的《易經》裡一開始的「乾」卦中，就有一句非常重要的話，所謂「亢龍有悔」，因此自古以來，所有的帝王最多也敢自稱「九五之尊」，而不敢提升至「九六」這個最高點。這是它第四個很偉大的地方。

(5) 過了第「3」點至第「4」點，曲線的斜率進入了負值區域，這有兩個主要的徵兆，其一是進入負斜率的區域，其二是曲線向下探底。進入負斜率區代表沒有成長的現象，而曲線向下探底則告知衰退在繼續惡化之中。第「4」點的斜率為零其實是很有意義的。我常將它比擬是一個人的「退休」。一個人退休之後，生命現象並未結束，但是在事業上，該是可以放手的時候了，回歸自然，身心趨於平靜，以前的一切都將它歸零。過了這第「4」點之後生命還是在退化，最終則是逐漸的回到了整個函數值為零的初始狀態。這是它第五個顯示很偉大的地方。

(6) 最後值得一提的，在 Fig 4.9.1 圖中我們看到的是「起」點與「終」點都是回到了相同的位置。但事實上，在 Fig 4.9.4 圖中卻揭示我們，出生之前與死亡之後

並不完全相同，一個是 $0^+$ 而另一個是 $0^-$。它們之間，仍不全然相等，也許要到極限的時刻才會接近與相聚。這是它顯示第六個很偉大的地方。

# 5

# 讓我們的思維
# 飛到無窮遠的地方

【本章你將會學到下列的知識與智慧】：

# ☆ 5.1
# 人類因幻想而偉大

我們的思維，常常會隨著清風與明月飛到那不知盡頭的遠空。許多人會罵別人又在幻想或是胡思亂想了。其實他們真的是不懂：

**人類就是因為有「幻想」而偉大的。**

所謂「幻想」就是奇幻的想法。科學時代每一項成就都是源自於人類有各種的「幻想」。「幻想」與「夢想」有一些不同，「夢想」是作夢的時候在想，作夢是睡覺的事，也常是身不由己，作夢也很難從頭到尾都是自己在編織，我們的夢裡常會出現許多人、事、物，都是自己完全沒有見過的人物或是事物，所以說夢境是很難掌控的。但是，「幻想」則是完全的不一樣，它不是在夜裡，而卻是白天的事。我們每一個人都會「幻想」，事實上，具有奇幻的想法是好的，它不但在心理上可以得到情緒的平衡，而且，它往往會變成真實的。

所以，一個好老師一定會教他的學生懂得如何「幻想」。許多為人師者，最怕學生在幻想了，那是因為對於學生們各式各樣的「幻想」，身為長者或是為人師者不知道該如何去處理它們？一方面是受限於自己的所學，另一方面則是不懂他們的心理。所以，就要學生拼命的用背的、用記憶的，如此可以不必講什麼道理。對於「數學」也不例外，因為他以前也是硬著頭皮背出來的，這是師承，所以，他也要你背誦下去。各位，我們身為人類，是萬物之靈，真正具有價值是「智慧」。而僅僅靠背誦或記憶是絕不會有智慧的，那是強硬式的「記憶」。現在，告訴各位一個方法，如果老師一定要你背誦，那各位就舉手問老師說：

**「老師！你對於背誦是不是很厲害？」**

如果老師說：

**「是啊！我辛苦讀書考試，背誦與記憶是很重要的。」**

那麼這個時候，各位就應該再舉手問老師：

**「老師！如果是要比背誦與記憶的話，你會贏過錄音機跟電腦嗎？」**

　　各位千萬別小看了「幻想」這兩個字，更不要輕視「幻想」的功用。什麼？「幻想」還有功用？是的，「幻想」不但有功用，而且是有大功用。「幻想」與「妄想」是不同的，「妄想」是一種非分之想，而且往往是具有侵害性，因此，在醫學上常將「妄想」列入「偏執狂」的一種。人類因「幻想」而偉大。這句話怎麼講呢？我想各位應該思考一個問題，那就是人類至今所有的科學成就都是源自於「幻想」。各位想想，自古以來人類想上月亮是不是一種幻想？這件事就古人而言，肯定是天大的幻想，但是，人類辦到了。想在天上飛，就一百多年前而言還是幻想，但是，現代的人類辦到了。想跟千里外的親人聊天，同樣的，在一百年前仍是幻想，而現代每個人都辦得到。各位想想，直到今日，還有哪些幻想的事情還辦不到的？如果是「有」，請各位相信，那也是早晚的事。

☆ 5.2
# 來到那「極限」的地方

　　每一個人都有仰望星空的時候，而當我們看著那遙遠星空中閃亮的星星，真不知道它究竟有多麼的遙遠啊？而在那上面究竟有什麼呢？它的遙遠只有夢中可及嗎？是在接近無窮遠的地方嗎？而無窮遠又是多遠呢？當然，懂得天文的人可能知道，當我們仰望星空的時候，人類肉眼可及範圍約在一千光年的範圍之內。北極星 (North Star，Polaris) 位於天空的正北方，距離我們約 450 光年。織女星 (Vega) 是北半球第二明亮的恆星，距離我們約 25 光年。牛郎星 (Altair) 距離我們約 17 光年，它與織女星有着很浪漫的古典故事。「光年」不是時間，而是「距離」，也就是「光」

在宇宙中行走一年的距離。「光速」是每秒鐘跑 30 萬公里，所以，一千光年如果以距離來表達，是個天文數值，但是，這一千光年在宇宙中也只能算是一粒沙塵的大小。人類在 1969 年第一次登上月亮，總共飛行了三天三夜的時間，但是，就「光」而言，地球到月亮只要約一秒鐘就到了。宇宙的起源於 137 億年前，現在宇宙的體積大小則有 500 億光年的範圍，各位，你能想像光線在宇宙中飛行一億光年的距離是有多大嗎？若以人類生活上常使用得公里來計算，那麼，它就是一個趨近於「無限量」的距離。「無限量」雖然是讓我們數不完，但是，在數學上，卻還是可以計量與表達的。

　　無窮或無限，它的數學符號為「∞」。這是來自於拉丁文的「infinitas」的意義，也就是「沒有邊界」的意思。事實上，宇宙雖然有大小，但的確是沒有邊界。而「無限」在數學方面也的確不是一個數，它甚至被認為是可以超越一切的，更是沒有邊界的。我想再強調一次，「無限」不是一個數，它可以是極大，也可以是極小，但不是一個數，它是一種觀念。在數學中，它仍然是一個可以計算的觀念。在下一節談到「你知道 1=2 的詭論嗎？」中，各位可以好好而仔細的思考，看看它究竟是什麼地方出了問題？如果你無法確認問題的所在。那麼，你就很有可能會犯這種錯誤而不自知，而你對於「極限」的觀念還有待積極的加強。就實際而言，在「你知道 1=2 的詭論嗎？」式中的每一列式子都是有所本的，也都不是隨意排列的，如果你想要推翻其中任何一列式子的存在，就必須真正而確實的知曉，它究竟錯在哪裡？違反了哪些「定理」或「定律」？也就是說，必須正確的指出錯誤的真正原因及理由，不可以用猜的。

　　那麼，什麼是「極限 (Limit)」呢？在數學中，

**「極限」是用來描述一個序列，而當這個序列越大或是越小的時候，該序列變化的趨勢會是如何？**

同時，

**「極限」也可以用來描述一個函數的自變數，在接近某一些特定值的時候，它所相對應的函數值最後的趨勢會是如何？**

「極限」是微積分中用來分析函數或是數值最基本的概念。事實上《微積分》

的概念也就是經由「極限」的觀念來定義的。特別要請各位注意的是，「極限」是一種狀況或是觀念而已，但是，它卻未必是一個固定的數。

在一般人的思想與觀念中，常會有「無窮 (Infinity)」的這種想法，而所謂「無窮」也就是一種沒有極限的意思。它被認為是一個可以超越任何邊界而再增生的一種「概念」，但它不是一個數。在數學中我們使用「極限」來描述它。而不太使用「無窮」來表示一個函數。因為，單就「無窮」這兩個字而言，在定義上是不太明確的。所以，在「極限」的議題上，對於「無窮」的描述可以是「趨於」「正無限大 (+ ∞)」或「負無限大 (- ∞)」或是「無限小 (Infinitesimals)」的概念。在這裡各位必須稍微注意的是，對於「極限」中不論是無限大或是無限小，都不可以用等號來表示，只能用「趨於」這個意思來表達。因為，「極限」它不是一個數，也沒有邊界，所以只能用「趨於」而不能使用「等於」。在這裡我們還必須要知道的，「負無限大」與「無窮小」並不是相同的。「負無限大」事實上也是一個「無限大」的數，只不過它是一個負數而已，如果取其絕對值的話，它就是一個「無限大」的不定數值。至於「無窮小量」也是與實數一樣，被視為具體的「不定數」，這個數比零略大，但卻又比任何正實數都要小。

# ☆ 5.3
# 你知道 *1=2* 的詭論嗎？

數學是用來代表宇宙的真理，而數學演算的結果同樣的也可以代表或是視同為真理。正因為如此，數學可以過濾所有的「悖論 (paradoxes。悖音『背』」，並證實它們的錯誤之所在，也就是說，數學是絕對可以信賴的。但是，真的是如此嗎？我想提出下列的一些演算式，經過逐步的演算，證明1是可以等於2的。什麼？1會等於2？哪有這個道理？是的，現在就讓我們看一看下列的算式，這個算式非常

的簡單，相信大家都可以看得懂。

---

### ★★★【範例】

數學上 *2=1* 的悖論 (paradoxes)

1. 設 *A=B*　　　　　　　（設定）
2. *A×A=A×B*　　　　　（等量乘法定理）
3. *A²=AB*　　　　　　　（乘方）
4. *A²-B²=AB-B²*　　　（等量減法定理）
5. *(A+B)(A-B)=B(A-B)*　（因式分解）
6. *(A+B) = B*　　　　　（等號兩邊等量消除）
7. *2B=B*　　　　　　　（等量代替）
8. *2=1*　　　　　　　　（結論）

---

## 【解 析】

1. 這第 (1) 式是假設條件，不能懷疑。第 (2) 式是等量乘法定理，第 (4) 式是等量減法定理，第 (5) 式是因式分解，第 (6) 式是等號兩邊消除等量定理，第 (7) 式是等量代換定理，結論是 (8) 式的 *2=1*。

2. 2 與 1 相等這樣的結論相信沒有人認為是可以接受的。但是，上式「數學上 *2=1* 的悖論 (paradoxes)」它們究竟錯在哪裡？每一個式子都是跟著上一式演變而來，但結論卻是謬誤的。若此，則請各位說個道理來聽聽，究竟真正的原因如何？如果各位說不出這謬誤真正的道理所在，那麼，你極有可能就會犯這種的錯誤而不自知。所以，請把錯誤找出來吧 ！

3. 〔**解答**〕：

   這正確的答案卻是跟「極限」的思維有着最直接的關係，那是第 (4) 式轉到第 (5) 式產生了錯誤。因為，由第 (4) 式轉到第 (5) 式必須是等號兩邊乘上 *1/(A-B)* 也就是 *(A+B)(A-B)/(A-B) =B(A-B)/(A-B)*，消除後故得 *(A+B) =B*。

   很明顯的，*(A+B) =B* 這當然是出了問題。而造成這個謬誤的原因，是因為在等號的兩邊各乘上了 *1/(A-B)*。等號的兩邊做等量的乘法當然是沒有問題，但

真正的問題卻是 *1/(A-B)* 這個式子。因為 *(A-B)=0*，故而 *1/(A-B)=1/0*。很多人都知道 1/0 是一個無限大的數目。然而，無限大這個數示卻不是一個數，而是「不定數」。所以，問題就出在等號的兩邊各乘上了「不定數」。所以，「等號」至此當然也就不成立，也因此才會導致了錯誤的結論。

4. 各位千萬不要小看這道題目所提供的思維與觀念，尤其是在「極限」的思維與觀念上面。事實上，數學不像文學或其他的學科，可以隨心所欲的論述。而數學則是從一開始就必須建立起正確的觀念與思維，而且是層層相關、環環相扣的，否則必然是會錯誤百出的。而如果各位看不出這一題悖論的所在，那麼，各位在未來的歲月裡，就必然有可能會犯同樣的錯誤而不自知。所以，希望各位將它當作是精選的題目，好好的去思考這問題真正的關鍵的思想及理論究竟是什麼？並希望各位可以真正的明白其中的道理與這一切的究竟。

# ☆ 5.4
# 極限 *(limits)* 的問題與思維

　　無窮遠是一個多麼吸引人的名詞啊！不知道各位有沒有仔細的想過，究竟什麼是「無窮」？無論是無窮大、無窮小、無窮多、無窮少、無窮近或是無窮遠，其實它們都是很難真正理解的。兩條平行的鐵軌在平原上一直的延伸著，原本是平行的，但是，漸遠就漸漸的似乎靠近了，再遠……再遠……就相交了，至少在人類的眼睛所能及的範圍中，它們相交了。所以，那也就是說，任何一件事物在近處所表現的現象與在極限遠處所表現的現象是不一樣的。在近處它是兩條線，在遠處它是一個點。這在數學上該如何去描述它。古時候的希臘有許多的數學家，但都盡量想

辦法避開這個問題，人類實在很難想像無窮遠的地方，究竟發生了什麼事情。

但是，數學家是從不放棄的，終於，數學家在數學上立下了定義，所謂「函數的極限 (Limit of a function limit)」其定義如下列的式子所示：

$$\lim_{x \to a} f(x) = Q$$

這意思是說當變數 $x$ 無限的趨近於 a 的時候 ( 但不等於 $a$ )，函數 $f(x)$ 則「趨近」於 $Q$。在數學中，爲了方便，我們一般就直接的稱之爲「極限 (Limit)」。各位請注意，在這裡所用的詞句是「趨近於 $Q$」。各位應該可以想像得出來，正確的道理是在於：「$x$ 趨近於 $a$」而不是「$x$ 等於 $a$」，這兩種狀況是不相同的。

既然 $x$ 趨近於 $a$ 而不是等於 $a$，故而對整個結果 $Q$ 而言，自然也只是一種趨近值。請「特別」注意：

$$\lim_{x \to a} f(x) = Q$$

**在上述的式中，雖然在定義上所使用的是「等號」，但那是為了運算上的方便。然而，在我們的思維上，必須知道它仍是一種「趨近」值。**

上述的定義，是用來描述一個序列的變數愈來愈趨近於某一個數時，整個數值序列變化的一種趨勢。說得更確切些，「極限」是：

**描述函數的自變數，是在接近某一個數值的時候，相對應的函數值它的變化趨勢究竟是如何？**

「極限」是微積分起始的觀念，也是最基本的概念之一。事實上，「微分」就是從這種無限小的變化開始，而求得函數的對應結果究竟是如何的？

現在再進一步的討論另一個觀念上的問題，各位請看下列的函數：

設　　　$f(x) = \dfrac{1}{x}$　　　則　　　$\lim_{x \to 0} f(x) = ?$

也就是說，在這種狀況下，這個函數 $f(x)$ 當變數 $x$ 趨近於 0 的時候，它的極限值應該是多少？許多人認爲這是「不存在」的。因爲零分之一 (1/0) 是「無意義」，然後就結束了。這種背公式學數學的做法是不好的，這種缺乏思想的背誦主義，它是建立在一個不理性與不講理的基石上。爲什麼零分之一 (1/0) 是「無意義」？在數學中：

$f(x) = \dfrac{1}{x}$ 而當 *x=0* 時，*f(x)* 被稱為「無意義」。

**事實上，「無意義」這三個字有仍然有著極為「深遠的意義」存在。**

這是在說，當 *x* 趨近於 0 的時候，則它代表的是一個趨於無限接近「極大」的一個範圍，在這裡我們用的還是「趨於無限接近」的幾個字，而不是無限。「無限 (Infinity)」是一個不定值，也就是說，它是一個不能確定的數值，任何一個不確定的數值都不可以參與數學上的等號運算。

但是，我們現在談的是「極限 (Limit)」，是一種「趨近於」的觀念。

請注意，「無限 (Infinity)」與「極限 (Limit)」它們是完全不同的兩件事情，千萬不要將它們混為一談。

所以，根據上述對於極限的定義，雖然當變數 *x→* 趨近於 *a* 的時候，函數 *f(x)* 的極限會是等於 *Q(=Q)*，但這並不真的就代表相等於 *Q* 值，而仍然是一個「趨近值」。只是為了運算上的方便而說它是相等於 *Q* 值。

為了能夠確實的說明「極限」的意義，讓我們脫離文字的敘述，就直接的從**【典範範例】**開始，也讓我們仔細的思索、探究與研究下列的這些**【典範範例】**，它的變化與結果究竟是如何？

我們將直接的使用「函數特性曲線圖 (Characteristic curve)」來解說這一切，畢竟，還是那句話，「一張圖表勝過千言萬語。」

# ☆ 5.5
# 【典範範例】集錦

## ★★★【典範範例 5-01】

請仔細的思考與研判下列函數的極限值,並請繪製該函數的特性曲線圖與詳加解釋之。

設 $f(x) = \dfrac{1}{x}$ 則 $\lim_{x \to 0} f(x) = ?$

## 【解析】

1. 這道題目看起來蠻簡單的!其實,各位不要太小看了這道題目。事實上,這道題目的這樣寫法是「有」問題的,如果各位看不出來,那就是各位有問題了。所以,我才一開始就提醒各位。至此,各位先不要往下看,先想一想問題出在哪裡?

2. 這是一個最基本,也是對於函數的「極限」與「特性曲線圖」應該認真與認識的開始。這道題目標的是 *x→0*,這表示是 *x* 趨近於 0 的意思,然而,事情沒有那麼簡單。也許各位會說,當 *x* 趨近於 0 的時候,*f(x)* 則趨近於無限大。如果各位是單純如此的想法,那可能就有問題了。

3. 什麼?當 *x* 趨近於 0 的時候,*f(x)* 趨近於無限大這有什麼不對?是的,這樣的說法在表面上看來是有理的樣子,但實際上卻不是這個樣子。各位如果仔細的檢視圖 Fig 5-01 就可以瞭解我所說的話的意義。

4. 在圖 Fig 5-01 中很明顯的顯示,當 *x* 趨近於 0 的時候,*f(x)* 會趨近於兩個無限大的值,一個是「正無限大」,另一個是「負無限大」,這兩個「無限大」卻是天地之差,不可以混為一談的。

5. 所以,我們必須明確的表示出究竟 *x* 是趨近於 0 的哪一端?如果我們寫的是 *x→0⁺* 那表示變數 *x* 是由 0 的右端正值趨近於 0,也就是從比 0 大的這一端接近於 0。在圖 Fig 5-01 中我們可以看到,此時函數 *f(x)* 的值是趨近於正無限大

136　5　讓我們的思維飛到無窮遠的地方

*(+∞)*。而如果我們寫的是 *x→0'* 那表示變數 *x* 是由 0 的左端趨近於 0，也就是從比 0 小的這一端趨近於 0。則此時函數 *f(x)* 的值是趨近於負無限大 *(-∞)*。所以說，就差這麼一點點，結果卻是天地之差。

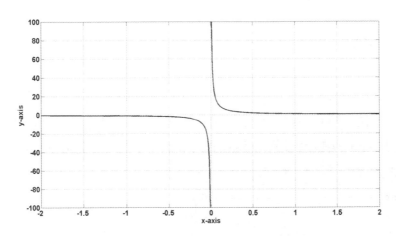

Fig 5-01 當 *x* 趨近於 0 的時候 *f(x)* 的值會有兩個極端值

★★★【典範範例 5-02】

請仔細的思考與研判下列函數的極限值，並繪製該函數的特性曲線圖與詳加解釋之。
$$\lim_{x\to 0} \frac{1}{x^2} = ?$$

## 【解 析】

1. 這道題目與上一題十分的相似，雖然同樣也是相當基礎的題目之一，但是，卻有一些重要的討論空間，尤其是在想法上面，希望各位能夠根據上一題的思維，能夠迅速的在這一題中正確的反應及思維。這一題與上一道題目在思維與意義上並不完全相同。這是因為它的分母是 *x²*，所以，首先排除了負數的問題，也就是說，在 *y* 軸上不會出現有 0 以下的特性曲線存在。但是，問題不是這麼單純的，由於它是 *x²* 項，是平方項，所以，存在著曲線對稱的性質。曲線與什麼對稱呢？當然，它是與 *y* 軸對稱的。

2. 當 *x* 趨近於 0 時，這整個函數所面臨的問題是無窮大。那麼，是什麼樣子的無

窮大？也就是不論是 *x* 趨近於 *0⁺* 或是 *0⁻*，在 *y* 軸的正值部分都會趨於正無限大並且與 Y 軸做對稱式的無限延伸。各位可以在圖 Fig 5-02 中看到，當 *x* 值分別由正負兩邊接近 0 的時候，*f(x)* 的值，也就是 *y* 值趨於無限大。最重要的觀念與需要注意的是，只有在 *x* 值趨近 *0⁺* 與 *0⁻* 所的時候，這時 *f(x)* 值會非常快速的由兩邊向上延伸至正的無窮大。

3. 有一點需要各位非常注意的，那就是在圖 Fig 5-02 中所顯示的 *x* 軸與 *y* 軸的刻度 (scale)，它們在刻度上相差的尺寸與距離非常大。在圖中，我們可以看到 *x* 軸的距離只有在 ⁺1 至 ⁻1 之間。但是，在 *y* 軸的距離上則是以 1000 爲起跳單位，所以，可能會有一種錯覺，以爲離開 *x* 趨近於 0 以外大部分的區域都是爲零。事實上，*y* 的函數值還是「逐漸」的隨 *x* 值的增加（含負值）而逐漸的趨近於零，而永遠不會「等於」零。

4.
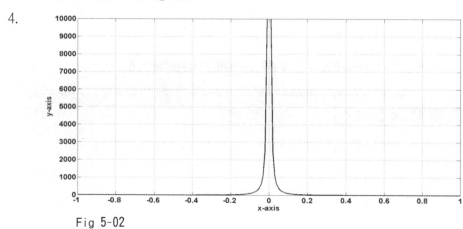

Fig 5-02

### ★★★【典範範例 5-03】

請仔細的思考與研判下列函數的極限值，並請繪製該函數的特性曲線圖與詳加解釋之。
$$\lim_{x \to 0^+_-} \frac{1}{x^3} = ?$$

### 【解 析】

1. 這雖然還是一題三顆星的題目，原因無它，因爲它還是相當重要的基礎題目，各位看到這一道題目的時候，可能會有人覺得難以憑直覺而想像出這一題的特

性曲線。事實上，如果各位在經過上面兩個「典範範例」的練習之後，再回過頭來看這一題，可以好好的回憶一下上面兩題「典範範例」與解析，尤其是【典範範例 5-01】，相信會有很大的啟示，希望各位在心裡面應該是有一個整體的輪廓與概念才好。

2. $f(x)=1/x^3$ 的函數其特性曲線圖其實與 $f(x)=1/x$ 的函數特性曲線在特質上是近似的，因為它們的分母都是奇次方。對於這一類的題目，我們應該將重點放在於 $x \to 0^+$ 與 $x \to 0^-$ 這前後的變化及關係上面。更因為它是奇次方，所以，變數在趨於 $x \to 0^+$ 與 $x \to 0^-$ 的附近，$f(x)$ 會趨近於兩個相反的無限大值，一個是正的無限大，另一個是負的無限大。因此，如果是 $x \to 0^+$，此時函數 f(x) 的值是趨近於正無限大 (+∞)。而如果是 $x \to 0^-$ 則表示變數 x 是從比 0 小的這一端趨近於 0，則此時函數 $f(x)$ 的值是趨近於負無限大 (-∞)。但是，在圖 Fig 5-03 中與之前的圖 Fig 5-01 還是有差別的，各位請特別要注意圖中的 $y$ 軸它的座標規格，這是大得不得了了，因為，它是以指數型態 $10^6$ 來標記的。

3.
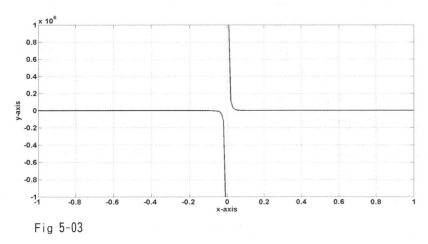

Fig 5-03

4. 再說一遍，「無限大」雖然不是「一個」數，但同樣是在表示函數式的實質特性。地球到月球的距離我們可以知道是 36 萬公里，是一個可以理解的數值，它比一秒中的光速 30 萬公里略遠一點。但是，地球到 137 億「光年」遠的宇宙邊緣的距離，如果還是用公里計算，那就是「無限大」。但是，它還是確實的「存在」，而不能說「不存在」。所以，我們就必須轉換「單位」，用「光年」來代替「公里」，那就比較容易讓人獲得具體的印象與觀念。

★★★【典範範例 5-04】

請仔細的思考與研判下列函數的極限值，並請繪製該函數的特性曲線圖與詳加解釋之。

$$f(x) = \lim_{x \to +\infty} \frac{(x^2 - 1)}{(x^3 + 1)}$$

## 【解 析】

1.  這是一道非常好的題目，但是絕大部分的人在看到這一道題目的時候，往往會有不知從何著手的感覺。當然，這一題也是無法硬解的，如果將 $x$ 以正無限大的值代入的話，那就會得到分子與分母都是趨於「無限大」，而還是得不到結果的，當然，也難以估量它的結果究竟是歸向哪裡？

2.  但是，事情並沒有那麼絕望而且也不可以絕望，總是有辦法的。關鍵是要懂得該如何快速而正確的思考這件事。當我們第一眼看到題目時，依照題目 $x$ 如果是想要將「無限大 $(+\infty)$」的這個值直接代入方式的話，是不可行的。但是，我們可以用較為超越的眼光與思維來看這個問題。如何是超越的眼光與思維呢？首先，讓我們將注意力放在變數 $x$ 上，不要一開始就想用 $+\infty$ 來看它，事緩則圓。想想看當變數 $x$ 的值由 0 開始，當 $x$ 越來越大的時候，整個函數式會如何？這將會是一個超越性的思維。

3.  當變數 $x$ 越來越大的時候，我們可以看出在這個函數式中，分母所增加的數值要比分子所增加的數值來得快，也來得大。也就是說，當變數 $x$ 的值越來越大時，由於整個分母所增加的值要比分子增加的值來得多。因此，當分母的值比起分子的值越來越大的時候，整個函數式就會越來越小，也就是說，當變數 $x$ 的值大到某一個正數值的時候，整個函數式的值就會趨近於 $0^+$。也就是說，當 $x$ 的值趨近於正無限大 $(+\infty)$ 的時候，則整個函數 $f(x)$ 的值也就越來越趨近於 $0^+$。所以，這個部分會是很長的一條接近於水平的斜平線。因此，這一題初步得到的結論就是當變數 x 趨近於正無限大 $(+\infty)$ 時，整個函數趨近於 $0^+$。

4.  但是，目前仍然還是沒有看到全部的真相。讓我們再繼續討論下去。現在來看一看當 $x \to 0^+$ 的時候，會有什麼現象，則問題就約略可以迎刃而解。因為，題目問我們的是當變數 $x$ 趨近於正無限大 $(+\infty)$ 時，整個函數會如何？我們已經知道它會趨近於 $0^+$。這其實已經是答案了。但是，我們仍然繪製不出特性曲

線圖來。所以，才要進一步的來看一看當 $x \rightarrow 0^+$ 的時候，會是什麼現象？答案是，在這個地方有一個大波折。

5.  因為，當變數 $x$ 在趨近於 $0^+$ 的時候，整個 $f(x)$ 函數值會突然的呈現趨近於「-1」的這個數值。事實上，我們用肉眼就可以直接看出來，在 $x=0$ 的時候，$f(x)=-1$。過了這一段的時候，不論 $x$ 的值是正向越大或是負向越大的時候，$f(x)$ 函數則都會逐漸的由低於 1 的數值而快速的下降，也就是由 $y$ 軸越來越趨近於 0 值。如圖 Fig 5-04 所示。

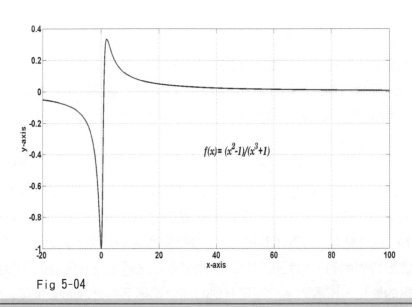

Fig 5-04

### ★★★【典範範例 5-05】

請仔細的思考與研判下列函數的極限值，並請繪製該函數的特性曲線圖與詳加解釋之。

$$f(x) = \lim_{x \to +\infty} \frac{(x^3 + 10)}{(x^2 + 1)}$$

## 【解 析】

1.  我想說的第一句話就是，希望各位在研讀本書的時候，不要依循傳統以解題為主的數學教學與學習的模式，更不可以用硬背強記的方式來學數學，希望能多用思考與理解的方式，如此才可以使得各位能夠舉一反三，才能發揮思維的最

大效用,這也才是本書啓發式論述的真正用意所在。這一題的函數式就一般而言,是屬於相當基礎的函數式了,應該一看就知道一個大概,但是我還是將它列了出來,做爲範例式子,並延伸相關的思維,以便各位可以思考並舉一反三。首先,我們需要的思維是:

2. 這個函數當 *x* 不斷地增加的時候,整個函數式的值也會不斷地增加。因爲,分子的次方高於分母的次方。故而在比值上來說,整個函數式的值會不斷地增加的。也就是說,這個函數式的特性曲線圖在大致上是傾斜式的,由左下角而向右上角漸增。

3. 這個看法在大方針上來說是正確的。但是,仍有一些細節必須注意。在變數 *x* 趨於正無限大的過程中,會經過原點 $(0,0)$,諸位如果有經驗的話一定會知道,任何一個函數曲線在經過原點 $(0,0)$ 的時候,都一定要特別注意。因爲在「極限」的問題裡,大多數的函數在原點 $(0,0)$ 的這附近,都會發生變化,而這道題目也正是如此。

4. 如圖 Fig 5-05 所示。首先我們可以看出函數曲線的大致走向是一條斜向的特性曲線,由左下方負值開始,朝向右上方而漸增。但是,關鍵點在於原點 $(0,0)$ 的附近起了變化。首先,我們可以很清楚的看出來,當變數 *x=0* 時函數 *f(x)=10*。也就是說,函數在斜增的過程中,會通過 *x=0* 與 *f(x)=10* 這一點。所以,它也會影響周圍的一些變化。也就是除了原點之外,在其附近的函數值都會有相對應的變化,而離開這個區域其他的部分就都不再有大的變化了。所以,這一題除了 *x=0* 與 *f(x)=10* 這一點附近之外,是當 *x→+∞* 時,f(x) → +∞ 的一條斜升線。

5. 如果我們將「極限」先拿掉不計,另以實際的一些對應的數據來看:

$$x=0,f(x)=10 \qquad x=1,f(x)=5.5$$
$$x=2,f(x)=3.6 \qquad x=10,f(x)=10$$
$$x=-1,f(x)=4.5 \qquad x=-2,f(x)=0.4$$
$$x=-10,f(x)=9.8$$

從這些簡單的數據來看,可以得知在 *x=0* 這個地方有一個「凸點」,過了這一點之後,曲線會逐漸的回歸一條斜直線。所以,這其中有一個重要的觀念,就以一個函數的特性曲線而言,先以極限的觀念來看它,讓該函數的整體特性

曲線先表露出來，然後再做一些細部的考量，尤其是在原點附近要特別注意。因為，在原點附近的「極限」值常會有較大的變化，所以，就一般而言，除非題目有一些特殊的數值之外，有三個地方是要特別注意的，那就是：(1). 負無窮大。(2).0。(3). 正無窮大。這三個地方要是特別思量的。如此，對於「極限」的問題之理解力與思維能力則是必然可以快速提升的。

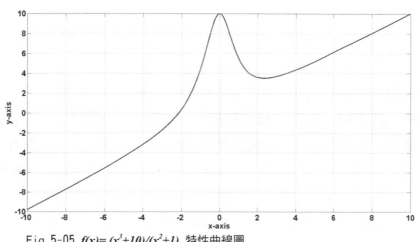

Fig 5-05 *f(x)= (x³+10)/(x²+1)* 特性曲線圖

### ★★★【典範範例 5-06】

請仔細的思考與研判下列函數的極限值，並請繪製該函數的特性曲線圖與詳加解釋之。

$$f(x) = \lim_{x \to 1} \frac{1}{(x-1)^2}$$

## 【解 析】

1.  這種形式的函數式大體而言如果用直覺的話可能有一點難，故而要能夠立即說出正確的答案，仍然是需要一些具有超越性的經驗才可以，而這也正是希望各位能跟著多學習與多思維，才能大幅的提升對於數學那種「超越性直覺」的能力。

2.  在思維上，當 *x=1* 的時候，分母則是同樣的又會陷入是 0 的困境，那又是一個無限大而無解。但是，如果我們想的是當 x 只要比 1 多一點點，分母就會是很小，但卻可以存在，而不會是 0。所以，當 *x→+1⁺* 時，是成立的。但同樣的，當 *x→+1⁻* 時，也同樣是成立的，而且也是趨於極大值。所以，在 +1 的這附近，

也就是 $x \to +1^+$ 與 $x \to +1^-$ 這兩個屬於 +1 附近的值，都會出現正的極大值，因爲，它是平方倍。故而，首先建立了這個的觀念之後，我們就可以預測到會有兩個極大值在 +1 的前後出現，由水平線往上直升。重要的是，唯獨 $x=1$ 時是不成立的。也就是說，在 $x=1$ 的這一條線上，是不可以觸碰的。

3.  接著下來，我們就要看當 $x$ 如果趨於兩端的極大值時，這包含正的極大值與負的極大值這兩個部分。當 $x$ 趨於正的極大值時，$f(x)$ 會趨於 0 值。同樣的，當 $x$ 趨於負的極大值時 $f(x)$ 也會趨於 0 值。所以，無論如何，$f(x)$ 在縱軸上的值都必然會是正值，因爲平方之後都會是正的。也就是說 $f(x)$ 函數在橫軸的下方不會有任何的數值，當然，也不會有任何的特性曲線的存在。

4.  在瞭解上面所談述的的這幾種狀況之後，我們的心裡大致上已經有底稿了。故而在圖 Fig5-06 中各位可以看到這個函數式的特性曲線圖。另外還有一點值得一提的是，$x$ 軸與 $y$ 軸的刻度 (scale) 還是並不相同的。不但是不相同而且它們之間的差異非常的大，各位在對照一下圖 Fig 5-06 的 $x$ 軸與 $y$ 軸的刻度 (scale) 時就一目了然了。$x$ 軸是以小數點個位數在間隔，然而，$y$ 軸卻是以 1000 的刻度起跳。這代表什麼意義呢？這在告訴我們，這個函數式的特性曲線圖是由水平最基本的底層，快速而急遽拉升。所以，圖 Fig 5-06 並沒有依照 1：1 的比例繪製，否則就太佔篇幅了。

5.  順便值得一題的，在【典範範例 5-02】中，我們會發現它的特性曲線圖與這一題非常的相似。是的，事實上，這兩個函數式的本身除了極限值不同外，在實質上的確是十分得相像。所以，類似這一類的題目，應該放在心上，以利未來再遇到類似的題目，就可以有「超越性直覺」的反應了，而不會完全沒有頭緒。

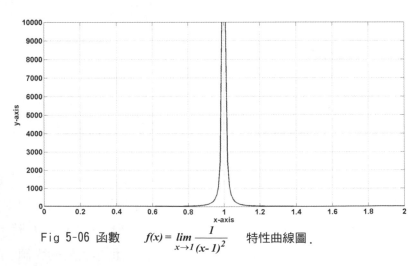

Fig 5-06 函數 $\quad f(x) = \lim\limits_{x \to 1} \dfrac{1}{(x-1)^2} \quad$ 特性曲線圖.

請仔細的思考與研判下列函數的極限值,並請繪製該函數的特性曲線圖與詳加解釋之。　　$f(x) = \sqrt{x}$

## 【解 析】

1. 這一題為什麼會列在這一個非極限的章節裡呢?那是因為這道題目在思維上,會有一些屬於極限的觀念,進而能夠對於開根號的「極限」問題懂得該如何去思想。許多人一看到有根號的函數式就不知道該如何思考?或不知該如何著手了?其實,這並不難。我想要告訴諸位一句話,那就是在一般的微積分上,並不需要考慮虛數 (Image number) 的這個部分。也因此,在遇到這種問題,我們不需要考慮 $x$ 的負值部分,因為,如果 $x$ 出現了負值,則函數就進入「虛數」的領域。而這個部分除非是特意的,一般而言,我們僅就實數部分著手就可以了。所以,這一題在特性曲線圖上面,首先我們可以將 $x<0$ 這個部分的區域排除。故而,它的特性曲線首先就排除了整個座標軸的第二與第三象限,也就是 $x$ 軸中的 $x<0$ 以下的部分可以完全不必考慮。

2. 在四個象限中,已經先排除了兩個象限,剩下的是第一與第四象限。既然 x 的值不可能為負值,那麼 $y$ 值或 $f(x)$ 的值當然也就不可能為負值。y 值若不可能為負值,在剩下的第一與第四象限中,則又再排除了第四象限。因此,只有第一象限是符合我們所需要的條件了。從以上的分析,我們將整個的問題與思維簡化到只剩下一個象限的問題。

3. 現在,讓我們再深入的與更進一步的想一想。雖然我們已經知道這個函數的特性曲線只存在於第一象限,但是,它會是如何的樣子呢?能夠思考到這裡是很好的了。在這個函數式中,大家一定都會有一個念頭,那就是想要脫離根號的束縛。其實,這一點都不難,我們只要將整個函數式平方一下就好了,平方之後得到的是 $y^2 = x$。從這個函數式中,我們可以得知這條曲線必然是對 $x$ 軸對稱的曲線,而 $y$ 的數值則可以有正負不同的值。也就是說,在 $x$ 軸上只有一個正的方向值可以進行。但是 $y$ 的函數由於是平方倍,所以,請記住,具有平方被的函數,一定具有「拋物線」的性質。所以,這個函數是一個開口向

右延伸，而以 $x$ 軸爲對稱的一條「拋物線」的曲線。但是，在剛才我們已經排除了函數出現在第二、第三與第四象限這三個象限的可能，而只存在於第一象限，故而這個函數的對稱現象只剩下一半存在於第一象限。如圖 Fig5-07 所示。

4. 最後的一個技巧，那就是曲線彎曲的程度，也就是說曲線在 $x$ 軸與 $y$ 軸上的比例如何？由函數式 $f(x) = \sqrt{x}$ 我們可以知道，曲線在 $y$ 軸上的增長要比在 $x$ 軸的增長緩慢得多，也就是說，這條拋物線在 $x$ 軸上值會是在 $y$ 軸上之值的 2 倍。那是由於 $x$ 的值必須開根號才能得到 $f(x)$ 的值。事實上，舉凡具有平方倍率的函數式，都跟拋物線有關係的。最後，我們綜合上述的觀念、思維與敏捷的反應，如此則可以在第一象限中繪製出如圖 Fig5-07 所示的特性曲線圖。

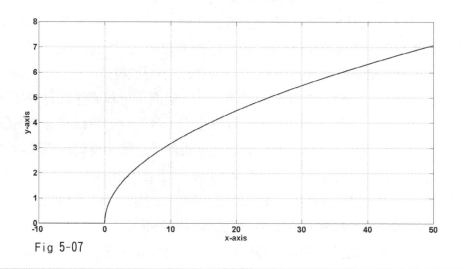

Fig 5-07

★★★★【典範範例 5-08】

請仔細的思考與研判下列函數的極限值，並請繪製該函數的特性曲線圖與詳加解釋之。

$$f(x) = \lim_{x \to 3} \frac{x^3 - 27}{x - 3}$$

【解 析】

1. 這是一道四顆星的題目，很顯然的，它必然會有許多地方值得我們深入學習與注意的。在這之前，曾經舉了這許多函數的特性曲線圖來解說相關的觀念，其主要的目的就是希望各位在面對問題的時候，可以快速的建立正確的思維，並

獲得整體的觀念，能夠快速而正確的獲得整體觀念是最難能可貴的，我們絕對不要一看到題目就想該如何下手去計算它，這是非常不對的。許多時候的確是計算出來了，但是，卻永遠也不知道那個答案的背後究竟代表的是什麼意義？那就白學了。我們是人而不是機器，所以，不應該將我們變成為一個計算的機器。再說一遍，去解數學題目絕對不是人類的專長，人類的特長是去思考道理與理解事情。所以，我們需要懂得使用現代化進步的思維，才能夠輕鬆而精準去解決所有數學的問題。

2. 這道題目就一般人的看法，是不容易使用「目視法」從表面上看出整個函數的趨勢與概要的。因為在題目中，當 *x* 趨近於 3 的時候，分母的 *(x-3)* 則趨近於 0，而分母趨近於 0 者整個式子會趨近於無限大。然而，同樣的，當 *x* 趨近於 3 的時候，分子也是趨近於 0。那麼，在 *x* 趨近於 3 的時候，分子與分母都趨近於 0。那該如何處理？

3. 事實上，這整個函數的特性曲線圖究竟應該如何去思考？這是一個大技巧，也是值得各位學習智能的地方。首先，我們應該認知到，就整個函數式來考慮是難以著手的。分子有三次方，分母有一次方。那整個函數的特性曲線圖該如何去想？其實，這裡有一個很重要的方法，那就是我們可以將分子與分母的「次方」相互抵消，而抵消後的次方是二次方程式，而二次方程式則是拋物線的形狀。這是我們首先可以獲致的一個概念與觀念。

4. 其次，這道題目可以從因式分解的方法來著手，這雖是傳統的手工方式，但是，有時還是很有效的：

$$\lim_{x \to 3} \frac{x^3 - 27}{x - 3}$$

$$= \lim_{x \to 3} \frac{(x - 3)(x^2 + 3x + 9)}{x - 3}$$

$$= \lim_{x \to 3} (x^2 + 3x + 9) = \lim_{x \to 3} x^2 + \lim_{x \to 3} (3x + 9)$$

$$= \lim_{x \to 3} x \times \lim_{x \to 3} x + 18$$

$$= 3 \times 3 + 18$$

$$= 27$$

5. 這個函數的最後結果是 27。但是現在真正的問題來了。我們雖然求出了答案是 27。然而，這個結果與答案究竟代表的是什麼意義呢？「27」這個數值又

代表的是什麼呢？這才是我們真正應該要追究知道的。也許有人會說，函數值在 *x=3* 的地方，*f(x)=27*，那麼，這又代表什麼意義呢？

6. 事實上，只認為在 *x=3* 的地方，函數值 *f(x)=27*，就是這樣而已。但是，請各位要注意的，這樣的觀念是錯誤的。當 *x=3* 的時候函數式的分母一定是等於0，而此時的分子也等於0。於是就造成了整個函數式等於0/0，沒有人知道0/0究竟是什麼？所以，在計算「極限 (limit)」這種題目的時候，不可以將式中的「等號」解釋為「相等」的意義，它真正的意義是「趨近」於的意思。也就是說，在 *x* 趨近於 *3* 的地方，函數值 *f(x)* 趨近於 27，但就是這樣而已嗎？對整道題目而言，這樣就結束了嗎？這整道題目究竟是在說什麼呢？所以說，如果只是解題目的話，就會完全不知道這整道題目的意義究竟是什麼？

## 【研究與分析】

1. 現在，我們可以從因式分解中得到這個下列的式子：

$$f(x) = \lim_{x \to 3} (x^2 + 3x + 9)$$

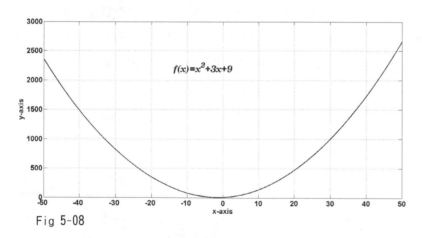

Fig 5-08

首先，我們已經可以就上面的式子來思考整體曲線的形狀，但也唯有如此，我們才能真正的明白這裡面的意義。這是一個一元二次方程式，所以，它是對 *y* 軸對稱的一條曲線，而且開口向上。如圖 Fig 5-08 所示。但是，不要忘了，我們曾一再的說，位於 *x=3* 的這個地方是不存在的，也就是說，它會有「斷點」的存在。一般來說，就是會有趨於無限大值的出現。如圖 Fig 5-08.1 所示是一個完整的曲線圖較靠近底部的地方。各位可以在 *x* 趨近於 3 的地方看得出來，

在那個地方所對應的函數值是不存在的。然而，在 $x$ 趨近 3 也就是 $x \to 3$ 的時候，函數還是繼續存在的。但是 $x=3$ 的這個地方則是不存在的。

2. 在一般的演算式中，皆認為當 $x$ 趨近於 3 的時候，整個函數式的極限值是等於 27。事實上，這樣的結果是沒有太大的意義的。因為，我們若是無法知道整個函數式的狀態，單獨知道一「點」是如何，那意義是不大的。那也只是一個數字而已，不帶有什麼觀念。諸位如果能夠注意圖 Fig 5-08.1 整個函數式的曲線狀態，相信是可以看得出斷點的所在位置，它所代表的不僅是一個不連續的點而已，更重要的是整個函數所代表的意義，在這個圖中，我們可以面對這整個函數的分布狀態，並清楚的看得到這一個不連續的點的存在以及它的位置。事實上，具有這樣正確的觀念才是真正學數學應該學到的智慧。圖 Fig 5-08.2 中，是位於 $x=3$ 處進一步的斷點放大圖，各位可以藉此比對相關的資料與數據。

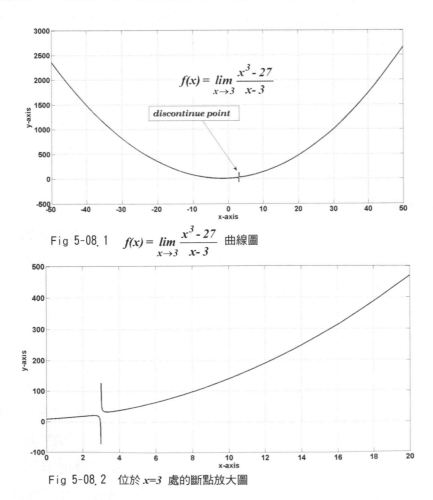

Fig 5-08.1　$f(x) = \lim_{x \to 3} \dfrac{x^3 - 27}{x - 3}$ 曲線圖

Fig 5-08.2　位於 $x=3$ 處的斷點放大圖

★★★★【典範範例 5-09】

請仔細的思考與研判下列函數的極限值，並請繪製該函數的特性曲線圖與詳加解釋之。

$$f(x) = \lim_{x \to 1} \frac{2x^2}{x^3 - 1}$$

## 【解 析】

1.　這題目如果是沒有接受過前面的訓練，或是對剛開始接觸這類題目的人而言，同樣的是不太容易想像得出這個函數的觀念與概要的。但是，對一位已經具有超越性觀念之人而言，則是應該相當容易有概念的。對於這類的題目可以使用具有「超越性」的觀念方式，那問題就相當簡單了，而事實上也的確是如此。

2.　首先，先讓我們來看這個極限的問題。當 x 趨近於 1 的時候，毫無疑問的，整個函數式的分母會趨近於 0。因此，*f(x)* 則趨近於無限大（∞）。所以可得：

$$f(x) = \lim_{x \to 1} \frac{2x^2}{x^3 - 1} = \infty$$

事實上，這樣的結果是錯誤的。讓我們看看下列的【研究與分析】，就會很清楚的明白了。

## 【研究與分析】

1.　進一步的來看這個極限的問題。*x* 可以從兩方面趨近於 1。首先要談的是 *x* 趨近於 *+1⁺*，一個是比 1 多一點點趨近於 *+1*，也就是 *+1⁺*。另一個是比 *+1* 少一點點趨近於 *+1*，是為 *+1⁻*。為什麼要強調 *+1⁺* 與 *+1⁻* 的差異呢？這兩個值只是在意識上的差異而已，在實質上是難以區分的。*+1⁺* 與 *+1⁻* 的差異可以說是無限的小，它們都是最接近 *+1* 的兩個數，但是，有多接近呢？那是「極限」的問題了，接近到無法形容的。那麼要問，如果兩個數值是那麼無限的接近，那有什麼好計較的？既然是那麼接近，應該就是一體了？有什麼好區分的嗎？是的，數學就是那麼有趣，即使是無限的接近，幾乎就是一體了，但卻有可能會有天地之差別。在平常人的觀念裡，在那種無限小的數值裡面，有什麼好值得計較的？但是，數學不然，當然要計較。在下面的論述中，我們就可以看出在它們之間，

也就是在無限小的差異之間，失之毫釐卻差之千里，有着天地之差異。

2.　我們就「大原則」來看。在這道題目中我們可以先將常數項拿掉，也就是先將分子中的「2」與分目中的「1」拿掉，再來看整個式子就簡單多了。爲什麼可以拿掉這些常數項呢？因爲，在實際上它們的影響不大，但拿掉之後，整個函數式就非常清晰而淺顯了。當拿掉這兩個常數項之後，再用「對消法」，它是一種概念式的分子與分母對消的觀念。在這一題中，如果使用這種「對消法」的思維，在對消之後，分母就只剩下 *x* 的一次方。所以，如果僅以 *1/x* 來思維這個函數的話，這個問題就變成非常的簡易了。就 *1/x* 函數的特性曲線而言，這在最前面我們就提過了，它是一條雙曲線 (hyperbola) 式樣，這種雙曲線又稱之爲「直角雙曲線 (rectangular hyperbola)」。

3.　現在，讓我們用圖來進一步的解說。如圖 Fig 5-09 中所示：

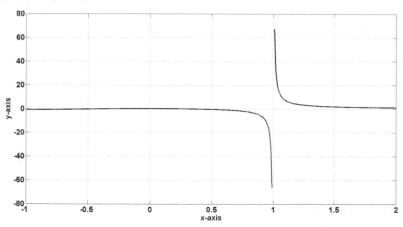

Fig 5-09 極限函數式　$f(x) = \lim\limits_{x \to 1} \dfrac{2\,x^2}{x^3 - 1}$　的特性曲線圖

可以看得出來，在 *x=1* 時就會有兩個極值出現，這兩個極值分別是正無限大與負無限大。而這種函數最奇特之處就是在於 *+1* 的前後位置上。各位可以明確的看到函數曲線在 *+1⁺* 之處趨於正的無限大 *(+∞)*，而在與 *+1⁺* 的地方則完全的反過來了，是負的無限大 *(-∞)*。所以，如果這一題的答案如果僅僅回答爲「無限大 *(∞)*」，那就是不正確的，也是錯的。因此，我們可以說，這種函數式是非常有趣的，它一路上都非常的平坦，但是到了某一個地方，只要相差一點點，就是天地之別。人生的際遇往往也是如此，一秒鐘之差，也同樣的會有天地之差，而有完全不同的人生與際遇。

★★★★【典範範例 5-10】

請以「極限」的觀念思考與研判下列函數？並請繪製該函數式的
特性曲線圖並詳細解釋之。

$$f(x) = -3x^3 - 2x^2 - x - 1$$

## 【解析】：

1. 這個函數式的的結構太常見了，但是，它的特性曲線圖究竟是如何？可能還是會讓許多人一時之間不知所措，甚至是難以想像。其實，表面上看起來這是很普通的函數式，並沒有出現甚麼奇特的符號，它的極限值以直覺就是隨著 x 值的增大，而可以感覺得出是最後是一個無限大值。但是，如果進一步的問，它的走勢如何呢？從那裡到那裡呢？那裡向上？那裡又向下？至於它的特性曲線究竟又如何呢？故而，這是很好的一個範例。

2. 就整個函數式來看這裏面的的變數，其指數全是正數，而且是依序的降低，讓人一時之間會有錯覺，以為整個函數就是在正值區域裏。但是，它們卻又都是用減的。事實上，這一題的真正的關鍵點還是在前面的兩個項目裏，後面的 -x 項與 -1 對於函數整體的形狀影響不大。現在，首先讓我們看看 -x³ 這個式子。關於這個 x³ 的式子我們在前面曾經談過，它完全的像是一個倒過來「N」字形的形狀。也就是曲線由左上方向右下方的斜側一直向下延伸，可以無止境的延伸。而中間這個部分則是經過原點 (0，0)，形成左右相反的對稱關係。這是對 -x³ 這個式子的思維與觀念。如圖 Fig 5-10.1 所示。

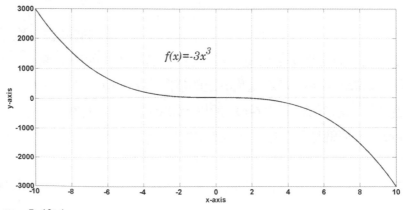

Fig 5-10. 1

3. 再來就要談到 $-x^2$ 這個式子了。這個式子也是一個基本的函數式。它的特質是左右完全對稱，兩邊一直的向下延伸，中間的部分則也是經過原點 *(0，0)* 而形成左右完全的對稱。這個特性曲線圖很明顯的是一個「拋物線 (parabola)」的形狀。如圖 Fig 5-10.2 所示。

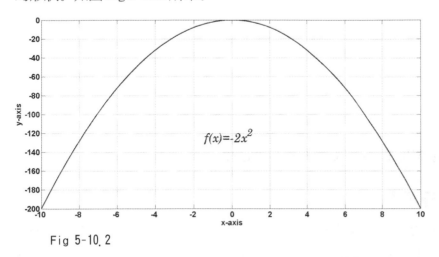

Fig 5-10.2

4. 但是，當 $-x^3$ 項與 $-x^2$ 項這兩個項目要進行合成的時候，它會是如何的呢？這的確是一個非常好的問題。這兩個項目的特性曲線圖完全不同，該如何想像它的結果呢？答案的思想其實不難。首先，我們可以用「次方」來看，也就是用 $-x^3$ 項與 $-x^2$ 項這兩個項目來比較。在加法中，當然是大的數目會蓋過小的數目，這一點在思維的「觀念」上很重要。所以，$-x^3$ 項與 $-x^2$ 這兩個項目相減的時候，$-x^3$ 這個項目會被凸顯出來而蓋過 $-x^2$ 這個項目。其次，我們可以知道 $-x^3$ 這個項目是 3 次方，而 $-x^2$ 這個項目則是 2 次方，毫無疑問的，$-x^3$ 這個項目的增長要比 $-x^2$ 這個項目大得多。而事實上，這個變數前面的「負」號，與 $x^3$ 及 $x^2$ 這兩個項目也只是方向相反而已。所以，根據上面這兩點的推論，我們可以知道這整個函數的特性曲線會接近於 $x^3$ 的特性曲線。而正確的整個函數的特性曲線圖則如圖 Fig 5-10.3 之所示。

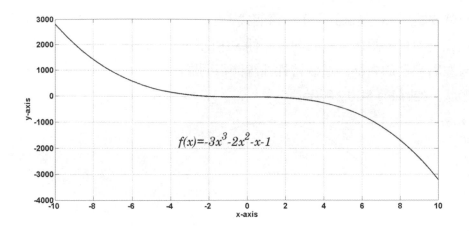

Fig 5-10.3 $f(x)=-3x^3-2x^2-x-1$ 曲線全圖

## 【研究與分析】

當諸位對於上面的相關論述都能夠清楚的明瞭之後,現在,讓我進一步的再帶領各位看一看下列的這個式子,看看各位是不是能夠說得出一些眉目來,並研究一下它的特性曲線圖將會是如何的呢?

$$f(x)=3x^3+2x^2+x+1$$

這個式子與與題目看似相同,其實不同。它們的變數前面所帶的符號是「正」數,在這種狀況下,它的特性曲線會變成如何呢?事實上,各位如果澈悟範例中的「解語」,則對於這一題在思維上,則是延伸而已,應該可以很快的做出明確的解答。

在這其中,還是 $f(x)$ 函數中 $3x^3$ 的這個變數在主導著一切。它是最大「強項」,其它的各項及變數對於它的影響都要小很多。所以,就整個 $f(x)$ 函數式而言,雖然有受到 $x^2$ 項與 $x$ 項的影響,但是,不會對整個函數產生太大的影響。但是,$3x^3$ 的特性曲線圖則是一個正「N」字形的曲線。故而,其特性曲線圖與題目的

$$f(x)=-3x^3-2x^2-x-1$$

特性曲線剛好是相反的,如圖 Fig 5-10.4 之所示。

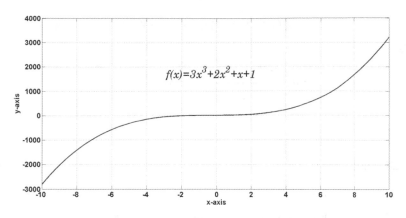

Fig 5-10.4　　$f(x)=3x^3+2x^2+x+1$ 特性曲線圖

**★★★★【典範範例 5-11】**

請思考與研判下列函數的極限值如何？並繪製該函數式的特性曲線圖與解說之。

$$f(x) = \lim_{x \to \infty\pm} \frac{(x^3 + x^2 - 1)}{x} = \pm\infty$$

## 【解析】：

1. 這一題如果想要將「無限大」的值代入函數式內是不可行的。但事實上，對於懂得人它的難度雖然並不高。但是，有一些觀念卻是值得大家能夠深入探討的，如此相信將會大家非常的有助益，並進而提昇各位對於「極限」函數認知，而能夠更進一步的進入更高階的層次。這個極限函數式雖然並不難，但若沒有經驗的人，可能一時之間還是無法感受到整個函數的特質究竟會是如何的？

2. 這個極限函數它的分布範圍是由負無窮大 (-∞) 至正無窮大 (+∞)。雖然，範圍分部的很大，但是所出現的問題並不複雜。首先，遇到這種題目無法直接判斷的時候，請記住，這個時候就必須將這整個函數式拆解開，而分別來看。這是一個關鍵性的技巧，請各位務必記住。

3. 這整個函數式可以拆解為三個項目。第一個項目是 $x^3/x$，第二個項目是 $x^2/x$ 而，第三個項目則是 $-1/x$。也就是第一個項目會是 $x^2$，第二個項目是 $x$ 而，第三個項目是 $-1/x$。比較這三個項目，我們可以看出整個函數的關鍵點是在第一

個項與第三個項，至於第二個項 x 它是線性的，對於整體的影響會很小。所以，當 $x \to \pm\infty$ 時

$$f(x) = \lim_{x \to \infty\pm} \frac{(x^3 + x^2 - 1)}{x} = \pm\infty$$

## 【研究與分析】

1.  第一項目 $x^2$ 項它的特性曲線如上一題的 Fig 5-11.1 圖所示的，是一個開口向上的拋物線。而第三項的 *1/x* 它的分母不可以為零，它的特性曲線則是在 *0 +* 與 *0 −* 會形成一個「直角雙曲線 (rectangular hyperbola)」，如 Fig 5-11.2 圖所示。請各位注意，這個「直角雙曲線」會在趨近於原點的地方產生正負兩個無窮大的極值。除此之外它的整個函數式會向 x 軸的左右趨近於零而無限延伸，且不會有太大的變幻。

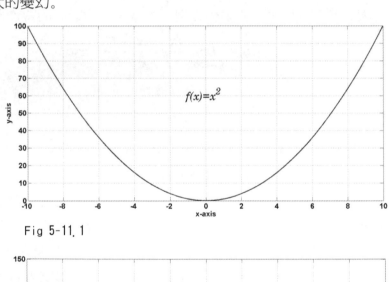

Fig 5-11.1

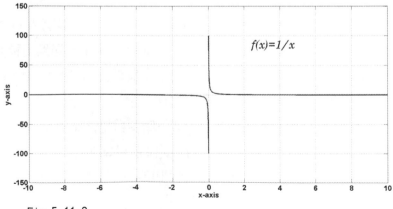

Fig 5-11.2

5  讓我們的思維飛到無窮遠的地方

2. 所以，這整個合成後的特性曲線會是第一項目 $x^2$ 與第三項的 $1/x$ 項，這兩個項目的融合而成。所以，在大體上會是一個開口向上的「拋物線」形狀，且呈現與 $y$ 軸對稱的形式。但是，在曲線中間的部分則會是有正負兩個無窮大的極值出現，詳細的函數曲線圖如圖 Fig 5-11.3 所示。

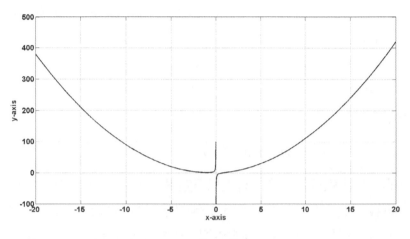

Fig 5-11.3 $$f(x) = \lim_{x \to \infty \pm} \frac{(x^3 + x^2 - 1)}{x} = \pm\infty$$

★★★★【典範範例 5-12】

這是一題 4 顆星的典範範例，但並不需要諸位回答什麼？相反的，而是諸位必須要知道許多什麼！敬請諸位靜心的往下細讀與好好的思索一些可能您未曾想過的問題與事情。

## 【研究與分析】：

1. 在下列的 Fig 5-12.1 圖中，我們可以看到的是一個三維立體的圖形，當然，這個函數的方程式也是三維的，諸位且先不必在意方程式的問題。首先，我想要說的是，幾乎所有微積分的書籍探討的多是一維或是二維 (Two Dimensions) 的領域。但是，我們是實際的生活卻是在三維 (ThreeDimensions) 的時空裏面。一維的世界就我們人類而言它幾乎是不存在的，也就是說，我們這個世界上沒有一維或是二維的東西，即使是一頁的紙張，它也是有高度 ( 厚度 ) 的，否則就無法「積分」而累積成書。

2. 但是，令人好奇的是，不知道讀者各位，您們有沒有發現，幾乎所有的數學都是在談一維或是二維的事情，很少有三維的數學，甚至許多人從來就沒有想過或是見過三維的數學。也許會有人說，二維的數學都學不好了，那三維的數學可能簡直就學不下去了。事實不然，這世界上所有的一切，都是一種習慣的問題，所謂「習慣成自然」，事實就是如此。我剛剛說了，我們這個世界上幾乎沒有任何東西是一維或是二維的。與其一天到晚學那些很少實用的東西，倒不如學一些真實的事物，那也許實在些。

3. 現在，就讓我們略為的來點新的。在 Fig 5-12 圖中所使用的函數式並不十分的困難，它是：

$$z(x,y) = exp(-x^2-y^2)$$

這樣的一個函數式。也許，有人以為它是二維的，因為它只有 *x* 與 *y* 這兩個變數。事實不然，有這樣想法的人，他忽略了整個函數式的結果 *z(x,y)*，它也是一個維度。這是一個三維立體的高斯分布圖 (Gaussian distribution), 圖形，由於我們是生活在三維的世界中，而周圍的物品也都是三維的。所以，我總是認為我們應該多學習一些三維的數學以及相關的思維。即使是電影或電視，也逐漸的進入了 3D 的時代。不！應該說，未來一定是 3D 的時代。在 Fig 5-12.1 的圖中是經過「上色」與「打光」的，如此看起來則更有立體感一些。

2. 圖 Fig 5-12.2 中所顯示的則是一個二維的函數式的高斯分布圖。這個高斯分布圖相信諸位已經很熟悉了，所以看了之後，並不會有太大的感覺，也不容易與 3D 連想在一起。

$$y(x) = A \cdot exp(-\frac{x^2}{B})$$

雖然，代表函數式 *z(x,y)=exp(-x²-y²)* 的圖 Fig 5-12.1 所代表的 *3D* 則是與圖 Fig 5-12.2 中所顯示的是同一個東西。由於我們是實際生活在三維的世界中，而周圍的物品也都是三維的。所以，我們其實應該開始思考三維的方程式與其特性曲線圖，故而在此特地提出來以供各位參考，並可以進一步的思考一下。這兩個圖各位可以比較得出來，的確，*2D* 與 *3D* 的圖形對人類的感受上是的確是有很大的差異的，您以為然否？

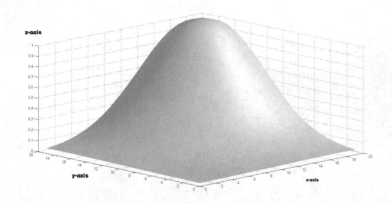

Fig 5-12.1 三維的高斯分布圖

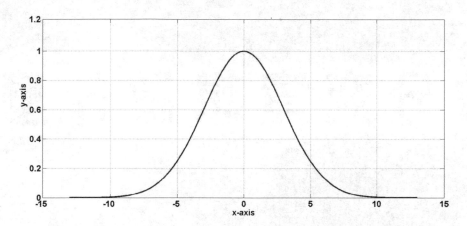

Fig 5-12.2 二維的高斯分布圖

# 6

# 微分究竟想做什麼？

【本章你將會學到下列的知識與智慧】：

# ☆ 6.1
# 讀書的學問之道

　　這個世界成長得太快，進步太快，也變化得太快。不論是就哪一方面而言，都會令人有跟不上時代的感覺。這不是哪一個人的錯，人類在時代進步中的過程就是如此，而且是無法回頭的。坐慣了以汽車代步的人，是不可能再回到以牛車做為代步工具的。習慣了坐大飛機越洋與跨洲的人，就不可能再用風帆的船舶跨越洲際。那麼，這就有一個非常重要的課題諸位必須先要知道的，這個課題越早知道則受益越大，越晚知道的受害越深，而不知道的人則很有可能終生渾渾噩噩而不知所以然。這個問題就是：

**「每當我們在讀一本新書的時候，第一件重要的事情，並不是打開書來，然後用心的一直讀下去。這樣的人是永遠都不會有自我認知的，也不會有進步，更不會有成長。諸位想想，我這樣的說法，究竟是為什麼？憑的又是什麼？」**

　　除了休閒的書報以外，想要得到智慧就必須讀書。但是，讀書就必須帶著「思考」與「疑惑」去讀才可以。不帶有自己的思維去讀書，那結果就是：

**「讀了很多書，但卻都是人家的。自己不知該歸依在哪裡？結果書還是書，你還是你。」**

　　很多人常常是白讀了許多的書，就是這個道理。其次是「疑惑」，讀書而沒有「疑惑」，那同樣的是代表沒有自己的思維，讀書有疑惑才能長久，就「疑惑」所在之處而能夠深究，則可以獲得更多的「解惑」之道，這種由「疑惑」而能更進一步的「解惑」，則必然會得到更深入的「收穫」。這種由「思維」而產生「疑惑」，再由「疑惑」而「解惑」，最後則由「解惑」而終至「收穫」，如此，才是真正有效率的讀書方式，也唯有如此才是真正的「學問之道」。

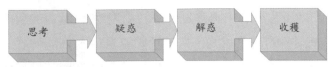

Fig 6.1 學問之道

　　那麼，讀書為什麼是由「思考」開始的呢？古人說得好：「學而不思則罔」。這個「罔」字是迷惑、困惑的意思。這是說，我們在學任何知識與學問的時候，若自己是沒有經過仔細而好好的去思維，那反而會更迷惑，也會更困惑的。這個「罔」字的另一個解釋就是「沒有」的意思。那問題就更嚴重了，學了半天等於「沒有」，那肯定是白學了。若是我們每一個人都學了十年以上的英語，結果是「沒有」一個人敢站出來說「我行」的，這就是「罔」。所以，我們在讀書的時候，不是讀它的表面文字。而是在讀它的「思維」。這一點很重要，但常是一般人最容易忽視與忽略的，所以，最後的結果則多是印證了「學而不思則罔」的這句話。

　　能夠用「思考」去讀書那還是不夠的。有了「思考」就一定會有「疑惑」。對於任何一件事情或學問，如果人們沒有「疑惑」，那只存在於兩種狀況，其一是完全的通達與明瞭，在這樣的狀況下而沒有「疑惑」是可以理解的。正如在一般的情況下，一加二等於三，那是沒有疑義的。另一種狀況就是完全的不懂，當然也就不知道該從哪裡問起。正如我突然講起了《電磁學》中的「散度定理 (divergence theorem)」，各位還沒有學過偏微分與積分，所以，當然也就不知該從哪裡問起。

　　在一般情況下，我們對於所研究的事物，從一開始或在進行中就應該會有許多的「疑惑」存在，這是正常的，也是必然的。所以，這讀書的第二個階段就是「疑惑」。絕大部分的學生在學習的過程中對老師不敢隨意的提出心中的疑惑，怕得罪老師，甚至怕會不會把老師問倒，而被老師記恨，那將來就完蛋了。其實，這樣的擔心是多餘的。上數學課的時候，絕大部分的人都是在抄筆記，每一個人的「心」與「思維」都不在真正的數學上，抄筆記那只是在「抄」而已，不是真正在講數學或是學數學。而這個時候，你應該專心的去「思考」那些寫在黑板上的數學式子的意義，能當場就弄懂該數學的意義，簡單扼要就可以了，不懂的就當場問。如此，一定會比單純用抄的或是鸚鵡式的依樣畫葫蘆要強太多了。因為，能懂得道理才是最重要。也希望各位能根據並以此為求學與認知的方向，則年必有成。

　　任何人一旦有了「疑惑」之後就一定會想要解惑，這絕對是對的，沒有「疑惑」就沒有「解惑」。各位想想看，能夠將心中的疑惑，在努力之下得到的解答，也就

是得到了「解惑」的地步，那心中將會是多麼的愉悅啊！讀書的目的不就是要「解惑」嗎？考試絕不是讀書的真正目的，只要我們能真懂，真能解惑，則必然會有出頭天。因為，那憑的是「真本事」。當然，對於諸多的事情若是都能得到解惑，那麼「收穫」則是早晚都會來臨的事情，也是必然的事情。而這也才是真正的「學問」之道，它可以讓我們一輩子都得到好處的，所以這也是真正的長久之道。

# ☆ 6.2
# 事情永遠都在變化

　　這一百多年來，人類的科學無論在任何一方面都有著極大的突破，其中有一項改變了人類數千年來的迷思，但是，當時真正能夠認知與理解的人並不多，甚至，連當時全世界上最有名的科學家愛因斯坦有一段時間都弄不清楚。愛因斯坦他一直相信我們的宇宙是亙古不變的、是靜態的、是永恆的。但是，其他的科學家在愛因斯坦的《廣義相對論 (General relativity)》方程之中，發現他所創的方程式中所描述的宇宙，卻不是這樣，它不是亙古不變的，也不是靜態的，更不是永恆的，而是一直在不斷變化中的。愛因斯坦覺得這個現象與他內心中的認知的宇宙是不對的，故而他又在他的方程式中加入了一個「宇宙常數」項，用來限制這種變化，而讓宇宙得以成為是永恆與不變的。但是，愛因斯坦後來說了：「他這輩子出的最大的錯誤，就是他在他所發現的『愛因斯坦場方程式 (Einstein field equations).EFE)』中加入『宇宙常數 (cosmological constant)』」。這是所有物理學界的人都耳熟能詳的故事。

　　美國著名的天文學家「哈伯（Edwin Powell Hubble，1889~1953）」，是美國近代著名的天文學家，他發現並證實了宇宙是處於一直不斷地在膨脹之中，根據長年對天文的觀察，導出了哈柏定律（Hubble's law），他首先發現宇宙中所有的星體都在彼此快速的遠離，其遠離的距離與光線的「紅位移（Red shift）」成正比。「紅

位移」是一種「都卜勒（doppler shift）效應」，它是一種物體移動時所發出的光波或聲波的波長或頻率，會隨著物體移動的靠近或遠離而改變。靠近時波長會變短，故而頻率會變高，遠離時波長會變長，故而頻率會變低。在光的現象中，當波長會變長而頻率變低時，表示是往紅光或是紅外線方向移動，這代表的含意是彼此在遠離，因為波長被拉長了，故而偏向於紅光，所以稱之為「紅位移」。近代科學家們可以充分的使用這種方法來測量星球的距離，尤其是極遠距的星體之距離。事實上，這樣的頻率位移現象在我們日常生活中很常見，諸如汽車的接近或遠離的時候，聽起來的聲音頻率會不同，接近時會高，遠離時會低。飛機的速度快，故而「都卜勒效應」會更明顯。

　　以上的這一段話有什麼意義呢？是的，這是在告訴我們，宇宙不是靜止的，不是不動的，也沒有永恆不變的事與物。也就是說，整個宇宙中所有的一切都是在瞬息萬變的。小至基本粒子、電子有自轉，同時也快速的繞著原子核旋轉，每一個基本粒子都會自轉。月球的自轉也繞著地球轉，而地球也一面自轉一面繞著太陽公轉，而太陽也一面自轉一面繞著銀河系公轉，而銀河系也約以每秒 600 公里的速度在高速的在宇宙中旋轉，所以，它看起來是像是颱風的漩渦。宇宙中一切都在快速的變化之中，不單單只有物質是如此，我們人類的生命歲月亦然。但是，這一切的變化與我們的《微積分》有什麼關係？是的，不但有關係，而且是關係重大。因為，《微分》正就是在於求得這宇宙中，一切變化因果之道最真實也是最確切的學問。

# ☆ 6.3
# 微分是求微量的因果之道

　　我們都知道，在這宇宙中的一切道理都與「因果論」脫離不了關係。有因必有果，而「果」之所以由來，皆起自於「因」。正如樹不會自生，這一切皆由種

子這個「因」而來，至於將來會不會開花而結出果實來，那則是由另外的「因」來決定的。當然，各位都知道《微積分（calculus）》主要是由「微分 (differential calculus)」與「積分（integral calculus）」所組成的。現在我們就先來談一談「微分」：

**「微分究竟想做什麼？或是能做什麼？」**

事實上，微分談的就是微量的因果律。它是從最微小的數據或資料談起。我們曾經說過，函數就是一種因與果的對應關係，那麼「微分」又是什麼呢？微分雖然也是一種因與果的對應關係，但卻是從最「微量」的部分開始。我們分析事情總不要等到事情大到不得了的時候再來分析它的原因，重要的是，要在最微量的時候，就要知道它對於結果的影響。正如我們建構一座摩天大樓，我們絕對不可以等到發現大樓傾斜了再來設法應付，我們應該要分析到最細微的部分，任何最小、最微量的變化對於結果的影響如何？這就是「微分 (Differential calculus)」的起點。

宇宙中沒有永恆，所有的一切都在瞬息的變化之中，那麼，這與《微分》又有什麼相關？是的，不但是有相關，而且是大大的有關。那麼《微分》究竟是在做什麼的？答案是：

**「《微分》是研究一切事物瞬息變化之道的學問。」**

請注意這「瞬息」兩個字。它可以代表任何微量的事、物與時間。事實上，它在計算的就是在「極限」狀態下的任何微量與瞬息的變化。現在就讓我們進一步的談一談「微分」這個數學觀念的問題，在圖 Fig 6.3 的微分示意圖中，請務必要注意，圖中的表達方式是與「函數」不相同的，它們在表面上看起來很相似，但是在實質上卻是不相同的。雖然它們同樣是一種因果的對應關係，但是，它們之間在實質上的運作上卻是完全不同的，請看更進一步的說明如下：

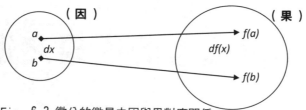

Fig　6.3 微分的微量之因與果對應關係

各位必須要非常的注意這 Fig 6.3 這個圖所代表深切的含意。因為，微分已經不再是如一般的函數是以「點對點（point to point）」的對應關係在變化了。單純

的「點對點」的關係那是一般「函數」的事。因為，若是單獨探求「點對點」的對應關係，那也只能看出「點與點」之間的對應變化而已。在理論上，「點」的存在只有位置，而它的本身並不具有「大小」。我們人世間的一切事物，都不是以「點」的形式而存在的。時間的存在不是一個點，任何的運動狀態也不是「點」狀的，而這一切都是以「線段」的方式而存在與呈現的，不論這個「線段」有多小，或是直線、斜線或是曲線，乃至於是形狀特異、彎曲不一的線條等等。我們都不是以單純的以「點對點」的對應與變化關係來看這件事情了。我們常說，日子過得很快，美好的一天一下子又過去了，這是「時間」的片段。若說今天開車很順利，兩小時就從台北開到了台中，這是「距離」的片段。台北 101 曾是世界上最高的大樓，它的高度達到 509 公尺，這是「高度」的片段。人類不是生活在「點」的世界裡，而是在「線段」形式的宇宙中存活。當然，在這個「線段」時空，未必是一維的，而是二維、三維甚或是四維的。所以，「微分」更進一步的觀念則是：

**微分取代了「點對點」的對應與變化關係，而以無限小的「片段」來對應相關的變化。所以，它是一種無限小「片段」的「因」與「果」的對應關係。**

在理論上，「點（point）」是沒有大小的，所以，它是不能累積的，在同一個位置上即使是累積了一百個、一千個、一萬個都還是一個點，那個點不會變長，也不會變大，更不能走遠。所以，「微分」的真正觀念則是：「以無限小的『線段』來取代『點對點』的對應與變化關係。」我們清楚的知道，「線段」是可以累積的，即使它是無限的小，在理論上它還是可以累積，而一直的累積到想要的數量，甚至是無限多。

在圖 Fig 6-3 中所表達的是微分的「微量因」與「微量果」的對應關係。這個「微量因」又稱之為 *dx*，而「微量果」則稱之為 *df(x)* 或是 *dy*。然而這個「因」已不再是一個「點」而已，而是一很小而且是極小的「線段」，這一個小「線段」我們稱它為「*dx*」。

從圖中我們很清楚的可以看到在「因」的這方面會有一點 *a* 對應到 *f(a)*，有另外一點 *b* 會對應到 *f(b)*，但當 *a* 與 *b* 連上線以後，就成了一個線段，這個線段可以是很小很小，故又稱之為 *dx*。而整個 *dx* 所對應的對象則是另一個線段，這個線段就是 *df(x)*，有的時候我們就直接的稱之為 *dy*。有一點需要特地提出來說明的，雖

然在圖中的 **dx** 這個微量段落看起來要比它所對應的 **df(x)** 來得小，但在實際上由於對應的各種條件之不同，所以，**dx** 這個量與質未必都會比 **df(x)** 來得小。

## ☆ 6.4
# 進一步的談導數與微分

一直有許多人分不清楚「微分（differentiation）」與「導數（derivative）」這兩者之間有什麼差別？「微分」不就是「導數」嗎？而「導數」不也就是「微分」嗎？有許多人認為它們應當是一體的。

事實上，各位如果注意的話就可以知道，它們連文字都不相同，不論是中文或是英文都不相同，這就是它們最基礎的區別。雖然它們的確都是微分中重要的基礎概念，但是，它們則是在理念上分別屬於不同的理念，而它們彼此之間也是不相同的。那麼，什麼是「微分」呢？

**「微分」是用來「計算」函數或方程式變化率的方法。**

所以說，「微分」是一種方法。這個方法是在求得當輸入的 dx 變化時，所對應的 **df(x)** 該是如何的在變化？

**「導數」是一種「變率（*rate of change*）」而已，它不涉及方法的問題。所以，「導數」只是一個數，故稱之為「導數」。**

「微分」講求的是求變化率的方法，而「導數」只是一個數，是一個變化率的「數」而已，所以，在觀念上，「微分」與「導數」不同的。

有一句話很重要，那就是，若是某函數在某一點的「導數」是存在的，則稱其在這一點為「可導」的，否則稱為「不可導」。

這句話是什麼意思呢？這是在說，一個函數式如果某一點的「導數」是存在的，也就是說在指定的「點」是可以求得該點的「導數」，則稱之為在該點是「可導」的。否則，如果在指定的「點」求不到該點的「導數」，則稱之為在該點是「不可導」的。

簡單的說，那就是函數式本身是否連續的問題。函數式如果是連續的，當然每一點都是「可導」的。而如果函數式是不連續的，當然該不連續的「點」就是「不可導」的。這是判斷函數式或方程式是否連續的一個方法。

由於「微分」是一種方法論，所以，「微分」可以非常接近而細膩地描述一個函數，當它的自變數在極小的狀況下改變的時候，要求出它所對應的函數值會是如何的狀態？然而，就「導數」而言，它僅是函數的一個局部的性質。也並不是所有的函數都有導數，只要是函數是會間斷的，在間斷的地方則就不會有導數，這也就是說，一個函數也不一定在所有的點上都有導數。若是一個函數在某一點的導數是存在的，則這一點為「可導」，相反的就是「不可導」。「不可導」當然也就是說該「點」是不存在的。

就一般而言一個函數在該點的導數，就是該函數在這一點上的切線之斜率。所以，針對一個導數而言，該函數中的導數在意義上也等同於就是在求得該點的「斜率 (slope)」。同樣的，該點的斜率正確的說法，則又等於它的切線的斜率。或許，有很多人會有疑問，那「斜率 (slope)」究竟又能代表？它的「實質」上的意義又如何？

是的，這是一個非常基礎而且非常重要的觀念，無論是在科學上，或是工程上，或是經濟上，「斜率 (slope)」這兩個字經常會被用到的。

我常說，數學不是獨立於生活之外而自行存在的。相反的，數學其實與我們的生活是息息相關的。就以一棟高樓大廈來說好了，如果它樓層的平面結構，而其水平各點的「斜率」是為零的話，那代表的是那一層樓是「絕對」水平的，我用了「絕對」這兩個字，並不代表它是小數點之後有一百個位數，至少在數學上如果 slope=0 它代表是一個絕對的觀念。而如果這層樓的平面結構測得其「斜率」是 slope >0 的話，那就表示它的樓層傾斜了。同樣的，若是它的 slope <0 則表示它的樓層向另外一邊傾斜了。至於該樓層的「斜率」是該等於零或是大於零，那是屬於另一個設計層面上的問題了。

我們也可以將這個原理應用在一個公司的財務報表的曲線圖上，它在財務的評估上，同樣的代表有着相當重大的意義存在，而如果 slope >0 它代表的則是會有盈餘，而若是 slope =0 則是代表持平，沒有盈餘，但也沒有虧損。但是，如果是 slope <0 它代表的是虧損，那可能就不太好了。

# ☆ 6.5
# 微分就是研究瞬息變化的因果之道

　　現在就讓我們先再次的回到圖 Fig 6.3 中，在「因」中，由 a 變化到 b 的變動量為 *a-b*，我們稱之為 *dx*。而在「果」中，其所對應的變動量則是 *f(a)-f(b)*，我們稱之為 *df(x)*。如果將這兩種變動量加以對比的時候，那就會得出另外一個比值，這個比值也就是一種變動率或稱之為倍率。因此，它的原始定義就成了：

**果與因的變動率（倍率）=（果的變動量 *df(x)*）/（因的變動量 *dx*）**

$$\frac{f(a) - f(b)}{b - a} = \frac{df(x)}{dx}$$

這意思是說：

**「當『因』的變動量很小的時候，則『果』的變動量會是『因』的變動量的幾倍呢？」**

　　這種倍率的想法其實是很偉大的。將極為微小的「因」之變化放大來看，看看結果會是如何的呢？這也就是從「微隱」之中就可以探知「後果」的實質做法。因此，如圖 Fig 6.3 所示，在「因」的點 *a* 與 *b* 的微量變動率所造成的「果」的變動率就可以寫成為：

$$\lim_{b \to a} \frac{f(b) - f(a)}{b - a} = \lim_{\Delta x \to 0} \frac{\Delta f(x)}{\Delta x} = \lim_{\Delta x \to 0} \frac{f(a + \Delta x) - f(a)}{f(a + \Delta x) - (a)}$$

$$\equiv f'(a) \equiv Df(a) \equiv \frac{df(a)}{dx} \equiv \frac{df(x)}{dx}\bigg|_{x=a}$$

以上的數學式子就是微分起源與它的基本定義。我們可以由 Fig 6.3 圖中體認出這最原始的微分思維。而這整個式子就是在由「因」的起點 a 與 b 的微量變動，除以「果」的微量變動所得到的「變動率」，這整個的變動率就是「微分」的基本精神，也是「微分」的基本定義所在。所以說，「微分」就是研究瞬息變化的因果之道，其根本的原因與起源就在於此。

# ☆ 6.6
# 數學中的微分方法

常說，數學絕對不是用記憶的方式來學習的，記憶的數學是痛苦的，而且也是記憶不了多久的，不是讀過就忘，就是考過就忘。至於方程式所包含的意義，那就少有人理會了，日子久了，當然就更不知道那是怎麼一回事了？我們不應該是用記憶的方式學習數學，尤其是《微積分》。因此，希望每一位學習者都能夠懂這個道理，也秉持著這種學習的精神。相信，日久之後，必然會呈現有極高的水準與層次。如此則不但能夠超越他人，更可以超越自己，而顯現出截然不同的超絕與卓越的成果。

當我們瞭解了上述微分的意義與基本定義之後，就從這裡開始，下列的一些運算規則可以提供我們在運算時便捷的計算方式，這些計算方式在意義上是與上述定義相通的。我們不需要在長篇大論的去證明這些等式或是恆等式，這類的證明幾乎每一本書都會寫，所以在此僅直接的列出微分在計算上的相關計算方法，這些計算方法各位不需要特別去記憶，直接拿來使用就可以了：

1. $\dfrac{d}{dx}(x^n) = nx^{n-1}$

2. $d(au+bv) = adu+bdv$

3. $d(uv) = udv+vdu$

4. $d\left(\dfrac{u}{v}\right) = \dfrac{vdu-udv}{v^2}$

以上這些是屬於微分的數學方法。這其中有一個很重要的觀念,那就是如果函數 $y(x)$ 是可導的,也就是可以微分的。那麼就有:

$$d(y(x)) = y$$

這意思是說,函數 $y(x)$ 如果是可導的,也就是可以微分的話,那麼它一定會有一個對應該微分的值。但是,並不是所有的函數都是可以微分的,而一個可導(可微分)的函數,也不是每一點都會有導函數,許多函數都會有中斷的現象,而在「斷點」之處,當然也就是不可導的,也就是不可微分的。這觀念也就是說,並不是每一個函數都是可以微分的,而一個可以微分的函數,也不是在它的每一點上都是可以微分的。函數未必都是連續的,它們可能有些地方是斷層的,有些地方是極限的,這些地方都是不可以微分的,當然也就無法求得導數,這個觀念是很重要的。這些問題,我們都會在下面的「範例」或【典範範例】中提出來,並進一步的解說。

## ☆ 6.7
# 對於微分的結果之解讀與學問之道

在數學中,曲線的種類各式各樣,可以說任何樣式都有,多到不可勝數。即使是直線,我們有的時候也可以說它是曲線中的一個段落。正如我們的地球明明是一個圓形的,幾乎是沒有人感覺得出來。當我們在高速公路上,都認為它平整得很,而當我們在海上乘船而又風平浪靜的時候,我們稱之為海平面,很少人會認為它是

球形的。

　　函數的微分並不很難，重點是，「微分」之後呢？函數微分之後的結果，那才是我們所需要的。而這項結果，它代表的是什麼意義？這才正是我們應該要認真探討的。而不是看到答案對了，就不再理會了，如此的行為，才是真正的本末倒置的現象，而任何本末倒置的行為必然都是不會有好結果的。可惜的是許多人卻從來不知道這一點，也沒有告訴他這一點，而總是在計算出來之後，核對答案對了，然後就棄之不顧了。這就好像一位要出國的留學生一樣，他開始要去搭乘飛機，這個過程與我們計算數學式子是非常類似的。首先，當我們要選擇哪一種班機或是哪一種交通工具時，這就如我們要計算數學式子的時候，想要使用哪一種方法去解決問題。一旦我們決定了選擇飛機做為越洋的交通工具時，那表示我們選擇了現代化而快速的交通工具，這正如我們可以選擇電腦 (Computer) 或計算器 (Calculator) 來幫助我們完成計算的工作。當這飛機遠渡重洋，降落了美國的時候，這並不代表我們已經完成任務了，事實上，那才是所有一切的「開始」。數學也是如此，當我們辛辛苦苦正確的計算完了之後，不是一切事情的結束，而那才是真正事情的開始而已，這個觀念一定要懂。不要讓桌面上單純的答案卡，誤導了我們所有的人與所有的教育。現在，就讓我們以一個實際的【範例】做為例子，為諸位詳細的解說在微分之後，如何對於該微分的結果做深入的解讀與探討。

【★★★★範例 6.7】

設函數 $f(x)=x^2$

(1). 求其特性曲線。

(2). $f(x)$ 的微分結果如何？

(3). 該微分的結果，代表的實質意義是什麼？

【解 析】

1.　在這一題裡有許多相當重要的觀念與思維是各位必須要知道的，而且也必須是很清楚、很明確的，尤其是在觀念與思維上面。各位已經知道了，我們不可以在做微分題目的時候，總以為能夠將它「微分」出來就是功德圓滿了。事實上，具有這樣的想法就是一個「匠」的思維，一個「匠」只知道去鑿石雕刻，至於

雕出來的成品是代表什麼？或是有什麼價值，就不是他的事了。而我們學數學的人是絕對不可以如此的。數學是宇宙之間的道理，而我們真正應該追究的是那個「答案」，才是在告訴我們真理的所在。現在，讓我們根據上面的所求，仔細的探討與分析如下：

2. 在表達一條曲線的時候，當然，首先最重要的是必須知道該函數的特性曲線，這正如我們要認識一個人，當然是必須先認識他的外形或長相。所以，知道該函數的特性曲線是首要的必需。該函數式 $f(x) = x^2$，其特性曲線如下圖 Fig 6.7.1 所示，是一個開口向上的拋物線形狀。這是一個典型的開口向上的拋物線方程式。為什麼說是開口向上的拋物線，因為，它的底部，也就是它的最低點是在原點上。而如果我們將函數式改成為 $f(x) = -x^2$，那麼，我們就可以看到一個頂部在上的拋物線了，如圖 Fig 6.7.2 所示。

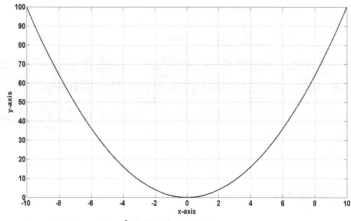

Fig 6.7.1  $f(x) = x^2$ 函數特性曲線圖

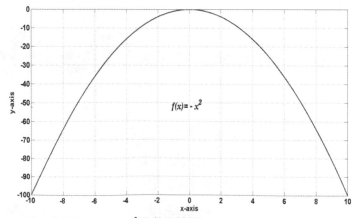

Fig 6.7.2  $f(x) = -x^2$ 函數曲線圖

6  微分究竟想做什麼？

除了特性曲線圖之外，另外還有一個相當重要的資訊與數據，那就是要求得該曲線在各點「斜率（Slope）」的狀態。斜率一般是以「*m*」做為表示的。它的斜率定義為 *Δy* 的改變除以 *Δx* 對應的改變，亦即是「*m*」為 *Δy* 對應 *Δx* 改變的比值。對於直角座標系統而言，當橫軸為 *x* 軸，縱軸是 *y* 軸，「斜率」*m* 的定義為：

$$m = \frac{\Delta y}{\Delta x} = \frac{y2 - y1}{x2 - x1}$$

在圖 Fig 6.7.3 中，*m=Δy/Δx*，這個圖是為了便於識別而將 *Δy* 與 *Δx* 放大了。式中的 Δ 是表示變數的改變。就 a 與 b 這兩點而言，未必是在一條直線上。但就一條直線而言，則不論使用直線上任何兩點，它的斜率都是一樣的。事實上，我們不可能分開各點而單獨得去求各點的斜率狀態。所以：

★ 我們就必須使用方法，來求得這個函數式的整個斜率分布之狀態，而這個方法就是所謂的「微分」了。

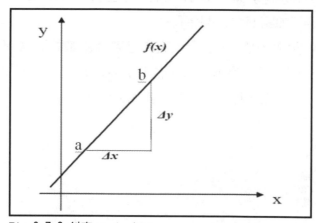

Fig 6.7.3 斜率 m=Δy/Δx

3. 根據上一節所述的方法 1，我們可以直接的微分而得到下列的結果：

$$f'(x) = \frac{df(x)}{dx} = \frac{dx^2}{dx} = 2x$$

4. 那麼，這個結果 *f'(x)=2x* 究竟是代表什麼意義？它又是在說什麼啊？現在就讓我們仔細的探討與分析來看一看，這究竟是在說什麼？根據「斜率」這個字，它的意義其實就表面上也可以看得出來，它就是一種「傾斜的比率」之意。有幾個重點必須知道的，那就是：

(1). 斜率的值越大表示曲線在該點上傾斜的程度也越大。

(2). 當斜率所得到的值為正值時，則代表曲線是由左低而右高攀升。

(3). 當斜率為零（0）值的時候，則代表該點曲線的傾斜度是水平的。

(4). 當斜率所得到的值為負值的時候，代表曲線是由左高而右低傾斜。

5. 現在，就函數式 $f(x) = x^2$ 而言，很明顯的這是一條與 y 軸全然對稱的曲線，非常的完美。分別居於正負 $x$ 軸的兩側，而且兩側可以向上無限的延伸，而最底部與 x 軸相接，也就是說，當 $x=0$ 時，$f(x)=0$. 如 Fig 6.7.1 函數式 $f(x) =x^2$ 的特性曲線圖中所示。

6. 在看完這條曲線後，讓我們進一步的來看一看下列更重要的一些問題。現在要問的是 $f(x) =x^2$ 這個函數式的「微分」究竟是代表什麼意思？首先。我們知道 $f'(x) =2x$ 這是一條直線方程式，那麼這一條直線方程式又代表的是什麼意思呢？事實上，這條 $f'(x) =2x$ 所代表的是函數式 $f(x) =x^2$ 這整個函數式的斜率 (slope) 狀態。如圖 Fig 6.7.4 所示。

7. $f'(x)=2x$ 這個直線方程式，它所代表的是整個函數式的斜率 (slope) 狀態，它的本身則是一個一元一次方程式，依照 $f'(x)=2x$ 這個方程式。如圖 Fig 6.7.4 所示，這是一條直線方程式，那麼，該如何解釋這條直線對於函數式 $f(x) =x^2$ 的意義呢？

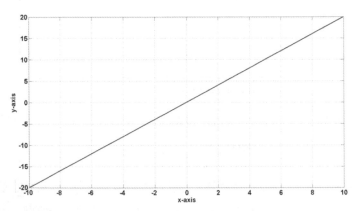

Fig 6.7.4　函數 $f(x)=x2$ 微分後的直線方程式 $f'(x)=2x$

8. 現在，各位請看圖 Fig 6.7.5 中，沿著 $f(x)=x^2$ 函數式曲線，我們取樣了三個地方看看它斜率變化狀況。從這三個地方的斜率變化狀況，我們似乎還是與微分

的結果，也就是與所得到的直線方程式還聯想不到一起，大致上也還看不出它們之間有何關係存在。但是，請各位注意，它們是息息相關的。首先，在曲線上 P1 這個點的位置上，很明顯的我們可以看出該點的斜率是「左高右低」的向下傾斜，所以它的斜率是「負」的。在 P2 這個點上，曲線的斜率是「左低右高」向上揚升的，當然，該點的斜率也是「正」的。P3 這一點上的斜率是水平的，所以該點的斜率 *m=0*。請注意，斜率為零 *(m=0)* 所代表的是在該點可能有極值出現。也就是在該點上可能存在著有極大值或極小值。

9. 當斜率為零 *(m=0)* 的時候所代表的是在該點會有極大值或極小值的存在，那麼要問：如何才能知道那究竟是極大值還是或極小值呢？問得好，事實上，這一直是一個重要的議題。但是，要解決這個問題卻不難，我們只要看一看斜率為零 *(m=0)* 那個點的前面一個點的斜率，與後面另一個點的斜率狀況，就知道斜率為零 *(m=0)* 的那個點究竟是極大值還是極小值了。

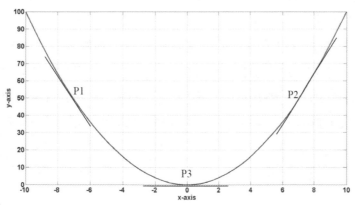

Fig 6.7.5　*f(x)=x2* 函數式中，P1，P2 與 P3 三點的斜率變化

10. 我們可以由 Fig 6.7.5 圖中的 P1 與 P2 來看這個情況就很清楚了。P1 的斜率為負，P3 的斜率為 0，而 P2 的斜率則轉為正。很清楚的，整條曲線的斜率是從最邊的負斜率，然後漸減，再而為零，然後更進而斜率轉為正值。當然，這個極值點 P3 就一定是極小值了。

11. 現在讓我們回過頭來看看圖 Fig 6.7.4 函數 *f(x)=x²* 微分後的直線方程式　*f'(x)=2x* 的意義何在？讓我們先比對 P1、P2 與 P3 這三個部分。首先看到的是最左下角的起點，直線是位於負值區域，這說明它的斜率是負值的，當 *x=-10*

時 $f'(x)=-20$。但是，$f(x)=x^2$ 的斜率是一直以等比例的狀態在攀升，而當 $x=0$ 時 $f'(x)=0$。各位比對圖 Fig 6.7.4 與圖 Fig 6.7.5 就可以非常清楚的看到函數式 $f(x)=x^2$ 這條曲線的改變狀態是由斜率為負的傾斜狀態逐漸的趨向水平的狀態，而在 $x=0$ 這一點的時候 $f'(x)=0$ 其斜率為 0 而成為水平的狀態。函數 $f(x)=x^2$ 曲線其斜率的發展在通過零 (0) 點之後，繼續的攀升，而進入了正值斜率的部分，正值的斜率代表的是曲線是向上彎曲的。當然，斜率 m 正值的數值越大，所代表的則是曲線是向上彎曲的程度也越大，這一點是不可以不知道的。但是，這個直線方程式卻在告訴我們：

★ 函數 $f(x)=x^2$ 它彎曲的程度（斜率）是線性的。

也就是說，這條拋物線它的斜率是一直以固定的比值從頭到尾是一貫的。結論是，函數式 $f(x)=x^2$ 在經過一次微分之後，它的斜率是一條直線，以一個固定的比值在變化。而它的曲線的斜率是由左端的左高而右低的負值，經過斜率為零 (0) 值的水平點，再由左低而右高的攀升斜率為正值。但無論如何，函數式 $f(x)=x^2$ 的彎曲程度是直線性的。其斜率則是由左端的負值，經零點，再轉而為正。換句話說，這個函數式在彎曲的程度上，一直是維持著完美的「直線」性而變化着。所以，$f(x)=x^2$ 微分後是一條直線方程式 $f'(x)=2x$ 就是代表它「彎曲」的程度（斜率）是線性的。這的確是一項具有非常重大的意義。

## ☆ 6.8

# 【典範範例】集錦

### ★★★【典範範例 6-01】

若函數 *f(x)=x³*，求其微分 *f'(x)*。需分別繪製出 *f(x)* 與 *f'(x)* 函數特性曲線圖，並請詳加解釋該微分之結果所代表的實質意義。

## 【解 析】

1. 這是一道很有趣的題目，是哪裡有趣呢？各位已經學過 *f(x)=x³* 的特性曲線的特質了。它的特性曲線是由左端的負無窮大逐步的上升，來到了原點 (0，0) 而達到水平，過了原點 (0，0) 之後，曲線開始上升，直到趨於最右端的正無窮大。希望諸位能夠熟悉這種曲線的形式，因為，只要是 *x* 的奇次方，除了一次方程式的 *y=x* 之外，舉凡 *x* 的奇次方它的特性曲線大多就是這個樣子。那是由於當 *x* 逐漸增大時，相對的 *f(x)* 也增大，而一直趨於正無窮大。同樣的，當 *x* 為負值而逐漸的減少時，相對的 *f(x)* 也減少，而一直趨於負無窮大。所以，這整個的特性曲線就如 Fig 6-01.1 之所示。

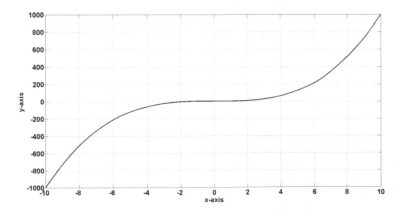

Fig 6-01.1 *f(x)=x³* 函數圖形

2. 然而，有趣的則是 *f(x)=x³* 的微分得到的是 *f'(x)=3x²*。它則又回到了二次方程式。那麼，這個微分後的結果是一個二次方程式，它究竟又是代表什麼意義呢？它是在說什麼呢？事實上，各位應該知道的，它標示的是函數 *f(x)=x³* 這整個曲線的斜率曲線圖。如圖 Fig 6-01.2 是 *f'(x)=3x²* 的特性曲線圖，它代表的是原函數 *f(x)=x³* 這整條曲線中「每一點」所對應的斜率數值。請注意，這整個微分後的曲線都是位於 *y* 軸的正上方，而沒有負值。這說明了一個重要的事實，那就是函數 *f(x)=x³* 在它的特性曲線中，所有的斜率都會是正值的。也就是說，在函數 *f(x)=x³* 在它的特性曲線中，自左端一路而上，雖然它的斜率是逐漸的下降，然後來到了零點，再從零點逐漸的一路上升，整個過程原函數曲線都在攀升，而沒有任何一點是位於下降的情況。請注意的是，這個 Fig 6-01.2 圖上的「每一點」都是與 Fig 6-01.1 曲線圖中的「每一點」是相互對應的。也就是說，我們可以在 Fig 6-01.1 曲線圖中的任何一點，都可以在 Fig 6-01.2 圖中找到對應的斜率點。函數 *f(x)=x³* 事實上是對稱的，這與在 Fig 6-01.2 圖中的特性完全符合，而且它也與 *y* 軸對稱。

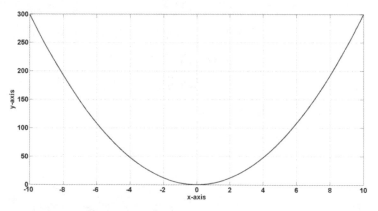

Fig 6-01.2　*f'(x)=3x²* 微分特性曲線

3. 在 Fig 6-01.3 圖中，是將 *f(x)=x³* 與 *f'(x)=3x²* 這兩個函數的曲線合併在一起，如此的好處是可以仔細的比對函數 *f(x)* 與微分之後的函數式 *f'(x)* 的結果。既有趣也是各位可以加深印象的是，一個三次方的方程式，它的特性曲線形狀像是「N」字形，而經過微分成為一個二次方的方程式，它的特性曲線形則是「U」字形。事實上，一個二次方的方程式再微分後，就成了一次方的方程式，而它

的特性曲線形則是基本的一個「一」字形。這樣子的比對方式，可以讓我們充分的瞭解它們之間的因應關係。也因而可以獲得最正確的思維與觀念，這也正是本書最重要的目地之一。它可以讓各位「超越」，不但「超越」自己，也「超越」他人。

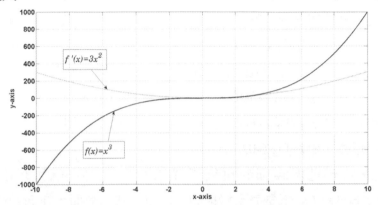

Fig 6-01.3 $f(x)=x3$ 及一次微分 $f'(x)=3x^2$ 函數圖合併顯示

---

### ★★★【典範範例 6-02】

若函數 $f(x)=x^4+x^3+x^2+x+1$ 則 $f'(x)=$ ？

請分別繪製 $f(x)$ 與 $f'(x)$ 的特性曲線圖，並請詳加解釋其意義。

---

### 【解 析】

1. 這是一道一元四次的方程式，也許諸位會想，這個函數式看起來真的是十分的困難，雖然微分起來十分容易，但若是要繪製特性曲線圖，則恐怕就會很難的？也不知該如何著手才是？事實上，這個四次元的方程式正好是一個可以訓練自己的好方法，它是一個很好的題目。否則，單單會微分而已，但卻不知道它的意義何在？那就意義不大了。

2. 首先，正如我們在前面所做的訓練，因此，在我們的腦子裡要有二次方函數式與三次方函數式它們的基本特性曲線圖，能夠隨時的反應在我們的印象之中。也由於前面所做的各式【典範範例】而得知，二次方函數式是一種拋物線形式的「U」字型特性曲線（開口向上或是向下，依其函數的正負值而定）。而三次方函數式則是一個「N 字形」的形式（「斜上」或「斜下」亦以其正負值而

3. 懂得上述的道理之後，再讓我們來看一看這一題 $f(x)=x^4+x^3+x^2+x+1$ 究竟會是如何的樣式？同樣的，首先我們要先能懂得這個函數式 $f(x)$ 其各個變數的「權位 (weight)」之大小。簡單的說就是在函數裡各變數之間，它們各自在函數中所佔的比重狀態與份量。現在，就讓我們來看看這些「權位」的狀況。首先，就偶次方而言，分別有 $x^4$ 與 $x^2$，加起來共有六次元。而奇次方則是 $x^3$ 與 $x$ 共有四次元。所以，這整個函數式的特質，會很明顯的偏向於偶次方的變數式的特質。也由於它們都是正值，所以，也會是一個開口向上的拋物線形式。但是，整個函數式內因為有奇次方在內，故有抵消作用，所以，它的底部也會較為平坦些。如圖 Fig 6-02.1 所示。

4. 但是，我們若是再詳細的更細微深入追究的話，就可以發現原函數 $f(x)=x^4+x^3+x^2+x+1$ 並不是完全對稱的一個方程式。故而，在 Fig 6-02.1 的圖形中，我們可以看到這個「U」形的拋物線並不是完全對稱的，該特性曲線圖的右上角會略高於左上角。這個道理其實也不難理解的，因為函數式之中含有 $x^3$ 的這個項目在，而 $x^3$ 的特性曲線圖則是右高而左低，故而對於整個函數式產生了些微的影響，而使得曲線並不完全的對稱。

5. 那麼，當原函數在微分之後得到 $f'(x)=4x^3+3x^2+2x+1$，它的特性曲線又會變成如何呢？在微分後的結果，我們可以看到它回到了三次方的一個函數式，而總「權位」則是奇次方大於偶次方，所以它的曲線圖形是以「奇次方」為主，而呈現右高左低的。但是，請注意，這個曲線有在 x 軸 0 以下的部分，而這個部分的斜率則是負值。它告訴我們，原函數在 $x<0$ 的部分，特性曲線是向下傾斜的。圖中顯示，當 $x$ 的負值越大，切線的斜率也越大。當曲線逐漸的向 $x=0$ 靠近時，曲線的斜率逐漸的趨緩，至 $x=0$ 時，曲線的斜率為零。過了這一點 $x>0$，曲線的斜率開始轉為正值，這表示了一個很重要現象，那就是微分式在告訴我們，原函數在這裡有一個「臨界點」。

6. 「臨界點」代表的是這個曲線具有「極大值」或是「極小值」或是斜率為零，也就是 $m=0$。那麼該如何判斷是「極大值」還是「極小值」或是僅僅單純的是斜率 $m=0$ 呢？這個時候若能以圖來解說就十分清楚了。根據我們以往的經驗，原函數是偶次方的方程式，而且是「U」字形的開口。當然，我們由肉眼

就可以判斷出原函數在原點 (0，0) 出現的是「極小值」。但是，若以微分後
**f '(x)** 的特性曲線，如圖 Fig 6-2.2 來看，當 x 值由負值變大的時候，**f '(x)** 的特
性曲線其斜率也由負值變為正值。斜率由「負」變為「正」的時候，這種現象
告訴我們，這個點是「極小值」的現象。

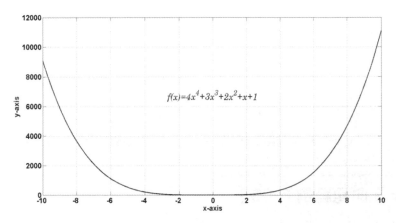

Fig 6-02.1　$f(x)=x^4+x^3+x^2+x+1$ 特性曲線圖

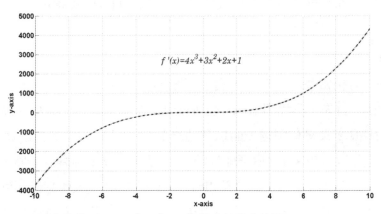

Fig 6-2.2　$f'(x)=4x^3+3x^2+2x+1$ 微分特性曲線圖

7.　圖 Fig 6-2.3 是將原函數 **f(x)** 與微分 **f'(x)** 後的兩個特性曲線圖同時顯示在一個
　　圖表上，如此則方便於將原函數 **f(x)** 與微分 **f '(x)** 後的特性曲線的分布情形相
　　互對照，這樣，就可以把微分的意義更明確的顯示出來了。在經過如上的解析
　　之後，相信這些對於各位會有莫大的幫助，將來若是再次的遇上這類題目，各
　　位應當是可以迎刃而解的。而這也正是本書在寫作上不同於其他書籍的地方，
　　相信能夠給各位更多的助益，也帶來更為傑出與更為超越的思維與能力。

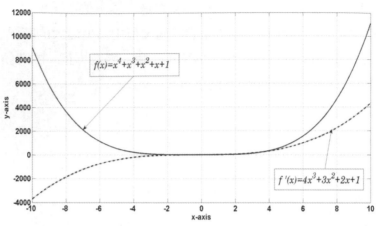

Fig 6-2.3 同時顯示原函數 *f(x)* 與微分 *f'(x)* 後的兩個特性曲線圖

★★★★【典範範例 6-03】

若函數 *f(x)=1/x* 則 *f'(x)=* ？

請分別繪製 *f(x)* 與 *f'(x)* 的特性曲線圖，並請詳加解釋其意義。

## 【解 析】

1.　這還是一道相當基礎的題目，它並不困難，但要小心。因為，它是一個重要的入門點。首先，讓我們來想一想 *f(x)=1/x* 這個函數式它的特性曲線圖會是如何？可能很多人沒有想過，而以為這麼簡單的函數式會有什麼困難嗎？事實上，問題並沒有想像中的那麼容易，尤其是 *f(x)=1/x* 的微分 *f'(x)=-1/x²*。各位請先想一想它的特性曲線圖會是如何？它也許是許多人所想像不到的。

2.　現在，讓我們看看 Fig 6-03.1 圖中所顯示的，各位可以看見函數 *f(x)=1/x* 是一個雙曲線 (hyperbola) 的圖形，更正確的說它是屬於「直角雙曲線 ( rectangular hyperbola)」。因為它是沿著直角座標的形狀而成型，且在 Y 軸的兩側分別呈現各別的極值。至於 *f(x)=1/x* 這個函數我們又常稱之為「倒數函數 (reciprocal function)」。諸位應該很清楚的知道，*f(x)=1/x* 這個函數式的分母是不可以為零的。所以，在趨近於零的時候，函數所出現的極大值是兩個完全不同的層面。當 *x→+0* 則函數值會趨於 +∞。相反的 *x→-0* 則函數值會趨於 -∞。在另

一方面，當 $x$ 值趨於正無窮大 $(x \to +\infty)$ 的時候，$f(x)$ 會下降至趨於 $+0$ 的狀態。而當 $x$ 值趨於負無窮大 $(x \to -\infty)$ 的時候，$f(x)$ 同樣的會下降而趨近於 $-0$。使用這些已知的條件，我們就可以在整體性上明瞭這個「直角雙曲線」圖形的意義及其走向，如圖 Fig 6-03.1 之所示。各位可以領悟一個道理，那就是「失之毫釐，差之千里」，就是這種題目的精髓所在。

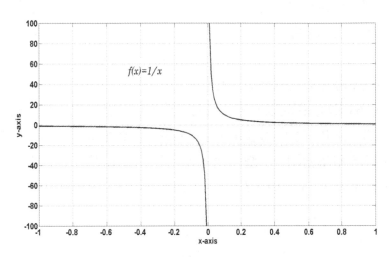

Fig 6-03.1　$f(x) = 1/x$ 函數特性曲線圖

## 【研究與分析】

1. 函數 $f(x)=1/x$ 的微分會成為 $f'(x)=-1/x^2$，這可能是大家都知道的。但是，它的特性曲線圖對許多人而言，可能就不是很熟悉的了，若是單憑想像，一般而言也不容易獲得詳細概念的。現在，就讓我們深入的探討這個 $f'(x)$ 的函數式，我們先不談計算，因為在計算上它並不困難。而是在理論上，該如何解釋，為什麼 $f'(x)=-1/x^2$ 的函數曲線可以代表 $f(x)=1/x$ 的微分結果呢？

2. 在明瞭了原函數 $f(x)$ 的狀況之後，現在，讓我們再看看它的微分 $f'(x)=-1/x^2$ 式。第一個印象就是這個函數它是「負」值的，所以，我們就可以首先知道這個函數在 $y$ 軸的「正」值部分是沒有值的，也就是說，它所有的數值都出現在 $y$ 軸的「負」值部分。其次，再讓我們看看 $1/x^2$ 的這個部分。我們注意到變數是出現在分母這個位置，所以，以極限 (limit) 的觀念，若 $x$ 值分別以 $+0$ 與 $-0$ 趨近於原點 $(0，0)$ 的時候，都會出現無窮大的極值，而且是「負」的極限值，

因為函數的本身是負值。所以，這個時候我們可以在 $y$ 軸的下方繪製出與 $y$ 軸貼近而向下延伸的兩條趨近線。接著，我們則要看一看這兩條向下延伸的趨近線之上端究竟是如何？從這個 $1/x^2$ 的式子上，可以看得出來，當 $x$ 值趨近於正無限大 (+∞) 與負無限大 (-∞) 的時候，而這個時候的 $y$ 值則會分別的由負值而趨近於 0 值。

3.    至此，我們已經將整個大致上的趨勢都描繪出來了，在瞭解上述的關鍵性特質之後，我們應當心裡會有一個相當明確的形象，那就是會有一組向下延伸的雙曲線，如圖 Fig 6-03.2 所示。將圖 Fig 6-03.1 與圖 Fig 6-03.2 放置在一起是困難的，因為它們在 y 軸上相差的尺度太大了。

4.    要瞭解 Fig 6-03.2 圖的原因並不困難的。首先它告訴我們，原函數的斜率完全是「負」的。由圖的左半邊看起，它是越靠近 $y$ 軸的 0 值，負的斜率就越大，趨於 0 值時，斜率就趨於「負」無限大。在跨越 0+ 時，其斜率則由「負」無限大漸升，而當 $x\rightarrow+\infty$ 時，$f'(x) \rightarrow-0$ 如圖 Fig 6-03.2 所示。

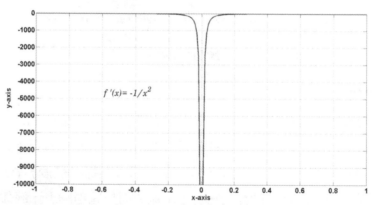

Fig 6-03.2　$f'(x)=-1/x^2$ 微分特性曲線圖

## ★★★★【典範範例 6-04】

若函數為 $f(x)=1/x^2$ 則 $f'(x)=$ ？

請分別繪製 $f(x)$ 與 $f'(x)$ 的特性曲線圖，並詳加解釋其意義。

## 【解 析】

1.    這是一道四顆星的題目，我要重申的是範例中星星的多寡不在於題目的困難與

容易，而是在實質的意義上，它會提供更多更特殊的新思維與認知。所以，它能夠讓我們更進一步的提升與超越在各方面的相關能力，這也是對於數學高層次應有的認知與思維，而這也才是珍貴的。

2. 現在，讓我們再看看函數 $f(x)=1/x^2$ 式。第一個印象就是這個函數它是「正」值的，要懂得如何思考事情的先後順序，這個觀念是很重要的。所以，我們第一個印象知道這個函數在 $y$ 軸的「負」值部分是沒有值的，也就是說，它所有的數值都出現在 $y$ 軸的「正」值部分。其次，再讓我們看看 $1/x^2$ 的這個部分。當變數是出現在分母這個位置的時候，就必須以極限 (limit) 的觀念來看。也就是當 $x$ 值分別以 +0 與 -0 趨近於原點 (0，0) 的時候，都會出現無窮大的極值，而且是「正」的極限值，因為函數的本身是正值。所以，這個時候我們可以在 $y$ 軸的下方繪製出與 $y$ 軸貼近而向上延伸出兩條趨近線。接著，我們則要看一看這兩條趨近線之下端究竟是如何？從這個 $1/x^2$ 的式子上，可以看得出來，當 $x$ 值趨近於正無限大 $(+\infty)$ 與負無限大 $(-\infty)$ 的時候，而這個時候的 $y$ 值則會分別的由正值而趨近於零值，如圖 Fig 6-04.1 所示。

3. 當我們大致已將整個趨勢圖都描繪出來了，也瞭解上述的關鍵性特質之後，這時我們心裡應當會有一個相當明確的「形象圖」，那就是會有一組由上而下的雙曲線分布在第一及第二象限，如圖 Fig 6-04.1 所示。

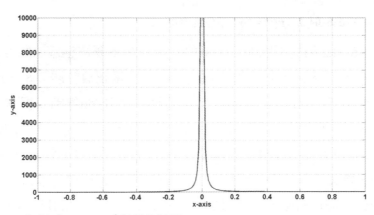

Fig6-04.1　$f(x)=1/x^2$ 特性曲線圖

4. 原函數的微分如下所示：

$$f(x)=1/x^2$$

$$f'(x)=-2/x^3$$

## 【研究與分析】

1.  $f'(x)=-2/x^3$ 它的分母是三次方的。在特性曲線圖上，它與我們在前面所認知的 $x^3$ 的「N」字形的特性曲線則是完全不同的。$f'(x)=-2/x^3$ 的這種形式，若是諸位在前面有按部就班的讀下來的話，必定會知道它會是一個位於第一與第三象限的直角雙曲線。有一個非常重要的觀念與認知，那就是 $f'(x)$ 是一個「負」值，那麼，是不是 $f'(x)$ 就不會出現在「正」值的部分呢？答案是否定的。道理其實很簡單，因為 x 若為負數時，雖然 $x^3$ 還是會「負」，但是與「-2」相乘，則有「負負得正」的情況，所以，$f'(x)$ 會有一半的機率是出現正值的部分。所以，函數的特性曲線圖會出現正負各佔一半的情況，如圖 Fig 6-04.2 所示。

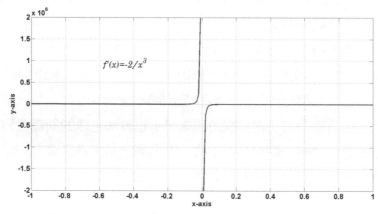

Fig 6-04. 2  $f'(x)=-2/x^3$ 微分特性曲線圖

2.  要瞭解 Fig 6-04.2 圖的原因並不困難的。首先，不要被整個函數的負值「-2」所迷惑，它可能會因為 $x^3$ 而轉為正值。所以它是正負各居一半。$f'(x)$ 代表的是斜率。對照 Fig 6.4.1 圖與 Fig6.4.2 圖這兩組的特性曲線圖，相信很快就能夠明白它的道理。事實上，在這裡面變數 x 的極限值才是關鍵性的問題所在。因為，$x$ 趨近於 $+0$ 或 $-0$ 關係著整個函數式的走向。首先，我們來看 $f'(x)=-2/x^3$ 這個式子，當 $x$ 由負值而趨近於 $-0$ 的時候，因為 $x$ 在它的本質上還是負數，所以由於負負得正的結果，$f(x)$ 趨近於 $-0$ 時候的值呈現的是「$+\infty$」，整個是呈現在第二象限中。而當 $x$ 由正值而趨近於 $+0^+$ 的時候，而 $x$ 在它的本質則是正數，但是，函數 $f'(x)$ 是「負」值性的，也就是當 $x$ 趨近於 $+0^+$ 時候的值呈現的是「$-\infty$」，而這整個函數式呈現的是在第四象限中。當然，當變數 $x$ 的

值趨於「無限大」的時候，不論是正「無限大」或是負「無限大」，函數 $f'(x)$ 都會趨近於「零」。

3. 現在，進一步的再深入的探討一下，當我們已經明瞭了函數式 $f'(x)=-2/x^3$ 的特質之後。那麼，如果有一個函數與它是相反的，如 $g(x)=+2/x^3$，則它究竟與微分函數 $f'(x)=-2/x^3$ 這兩者之間又有什麼不同之處呢？或是有什麼相同的地方呢？事實上，對一般初學者而言，能夠區別 $g(x)$ 與 $f'(x)$ 這兩者在特性曲線圖上的差異性，並不是很容易的事。但如果想通了，就是一種了不起的超越。

4. 這兩個函數式 $g(x)=+2/x^3$ 與 $f'(x)=-2/x^3$ 的不同，真正的關鍵還是在於變數 $x$ 的極限值問題。從以上 $f'(x)$ 的道理，我們可以推知在 $g(x)=+2/x^3$ 這個式子中，當 $x$ 由負值而趨近於 $-0$ 的時候，$g(x)$ 會是負數值，這時候值呈現的是「$-\infty$」。也就是變數由 $-x$ 一路延伸，在接近原點的地方會急的向下，這整個函數式是在第三象限延伸到負無窮大。相反的，而當 $x$ 由正無限大值而趨近於 $+0^+$ 的時候，而 $f(x)$ 值則是正數。所以，函數 $g(x)$ 是「正」值性的，也就是趨近於「$+\infty$」，這呈現的是在第一象限。更簡單的說，這兩個函數 $g(x)$ 與 $f'(x)$ 僅符號相反，故而整個函數曲線圖也相反，如圖 Fig 6-04.3 所示。

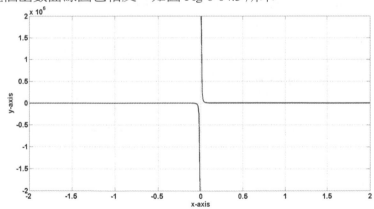

Fig6-04.3　$g(x)=+2/x^3$ 特性曲線圖

★★★★【典範範例 6-05】

若函數 $f(x)=1/x^3$ 則 $f'(x)=$ ？
請分別繪製 $f(x)$ 與 $f'(x)$ 的特性曲線圖，並詳加解釋其意義。

## 【解 析】

在經過前面幾道範例的演練與解析之後，相信諸位對於這個 $f(x)=1/x^3$ 函數應該已經會有觀念了。它的微分並不難，但是重要的是微分後函數式的特性曲線圖如何？這就值得思考一下了。而該微分的結果 $f'(x)$ 又該如何解釋與它所對應的 $f(x)$ 函數？這才是關鍵。所以，希望各位在看到這一題的時候，請先在內心中好好的盤算一下。

1. 現在，讓我們面對問題。首先，在面對這道題目的時候，在我們的思維中，要問的是最先產生的概念會是什麼？這一點非常的重要，事實上，它也是面對任何數學題目的時候，最重要的一個關鍵點。而如果是在面對題目的時候，完全一點概念都沒有，那表示你還完全沒有經過精練，更可能的是你從來就沒有用「思想」去思考過真正的數學，而僅僅是把自己當作是一個解題的「工具」。請記住，我們是人而不是工具。所以，在學數學的時候，最重要的是必須重視以「思想」做為最優先的先決條件與認知，而不要只是一心的想去解題目，那就本末倒置了。任何的樹木若是本末倒置的栽種，是絕對不會開花結果的。所以，當然也就學不好的，更可惜的是浪費了金錢與珍貴的歲月。

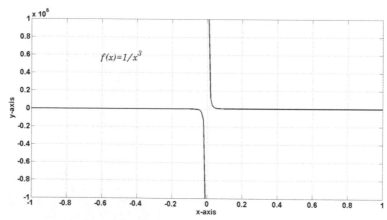

Fig 6-05.1 $f(x)=1/x^3$ 特性曲線圖

2. 原函數 $f(x)=1/x^3$ 分母是三次方的，所以，由於分母趨近於 $+0$ 與 $-0$ 的關係，它一定會在 $y$ 軸中心線的附近形成上下兩極化的現象，而當變數 $x$ 離軸心越遠的時候，分母也就越大而形成水平兩極化的現象，如圖 Fig 6-05.1 所示。

3. 現在，就讓我們看一看原函數 $f(x)=1/x^3$ 的微分：

$$f(x)=1/x^3$$
$$f'(x)=-3/x^4$$

## 【研究與分析】

1.　原函數 *f(x)* 經過微分後，它的分母變成了四次方了。我們應該注意到了微分後的函數式 *f'(x)* 是一個負值函數，所以，這整個函數式將是以「負值」為主的。又因為變數 *x⁴* 是四次方，也就是說，在這個函數式 *f'(x)= -3/x⁴* 的特性曲線中是不會出現有「正」值的現象。說得更明確一點，函數式 *f'(x)* 的特性曲線一定是位於 Y 軸的水平線以下的位置。這是我們第一個該有的概念與直覺印象。

2.　其次，讓我們回到 *f'(x)=-3/x⁴* 的原點 (0，0) 的附近來看，變數 *x* 若「分別」由 *x* 軸的兩端向原點 (0，0) 接近，也就是由 *x* 軸的兩個極端分別向 *0⁺* 與 *0⁻* 接近，則函數式 *f'(x)* 都會在 Y 軸的兩端，向下趨於負無限大的極限值。由於該函數式 *f'(x)* 是負值，所以它是一個「正 *π*」字形的圖形，它分別跨越的象限是在第三與第四象限。如下圖中 Fig 6-05.2 所示。

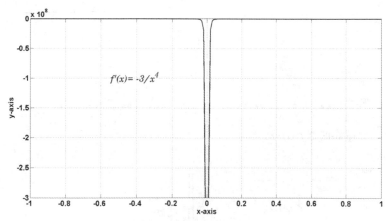

Fig 6-05.2 *f'(x)=-3/x⁴* 微分的特性曲線圖

3.　現在，讓我們進行一件比較重要的事情，那就是更進一步的提升層次。讓我們仔細的分析與比較下列的四個函數，看看它們之間究竟有什麼樣的邏輯性、共通性與通盤性。各位請先仔細的思考下列的問題而不要先看答案。如此則可以舉一反三，更是提升自我與超越自我最重要的關鍵利器。

$$(1). f1(x)=1/x$$
$$(2). f2(x)=1/x^2$$

*(3).f3(x)=1/x³*

*(4).f4(x)=1/x⁴*

4. 我們不必再重複一些細微的枝節，各位可以直接由下列所列出由 **f1** 至 **f4** 這四個函數的特性曲線圖中，分別從它們的特性曲線圖上來看端倪，並比較出它們之間的相同處與差異之處。現在，就讓我們直接的指出來，那就是 **f1(x)** 與 **f3(x)** 幾乎是完全相同的，唯一的差別是在於它們 y 軸上的刻度 (scale)，當然，**f3(x)** 在 y 軸上的刻度要比 **f1(x)** 大得多。其次是 **f2(x)** 與 **f4(x)** 也幾乎是完全相同的，它們的差別也是在於它們 y 軸上的刻度 (scale)，當然，也是 **f4(x)** 在 y 軸上的刻度要比 **f2(x)** 大得多。

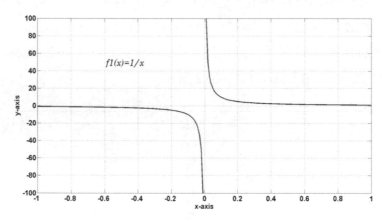

Fig 6-05.3 *f1(x)=1/x*

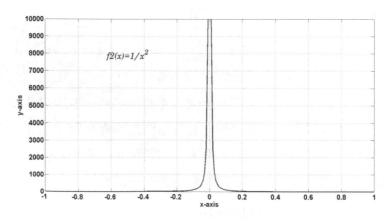

Fig 6-05.4 *f2(x)=1/x²*

6 微分究竟想做什麼？

5. 各位在仔細的比對這四個函數的特性曲線圖後，應該可以非常清楚的看出來，有些函數它們之間簡直是太相似了。是的，的確是如此。各位可以看得出來 *f1(x)* 與 *f3(x)* 是一類，而 *f2(x)* 與 *f4(x)* 是另一類。它們之間之最主要的因素是在於分母的奇次方或是偶次方。分母是奇次方的歸一類，分母是偶次方的歸另一類。同類型的會非常相似，唯一的差別是它們之間的「刻度 (scale)」不同而已。各位可以仔細的品嚐這四個不同函數的特性曲線，相信對各位在未來對於相關函數的特質，可以從上面的這些討論與分析，一定會有更正確、更迅速的認知，相信各位在以後若是再遇上這一類的問題，必能迎刃而解，並又能舉一反三，達到真正具有超越的認知與效果。

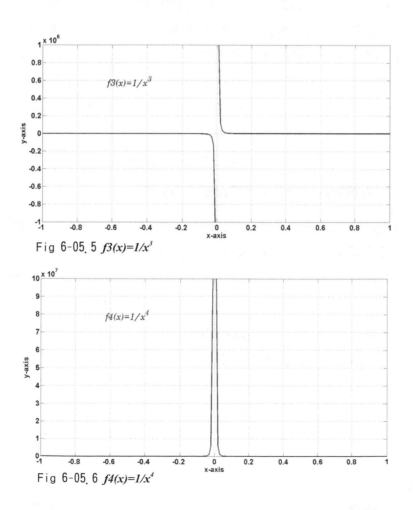

Fig 6-05. 5 *f3(x)=1/x³*

Fig 6-05. 6 *f4(x)=1/x⁴*

【典範範例 6-06】

若函 $f(x) = \sqrt{x}$ 數則 $f'(x) = ?$
請分別繪製 $f(x)$ 與 $f'(x)$ 的特性曲線圖，並請詳加解釋其意義。

## 【解 析】

1.  很多人只要看到有根號的題目出現，尤其還要繪製出特性曲線圖，就不知道該如何着手了？而對於根號的微分，以及微分後的意義就更不知該從哪裡著手了。事實上，根號的題目並不是特別的困難，只是諸位對於這一方面的問題，太少思考，所以才會有不知如何著手之感，只要多接觸一些正確的觀念與思維，這方面的問題就能迎刃而解了。所以，若是能懂得這其中的一些基礎而根本的思維，則這種題目是不難思考的。也正因為如此，為了鼓勵各位能具備這項能力，所以，在這道題目中會有詳盡的解析，希望各位能由其中得到真正的知識，並讓自己更加超越。

2.  對函數式 $f(x) = \sqrt{x}$ 而言，第一個要建立的「觀念」當然就是：

    **在根號內的變數 x 不可以是「負」值。**

    因為那將造成根號內為負數，而使得整個函數式成為虛數，對於虛數的微分並不是不能處理，而是它只會在特殊的課程中被討論到，尤其是「電學 (Electricity)」、「近代光學 (Modern optics)」、「電磁學 (Electromagnetism)」等科目。但目前各位對於虛數的微分是絕大多數人不會遇上的。

3.  第二個「觀念」是：在思考 $f(x) = \sqrt{x}$ 這個函數式的時候，排除了變數 $x$ 不可以是「負」值以後，因此，第二個「觀念」就是思考它所存在的區域。在本題中整個函數存在的區域就僅限於 $x$ 的正值部分。因此，凡是 $x<0$ 這部分，也就是座標軸的第二、三兩個象限就不必考慮了。

4.  第 3 個「觀念」：既然 $x$ 值不可能是負值，那麼這個函數 $f(x)$ 也就不會出現在「負」值區域。所以，這也排除了第四象限，剩下唯一可以存在的就是第一象限了。

5.  第四個「觀念」：曲線的範圍我們已經知道僅位於第一象限了，那麼，它的

形狀該是如何呢？這個問題其實也不困難。我們設 $f(x)=y$，那麼 $y^2=x$，這是以「$x$ 軸」為中心，以 y 軸為對稱的一條拋物曲線。但是，又由於 $y$ 值是 $x$ 值的兩倍，所以，這個曲線的 $x$ 值上升的幅度遠小於 $y$ 值。而又因為曲線的範圍被限定在第一象限，所以，我們可以得到如圖 Fig 6-06.1 這半邊的特性曲線圖形。

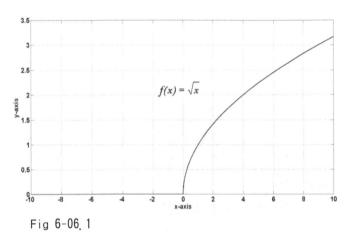

Fig 6-06.1

6. 對原函數的微分為：

$$f(x) = \sqrt{x} = x^{\frac{1}{2}}$$

$$f'(x) = \frac{1}{2\sqrt{x}}$$

## 【研究與分析】

1. 現在，要進一步的來討論原函數 $f(x)$ 的特性曲線，在微分之後會是如何？讓我們還是遵循上述的「觀念」來分析。首先，我們可以看到原函數在微分之後，變數 $x$ 不再是位於分子的位置，而是轉移到了分母的位置。但是，這第一個「觀念」還是相同的，那就是 $x$ 的值不可以小於零。

2. 這第二個「觀念」：由於 $x$ 的值不可以小於零，所以 $f'(x)$ 這個函數的特性曲線就必須是位於大於或是等於零的區域。由此推知，這整個函數還是被限定在這第一象限之內。

3. 第三個「觀念」：讓 $f'(x)=y$，於是 $y^2=1/4x.$ 依照前面的範例，我們可以很清楚的知道它是一個「直角雙曲線」，而這個直角雙曲線又被限定在第一象限之內。當 $x$ 趨近於 $+0^+$ 的時候，$f'(x)$ 的值會趨於正的無限大。而當 $x$ 趨近於正無

限大的時候，*f(x)* 的值會趨於 *+0* 的正無限大。所以，它的特性曲線圖形如圖 Fig 6-06.2 所示。

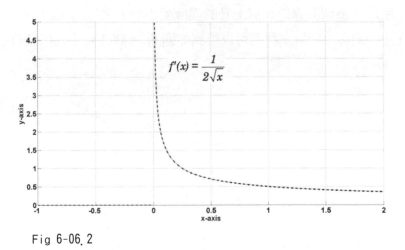

Fig 6-06.2

4.  為了能讓各位清楚的比對原函數 *f(x)* 與微分的 *f'(x)* 之間的詳細關係，特別提供了圖 Fig 6-06.3 將原函數 *f(x)* 與微分後的函數 *f'(x)*，將這兩個函數的特性曲線圖形共同標示在同一張圖上面，以利諸位可以直接的對照與比較。相信，如此則可以讓各位能有最清晰明白的印象與認知，尤其是對於函數微分前與微分後的變化，能夠有最明析的對照與比較。所以，希望各位可以對自己多加觀察與思維，並能詳細的比對之。

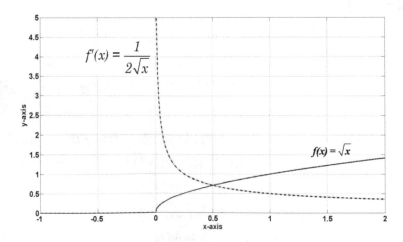

Fig 6-06.3 *f(x)* 與 *f'(x)* 雙函數特性曲線圖之比較

若函數 **f(x) = 1 /** $\sqrt{x}$ 求 **f'(x)=** ？

請分別繪製 **f(x)** 與 **f'(x)** 的特性曲線圖，並請詳加解釋其意義。

## 【解 析】

1.  請注意，這一題與上一題是不一樣的，這一題的根號是在分母這個部分。但是，若是經過在上面的兩題「典範範例」的「解析」，相信各位對於這一類的題目應該是不再陌生了。

2.  現在，先讓我們來分析這個函數 **f(x) = 1 /** $\sqrt{x}$ 的特性曲線，只有了解該函數的特性曲線才能知道我們究竟是在做什麼？。在這個式子中仍有幾個重要的觀念是我們必須要有的。

(1).  第 1 個「觀念」：**x** 的值不可以小於零，否則會形成虛數。

(2).  第 2 個「觀念」：當 **x** 必需大於零時，**f(x)** 也必須大於零。

(3).  第 3 個「觀念」：由於上述的條件，整個函會被限定在第一象限之內。

(4).  第 4 個「觀念」：為了便於簡化起見，若設 **f'(x)=y**，於是 **y²=1/x.** 依此，我們可以很清楚的知道它是一個「直角雙曲線」，而這個直角雙曲線又被限定在第一象限之內，所以，它的特性曲線圖形如圖 Fig 6-07.1 所示。

3.  在本題中函數 **f(x) = 1 /** $\sqrt{x}$ 微分的結果是　　　：

$$f(x) = \frac{1}{\sqrt{x}} = x^{-\frac{1}{2}}$$

$$f'(x) = -\frac{1}{2}x^{-\frac{1}{2}-1}$$

$$= -\frac{1}{2}x^{-\frac{3}{2}}$$

$$= -\frac{1}{2\sqrt{x^3}}$$

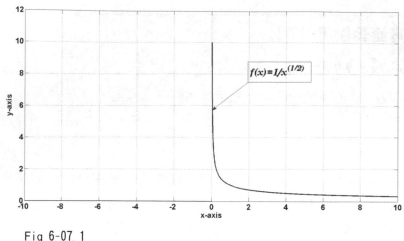

Fig 6-07.1

## 【研究與分析】

1.　現在，讓我們再進一步的看一看原函數微分後的特性曲線。當函數為 f(x) 時，可得：

$$f(x) = \frac{1}{\sqrt{x}} \qquad\qquad f'(x) = -\frac{1}{2\sqrt{x^3}}$$

這個微分後的函數 *f'(x)* 看起來有點難度而會嚇人。但是，我們要養成一個重要的習慣，那就是先看整個函數的大原則，大方向。如此大多就可以把握得住整個函數的大方向不至於出錯。現在，讓我們來分析 *f'(x)* 這個微分後的函數式的觀念如下：

(1).　第 1 個「觀念」：我們立即可以看出該函數是一個負值。所以，函數 *f'(x)* 的值則必然被限定在「負」值的範圍，也就是在 *x* 軸的下方，限於第 3 與第 4 象限裏面。

(2).　第 2 個「觀念」：函數中的變數 *x* 是不可以為負值的，否則又會出現虛數。所以，又進一步的排除了第 3 象限。故而這整個微分後的函數 *f'(x)* 就被限定在第 4 象限了。

(3).　第 3 個「觀念」：函數 *f'(x)* 的變數 *x* 必須位於第 4 象限，而當 *x* 趨於 0 的時候，*f'(x)* 必然會急劇下降而趨於「- ∞」。而當 x 趨於正無限大 (+ ∞) 的時候，*f'(x)* 則又會趨於 0 值。依據上述的描述，這整個 *f'(x)* 函數的形狀已呼之與出了，如圖 Fig 6-07.2 所示。在圖中我們可以在 *x* 值的負數部分看到有一條水平

為 **0** 的直線，那是告訴我們這個函數會在這個區域成為虛數值，故不與計值而為零。

(4). 第 4 個 「觀念」：請各位如果仔細的比對圖 Fig 6-07.1 與 Fig 6-07.2 這兩個圖的曲線狀態，*f (x)* 的斜率，也就是 *f '(x)* 一直都是負的。相信將會對各位在函數與微分之間的關係定能獲得深刻的體驗與認知，這種體驗與認知也必然會對各位產生傑出的超越性。

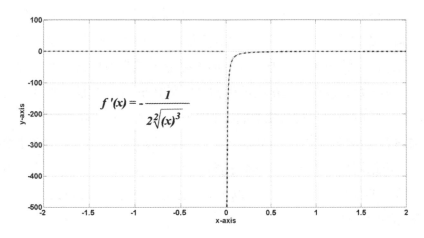

Fig 6-07.2　*f '(x)* 特性曲線圖

★★★★★【典範範例 6-08】

若函數 $f(x)=(x^2-5x+1)^2$ 則 *f '(x)=* ？

請分別繪製 *f(x)* 與 *f '(x)* 的特性曲線圖，並請詳加解釋其意義。

## 【解 析】

1. 這是一題五星級的題目，請各位多費心留意。當我們在思考任何一個函數的時候，我們應該在腦海中浮現這個方程式或是函數式大致上的一個特性曲線圖形的形狀，如此，我們才會知道自己究竟是在做甚麼？一般而言，如果題目做多了，想多了，也想通了許多，則就會發現它們其實都是有模式與規則可循的，並不會太困難。例如說，如果方程式是一次方的，那麼它一定就是一條直線，所不同的就是斜率的大小而已。說得更透徹些，就是直線的傾斜角度不同而已，而這之間是不會有任何轉折點的。如果方程式是二次方程式，那麼它就會

有一個轉折點，它會是一個「U」形的，至於「開口」是在那一方位，則須由進一步的因素決定。而如果方程式是三次方的，那麼它就會有兩個轉折點，它多會是一個「N」形的，至於如果方程式是四次方的，它就會有三個轉折點，等等依此類推之。

2. 但在本題中，可以看得出來，這是一個四次方的方程式，理論上應該會有三個轉折點才是。但是，題目的本身卻提供我們這個函數式 *(x²-5x+1)* 的平方倍，四次方一定有三個轉折點是不會錯的，但是，在那裡出現轉折點則是關鍵的所在。在這整個函數之中，如果將平方項拿掉不看，也就是僅有括號內的式子 *(x²-5x+1)*，則它是一個一元二次方程式。剛剛提過，二次方程式會有一個轉折點，它會是一個「U」形的。但是由於函數式的結構非全然對稱，故而會有一些歪斜。所以，它會是一個具有弧形曲線的特質。如圖 Fig 6-08.1 所示。

3. 函數式 *(x²-5x+1)* 經過平方之後，變成為四次方的方程式，就會有三個轉折點，事實上，我們可以用想像的，也就是把這整個函數「*(x²-5x+1)*」做平方倍的擴大。並讓「負」的部分反而為正。所以，擴大之後的相接，如圖 Fig 6.08.2 這個特性曲線圖的形式。

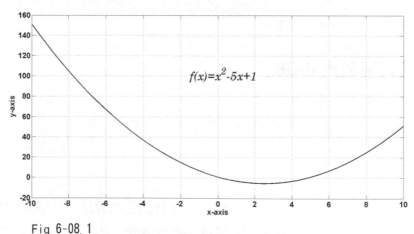

Fig 6-08.1

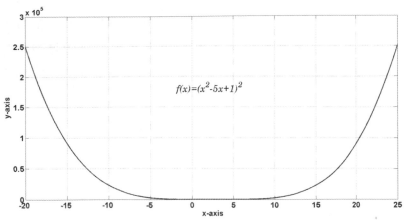

Fig 6-08.2

4. 各位可能會覺得,原圖左右高低有一些差異,但 Fig 6-08.2 卻看不出來。是的,那一點點的差異,在 **y** 軸的 **10⁵** 的倍率下,是顯現不出來的。其次,比較明顯的是在整個函數式中,有一個因素會影響特性曲線左右的偏移,各位注意它的關鍵是出在方程式中 **f(x)= (x²-5x+1)²** 的第二項,也就是 **5x** 這一個項目上,它使得整個方程式無法對原點形成對稱,當然,**+1** 這個項目也多少會影響一些,但它影響的是 y 值而不是 x 軸的方向。如果諸位將式中的 **(- 5x)** 改成 **(+5x)**,那麼將會發現,這時候整個方程式位移到了左方來了。而如果將 5x 這一個項目整個拿掉的話,整個曲線就會對「原點」構成對稱。

5. 我們在圖上所看到的卻只是一個 **U** 字形的圖形,如圖 Fig 6-08.2 所示。這是一個有名的「澡盆」的圖形,這個圖中我們看到最多也只有兩個轉折點而已,顯然與我們的認知有了出入,但這是原則性的問題,出現這個問題是相當嚴重的。那麼,這究竟是哪裡出了問題?

6. 事實上,理論的認知是不會有錯的。也就是說,我們的認知沒有錯,但是,特性曲線圖看起來也沒有錯,真正的問題是出在我們選用刻度 (scale) 上面。由於所使用的刻度 (scale) 的不同,尤其是在使用大刻度的時候,當然就會有許多枝末細節就沒有辦法顯示了。而在這一題中,由於我們選的刻度 (scale) 範圍較大,所以可以看到的範圍也較廣,因此,整個曲線的大範圍狀態就會顯得相當清楚。

7. 但是,若是我們將範圍縮小至中間的區域來看,那看起來情況就不相同了,如圖 Fig 6-08.3 所示。事實上,這個時候一眼就可以看得出來,這是一個非常標

準的馬鞍型的曲線圖，仔細的算一算，裏面確實是有三個轉折點，相信各位應該也看出來了。請注意，在這個方程式的特性曲線圖中，它並不是對原點對稱的，這一點在函數式中就可以看得出來，也請各位多加留意。

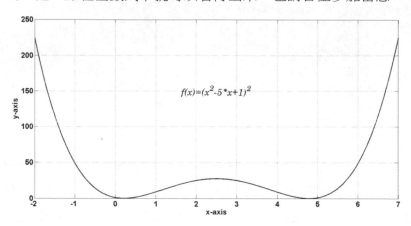

Fig 6-08.3　　$f(x)=(x^2-5x+1)^2$　　小範圍之特性曲線圖

8. 那麼，原函數 $f(x)=(x^2-5x+1)^2$ 這個式子該怎麼微分呢？是將整個式子解開之後再微分，還是直接就用這個式子下去微分呢？這的確是一個好問題。事實上，就一般情況而言，絕大多數的人也許不知道該如何直接就用這個函數式進行微分。不過，那也沒有關係，現在就讓我們先把這個式子解開好了，自乘與微分的結果也都並不困難：

$$f(x)=(x^2-5x+1)^2 = x^4-10x^3+27x^2-10x+1$$
$$f'(x)=4x^3-30x^2+54x-10$$

9. 另外，題供一種「超越式」的解法，那是就括號內函數式分次進行微分如下：

$$f(x)=(x^2-5x+1)^2$$
$$f'(x)=2(2x-5)*(x^2-5x+1)=4x^3-30x^2+54x-10$$

它們的結果是一樣的。很顯然這個「超越式」解法的方法要方便與快捷得多。這是一個三次方程式。

## 【研究與分析】

1. 原函數與微分如下：

$$f(x)=(x^2-5x+1)^2$$

$$f'(x) = 4x^3 - 30x^2 + 54x - 10$$

由於 $f'(x)$ 是一個三次方程式。所以，它的特性曲線圖會有兩個轉折點，對 $y$ 軸形成相反形態的對稱，如圖 Fig 6-08.4 所示。事實上，我們從原圖中 Fig 6.08.3 圖就可以發現，原函數的曲線狀態，並沒有任何地方是平坦的，而是斜率都一直的在改變與變化之中，正如 Fig 6-08.4 之所示。

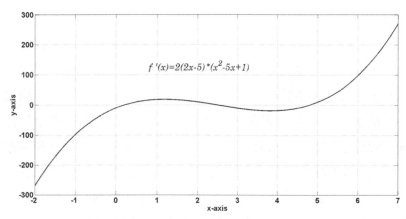

Fig 6-08.4 $f'(x)$ 微分特性曲線圖

2.  為了進一步提昇各位對於一的函數該如何去思考它的特性曲線，以及面對特性曲線的思維，今特別提供一種方法，稱之為「直觀法」，也就是如何能以直覺的觀察，而獲得此項能力的一種方法。也希望能進一步的教導各位，對於函數的問題使用這種「直觀法」，經由直接式的思維與觀察，而能體會出該函數與微分後相關的特質與特性曲線。這種從原函數的特性曲線圖中使用「直觀法」的觀念，能夠直接帶領各位從該函數的特性曲線圖中，就能看出它微分後的結果以及它微分後的特性曲線圖來，可以說是非常傑出與超越的一種方法，也希望各位可以獲得這種「超越」與「卓越」的能力。

★★★★★【典範範例 6-09】

若函數 $f(x) = \sqrt[3]{x}$ 則 $f'(x) =$ ？

請分別繪製 $f(x)$ 與 $f'(x)$ 的特性曲線圖，並詳加解釋其意義。

## 【解 析】

1. 這還是一個五顆星級的題目，看起來並不起眼，但是，卻有它的獨特性與重要性，各位千萬不要以為這個題目看起來不怎麼樣，就以為這是一個簡單的式子，而且，微分起來一點也不難，它怎麼會是五顆星級的題目呢？。事實上，這一題絕對不是如一般的人所想像的那個樣子。根號三次方的微分有什麼難的嗎？是的，但純的在微分方法上一點也不難，但如果想要知道它在談甚麼？也就是要談到它的特性曲線以及微分後的特性曲線與現象，問題恐怕就不會如想像中的那麼容易了。若只是將它微分一下就了結了，那幾乎是所有學《微積分》的人都可以做到。但是，僅僅做一個微分那只是計算而已，不是數學的真諦，我們要做的是真正的弄懂這一切，所有的來龍去脈都清清楚楚的。所以，這一題才會標示五顆星，也當然是有它的獨特性與重要性。事實上，我們將要討論的這個題目，是超過一般初學《微積分》的大學生所能探討的範圍及領域，但為了能更進一步的提昇各位的數學程度，也讓各位能再度的超越自己，故而排上這個題目。至於各位是否必須深入這個題目，尚請各位自行斟酌與決定。

2. 讓我們看原函數 $f(x) = \sqrt[3]{x}$ ，並進一步的分析它一些「隱藏」的特質與特性曲線如下：

(1). 首先應該要注意的是 $x$ 這個變數它的分部狀態。當 $x$ 處於「正值」的時候，這個時候整個函數是沒有問題的，因為它完全是屬於「實數 (Real number)」的領域。也由於 $x$ 是屬於正值，所以 $f(x)$ 的值不會出現有負數現象。

(2). 我們從另外一方面放大來看，將 $f(x)$ 置換為 $y$，並將根號去掉，如此，則原函數就成為：

$$y^3 = x$$

這就可以幫助我們看得出來，$x$ 與 $y$ 之間的比例是相差了三倍之多。請特別注

意看,「是 *x* 比 *y* 大」三倍。也就是說,*y* 值必須增長 *3* 倍之多才能等同一個 x 值。所以,它會比較低斜一些。當然,這不是線性的,而是以近似拋物線的形式逐漸在變化增長加大,而且是在第一象限之中。如圖 Fig 6-09.1 第一象限中之所示。

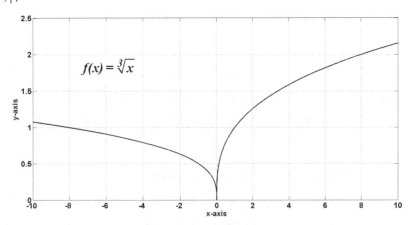

Fig 6-09.1 函數式 $y = \sqrt[3]{x}$ 特性曲線圖

(3). 重點是:*f(x)* 有沒有可能出現為負數呢?而當變數 *x* 為負值的時候,函數 *f(x)* 究竟會變得如何呢?事實上,這正是整個函數式的關鍵之所在。因為,若是 *x* 是為負值,則整個函數式就不再會存在於「實數」的領域中,而是進入了「複數 (Complex number)」的領域。

(4). 現在,就讓我們實際的使用數據臨場求值,看一看 *x* 值在「實數領域」與在「複數領域」之中,它們實際所表現出來狀況如下所示:

## A.【實數領域】

函數 $y = \sqrt[3]{x}$

1). 當 *x=1*,則 *y = 1*
2). 當 *x=2*,則 *y = 1.2599*
3). 當 *x=3*,則 *y = 1.4422*
4). 當 *x=8*,則 *y = 2*

## B.【複數領域】

函數 $y = \sqrt[3]{x}$

1). 當 *x= -1* ，則 *y = 0.5000 + 0.8660i*

2). 當 *x= -2* ，則 *y = 0.6300 + 1.0911i*

3). 當 *x= -3* ，則 *y = 0.7211 + 1.2490i*

4). 當 *x= -8* ，則 *y = 1.0000 + 1.7321i*

5). 當 *y³= (0.5000 + 0.8660i)³* ，則 *x = -1.0000 + 0.0000i = -1*

　　回復為 (1) 式

(5). 由上述所提供驗證的數據加以分析，當知在 *x* 處於實數領域的時候，所對應的 y 值也會是在實數的領域。但是，當 *x* 的數值出現為負值的時候，情況就完全不一樣了。當根號內為負數的時候，整個函數就進入了「複數」的領域。諸位可以看到 B. 中的第一個例子：

當 *x= -1* ，則 *y = 0.5000 + 0.8660i*

函數 *y* 值出現的不再是「實數」，而是以「複數」的型態呈現。如果我們將此時的 *y* 值還原看看，也就是當 *y= (0.5000 + 0.8660i)³* 時，還原出 *x= −1* 之值。而當然，當 *x=0* 的時候，*y=0*。

(6). 在圖 Fig 6-09.1 中，*x>0* 的部分沒有問題。但是，在 *x<0* 的狀況下，如何還會有曲線出現呢？是的，我們所使用的是實數座標系統，而「複數系統」則是包含了實數部分與虛數部分。這時候圖中所顯示的只有實數的數值曲線，而捨棄虛數部分不用，所以才會有 Fig 6-09.1 圖中左半部的部分。諸位可以嘗試去核對當 *x=-8* 的時候，當會發現此時的 *y=1+1.732i*，在實數的部份 *y* 值會得到「實數」*+1* 之值，正如上述的【**複數領域**】中的第 (4) 個例子所示。

(7). 當圖 Fig 6-09.1 的函數式特性曲線圖確立了之後，我們可以看到在趨於原點 (0,0) 的位置上，它的斜率在 *x* 的正值部分是趨於正無限大，然後隨著 *x* 值的增加而趨緩。在 *x* 的負值部分於原點 (0,0) 處也是趨於負無窮大，然後隨著負 *x* 值的增加而曲線的斜率逐漸趨緩。故而整個形成了如圖 Fig 6-09.1 所示的型態。

(8). 函數 *y = ∛x* 的微分並不難，如下所示：

$$y = \sqrt[3]{x}$$

$$y' = \frac{1}{3}x^{(\frac{1}{3}-1)} = \frac{1}{3}x^{(-\frac{2}{3})} = \frac{1}{3}\frac{1}{\sqrt[3]{x^2}} = \frac{1}{3\sqrt[3]{x^2}}$$

## 【研究與分析】

1.　真正的事情並還沒有結束，不是微分完了就沒事了。其實，那才是整個事情的開始。但是，看到那微分的結果，恐怕就會有很多人會感覺到的確是很複雜，也很難對付的樣子，甚至於簡直不知該從何處著手。

$$y = \sqrt[3]{x}$$

$$y' = \frac{1}{3}x^{(\frac{1}{3}-1)} = \frac{1}{3}x^{(-\frac{2}{3})} = \frac{1}{3}\frac{1}{\sqrt[3]{x^2}} = \frac{1}{3\sqrt[3]{x^2}}$$

2.　現在，就讓我來帶領各位，一步一步走上去，相信，各位一定可以領悟許多事情的。首先，讓我們來看看這個就一般人而言，難以思考的 $y'$ 微分後的特性曲線會是如何？，先讓我們列出原函數的特性曲線圖 Fig 6-09.2，如此則方便於相互比較。

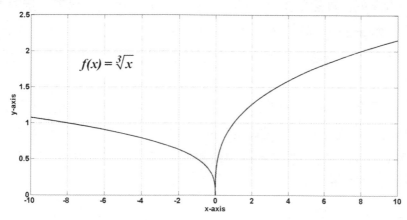

Fig 6-09.2 函數式 $y = \sqrt[3]{x}$ 特性曲線圖

3.　這個題目有一個東西會干擾我們的視線與思惟，那就是微分式中的常數項。那就是 *1/3* 這個常數項。事實上，在函數中，常數項的作用不大，但卻常會干擾視聽。若是我們將這些常數先拿掉，再來分析整體性的概要，那就不會太難了。也就是：

$$y' = \frac{1}{\sqrt[3]{x^2}}$$

各位再看一看，現在，這個式子是不是清爽得多了。

4.　如今讓我們將視線的重點直接就放在分母上面，也就是在這個 *x* 變數上，這個

題目所有的一切完全呈現在分母裏面。現在，不管 *x* 如何的變化，我們只要看準幾個方向就可以明白一個大概了。那麼，這樣的一個函數式，究竟該從那裏看起？或是從那著手而開始呢？這的首先要問的問題。那麼，在這個時候建議各位一定要從原點 *(0，0)* 開始。任何的數學函數在進行分析的時候，從原點 *(0，0)* 開始往往就是最好的策略，尤其是變數是在分母的位置，因為，變數在分母的時候，在這附近往往會有最大的變化量。各相關之觀念如下：

1.) 第 1 個觀念：由微分式中可知，*y′* 的特性曲線僅存在於第 1 與第 2 象限，因為 *x* 是平方倍，所以，*y′* 不可能出現負值。故而排除了第 3 與第 4 象限。

2.) 第 2 個觀念：從原點 *(0，0)* 這個地方看起，可以就實數領域而言當 $x \rightarrow +0^+$ 時 *y′* 會有正無限大的現象，所以，會有一條幾近於垂直的「趨近線」，向正上延伸。而當 $x \rightarrow -0^-$ 時 *y′* 同樣會有一條幾近於垂直的「趨近線」會趨於正無限大。因為 $x^2$，所以 *x* 的值雖然是在於負值的領域 $x \rightarrow -0^-$。*y′* 同樣趨於正無限大。

3.) 第 3 個觀念：當 $x \rightarrow +\infty$ 時，$y′ \rightarrow +0$ 值，而當 $x \rightarrow -\infty$ 負無限大值，時 $y′ \rightarrow +0$ 值。也就是，不論 *x* 是趨於正無限大或是負無限大，此時 *y′* 的值永遠都會趨近於正 *0* 值。

4.) 第 4 個觀念：因為分母是 $x^2$ 的關係。所以，這個微分後的函數之特性曲線圖是左右對稱的，根號的次方只是影響該數值的大小。經由上面幾個方向的觀念，這整個 *y′* 函數的特性曲線圖，相信我們已經可以完全掌握了。如圖 Fig 6-09.3 之特性曲線圖所示。

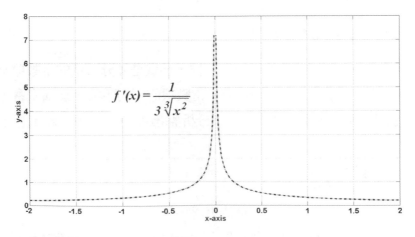

$$f'(x) = \frac{1}{3 \sqrt[3]{x^2}}$$

Fig 6-09.3 微分的特性曲線圖

【**典範範例 6-10**】

請分別繪出下列的四個函數及其微分後的函數特性曲線圖，
並請分別詳加解釋其意義。

1. $f1(x) = \sqrt[1]{x}$
2. $f2(x) = \sqrt[2]{x}$
3. $f3(x) = \sqrt[3]{x}$
4. $f4(x) = \sqrt[4]{x}$

## 【解 析】

1. 這四個題目不要看似簡單，事實上，也同樣的並沒有一般想像的那麼容易。但是，如果想通了，則卻又可以更上一層樓，而有了「超越」的層次。所以，關鍵是在於您的觀念是否正確，如果沒有正確的觀念與認知，那不但是無法解題，更不知道自己究竟是在做什麼？那就永遠沒有進步啦！現在，請跟著下列的觀念依序而進。

2. 第 1 個觀念：根據上面的四個式子，一般而言我們很難直接獲得甚麼觀念。所以，我先教導各位一種「去根號法」，這種「去根號法」可以讓我們稍微的轉換一下，馬上就豁然開朗，可得下式：

   1. $y = x$
   2. $y_2{}^2 = x$
   3. $y_3{}^3 = x$
   4. $y_4{}^4 = x$

3. 第 2 個觀念：經過這種稍微轉換一下之後，各位如今看到的僅僅是 $x$ 與 $y$ 之間的一種倍率關係而已。而且是倍率越來越小，也就是 $y_4$ 要有 4 次方才會等於 $x$，因此 $y_4$ 與 $x$ 的倍率關係最小。請注意，倍率關係不一定是整數，它同樣的是可以存在於小數點或分數之間，也沒有什麼特別難的地方。

4. 第 3 個觀念：現在，再將這四個問題還原成原來的模式，也就是具有根號平方、根號 3 次方與根號 4 次方，這在上一題中曾經提過一個重要觀念，那就是這些具有根號的函數，它的對應關係必須延伸到「複數平面」上，所以，它是包含實數領域及虛數領域這兩個大領域。如今，我們還是不需要進到「虛數微分」

的階段，故而雖在「複數平面」上，仍取其實數部分顯示。它們的特性曲線圖分別如圖 Fig 6-10.1、Fig 6-10.2、Fig 6-10-3 與 Fig 6-10.4 所示。各位不要以為 Fig 6-10-3 與 Fig 6-10.4 圖是相同的，事實上，它們之間的差異，本來就只有倍率的問題。尤其是當 *x=1* 的時候，*y(x)=1*，不論根號的幾次方都等於 *1*。所以，不論是開幾次方，它們的特性曲線之外觀差異不大，這一點請各位要注意的。各函數的特性曲線圖分別如下所示：

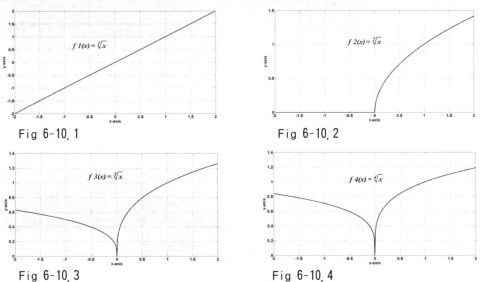

Fig 6-10.1　　　　　　　　　　　　Fig 6-10.2

Fig 6-10.3　　　　　　　　　　　　Fig 6-10.4

5.　第 4 個觀念：現在，分別再來看看它們的微分狀況，各位可以發現，基本上它們具有近乎相同的模式，所以，也很容易推演下去。各微分的結果如下：

$$1.\ f1(x) = \sqrt[1]{x}\ ,\ f'1(x) = \frac{1}{x}$$

$$2.\ f2(x) = \sqrt[2]{x}\ ,\ f'2(x) = \frac{1}{2\sqrt{x}}$$

$$3.\ f3(x) = \sqrt[3]{x}\ ,\ f'3(x) = \frac{1}{3\sqrt[3]{x^2}}$$

$$4.\ f4(x) = \sqrt[4]{x}\ ,\ f'4(x) = \frac{1}{4\sqrt[4]{x^3}}$$

6.　第 5 個觀念：各個原函數經過微分之後，最重要的一個特徵就是「根號」都到了「分母」那個地方去了。而一旦「分母」出現了「根號」，那它的特性曲線圖則多會接近於直角雙曲線，分別如圖 Fig 6-10.5、Fig 6-10.6、Fig 6-10.7 與 Fig 6-10.8 所示，這些圖形基本上都極為相似，僅 Fig 6-10-6 略有出入，這是因為

它本身的 $x$ 不可以有負實數的存在。

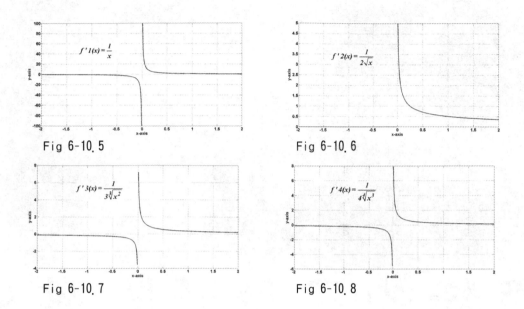

Fig 6-10.5

Fig 6-10.6

Fig 6-10.7

Fig 6-10.8

# 7

# 奇特的三角函數微分

**【本章你將會學到下列的知識與智慧】**：

# 世界上最實用的科學

　　有關於「三角學 (Trigonometry)」的概念起源甚早，根據最古老的文獻「萊因德紙草書（Rhind Mathematical Papyrus）」出土後所顯示的證據，證實四千年前的古埃及人，已有實用的三角學這方面的計算應用，用以興建金字塔，並用來保持金字塔每邊都有相同的斜度、基座的長度、寬度及高度。

　　現今所使用的「三角函數 (Trigonometric functions)」的發展，則是始於歐洲的中世紀時期。中世紀（又稱中古時代 (Middle Ages)，約 476 年 ~1453 年）是歐洲歷史上的一個時代，由西羅馬帝國滅亡開始計算，直到東羅馬帝國滅亡。

　　近代「三角學」最先使用「Trigonometry」這個詞的是「皮蒂斯楚斯 (Bartholomeo Pitiscus，1516~1613)」，他是十六世紀德國的天文學家與三角學家，1595 年出版一本著作，用拉丁文寫的《三角學：解三角學的簡明處理 (Trigonometria: sive de solutione triangulorum tractatus brevis et perspicuus)》，並使用英語創造了「三角學 (Trigonometry)」這個新名詞。

　　在數學中，「三角函數(Trigonometric functions)」也叫做「圓函數」，是角的函數；它們研究的是三角形和相關的週期現象，以及其他相關的應用。三角函數早期定義為包含一個直角三角形及兩個邊的比率，也可以等價的定義為「單位圓」上的各種線段的長度。所謂「單位圓」是指半徑為 1 之長度的圓。三角函數是做為三角形和圓形等幾何形狀的重要工具，也是近代科學中研究週期性現象的數學基礎科學的工具。

　　由於三角函數具有週期性，所以，它在複數 (Complex number) 中有極為重要的應用價值，在科學上也是最常用的工具之一。

　　諸位請注意的是，在微積分中，所有三角函數所使用的「角度 (Degree)」都以「弧度 (Radian)」來度量的，因為「弧度」便於在計算中可以直接的使用，而不需要再轉換。使用泰勒級數及相關的級數，可以證明正弦和餘弦函數分別是複指數

函數 (complex exponential function)，這一點其實是十分重要的。因為，它們在實用上涵蓋了實數部分與虛數部分，故而在使用上是非常廣泛的。最有名的如歐拉公式 (Euler's formula)：它是虛數和實數的整合。這是一個非常、非常有名的公式，雖然它是複數的形式，但是，它卻可以讓我們在指數與三角函數之間互相的轉換，如下所示：

$$e^{i\theta} = cos(\theta) + isin(\theta)$$

當 $\theta=\pi$ 的時候，歐拉公式的特殊形式為：

$$e^{i\pi} + 1 = 0$$

這個特殊的 $e^{i\pi} + 1 = 0$ 被全世界號稱為最偉大的數學方程式。

事實上，這個特殊的歐拉公式已經不再是純數學的問題，$e^{i\pi} + 1 = 0$ 這個式子已被提升到了「宇宙哲學」的地位。

我們可以把「0」看成是宇宙的起點，而將式子改寫為

$$e^{i\pi} = -1$$

這也告訴我們在宇宙中存在的另一個虛數的反宇宙。而虛數並不是虛無的數，它是真實存在的，故而人類目前最偉大的科學家之一，英國科學家「史蒂芬‧霍金（Stephen William Hawking，1942~2018），曾多次的在論文發表中引用「虛數時間 (Image Time)」來解釋宇宙中許多不解的現象。

$\pi$ 是圓周率，宇宙的一切都與圓形有關，它具有無盡的小數，而指數 $e$ 則是一切大自然的成長的指標，也是敗壞的指標。

然而，這一切也卻都可以涵容於複數形式的三角函數中。

這也告訴我們，絕大部分的數學式子是可以運用三角函數來計算與表達的。所以，三角函數在數學中有其非常重要的應用與實用的地位。

# ☆ 7.2
# 基本三角函數的微分

設在直角座標中有一點 P(x，y)，該點與直角座標之原點 0 的距離為 r，且

$$r = \sqrt{x^2 + y^2} > 0$$

則六個三角函數的定義分別為：

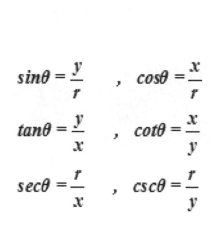
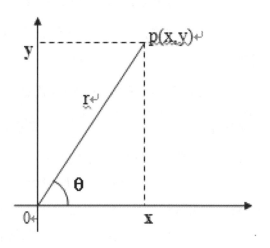

$$sin\theta = \frac{y}{r} \quad , \quad cos\theta = \frac{x}{r}$$

$$tan\theta = \frac{y}{x} \quad , \quad cot\theta = \frac{x}{y}$$

$$sec\theta = \frac{r}{x} \quad , \quad csc\theta = \frac{r}{y}$$

三角函數總共有六個不同的函數，表面上看起來並不難，但是，各位千萬不要小看這六個不同的函數，它們之間的穿插變化卻是萬千的。現在，我們的重點並不是在於探討這六個基本三角函數，而是要詳細的看看三角的各種應用函數及其微分之後的狀態與進一步的意義是如何？並探討這些現象的原因與它的真正道理。

三角函數的微分是函數中相當重要的一種函數微分，它們各函數都各自有其所對應之微分公式，如下所示是各三角函數及其微分之結果：

1.       $f(x)=sinx$       ，      $f'(x)=cosx$

2.       $f(x)=cosx$       ，      $f'(x)=-sinx$

3.       $f(x)=tanx$       ，      $f'(x)=sec^2x$

4.      *f(x)=cotx*     ,      $f'(x)=-csc^2x$

5.      *f(x)=secx・tanx*,      *f'(x)=secx*

6.      *f(x)=cscx*     ,      *f'(x)=-cscx・cotx*

有關於上列的三角函數的微分，表面上看來並不容易理解與記憶，所以，爲了便於各位理解與記憶起見，將以上的結果整理並歸納爲兩大重點：

(A). 下列各組不但是在三角函數的型態上相似，而且在微分後的結果亦相類似：

         1.      「*sinx*」與「*cosx*」是一組。

         2.      「*tanx*」與「*cotx*」是一組。

         3.      「*secx*」與「*cscx*」是一組。

(B). 凡是「C」字開頭的三角函數其「微分」的結果都是「負」的。

有關於三角函數的相關學理，所有的教課書都談論了很多，不在本書的論述範圍之中。而本書所要帶給各位的，則是讓各位明白與瞭解它究竟是在講什麼？微分又爲什麼會是如此？把真正的道理及原由給各位說清楚、講明白。

# ☆ 7.3
# 為什麼 *sin(x)* 的微分是 *cos(x)* 呢？

現在，首先要直接問各位的是：

**「爲什麼 *sin(x)* 的微分會得到 *cos(x)* 呢？」**

希望各位能夠先從講「道理」方面著手，而不是引用各種公式去證明什麼？「講理」才是本書的要項，而不是硬背公式或是硬要記憶證明題，事實上，硬記硬背那樣的意義不大，用處也不大。各位可能會覺得相當奇怪，這道題目從開天闢地

就背下來了，但卻從沒想過「為什麼」？所以，各位千萬不要小看了這一道題目，它是在問你為什麼？是要你再回頭思考，而不是要你做一個只會套用公式的人。這道題目雖是基本，但如果真能直接回答出道理來，那會是一個非常優異的人士。各位可以再想一想看究竟是為什麼？可能長期以來，正因為它是大家都耳熟能詳的，所以，也就習慣了而沒有深究它的究竟了。再說，三角函數我們很熟練了，它的特性曲線圖也沒問題。但是，各位對於這些三角函數的「微分」可能就忽略了，至於「微分」之後的特性曲線圖，可能就更沒有概念了。所以，這只是在告訴諸位，雖然這是屬於比較基礎性的問題，但不要忽略了它的「道理」，請各位注意才好。

那麼，為什麼 *sin(x)* 的微分會得到 *cos(x)* 呢？現在，讓我們分點論述直接從特性曲線圖說起，因為，那才是最清楚也是最根本的。

1.　在圖 Fig7.3.1 中所顯示的是 *sin(x)* 的波形，請注意，它的起點是在原點，也就是在 (0，0) 的位置上。我想要再強調的是，在微積分中，所有角度都以「弧度 (Radian)」來度量的，而不是以角度來計值的，所以，諸位在看圖的時候應當留意的。

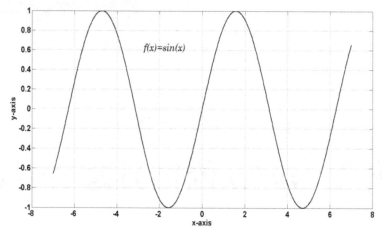

Fig 7.3.1 *f(x)=sin(x)* 函數曲線圖

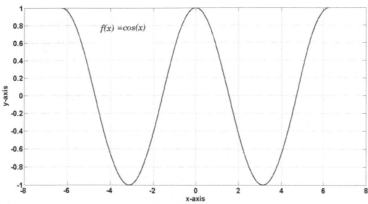

Fig 7.3.2 *f(x)=cos(x)* 函數曲線圖

這張圖是以原點 (0，0) 的位置爲起點，上下各延伸由 *-2π* 至 *+2π* 的範圍。所以，在原點 (0，0) 的位置上，*sin(x)* 的值爲零，直至 *π/2(1.570)* 時，其值爲 *sin(π/2)=1*。至 *π(3.14)* 時，*sin(π)=0* 等等，這是大家都很熟悉的了。其次是圖 Fig 7.3.2 中所顯示的 *cos(x)* 的波形，這部分也是大家都很熟悉的了。

2. 那麼 *f(x)=sin(x)* 的微分會是什麼呢？要知道這個答案，就必須同時的比對下列這兩個函數的特性曲線，才能明顯的看出它的道理來，如圖 Fig 7.3.3 所示：

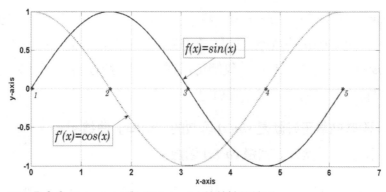

Fig 7.3.3 *f(x)=sin(x)* 與 *f'(x)=cos(x)* 的特性曲線圖

Fig 7.3.3 圖是 *f(x)=sin(x)* 與微分的結果 *f'(x)=cos(x)* 的特性曲線圖。首先，我們可以在圖中看到，當 *sin(x)* 在原點 (0，0) 其值爲零的時候 *sin(x)=0*，這是第 1 點。事實上，這是一個轉折點，而轉折點的本身一定是一個極值。在圖中可以看出 *sin(x)* 的斜率在此到了最大點，所以，它的斜率在此時會有一個極大值，而此時，我們看 *f'(x)=cos(x)=1*，是最大也是最高值，這是在 *f(x)=sin(x)=0* 而它的斜率也就是微分則是 *f '(x) =1*。所以是 *f(x)=0* 而 *f'(x)=1*，這是圖上的第 1 點。

219

過了這一點(第1點)之後很明顯的可以看出來，*sin(x)* 的值雖然是再繼續攀升，但是，它的傾斜角度已經緩慢下來了，也就是 *sin(x)* 的斜率開始逐步的下降。*f'(x)* 代表的是 *f(x)* 的斜率。所以我們可以看到 *f'(x)* 持續一直下降直到(第2點)。這第2點是 *x=π/2*，也就是 *x=1.570* 的時候，*f(x)=sin(x)=1* 出現了最高點，並成為水平狀態，從這時候起開始並轉而向下。而此時在這個點的斜率(微分)卻是 *f'(x)=0*，這正代表此點的斜率為零，是水平的一個極點。過了這一點，*sin(x)* 開始向下傾斜，所以，它的斜率也開始趨於負值。此時，我們可以很明確的看到 *f'(x)* 的值由 0 值開始往負值增加。到了 *x=π(3.14)* 的時候，*f(x)=sin(x)=0*，它在斜率(微分)上是另一個轉折點與負的極值，也就是 *f'(x)=-1*，這個點我們將它標記為第 3 點。當進行到 *x=3π/2* 也就是 *x=4.71* 第 4 點的時候，*f(x)=sin(x)=-1*，達到了負的極值，此時在該點的斜率為 0，*f'(x)=0*。最後，第 5 點的時候，當 *f(x)=sin(x)* 來到 *x=2π(6.28)*，它的斜率(微分)則是由 0 而繼續的向上爬升，而來到了最大值之處，也就是當 *x=2π* 時 *sin(x)* 的值達到一個週期 *f(x)=0*，而它的微分，也就是斜率達到最高的仰角 *f'(x)=1*。

3. 綜合以上所做的標記與相關的論述，我們很明顯的可以看得出來，原函數 *f(x)=sin(x)* 在微分之後，所呈現「斜率」曲線圖，如果將它整個繪製出來，事實上，它就是 *cos(x)* 的波型，同樣是一個以週期循環的值，而且與 *sin(x)* 的值延遲了 *π/2* 的相位差。因此，我們可以從 *f(x)* 與 *f'(x)* 這兩個函數的特性曲線圖中，很肯定的得到了答案，那就是：

1. *cos(x)* 函數曲線正好就是 *sin(x)* 函數的「斜率」曲線。
2. *sin(x)* 函數的「微分」就是 *cos(x)* 函數。

但是，如果各位想要從定義上來證明 *sin(x)* 的微分是 *cos(x)*。雖然這也不是很困難，但其實也不是很容易的事。因為，*sin(x)* 與 *cos(x)* 的本身就已經是基本定義了。所以，如果想要使用數學公式本身來證明 *sin(x)* 的微分是 *cos(x)*，那就必須還是要從微分的基本定義開始。然而，即使是如此，這樣的證明是絕大部分的人感覺無趣的，也不願意去碰觸那一堆算來算去的符號邏輯，最終不知其所以然。

# ☆ 7.4

# 為什麼 *cos(x)* 的微分卻是 *-sin(x)* 呢？

那麼，現在各位很可能跟著就會想到一個接下來的問題，而問道：

**「如果 *sin(x)* 的微分是 *cos(x)*，那麼 *cos(x)* 的微分應該就是 *sin(x)* 了？」**

這真是一個好問題，在上一節之中，我們詳細的解說了 *f(x)=sin(x)* 的微分是 *f'(x)=cos(x)*。所以，各位一定會想，那麼 *cos(x)* 的微分必然就是 *sin(x)* 了。有這樣的想法是可以理解的，但是，事實卻與這個聯想有點出入。也因此，在這裡特別要提出來，以免因錯誤的認知而產生錯誤的結果。現在，就讓我們逐一的加以解說如下：

1. 首先，要說的是：

   **「*cos(x)* 的微分不是 *sin(x)* 而是 *-sin(x)*」**

   它多了一個負號。在本章一開始的時候曾經提過，在三角函數中凡是「C」字開頭的，它們微分的結果都是「負」的。在此正好可以驗證一下。所以是：

   > *f(x)=cos(x)* 則 *f'(x)=-sin(x)*。

2. 現在，來看看它的道理何在。首先，我們將 *cos(x)*、*sin(x)* 與 *-sin(x)* 這三個函數的特性曲線圖形共同繪製在 Fig 7.4.1 的同一張表格上，如此在解說的時候方便於相互比對。有一點需要特別提醒的，在 Fig 7.4.1 的圖中，看起來有一點複雜的樣子，但如果仔細核對的話，就會發現在比較它們之間相互的關係時是有關聯的，如此，我們可以看到它們在每一個時序中所表現的現象與狀態。

3. 首先，要看的是在原點 (0,0) 的這個部分，*f(x)=cos(x)* 在原點 (0,0) 的值為 1，也就是 *cos(x)* 在 0 度的時候，會有最大值為 1，因為它的斜率是由正轉負。當然，此時在這一點上的斜率為零。但是對應圖形，我們在此時卻可以同時看到 *sin(x)* 與 *-sin(x)* 的值也都是為零。那麼，此時就需要進一步的判斷，究竟是哪一個函數才是完全符合 cos(x) 的斜率的？

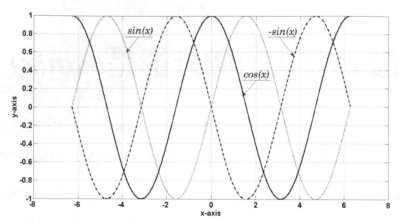

Fig 7. 4. 1 *f(x)=cos(x)*，*f'(x)=-sin(x)* 以及函數 *sin(x)*

4. 現在，讓我們先看 *sin(x)* 這條曲線，當在原點 (0，0) 的時候，*cos(x)=1*，是最高點，此時的斜率為零。*sin(x)* 符合這個條件。但是，在原點 (0，0) 這一點的時候，可以明顯的看出此時 *cos(x)* 的斜率則是由正轉而為負，而當 *x* 在往 *π/2(x=1.57)* 前進的時候，這時候 *cos(x)* 的斜率同樣的是由 0 逐漸的趨向下降的「負」值，這時候再反觀 *sin(x)* 的值，卻是由 0 向正值開始爬升，這顯然都是不符合 *cos(x)* 函數斜率的條件，所以，*sin(x)* 函數應該被排除在外。

5. 那麼，再來看看 *-sin(x)* 這個函數，仍然是由 *x=0* 到 *π/2(x=1.57)* 這一段看起。當 *cos(x)* 的斜率由 0 逐漸的趨向下降的時候，我們可以看到 *-sin(x)* 函數曲線是由零開始向下傾斜，直到 *π/2(x=1.57)* 才開始爬升，而在 *x=π/2* 的時候，*cos(x)* 的值為零，曲線開始進入反折點，開始爬升。對照 *-sin(x)* 函數曲線，我們可以看出它是完全符合 *cos(x)* 函數的斜率。所以，我們比照圖 Fig 7.4.1 中的曲線，即可充分的看出來，*-sin(x)* 這個函數是 *cos(x)* 的斜率，這也就是 *cos(x)* 的微分是 *-sin(x)* 的道理所在。再往下就不一一的分析了，讀者諸君可以自行嘗試推演下去，相信一定會有很大的收穫的。

6. 事實上，有一個很有趣的問題，那就是 *sin(x)* 的微分得到了 *cos(x)*，在特性曲線圖上面明顯的看得出來，*sin(x)* 的微分使得相位落後了 *π/2* 而成為 *cos(x)*。然而，*cos(x)* 的微分也同樣的使得相位再落後 *π/2* 而成為 *-sin(x)*，這樣子的情況，的確是一件非常有趣的事情。

# ☆ 7.5
# 綜合型三角函數的微分

　　什麼是「混合型」三角函數的微分呢？從「混合」這兩個字各位約略可以想像得出，必然是三角函數與其他不同形式的函數相互混合而成為另一種形式的函數。事實上，三角函數不但可以自身在六個不同的函數中相互混合運用，如 *sin(x)+cos(x)* 或是 *sin(x)・cos(x)* 等等，還可以結合其他各種不同形式的函數，進一步的可以表達出各種形形色色不同的特性曲線。例如說，我們可以將變數 x 與 *sin(x)* 結合，而成為 *f(x)=xsin(x)* 的函數。或是與指數與對數相結合，而表現出完全不同的另一種樣式的特性函數與特性函數曲線。如 *f(x)=esin(x)* 或是 *f(x)=logsin(x)* 等等。從上面的論述，各位可以想像得出三角函數所能表達的函數範圍及其特性曲線是多麼的廣泛。

　　三角函數經由各式各樣的混合，它的結果往往不是一般可以想像的，而且往往也很難猜想得出來的。舉例而言，

$$f(x)=xsin(x)$$

　　這個以變數 *x* 與 *sin(x)* 結合而成的函數，它的結果會是什麼樣子呢？恐怕一時之間，會猜不出來。它們單獨存在的時候，如單獨的 *x* 或是單獨 *sin(x)* 這兩個函數，我們都可以很瞭解它們獨自所表現的行為與現象。但是，一旦它們兩個結合在一起，事實上，那就不是那麼簡單的了。各位，你能想像它們兩個結合之後的特性曲線就如下圖 Fig 7.5.1 所示嗎？

　　就這一題混合性的函數 *f(x)=xsin(x)* 而言，一般的想法會認為，函數 *f(x)* 會隨變着變數 *x* 的增加而逐步升高，然後載在 *sin(x)* 的波型隨之而上。這樣的想法就容易犯下大錯。這種想法可以用在 *f(x)=x+sin(x)* 的這個函數上，它是相加的，所以可以堆疊上去。但是，如果用在乘法上，就要很小心了，因為 *x* 與 *sin(x)* 相乘後，被放大的倍率並不是線性的，對於這種非線性的放大要特別小心。故而，波型在變形上就會由於比例的不同而變形，有些地方放大了而有些地方被縮小了，所以，整個

圖形就會變形。這道題目的特性曲線圖如圖 Fig 7.5.1 將會進一步的在【典範範例】
之中有詳盡的敘述。

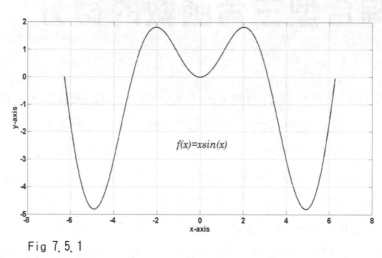

Fig 7.5.1

　　也許有一些對於三角函數較爲熟悉的人，在看了上圖之後，可能會覺得可以
舉一反三，大概可以推想得出

　　　　f(x)=xcos(x)

這個函數的特性曲線圖了。因爲 *cos(x)* 的值與 *sin(x)* 的值唯一的差別只是在相
位上相差了 90 度而已。所以，*f(x)=xcos(x)* 這個函數的特性曲線圖，應該只是與
*f(x)=xsin(x)* 這個函數的特性曲線圖相差 90 度而已。的確，能夠舉一反三是好的，
但是，我說了，遇上非線性的乘法，要很小心，有的時候還需要進一步的深思與深
知。實際上，這可能又是超出各位的想像之外，函數 *f(x)=xcos(x)* 的特性曲線圖如
圖 Fig 7.5.2 所示。這可能還是超過一般人所能想像，但是事實就是如此。所以我說，
三角函數可以變化的範圍實在太大了，千萬不可以小看它。在上述所例舉的這兩個
函數，只是對於函數的本身談論了一些，並繪製出它們的特性曲線圖而已，而我們
真正的問題「微分」，還沒有在這個部分提及呢！所以，有關這部分的詳細論述與
解析，將會在下一節中，也就是在本章的☆ 7.6 節中的【典範範例】集錦內。當然，
還包含微分在內的探討，並做成各種詳細的論述與解析提供給各位。

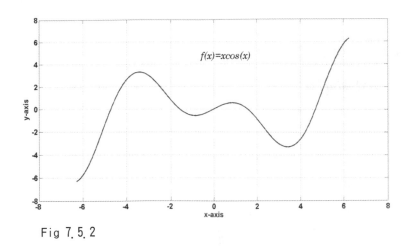

Fig 7.5.2

# 【典範範例】集錦

### ★★★【典範範例 7-01】

若函數 $f(x)=sin(2x)$ 則 $f'(x)=$ ？

請分別繪製 $f(x)$ 與 $f'(x)$ 的特性曲線圖，並詳加解釋其微分後的意義。

## 【解 析】

1.  $f(x)=sin(2x)$ 這個函數式我們應該可以一眼就認出一些機制來。是要認出什麼機制來呢？當然，首先是可以看出它的頻率加倍了，因為是 $2x$，是 $x$ 的兩倍。所以，在第一時間裡，我們可以看出 $sin(2x)$ 這個函數它的頻率會是 $sin(x)$ 的兩倍。而其他的狀態看起來似乎都沒有什麼改變，如圖 Fig 7-01.1 所示。諸位可以注意 $y$ 軸所標示的數值，函數 $f(x)=sin(2x)$ 的值仍是在由 -1 至 +1 之間變

225

化着。

2. **f(x)=sin(2x)** 這個函數式它的一次微分式為：

$$f(x)=sin(2x) \qquad\qquad f\,'(x)=2cos(2x)$$

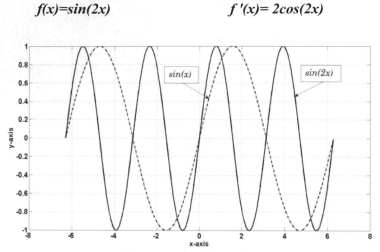

Fig 7-01. 1 *f(x)=sin(2x)* 函數特性曲線圖

3. 在這個 **f'(x)=2cos(2x)** 的微分式中，我們應該同樣的可以立即看得出來這裡面有兩個地方不同了。首先是由 **sin(2x)** 改變為 **cos(2x)**。其次是在 **cos(2x)** 的前面多了一個 2。**cos(2x)** 這個函數根據上一題我們可以很容易理解，它是 **cos(x)** 頻率的兩倍。而 **2cos(2x)** 則代表不但是頻率加了兩倍，而且連振幅都會是原來的兩倍大，也就是它的振幅會在 -2 至 +2 之間變化，如圖 Fig 7-01.2 所示。

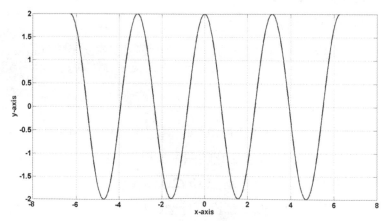

Fig 7-01. 2 *f'(x)=2cos(2x)* 微分特性曲線圖

★★★【典範範例 7-02】

若函數 $f(x)=sin(x)^2$ 則 $f'(x)=$ ？

請分別繪製 $f(x)$ 與 $f'(x)$ 的特性曲線圖，並詳加解釋其微分後的意義。

## 【解 析】

1.  可能有一些人不十分清楚 $f(x)=sin(x)^2$ 與 $f(x)=sin(2x)$ 這兩個函數之間，究竟的差異性與區別性是什麼？甚至認為它們都是加倍的，所以應該是一體的，這樣的想法就相當的錯誤了。所以，在這一題中，最主要的用意就是在於希望諸位能夠徹底的知道這兩個函數之間究竟是有何區別或差異？而它們的不同點究竟在哪裡？

2.  首先，諸位看到函數式 $f(x)=sin(x)^2$。它在 $-2\pi$ 至 $+2\pi$ 的這個範圍中，可以看得出具有兩項重要的特質。

(1) 第一個重點是 $f(x)=sin(x)^2$ 的整個「頻率」必然是 $f(x)=sin(x)$ 的兩倍。

(2) 第二個重點是 $f(x)=sin(x)^2$ 的「振幅」是 $f(x)=sin(x)$ 的一半。原因是因為 $f(x)=sin(x)^2$ 不可以出現有負數的數值，負值的部分會被平方而為正值。所以，$f(x)=sin(x)^2$ 的頻率雖是增加了，但是「振幅」卻縮小了一半。而 $sin(x)$ 的值本來是在 -1 至 +1 之間的範圍之中。所以，$f(x)=sin(x)^2$ 的值僅限於在 0 至 +1 的範圍之中，而不會有超過 +1 的值出現。如圖 Fig 7-02.1 所示。

(3) 第三個重點是：函數 $f(x)=sin(x)^2$ 雖然是頻率加倍了，但是它的相位卻沒有發生變化。各位可以在圖 Fig7-02.1 中看得出來，它們的波峰是重疊的，但因 $f(x)=sin(x)^2$ 的作用，使得 $sin(x)$ 的負半波反向而變為正值。

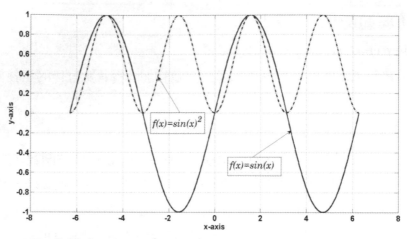

Fig 7-02. 1 $f(x)=sin(x)^2$

3. 原函數 $f(x)=sin(x)^2$ 的微分必須使用鏈鎖律 (chain rule) 來解，也就是：

$$\frac{dy}{dx} = \frac{dy}{du} \cdot \frac{du}{dx}$$

今設 $y=u^2$，$u=sin(x)$

$dy/du=2u$，$du/dx=dsin(x)/dx=cos(x)$

$dy/dx=2u \cdot cos(x)=2sin(x)cos(x)$

$f'(x)=2sin(x)cos(x)$

那麼，該如何去思考這個微分函數 $f'(x)=2sin(x)cos(x)$ 的特性曲線呢？其實是有相當關鍵性的一個認知，那就是它們都會通過「零點」的地方，因爲 $sin(x)$ 與 $cos(x)$ 是相乘的，所以重點是：

(1) 只要任何一個函數爲零，則整個函數就會爲零。所以，在 $0$、$\pi/2(1.57)$、$\pi(3.14)$、$3\pi/2(4.71)$、$2\pi(6.28)$ 等等這些地方，$f'(x)$ 它的值都會是 $0$。

(2) 在它們分別爲「零」值的地方標示出來，就一定是它們共同通過的地方。這些地方被固定之後，整個函數的曲線也就被固定了。

(3) $f'(x)$ 的振幅會介於 $-1$ 至 $+1$ 之間。因爲在 $f'(x)=2sin(x)cos(x)$ 中，$sin(x)$ 與 $cos(x)$ 的值都不會超過絕對值 $1$，所以，相乘的結果也必然是介於 $-1$ 至 $+1$ 之間。

(4) 如圖 Fig 7-02.2 所示。

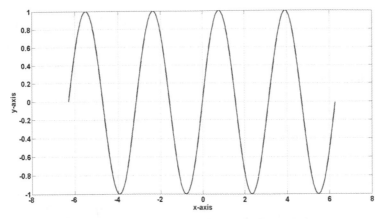

Fig 7-02. 2 *f'(x)=2cos(x)sin(x)* 微分特性曲線圖

---

### ★★★【典範範例 7-03】

若函數 *f(x)=sin(x)+cos(x)* 求 *f'(x)=* ？

請分別繪製 *f(x)* 與 *f'(x)* 的特性曲線圖，並詳加解釋其微分後的意義。

---

## 【解 析】

1.  要繪製並瞭解這 *sin(x)* 與 *cos(x)* 兩個函數相加的特性曲線雖是不難，但卻也不可以大意。各位可能會想，不論是 *sin(x)* 或是 *cos(x)* 這都是非常熟悉的函數式了，那麼，相加在一起會難嗎？是的，那是因為它們的相加不但會產生其「值」的加與減的問題，更重要的是會產生「相位」移動上的問題。因為，*sin(x)* 與 *cos(x)* 它們都是週期函數，雖然它們的頻率與週期都相同，但是，它們的「相位」卻不相同。綜合而言，*sin(x)* 與 *cos(x)* 的相加只要分別將它們疊加起來就可以了，也由於是相加的關係，所以 *f(x)* 的值在最高之處會超過 +1 與 -1 的，如圖 Fig 7-03.1 所示。

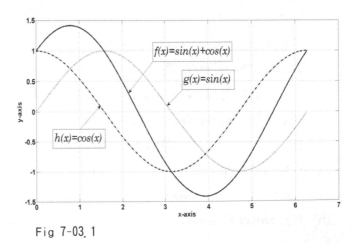

Fig 7-03. 1

2. 關於 *f(x)=sin(x)+cos(x)* 的微分，是不困難的，我們只需要將它們各自加以微分就可以了，如下所示：

*f(x)=sin(x)+cos(x)*

*f'(x)=cos(x)-sin(x)*

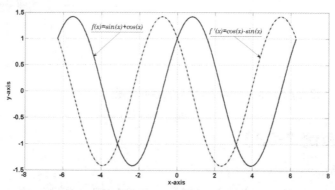

Fig7-03.2 *f(x)* 函數與 *f'(x)* 之微分特性曲線圖

3. 如圖 Fig 7-03.2 所示。這是將 *f(x)* 與 *f'(x)* 這兩個函數的特性曲線合在一起的一張圖。最主要的目的是爲了要讓各位能夠產生相互比對的比較與認知。這一點是非常重要的，因爲，函數的微分之前與微分之後所產生的變化，是具有非常密切而不可分割之關係的。所以，將它們合在一張圖裡面，讓各位可以立即的比較並且得知微分前後的變化究竟在哪裡，而這才是學習的重點所在。

4. 在 Fig7-03.2 圖中，首先，先看 *f(x)=sin(x)+cos(x)* 這個函數的特性曲線圖。這個圖與正常的 *sin(x)* 或 *cos(x)* 函數的特性曲線圖有什麼不同嗎？是的，這之間有幾個重要的不同點：

(1) 當 *x=0* 時，*f(x)=sin(x)+cos(x)=1*。

(2) 當 *x=0.7854* 或 *(π/4)* 時，*f(x)=sin(x)+cos(x)=1.414* 最大值。

(3) 當 *x=2.356* 或 *(3π/4)* 時，*f(x)=sin(x)+cos(x)=0*。

(4) 當 *x=3.926* 或 *(5π/4)* 時，*f(x)=sin(x)+cos(x)=1.414* 最小值。

由以上這些資料可以顯示下列的結論：

(A) *f(x)=sin(x)+cos(x)* 的「相位」在 *sin(x)* 與 *cos(x)* 相加之後，發生了明顯的改變。也就是說，它比 *sin(x)* 波形落後了 *π/4*。而卻比 *cos(x)* 的波形超前了 *π/4*。

(B) 由於 *sin(x)* 與 *cos(x)* 相加之後的結果，*f(x)=sin(x)+cos(x)* 的最大值將會超過了

1，而且改變成以 *1.414* 成爲其最大值。需要注意的是，雖然 *sin(x)* 與 *cos(x)* 的最大值可以分別爲 1。但是，加在一起卻未必等於 2。那是因爲「相位」錯離開來的關係。如果相位是同相，則相加的最大值可以達到 2。而如果相位之差達 **π**(180 度 ) 時，則可能相加的最大值可以達到 -2，但在本題則不會發生。

5. 至於微分後的 *f'(x)=cos(x)-sin(x)* 特性曲線圖，各位可以再重新回到圖 Fig7-03.2 中，可以明顯的比對出它有兩個重點：

(1) *f'(x)* 的相位要比原有的 *f(x)* 落後兩個 *π/4* 度。也就是在 *(-π/4)* 或是在 *x=-0.7854* 的時候，達到它的最大值 *1.414*。

(2) *f'(x)* 的最大值與最小值與原函數 *f(x)* 仍然是相同。並沒有因爲是相減而抵消，也沒有因相加減的問題而出現變化，這是因爲 *sin(x)* 與 *cos(x)* 本來就具有互補的作用。

## ★★★★【典範範例 7-04】

設 *f(x)=sin(x)•cos(x)* 求 *f'(x)=* ？

請分別繪製 *f(x)* 與 *f'(x)* 的特性曲線圖，並詳加解釋其微分後的意義。

## 【解 析】

1. 這一題是很有意義的一題，爲什麼呢？因爲這裡面包含著有許多的「特殊」而重要的觀念。許多人可能會對這些觀念產生一些迷惑或是不解，故而趁此機會，我希望能將這些重要的觀念，說清楚、講明白，也讓諸位可以得到許多收穫。所以，這是一道四顆星的題目，就是要諸位能夠用一點心思。

2. 首先，我們看函數式 *f(x)=sin(x)•cos(x)*，先就這個函數式來思考它的特質，也就它的特性曲線圖。這個函數就 *sin(x)* 與 *cos(x)* 相乘的結果而言，其波型在大體上是脫離不了 *sin(x)* 或是 *cos(x)* 的型態。也就是說，如果純粹使用 *sin(x)* 或是 *cos(x)*，則不論是相互「加、減、乘」，它們的波型原則上都還會是三角函數波的樣式，只是波型的「相位」、「大小」或「振幅」不同而已。請注意，這裡我並沒有使用「除」法。

3. 但是，如果問 *y(x)=sin(x)/cos(x)* 是不是也會得到類似於三角函數波形呢？答案是不可以用在除法上面，所以是否定的。原因很簡單，因爲 *sin(x)* 或是 *cos(x)*

都有許多的週期性的函數，其值經常會有「零」的出現。例如 *sin(x)* 在 0、*π* 等的時候其值為零，而 *cos(x)* 在 *π/2* 等其值為零。所以，如果是將 *sin(x)* 或 *cos(x)* 用在分母上，則會出現分母為零的無限大極值狀況，則不再會具有 *sin(x)* 或 *cos(x)* 的波型。

4. 另一個觀念是，由於函數式 *f(x)=sin(x)•cos(x)* 是兩者相乘，許多人會認為相乘的結果它的振幅必然會增加許多。但是，事實不然，諸位應當知道，*sin(x)* 或 *cos(x)* 的值是介於 -1 與 +1 之間，其絕對值均小於 1，而小數點的相乘會使其「積」的值更小。所以，這兩者相乘其值最大還是介於 -1 與 +1 之間。

5. 因此，對於 *f(x)=sin(x)•cos(x)* 這個函數，我們可以先做出兩個重要的觀察心得與結論：

(1) *f(x)=sin(x)•cos(x)* 的波形其頻率會是單獨 *sin(x)* 或 *cos(x)* 的兩倍。

(2) *f(x)* 的振幅會小於單獨 *sin(x)* 或 *cos(x)* 的振幅。

如圖 Fig 7-04.1 所示，如今將所需要用到的三種波形都放在圖內，主要是提供各位可以做為相互比對的基礎，也提供比較具有深度的相對認知。

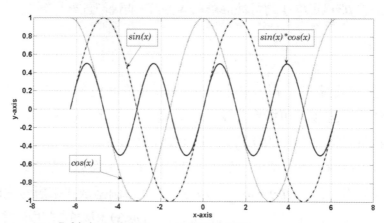

Fig 7-04. 1 *f(x)=sin(x)•cos(x)* 特性曲線圖

這個函數的微分，可以直接的使用微分中的「乘法分配定律」：

$$(f•g)'=f'g+fg'$$

所以， $f(x)=sin(x)•cos(x)$

$f'(x)=(sin(x))'cos(x)+sin(x)(cos(x))'$

$\qquad =cos(x)^2-sin(x)^2$

## 【研究與分析】

1.  原函數微分得到的結果是 $f'(x)=cos(x)^2-sin(x)^2$。微分得到了結果，並不代表問題結束了，事實上，那可能才是真正問題的開始。如今，面對這個微分的結果，我們該如何去面對它？以及思考它的特性曲線和它的真實所代表的意義呢？其實，在面對這一題的時候，這裡面有一個重要的訣竅，現在，就來看一看。首先，讓我們整合在一起來看看 $cos(x)^2$ 與 $sin(x)^2$ 以及微分的函數式 $f'(x)=cos(x)^2-sin(x)^2$ 它們的特質與波形是如何的？如圖 Fig 7-04.2 之所示。

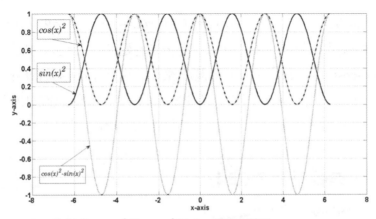

Fig 7-04.2 $cos(x)^2$ 與 $sin(x)^2$ 及 $f'(x)$ 特性曲線圖

各位剛一開始看這個圖也許會眼花撩亂，但是，如果再仔細的看下去，就會發現這真的是很巧妙，也會有許多地方是當初所想像不到的，現在，讓我們仔細的看一看圖 Fig 7-04.2 有一些非常重要的而特殊的特質，分述如下：

(1) 首先，可以看到的是 $cos(x)^2$ 與 $sin(x)^2$ 的函數值均介於 0 至 +1 之間，而都沒有負數，這當然是可以理解的，因為這兩個函數都是經過了平方，所以，當然不會有負值出現。

(2) 由於兩者都不會有負值出現，那麼這兩者的相互運算，應該也不會超出這個範圍才是。事實不然，要知道即使是正數的相減也會產生負值，這在圖 Fig7-04.2 中很明確的可以看到，這個函數值

$$f'(x)=cos(x)^2-sin(x)^2$$

它們之間的相減，所分布的範圍竟然還是含括 -1 至 +1 的全部範圍。是的，兩者相減當然會產生負數的，$0-1=-1$，而事實上也正是有如此相異的相位存在，

所以這樣的結果是非常自然的。因此，這第二個要想到的問題就是它超越了原先的 0 至 +1 的範圍。

(3) 現在，進一步要深入探討的是 $f'(x)=cos(x)^2-sin(x)^2$ 這個函數的相位問題。對於這個問題我們可以直接的以一些特殊的角度來觀察，就很容易解決問題了。

(a) 當 $x=0$ 的時候，這時 $cos(x)=1$，$cos(x)^2=1$，$sin(x)=0$。所以可得 $f'(x)=cos(x)^2-sin(x)^2=1$，這個時候 $f'(x)$ 函數有最大值。

(b) 而在 $x=\pi/2(x=1.57)$ 的時候，此時的 $cos(x)=0$，$sin(x)=1$。所以這個時候函數 $f'(x)=-1$。

(c) $x=\pi(x=3.14)$ 的時候，此時 $cos(x)=-1$，$cos(x)^2=1$，$sin(x)=0$，函數 $f'(x)=+1$。從上面這些基本的推論，我們就可以進一步的延伸，而輕易的把這個微分後的函數 $f'(x)=cos(x)^2-sin(x)^2$ 導引並解讀出來了。函數 $f'(x)=cos(x)^2-sin(x)^2$ 它的週期非常巧妙的是與 $cos(x)^2$ 同相。順便提示的是，如果函數是變成 $sin(x)^2-cos(x)^2$ 這種型態，則整個函數的週期則又巧妙的與 $sin(x)^2$ 同相。

---

### ★★★★【典範範例 7-05】

設 $f(x)=x+sin(x)$ 求 $f'(x)=$ ？

請分別繪製 $f(x)$ 與 $f'(x)$ 的特性曲線圖，並詳加解釋其微分後的意義。

---

## 【解 析】

1. 這一道混合性的題目，它結合的有一般變數與三角函數，是很好的一道題目。在面對這一題的時候，有三個必須注意的地方，它需要分別來討論然後再合而為一：

(1) 線性的部分「$x$」。

(2) 非線性的三角函數「$sin(x)$」。

(3) 第三個則是這兩者複合所產生的結果。

在線性的部分中，如果僅僅是 $f(x)=x$ 的時候，則是一條 45 度的直線，如圖 Fig 7-05.1 所示。而單獨的 $sin(x)$ 則是一個正弦波，如圖 Fig 7-05.2 所示。這兩個圖都是最基本的，也沒有問題。然而，這兩個圖的混合就很有意思了。為

什麼說它很有意思呢？因為這好像是生物的遺傳一樣，混合著兩者共通的特性。由於它們是相加的關係，所以，在它的結果中，會沿著變數 $x$ 的值，越加越大，而沒有反相的問題，這整個結果中所呈獻的就是略帶正弦的波動，沿著 x 值的增大而變大，如圖 Fig 7-05.3 所示。

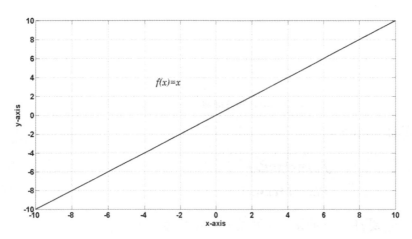

Fig 7-05.1 $f(x)=x$ 特性曲線圖

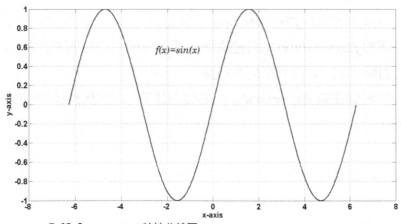

Fig 7-05.2 $f(x)=sin(x)$ 特性曲線圖

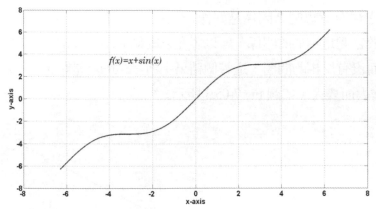

Fig 7-05.3 *f(x)=x+sin(x)* 特性曲線圖

2.　函數的微分如下：

$$f(x)=x+sin(x)$$
$$f'(x)=1+cos(x)$$

我們只需要將它分別微分就可以了，故可得上式。

## 【研究與分析】

1.　那麼，原函數的微分 *f'(x)=1+cos(x)* 這個式子，它代表的是什麼意義呢？它在說明原函數 *f(x)=x+sin(x)* 的什麼問題呢？這我們可以從圖 Fig 7-05.4 中，進行兩者的對照，就可以得到下列的結論：

(1) 首先我們看到函數 *f(x)=x+sin(x)* 的特性曲線圖。這個圖我們應該很清楚了，它是蜿蜒而上。事實上，它就是 *x+sin(x)* 這兩個函數的合成，所以也綜合了兩者的特性，沿著斜線上升，具有 *x* 函數的性質，同時也含有 *sin(x)* 的波動。

(2) *f(x)=x+sin(x)* 經過微分，它的特性曲線就很有意思了，其一次項 *x* 就直接的被「微」成了常數，因為，微分是求它的變動量，一次項這個變數 *x* 沒有變動量，當然就會被「微」成為常數 1。所以，才會呈現出一個水平的波形來。而 *sin(x)* 的微分是 *cos(x)*。故而：

$$f'(x)=1+cos(x)$$

它是頗容易被解讀出來的，如圖 Fig 7-05.4 中所示。特別值得提一下的是微分後 *f'(x)* 的波形，它有兩個特質：

（一）是成水平狀分布，這是因為常數項 1 的現象。而 **cos(x)** 函數本身則載在這常數項上面，也因為如此，這常數會把這個水平墊高。

（二）是它的最高與最低值是介於 +2 與 0 之間。這是因為

$$f'(x)=1+cos(x)$$

式中有 +1 的關係，**cos(x)** 的負值抵消了，而最低到 0 值而已，但是，相對的正值則被加倍了。

2. 特別要注意的，也許有人會以為原函數 **f(x)=x+sin(x)** 是斜升的形式，所以，它的微分應該也會有一點斜度吧！事實上，若是有這樣的想法是相當不對的。就以函數 **f(x)=x** 這個式子來說，它的微分會是一條水平線。所以說，微分是在講斜率變化的問題，若是斜率沒有什麼變化，當然微分後的曲線也就變化不大。故而，這 **f'(x)** 是在告訴我們，該原函數的斜率是維持在水平線上而隨著 **sin(x)** 的波形略微的起伏著而已。

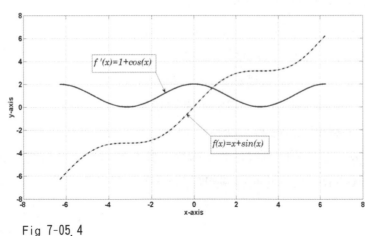

Fig 7-05.4

## ★★★★【典範範例 7-06】

設 *f(x)=x•sin(x)* 求 *f'(x)=* ？
請分別繪製 *f(x)* 與 *f'(x)* 的特性曲線圖，並詳加解釋其微分後的意義。

## 【解 析】

1. 這一道「典範範例」的題目在表面上看起來與上一題非常的相似，所以，各位也許會比照這個模式去思考。但是，要提醒各位的是，它不是以前的那個題

目，也不是各位可以想像的那個樣子，更未必是那麼簡單的僅僅將它進行合成就好了。也由於它的特殊性與重要性，因此，要提醒各位注意，它在思考的方式上是與以前截然不同的。

2. 這個函數是將變數 *x* 直接與 *sin(x)* 相乘。也就是說，週期性的 *sin(x)* 必須以原點 (0，0) 為中心，而以變數 *x* 值影響着逐漸變大或變小。在原則上，由於 *x* 數值的持續增加，整個函數也會持續的被放大，這個原則性的想法是不錯的。但是，*sin(x)* 是正弦波，而 *sin(x)* 函數被放大的倍率並不是線性的，這種非線性的放大是要很小心的。因此，以正弦波為基礎的波型，在形狀上就會由於比例的不同而放大或縮小而變形。也就是說，這個正弦波的結果是會變形的。所以，*x* 與 *sin(x)* 相乘的結果它的最大值並不是出現在 *sin(π/2)x=1.57* 的地方，而是出現在 *x=2.03*，*f(x)=1.8197* 的地方。這是由於變數 *x* 的本身就具有放大的作用，然而，這一切無論如何當 *x=π(3.14)* 的這個時候，因為 *sin(x)* 的值為零，所以，這一切都還會回歸到 *f(x)=0* 這上面。

3. 在 *x=π(3.14)* 之前的時候由於 *sin(x)* 是處於正半波的狀態。但是，過了 *x=π(3.14)* 之後的時候，*sin(x)* 則是處於負半波的狀態，在由於變數 *x* 的值逐漸的變得更大，所以，此實變數 *x* 乘在 *sin(x)* 的負半波上面，它的「變形」必然會被加大而更為「扭曲」。當然，這個時候兩數相乘的結果，其負值被連續的放大了而其值則是遠遠的大於-1。但是，無論如何，到了 *x=2π(6.28)* 的時候，整個函數 *f(x)* 還是要回到零值的。因為，此時的 *sin(x)* 又回到了零值。故而，整個 *f(x)=x•sin(x)* 的特性曲線圖如圖 Fig 7-06.1 所示。

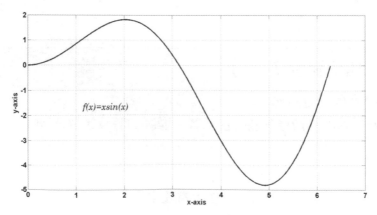

Fig 7-06.1 函數 *f(x)=x•sin(x)* 特性曲線圖

4.　函數 **f(x)=x•sin(x)** 的微分，必須使用微分的乘法分配定律：

$$(f•g)'=f'g+fg'$$
$$f(x)=x•sin(x)$$
$$f'(x)=1•sin(x)+x•cos(x)$$
$$= sin(x)+x•cos(x)$$

## 【研究與分析】

1.　要解讀原函數微分後 **f'(x)** 之特性曲線，在表面上看起來是有一些困難，因爲它是分別由兩個波動的函數相合而成的。其中一個是 **sin(x)**，這還不會太難。但是再與函數 **x•cos(x)** 相加，就不太容易臆測了。事實上，雖然它是由兩個波動的函數相加而成。雖然 **sin(x)** 已經很熟了，至於 **xcos(x)** 這個式子的特質，首先我們想到的是餘弦波，但是，它卻又受到變數 **x** 的影響很大。在上面我們剛做過函數 **x•sin(x)** 的特性曲線。同樣的，我們還是由原點 (0，0) 做起。由 **x=0** 值開始向右逐漸推展開來，在 **f'(x)=sin(x)+x•cos(x)** 這個微分函數式中，共有兩個項目，必須分開來個別談論，讓我們先看一看 **x•cos(x)** 這個項目：

$$f'(x)=sin(x)+x•cos(x)$$
若設 **g(x)=xcos(x)**，則
當 **x=0** 的時候，**g(x)=0**
　**x=π/2(1.57)**，**g(x)=0**
　**x=π(3.14)**，**g(x)=-3.14**
　**x=3π/2 (4.71)**，**g(x)=0**
　**x=2π(6.28)**，**g(x)=6.28**

2.　根據以上一個週期的資料，大約已經可以大致的描述出 **g(x)=xcos(x)** 的特性曲線圖，如圖 Fig 7-06.2 所示：

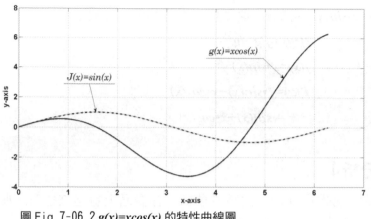

圖Fig 7-06.2 *g(x)=xcos(x)* 的特性曲線圖

3.　由圖 Fig7-06.2 中所顯示的分別是 ***sin(x)*** 與 ***xcos(x)*** 這兩個函數圖形，***sin(x)*** 的波形我們已經很熟悉了，不再贅言。根據上面進一步所提供的變數 ***x*** 與函數 ***xcos(x)*** 數據資料。現在所要的只是進一步的將這兩個函數進行合成了。

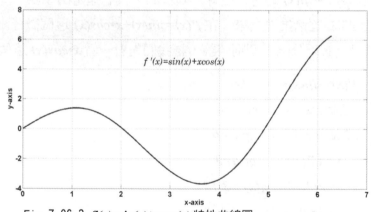

Fig 7-06.3 *f'(x)=sin(x)+xcos(x)* 特性曲線圖

　　事實上，若是有經驗的人應當可以一眼就看出這兩個合成波形的結果，那是因為，***sin(x)*** 函數值僅介於+1 與 -1 之間，比起 ***g(x)=xcos(x)*** 這個函數值要小得多，尤其是當變數 ***x*** 逐漸變大之後，***sin(x)*** 的函數值它的份量就更相對顯得小了，最終是 ***xcos(x)*** 這個項目在影響著一切。所以，在 ***f'(x)=sin(x)+x•cos(x)*** 合成之後，對於整個波形的形狀也就與 ***xcos(x)*** 這個項目相差不會太大，如圖 Fig 7-06.3 所顯示。

4.　在完成了原函數的微分 ***f'(x)*** 的特性曲線圖之後。其實，問題還沒有完全的結

　**7**　奇特的三角函數微分

束，為什麼呢？因為我們在上面所解讀的都只是為一般性的位於 **x>0** 這個部分，而對於整個函數的全景並沒有真正的涵蓋到。也就是說，如果包含 **x<0** 這個部分，則整個全景會是如何呢？這個問題可能並不是所有的人都可以回答得出或是具有概念的。當然，我們一定很清楚的知道，在大體上它會是對稱的。那麼，究竟該是如何對稱法呢？如圖 Fig 7-06.3 中所顯示的，該如何延伸出它的對稱性則是個關鍵。也就是要解決 **x<0** 這個部分，它的波形究竟是該往下延伸或是向上揚起？要解決這樣的疑惑並不困難，必須對於 **f'(x)=sin(x)+xcos(x)** 這個函數略微測試一下就可以知道它的對稱性質了。

$$x=-1，f'(x)=-1.38$$
$$x=-2，f'(x)=0$$
$$x=-3，f'(x)=+2.82$$
$$x=-4，f'(x)=+3.37$$
$$x=-5，f'(x)=-0.45$$
$$x=-6，f'(x)=-5.48$$

根據以上的數據資料，已經可以充分的顯示 **f'(x)** 在位於 **x<0** 的狀況。事實上，對一位較有經驗的人士而言，它只需要做簡單的兩個動作就可以完成的。那兩個動作是：

(1) 將函數 **f'(x)** 圖中的 **x>0** 這個部分垂直反相 180 度。

(2) 將反相後的圖型予以水平反相 180 度。

做完這兩個動作之後，再將圖貼在 **x<0** 的這個部分，一切就可以完工了。如圖 Fig 7-06.4 所示。

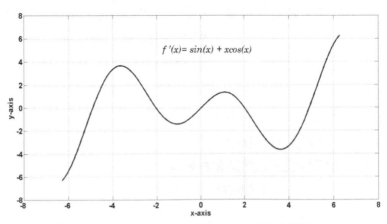

Fig 7-06. 4 *f'(x)=sin(x)+x*cos(x)(-2π 至 2π)* 特性曲線圖

設 *f(x)=sin(x)/ x* 求 *f '(x)=* ？

請分別繪製 *f(x)* 與 *f '(x)* 的特性曲線圖，並詳加解釋其微分後的意義。

## 【解 析】：

1.　首先，我要問：

**「在面對這一題的時候，您對於這個函數的概念會是什麼？」**

可能有人一看到這個題目，立即會反應說，這個題目有問題。因為，當 *x=0*
的時候，這個函數是「無意義」的。但是，如果問：

**甚麼是「無意義」？**

**「無意義」難道就是一點「意義」都沒有嗎？**

事實上，就「極限」的觀念而言，不可以用一句「無意義」這三個字就一語帶
過。如果各位能夠使用「極限」的觀念來解讀這整個函數，它當然是有意義的，
而這也必然可以提昇我們自己在極限觀念上的認知，所以，這一題是一個觀念
問題，而不是難度問題。

2.　但是，這裏的確有一個問題。那就是在函數式 *f(x)=sin(x)/x* 這其中，我們必須
不讓 *x=0* 而是 *x→0* ，也就是 x 趨近於零。那麼，除了 *x=0* 這一點之外，其它
的地方就可以討論了，不但是可以討論，而且可以討論的空間甚大。至於 *f(x)*
的微分又會是如何？那將另行討論之。

3.　其實，這個題目的特性曲線還是會讓許多人感覺是意外的。因為，很少有人會
去談論這類的題目，而如果觀念不清楚的，那很可能就談不下去了。現在，就
讓我們從 *x>0* 這個部分，也就是從 *x* 比零大的數值開始談起，於此可以得到
一些初步的結論是：

(1).這個函數式必然是左右對稱的，因為變數 *x* 可以是對稱的，而 *sin(x)* 也是對稱
的。所以，整個函數式也必然是左右對稱的。

(2). *sin(x)* 在極小值時，它的值可以直接等於它的變數 *x* 值。

4. 這裏有兩件事情各位必需先要清楚的知道，其一就是在微積分中，所有「角度」都以「弧度( radian)或稱徑度」來度量的。其二就是*sin(x)* 這個三角函數值，在小角度的時候，它的「弧度」與 sin 的值幾乎是相同的。讓我們看一看下列的數值：

*sin(0.001)=0.001* ，　　　　*sin(0.005)=0.005* ，　　　*sin(0.01)=0.01*

*sin(0.03)=0.03* ，　　　　*sin(0.05)=0.05* ，　　　*sin(0.08)=0.0799*

*sin(0.1) =0.0998*

從這些數據我們可以看出來，在小角度或是「弧度」的時候，整個 sin 的值就等於它的弧度數值。

5. 因此，在小角度的時候，它們之間的比值，也就是 *sin(x) / x* 的比值趨近於 1。但是，當 *x* 的值逐漸增加的時候，相對的，*sin(x)* 的值並沒有增加的那麼快，諸位可以在上面的數據中看到，當 *x=0.08* 的時候，*sin(0.08)=0.0799* ，*sin(0.1) =0.0998*，可以看得出來 *sin(x)* 的值，比起變數 *x* 的值開始小了一些。所以，在這種趨勢下，整個 *sin(x) /x* 的比值就逐漸的向下降。到 *π(3.14159)* 的時候，*sin(x)=0*，而曲線仍在繼續的向下降，直到 *3π/ 2*，也就是 *4.712* 時候觸底，然後再開始向上生起，終於在 *2π(6.283)* 的時候，在又回的零值。整個特性曲線圖如圖 Fig 7-07.1 所示。

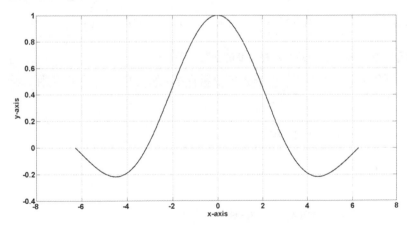

Fig 7-07.1 函數式 *sin(x) /x* 之特性曲線圖

6. 現在，有一個最重要的問題，那就是在 *x=0* 的那一刹那會是如何？當然，我們知道任何函數式的分母若是為零的話，那是無限大，而無限大是一個不定

值，所以是不能定義的。因此，在 **x=0** 這個「點」所存在的地方就不可以有任何函數值的存在。因此，圖 Fig 7-07.1 看起來應該是有問題的。因為，它看起來是一條很完整的曲線圖。

7. 但事實不然，在 Fig 7-07.1 圖中，由於所使用的格線 (scale) 範圍較大，它自 **-2π** 至 **+2π**，涵蓋了正負兩個 **360** 度，由於範圍較大，所以看不出有問題的「點」來，但若是將那一段放大來看，各位就可以清楚的看到那一段，其實是「斷線」的，也就是如圖 Fig 7-07.2 之所示。在 **x=0** 這一點是無法定義的，當然也就不可能有任何的特性曲線存在，所以，它是「空」的。事實上，這個「空點」只是一個觀念而已，它的大小正確的說是「點」不出來的，因為，**x=0** 這個點是沒有大小的，只有位置而已。

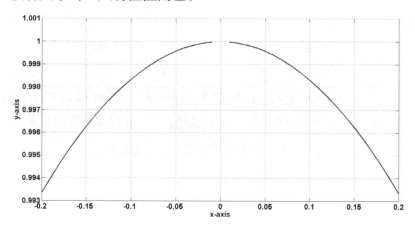

Fig 7-07.2 在函數 y=sin(x)/ x 在 x=0 的斷點（不存在）

1. 在了解了上述的問題之後。現在，要來看看它的微分式。我們可以用「乘法分配定律」：

$$(f \cdot g)' = f'g + fg'$$

**f(x)=sin(x)/ x =sin(x) •(1/x)**

故得：

$$f'(x) = \cos(x) \cdot (1 / x) - \sin(x) / x^2$$
$$= \frac{\cos(x)}{x} - \frac{\sin(x)}{x^2}$$

## 【研究與分析】

　　該要如何解讀這個原函數的微分式呢？其實，若是想要直接的解讀這個微分 $f'(x)= cos(x)\ /x\ -sin(x)\ /x2$ 函數式，還是不太容易的。因為，它還是讓人無法一眼看得穿它的特性曲線。但是，我們有了 Fig 7-07.1 圖之後，依據該圖，以斜率的方式反過來的推得它的微分的狀態，就非難事了。事實上，這種「倒推式」的方法不但不會很難，而且，它相對的容易，最重要的是要捉住「要點」，就很容易以斜率的方式推得它的微分特性圖形。

　　首先，我們可以看到原函數式 $f(x)=sin(x)\ /\ x$ 的 Fig7-07.1 圖，它在 $x{\to}0+$ 的時候其斜率 (slope) 開始向下傾斜，並一路的而下的一直下滑。但是在到了 $x\ =2$ 的地方，這是一個轉折點，曲線的斜率由此開始反轉而向上爬升。此時的斜率開始逐漸朝正值偏向，所以在 $x\ =2$ 的地方，微分的曲線（斜率）會有一個最低的「極點」，這個觀念非常重要。也就是微分特性曲線的極小值會在 $x\ =2$ 的地方出現，這是一個「轉折點」，而不是在 $x\ =4$ 這個地方，這在 Fig 7-07.3 圖中可以明顯的看出來。

　　在這之後曲線的斜率開始逐漸的轉而為正，到了 $x=4$ 這個地方，斜率開始往上升起，這時的斜率由負轉成為正值，直到 $2π$ 的地方又開始有另一個轉折點。上面一個的轉折點是最小值，如今則必然是會是一個極大值的點。有一點值得一提的，那就是 $f'(x)$ 的值在原點 $(0，0)$ 同樣是不存在的。以上的這些是根據圖 Fig 7-07.1 以它的斜率的方式分析而得，至於 $x<0$ 的部分，各位可以自行嘗試用同樣的方式，相信同樣是可以推導得出來如圖 Fig 7-07.3 所示。

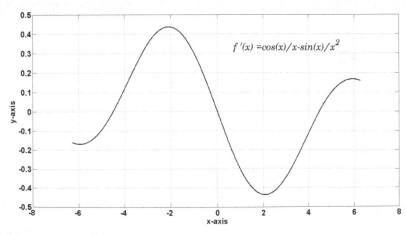

Fig 7-07.3　$f'(x)= cos(x)\ /x\ -sin(x)\ /x^2$

## ★★★★【典範範例 7-08】

設 $f(x) = \sqrt{\sin(x)}$ 求 $f'(x)$ 及其特性曲線圖

請分別繪製 $f(x)$ 與 $f'(x)$ 的特性曲線圖,並詳加解釋其微分後的意義。

## 【解 析】:

1. 這一題也是相當特殊的,對 *sin(x)* 開根號。很多人可能從來沒有遇見過這種事, 也很難想像其中的情景。但是無妨,各位不妨先想一想它的特性曲線圖會是一 個什麼樣子?也許有人對於開根號的函數會覺得不太容易思考,其實,這是一 種習慣,能夠多接觸多練習就會習慣的。就本題而言,對 *sin(x)* 開根號會產生 一個非常重要的特質,那就是「半波」的現象。這是因為在根號之內是不可以 為負值。就 *sin(x)* 的本身而言,它以 *x* 軸為中心而對稱的上下波動。因此,對 *sin(x)* 開根號時,就濾掉了 *sin(x)* 波形中的整個負半波,也因此形成了如圖 Fig 7-08.1 所示的波形。

2. 其次還有兩個現象值得一題的。其一,就是在根號內的 *sin(x)* 值,它的週期不 變。開根號會影響 *sin(x)* 的數值,但是卻與 *sin(x)* 的週期或頻率無關。其二是 開根號的時候,對於根號內 *sin(x)* 的數值是會有影響的。有一點需要特別需要 提及的,也是各位必須要知道的,那就是對於開根號而言,絕大部分的人會認 為一個數值經過開方之後必然會變小。但是,卻很少人知道,如果根號內的數 值是小於零的話,則開根號的結果反而會變大。但無論如何都不會超過 1。舉 例而言:

   | | |
   |---|---|
   | **x = 4** | $y = \sqrt{x} = 2$ |
   | **x = 2** | $y = \sqrt{x} = 1.414$ |
   | **x = 0.1** | $y = \sqrt{x} = 0.316$ |
   | **x = 0.2** | $y = \sqrt{x} = 0.447$ |
   | **x = 0.3** | $y = \sqrt{x} = 0.547$ |

   在上面的開根號的舉例之中,可以明確的看到如果在根號內的數值是小於零的 話,也就是 *x<0* 的時候,則開根號的結果反而會變大。三角函數中 sin(x) 的值 最大等於 1,而絕大多數都是小於 1 的數值。所以,在開根號之後它的結果反

而會變大一些，如圖 Fig 7-08.1 中就可以看到這種相當珍貴的現象。

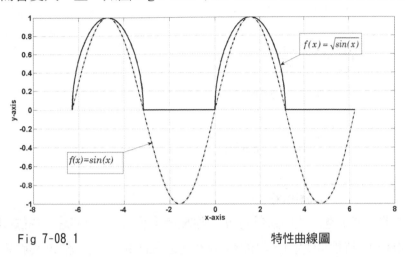

Fig 7-08.1                                    特性曲線圖

## 【研究與分析】

對於 $f(x) = \sqrt{\sin(x)}$ 這個函數而言，我們不可以直接的去微分它，也就是，我們千
萬不可以寫成：

$$f(x) = \sqrt{\sin(x)} = \sin(x)^{\frac{1}{2}}$$

$$f'(x) = \frac{1}{2}\cos(x)^{-\frac{1}{2}} = \frac{1}{2\sqrt{\cos(x)}}$$

這是因為三角函數的本身是「函數中的函數」，$x$ 本身就是一個函數，而它又
包含在 *sin* 函數之內，所以稱之為「函數中的函數」。故而，它不可以直接的去微分，
而必須使用鏈鎖律 (chain rule) 來解決：

$$\frac{dy}{dx} = \frac{dy}{du} \cdot \frac{du}{dx}$$

今設：

則

$$\text{let } y = u^{\frac{1}{2}} \text{ , } u = \sin(x)$$

$$\frac{dy}{dx} = \frac{dy}{du} \cdot \frac{du}{dx}$$

$$= \frac{1}{2} u^{\frac{1}{2}-1} \cdot \frac{d\sin(x)}{dx}$$

$$= \frac{1}{2} \sin(x)^{-\frac{1}{2}} \cdot \cos(x)$$

$$= \frac{\cos(x)}{2\sqrt{\sin(x)}}$$

現在，需要進一步的想一想，這個 $f'(x)$ 函數究竟會是如何的呢？各位如果回過頭來看 Fig 7-08.1 的特性曲線圖，可能會感覺到這個函數的微分結果其斜率的變化將會是相當劇烈的。事實上也的確是如此，在構築 $f'(x)$ 的特性曲線圖時，並不需要分析從 $-2\pi$ 至 $+2\pi$ 這麼大的範圍，它只需要分析自 $0$ 至 $2\pi$ 這個範圍就可以了，因為 $sin(x)$ 是有週期性的。在分析 $f'(x)$ 的特性曲線圖時，必需參考上述的 Fig 7-08.1 圖之特質，於是可以得到下列的一些結論：

(1). 在原點 *(0,0)* 這個位置上，它的曲線圖接近於垂直上昇的狀態，所以它的斜率當然也幾乎是垂直的，它表現在 Fig 7-08.2 的最左端位置，此時它的斜率還是「正」的。接下來可以看出來其斜率開始降低，而在 *x=π/2* 的地方，也就是 *x=1.57* 之處其斜率通過「零」點。

(2). 在經過 *x=π/2( x=1.57)* 這個地方之後，曲線的斜率開始趨向於負值，直到 *x=π(x=3.14)* 這個地方達到「負」的垂直點。而後再經過 *x=π(x=3.14)* 之後曲線立即呈現的是「水平」而不再有變化，故而斜率維持在「零」值也沒有任何的變化。因此，整個函數在微分後的特性曲線如圖 Fig 7-08.2 所示。

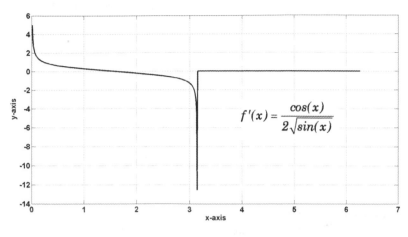

$$f'(x) = \frac{cos(x)}{2\sqrt{sin(x)}}$$

Fig 7-08.2

★★★★【典範範例 7-09】

設 *f(x)=exp(x)•sin(x)*  求 *f '(x)* = ？

請分別繪製 *f(x)* 與 *f '(x)* 的特性曲線圖，並詳加解釋其微分後的意義。

## 【解 析】

1. ***exp(x)*** 是 指 數 函 數 ( exponential function i )，又 稱 爲 自 然 指 數 函 數 (natural exponential function )，這個「***e***」又稱之爲「尤拉數 (is Euler's number)」 ，其值約爲 ***2.71828182***。這個「***e***」最常帶給人們最深刻的概念就是它那特殊而快速並急劇上昇的曲線。其特性曲線如圖 Fig 7-09.1 所示。 這個特性曲線圖十分重要，它不論是在數學上或是日常生活中的使用都相當的普遍，所以，各位應該要多熟練這個曲線的型態與組合才好。爲了希望各位能夠多了解自然指數函數，故而在這一題中，不但有三角函數，而且也加入了這個自然指數函數，希望提供各位並達到一舉兩得的功效在 Fig 7-09.1 圖與 Fig 7-09.2 這兩個圖中，分別將它們的基本特性曲線圖列示出來，以便各位可以根據這兩個圖而能做進一步的發揮。

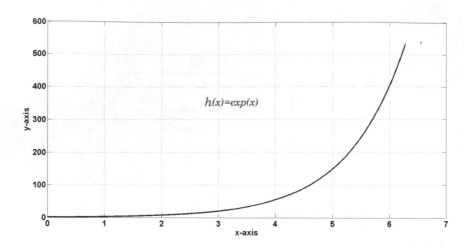

Fig 7-09. 1   *h(x)=exp(x)* 特性曲線圖

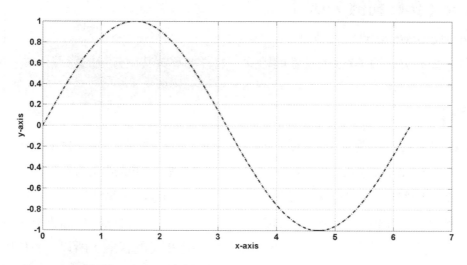

Fig 7-09. 2   *g(x)=sin(x)* 特性曲線圖

2. 根據上列的 *h(x)=exp(x)* 與 *g(x)=sin(x)* 這兩個圖形，我們應該可以約略的構想出 *h(x)=exp(x)* 與 *g(x)=sin(x)* 這兩個函數相乘的結果，也就是 *f(x)=exp(x)·sin(x)* 的這個曲線圖的一些概要了。首先，各位可能會認為 *sin(x)* 的波形式無關緊要的。因為它的振幅只有 -1 至 +1 之間，比起 *exp(x)* 這種急劇上昇的波形相差得太遠了，所以，這兩者相結合的結果，*sin(x)* 應該是不顯著的，真正表現出來的應該是 *exp(x)* 的波形才是。但是，事實不然。它的結果如下圖 Fig

7-09.3 之所示。

3. 這個結果可能完全出乎絕大多數人的意料之外,怎麼完全變形了呢?它不像自然指數函數的曲線,也不是 *sin(x)* 函數的曲線形狀。是的,這正就是這一題微妙的地方,多思考這一類的問題,層次自然會高人一等。面對這種問題,不可以純粹的以單方面的想法去構思。各位要特別注意的現象是兩個函數「相乘」的問題,「相乘」不但可以得到「倍增」的結果,更重要的是它有「正負符號」的問題。所以,如果我們能夠就函數相乘之後所產生的的「正負」的現象,再深入的多思考一些,這個問題應該就會容易得多了。

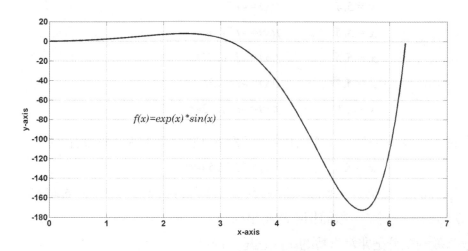

Fig 7-09.3

4. 要分析 *f(x)=exp(x)•sin(x)* 的這個曲線圖可以先從 *sin(x)* 函數開始,*sin(x)* 函數其值在 *x=0* 至 *π* 之前,其值為正,所以,*exp(x)•sin(x)* 的值當然是為正值,而且由於指數 *exp(x)* 這個時候的值很小,故而可以想見在 *x=0* 至 *π* 的這個週期之前,它的相乘所得的合成波形是以 *sin(x)* 這個函數的特質為主。也就是 Fig 7-09.3 圖中的前半段的這個波形。在 Fig 7-09.3 圖中可以看到它的波形此時其振幅在本質上就是很低而且是正值的。在 *x=3.14(π)* 之時此時 *f(x)* 與水平軸相交 *f(x)=0*。

5. 但是,在過了 *x=3.14(x=π)* 這一點之後,局勢就完全改觀了,它呈現的是急劇而大幅度的向下墜。為什麼會如此?指數 *exp(x)* 的波形不是急劇的上升的嗎?是的,但是當 *exp(x)•sin(x)* 相乘的時候,*sin(x)* 的值在過了 *x=3.14(π)* 以後,其

值為「負」。因而，當負值乘上 *exp(x)* 高的正值，其結果就出現了相當大的「負值」區域了。但是，又由於 *sin(x)* 與 *exp(x)* 它們的特性均不是線性的函數，所以相乘的結果當然也不是線性的。雖然 *sin(x)* 的值在 *x=4.71 (3π/2)* 的時候出現最低點，但是 *exp(x)* 的值還在快速增加。所以，還不會那麼快的將波形拉起來。以下的數據題供參考：

$$x = 4.71 \quad , \quad f(x)= -111.0518$$
$$x = 5.3 \quad , \quad f(x)= -166.7338$$
$$x = 5.4 \quad , \quad f(x)= -171.0950$$
$$x = 5.5 \quad , \quad f(x)= -172.6400$$
$$x = 5.6 \quad , \quad f(x)= -170.7112$$
$$x = 5.7 \quad , \quad f(x)= -164.5820$$
$$x = 6.0 \quad , \quad f(x)= -112.7243$$

從上面的數據，我們可以看得出來，函數 f(x) 在負數的最大極值出現在

$$x = 5.5 \quad , \quad f(x)= -172.6400$$

的地方。而在這之後，函數曲線就開始向上急劇的攀升了，到了 *x=6.28 (2π)* 時，*sin(x)* 的值為「零」，故而相乘的結果來到了「零」點。

6. 指數函數的微分是非常奇特的，說它是一條打不死的龍，各位請看：

$$\frac{d}{dx}(e^x) = e^x$$

對它自身而言，不論如何微分，微分的結果還是它「自己」。也就是說指數函數微分的結果就是它自己的本身。這真是一種非常奇特的函數，在後面的部分，會有專門的章節再來討論這個部分。在此，這個函數的微分，仍必需使用乘積法則（product rule）來解：

$$(fg)' = f\,'g + f\,g\,'$$

所以，函數

$$f(x)=exp(x) \cdot sin(x)$$

在微分後可得： $f'(x) = exp(x) \cdot cos(x) + exp(x) \cdot sin(x)$

$$= ecos(x) + esin(x)$$

$$= e(cos(x) + sin(x))$$

## 【研究與分析】

函數 $f(x) = exp(x) \cdot sin(x)$ 微分的結果是：

$$f'(x) = exp(x) \cdot cos(x) + exp(x) \cdot sin(x)$$

$$= e(cos(x) + sin(x))$$

那麼，這個微分後的函數 $f'(x)$ 的特性曲線會是如何呢？在繪圖之前，我們應該先進行分析，再根據這些分析就可以大致上明白它的狀況與道理之所在：

(1). 根據 Fig 7-09.3 圖進一步的觀察 $f(x)$ 的圖形它的曲線上之斜率的變化狀態，就約略的可以看出它的斜率狀態。首先看到的是在 $x=0$ 至 $\pi(3.14)$ 這一段，由於它的波動本身就很小，所以，這段斜率的變化也同樣的不會很大，也近乎是拉平而向右延伸。這是 $f'(x)$ 這個函數前半段的狀況。但是，它在 $x=\pi$ 之前就已經達到頂點，而在 $x=\pi$ 時曲線已經開始向下傾斜，故而在這個時候的微分，也就開始逐漸的進入負值區域，所以，$f'(x)$ 其斜率在負值區域逐漸的開始向下延伸。

(2). 函數 $f(x)$ 在通過 $x=\pi(3.14)$ 之後繼續向下傾斜，故而 $f'(x)$ 它的斜率是趨向於負值的，並逐漸的向負值延伸。但是，到了最重要的一個點，也就是 $x=5.5$ 的這個點，函數 $f(x)$ 在這個「點」的時候有一個極小值，故而它的斜率在此時為「零」，也就是在此點上 $f'(x)=0$。在通過此點之後，函數 $f(x)$ 曲線轉而急劇向上拉起直到 $x=2\pi(6.28)$ 時為止。因此，此時的斜率也轉而為正值，同樣的向上拉起，如圖 Fig 7-09.4 所示。

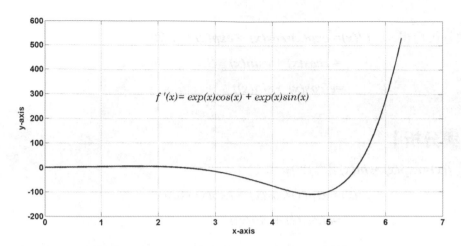

$f'(x)= exp(x)cos(x) + exp(x)sin(x)$

y-axis

x-axis

Fig 7-09.4  $f'(x)= exp(x)•cos(x)+exp(x)•sin(x)$  特性曲線圖

★★★★【典範範例 7-10】

設 $f(x)=log(x)•sin(x)$  求 $f'(x) = ?$

請分別繪製 $f(x)$ 與 $f'(x)$ 的特性曲線圖,並詳加解釋微分後的意義。

【解 析】

1. 有些人對於 $log(x)$ 對數函數 (logarthm function )」與 $exp(x)$ 指數函數 ( exponential function i) 會有分不清楚已集彼此之間會有模糊的感覺,總不知道它們究竟是在講什麼?所以,經常是根據一些背下來的公式及運算符號在做數學,而並不知道他究竟是在計算或運算的是什麼?事實上,要了解指數函數 (exp) 與對數函數 (log) 並不難,看看下列的解說就應該完全懂了:

如果我問:「2 的幾次方會等於 8?」

您一定會回答道:「3 次方。」

這就對了。

但是,如果這句話要用數學來寫那該怎麼寫呢?

這個問題的數學方式是:「$2^? =8$」

這樣的寫法雖然是可以表達得很明白,但是,我們卻無法用這樣的方式進行數學運算,這個「?」號是不能進行數學運算的。於是,我們就改成用它的英文

字來做符號：

$$「\ 2^x = 8\ 」$$

這就是在說「2 的 x 次方會等於 8。那 x 會是多少呢？」

同樣的，這還是無法使用這樣的方式進行數學運算。

於是，

就用下列這個寫法是，就可以使用數學式來運算了，

$$log_2\ 8 = ?$$

所以，上述的這個寫法，就是：

**「2 的幾次方會等於 8 呢？這個？號也就是我們所求的 x。」**

這個 2 又稱之為「底數 (base)」。另外還有常用的底數分別是 *10* 與 *e*，這個 *e* 是自然指數函數 (natural exponential ) 的底。也是最常使用的。就一般而言，如果是以 *e* 為底數 (base) 的話，我們就不再標示這個 *e* 字，而直接寫成 *log x* 或是 *ln(x)* 的這個寫法。

故而，當我們知道了它的來由與道理之後，希望您永遠就都不再會弄錯它們了。

2.  有關於對數的特性曲線是十分重要的，它不論是在數學上或是在日常生活中都使用得相當普遍，所以各位應該要多熟習這個曲線的型態才好。關於 *log(x)* 的微分及其結果如下：

$$\frac{d}{dx}log(x) = \frac{1}{x} \quad x > 0$$

對數函述的特性曲線圖則如圖 Fig 7-10.1 所示。

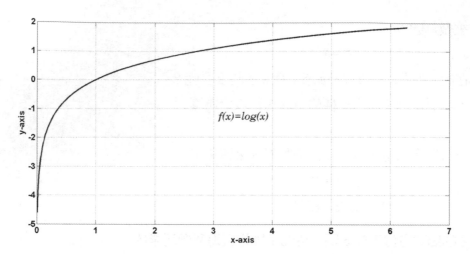

Fig 7-10.1 *f(x)=log(x)*

3.　現在，要進一步的探討函數 **f(x)=log(x)·sin(x)** 的特性曲線以及它的微分 **f '(x)**
　　結果會是如何？現在先將 **log(x)** 與 **sin(x)** 這兩個函數的特性曲線分別繪製如
　　下，如圖 Fig 7-10.1 與圖 Fig 7-10.2 之所示。如此則方便於了解 **log(x)** 以及微分
　　後的特性曲線究竟會是如何的。

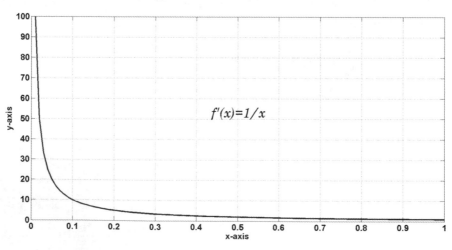

Fig 7-10.2

4.　在明瞭上述的特性曲線後，事實上，這一題與上一個「典範範例」有異曲同工

之妙,如果在上一個「典範範例」*f(x)=exp(x)•sin(x)* 的每一個細節都能清楚的話,則這一題應當就能駕輕就熟了。*f(x)=log(x)•sin(x)* 它們的特性曲線圖如圖 Fig 7-10.3 所示。

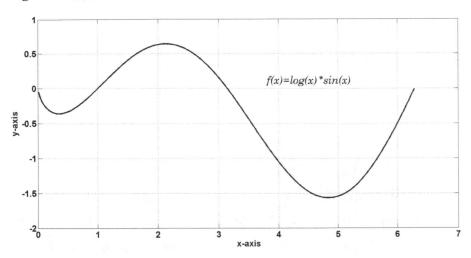

Fig 7-10.3 *f(x)=log(x)•sin(x)* 特性曲線圖

5. 現在,首先還是由 Fig 7-10.3 的 *log(x)* 左邊的原點 *(0,0)* 看起,由於在 *x=0* 時 *sin(x)=0*,所以合成後的整個曲線還是由原點 *(0,0)* 開始的。由於 *log(x)* 的值是由負值開始的,故而 *log(x)•sin(x)* 會先下降而後再緩升。到了 *x=1* 是個關鍵點,因為 *log 1=0 (e⁰ =1)*,所以,當 *x=1* 時 *f(x)=0*。自 *x=1* 之後 *log(x)* 的值變化不大,也因而受到函數 *sin(x)* 的影響會比較大,由此之故,自 *x=1* 之後合成的 *f(x)* 之波形的形狀會隨 *sin(x)* 而變化,它的倍率部分會超過 *sin(x)* 的最大值 1,如圖上 Fig 7-10.3 之所示。

## 【研究與分析】

原函數 *f(x)=log(x) *sin(x)* 的微分這還是必須用到乘積法則 (product rule) 來解:

$$(fg)' = f'g + fg'$$

$$f'(x) = log(x) •dsin(x)/dx+ dlog(x)/dx •sin(x)$$
$$= cos(x)•log(x) + sin(x)/x$$

這會是什麼一個樣子的圖形呢？就實際而言，我們不太容易從這個微分函數式：

$$f'(x) = cos(x) \cdot log(x) + sin(x)/x$$

去解答這個問題，我想再次的重申：

**如果微分後的函數式難以推導與理解，則在繪製其特性曲線圖時，就應該反過來從原函數用「斜率」來推導。**

也就是用 Fig 7-10.3 這個圖以「斜率」逆向去推導，才容易了解它的曲線斜率的相對現象與特質，唯有如此，才能很快的描繪出微分後的函數它的特性曲線圖來。首先看到在 Fig 7-10.3 圖中的 *x=0* 與 *1* 之間有一個低極點，斜率是由底層逐漸上昇而彎曲成這個極點，此時這個極點的斜率為零，*f '(x)=0* 。另外要注意的是在 *x=1* 這個地方出現一個「轉折點」，也就是斜率由正趨向於負值，所以在 *f '(x)* 的曲線上會是一個極大值出現在 *x=1* 這個地方。過了這一點之後我們可以在圖 Fig 7-10.3 中位於 *x=2.2* 的地方看到的極大點，這一點的斜率值則為零，故此時 *f '(x)=0* 。再過了這一點來到 *x=3.5* 附近，看到又是一個轉折點，斜率再逐漸由負轉而為正，所以此處在 *f '(x)* 的曲線上會出現一個極小值。過了這裏之後曲線斜率漸增，而在圖 Fig 7-10.3 的 *x=4.8* 時 *f(x)* 位於極小值的折回點，故而此時的斜率再度為零，也就是微分後的函數值 *f '(x)=0*，過了此點之後則斜率一直攀升。這是整個斜率的曲線圖的概念，也就是 *f '(x)* 的特性曲線圖如圖 Fig 7-10.4 之所示。

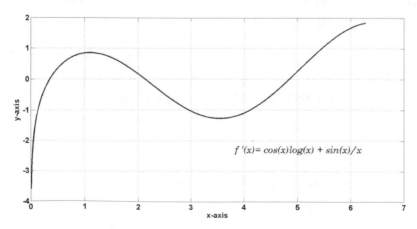

Fig 7-10.4   *f '(x) = cos(x) \cdot log(x) + sin(x)/x* 特性曲線圖

設 $f(x)=cos(x)^2+sin(x)^2$　求 $f'(x) =$ ？

請分別繪製 $f(x)$ 與 $f'(x)$ 的特性曲線圖，並詳加解釋微分後的意義。

## 【解　析】

1.　這是一題很有意思的題目。哇！這個題目有 $cos(x)^2$ 也有 $sin(x)^2$，而且還要相加，肯定是有一點困難的。但是，請各位在面對各種題目的時候，宜稍微沉靜一下，細心的想一想，這個函數的特性曲線會是什麼？而這兩個函數相加的結果它究竟又會是如何？也許在講解之前，諸位可以先有一些自己的思維，仔細的回想一下。如果心中有了眉目，那麼就可以跟文中的【解析】相互比對，得以彼此增長。如果實在想不出來，再來看下面詳細的【解析】，語云：「學而不思則罔」，能多想想，相信必然可以有更大收益的。

2.　現在，首先就讓我們來看一看 $cos(x)^2$ 的問題。在前面的範例中，我們已經知道 $cos(x)^2$ 的值會縮減成爲是在正值的領域之中，因爲它具有平方倍。同樣的 $sin(x)^2$ 的值也必定是在正值的範圍裏。因此，這兩個都是正值的函數相加在一起，其結果必然也還是更高於原有的正值。這樣的想法看起來是可以理解的，表面上看起來也相當的有道理的。然而，事實完全不是如此。這也是本題能夠獲得 4 星級的題目的要項之一，它也許超越了一般直覺式的想像與思維。下圖 Fig 7-11.1 與 Fig 7-11.2 分別是 $cos(x)^2$ 與 $sin(x)^2$ 這兩個函數的特性曲線圖。

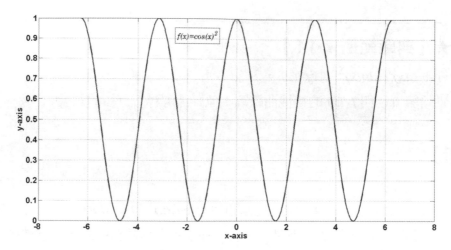

Fig7-11.1 *f(x)=cos(x)²* 的特性曲線圖

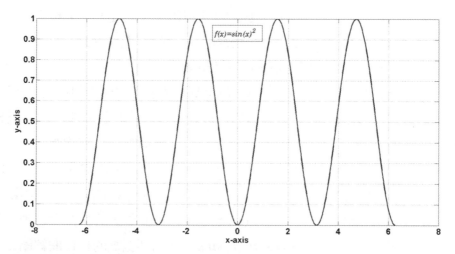

Fig7-11.2 *f(x)=sin(x)²* 的特性曲線圖

3. 在這其中有一個極為重要的因素必須要考慮的，那就是在合成的時候各函數之間「相位 (phase)」的問題。各位知道，在微積分裏面是不用「角度 (Angle)」來進行計算的，而是使用「弧度 (radian)」計算的，一般記作 ***rad***。而所謂「弧度 (radian)」或是「徑度」，它是以角度在圓上所切出的圓弧的長度除以圓的半徑，這是一個國際單位制 (International System of Units) 中所規定在三角學中對於角的度量單位。為了便於諸位的理解，現在就讓我們仔細的比較圖 Fig7-11.1 與 Fig7-11.2 這兩個圖的特性曲線開始。

4.  各位一定會發現，函數 $f(x)=cos(x)^2$ 與 $f(x)=sin(x)^2$ 的特性曲線圖這兩個圖形的特質是數值區間完全相同，但是，它們的「相位」則剛好相反，如圖 Fig7-11.3。更正確的說，從這兩個圖中我們就可以發現，它們所有的數值都被剛好相等而相反。加總起來則是剛好成為 1。$cos(x)^2$ 與 $sin(x)^2$ 每一個點的函數被加總之後其合成值為 1。讓我們用相關的一些實際的徑度或角度來看相關的數據如何？各位可以看到：

$$cos^2(\pi/4) + sin^2(\pi/4) = 1$$
$$cos^2(\pi/2) + sin^2(\pi/2) = 1$$
$$cos^2(\pi) + sin^2(\pi) = 1$$

如果諸位對於徑度還不是很熟習的話。若是以角度的方式來表達，同樣的道理都是成立的。

$$cos^2(30°) + sin^2(30°) = 1$$
$$cos^2(60°) + sin^2(60°) = 1$$
$$cos2(90°) + sin^2(90°) = 1$$

所以，這是一個非常有趣的函數式，它存在於 360 度中的每一個地方，只要是相同的角度，每一個地方都會等於 1，故而，我們從以上的這些特性曲線圖這可以得到一個結論，那就是：

$$f(x)=cos(x)^2+sin(x)^2 = 1$$

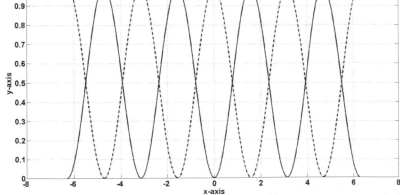

Fig7-11.3    $sin(x)^2$ 與 $cos(x)^2$ 之特性曲線圖

所以，它的結果就如同圖 Fig7-11.4 所示的，是一條水平的直線，而每一個地方的值都是 1。故而，我們可以看到如圖 Fig7-11.4 之所示。

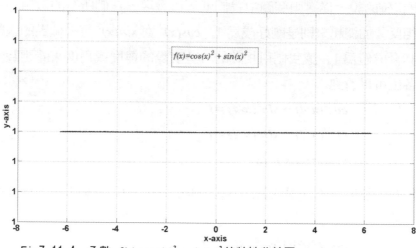

Fig7-11.4 函數 $f(x)=cos(x)^2 + sin(x)^2$ 的特性曲線圖

## 【研究與分析】

1. 對於 $f(x)=cos(x)^2 + sin(x)^2$ 這個函數式的微分，可能會有兩種不同的思維：

(1). 直接對函數 $f(x)=cos(x)^2 + sin(x)^2$ 進行微分，也就是求 $f'(x)$ 之值。由於函數式 $f(x)$ 分別具有 $sin(x)$ 與 $cos(x)$ 兩個獨立的項目。所以，我們必須分別的加以微分之。

$$f(x)=cos(x)^2 + sin(x)^2$$
$$f'(x)=cos(x)^2/dx + sin(x)^2/dx$$
$$= 2cos(x)sin(x)+ (-2)cos(x)sin(x)$$
$$=0$$

(2). 上述這樣的做法固無不可，但是，我們應該想到在三角函數的公式中，列示的有。直接拿來用就可以了，實不必再去證明什麼。

$$f(x)=cos(x)^2 + sin(x)^2 =1$$

既然 $f(x)=cos(x)^2 + sin(x)^2 =1$ ，故而可以立即而直接的對 $f(x)=1$ 微分，而這樣微分的結果當然是零。故而，我們可以直接的寫下：

$$f'(x)=0 。$$

2. 那麼，如果函數式 $f(x)=sin(x)^2- cos(x)^2$ 是這樣的形式，那它的結果會不會也是等於 1 呢？答案是：當然不會等於 1。各位請先不要看下列的答案，先仔細的想一想它的特性曲線圖會是如何呢？事實上，要思考這個問題並不會太難。$sin(x)^2$ 與 $cos(x)^2$ 剛好反相 $π/2$（90 度），故而相加的話會完全的抵消。但是，若是兩這相減呢？則原來抵消的部分會變成了「相加」的作用。而它的振幅也會變成原來的兩倍。如圖 Fig7-11.5 所示。

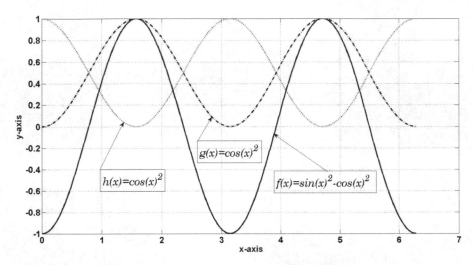

Fig7-11.5　函數 $f(x)=sin(x )^2- cos(x)^2$ 的特性曲線圖

# 8

# 為大自然說話的曲線

【本章你將會學到下列的知識與智慧】：

# ☆ 8.1
# 大自然的生命道理

　　為什麼這一章稱之為**「大自然的生命道理」**？從這個名字上面的意義，各位應該多少可以體驗我們現在要講的內容，是一種在自然世界與生活中會呈現出來的一種數學模式，這種數學模式尤其是在具有生命現象的生物界，更是如此。這個宇宙是浩瀚無邊，無所不在、無所不有、無所不能。在這所存在的億兆的銀河系中，又存在著億兆顆的星球。然而，這宇宙中的一切所有裡，最不可思議也是最偉大與最神奇的現象，那就是生命的現象。在無限空寂的宇宙裡，存在著有「活體」的生命現象。它們不但有知覺而且有反應，不但有反應而且有對應，不但有對應而且可以相互交往，不但有相互的交往而且更重要的是，它們可以產生相互繁殖與自我增殖的作用，它們會不斷地自我繁殖，在宇宙中去感受一切，去使用一切。想想看，如果這個宇宙中沒有生命活體的存在，正如一個儲備著萬物而且精緻無比的房間裡，然而卻沒有一個人存在，這樣的房間其實是很難思考的，因為，甚至於它有沒有意義都不容易想像。正如遠在太陽系邊緣的冥王星 (Pluto)，真正看過冥王星的人恐怕不多，但是，你能說它不存在嗎？所以，如果地球上沒有人，那麼，「存在」的意義又是什麼呢？

　　在大自然中，尤其是生物界，各物種的興盛衰亡有着它的過程，並且可以使用相關的數學模式來比擬與描述。這個相關的數學模式經常被用到的就是的指數函數 (Exponential function) 與對數函數（Logarithmic function）。這兩個函數都是與大自然相關的數學中非常重要的函數，不但是在數學上重要，而且，它關係著我們生死存亡。有那麼嚴重嗎？是的，首先就以構成生物的細胞而言，我們從出生之後逐漸長大，就是由細胞（cell）不斷地分裂而長成的。卵子是人體內最大的單一細胞，其直徑為 0.1mm，在動物界中鴕鳥卵細胞很大，它的直徑可達 5cm。地球上一切的生物都是由細胞所組成的，它關係著地球上一切的生命系統。細胞是由英國科學家羅伯特·虎克（Robert Hooke，1635～1703）於 1665 年用自製的光學顯微鏡所發現的。

細胞在受精後開始分裂，由 1 而 2，由 2 而 4，由 4 而 8，不斷地以這種方式持續的分裂而成長下去，才能夠長大成人。人體的細胞種類繁多，但平均說起來它們的體積與個體的大小約在 10 微米（$\mu$m）左右，以這樣的大小要構成為一個人體，所需要的細胞數目是一個天文數字。至於比人體要大得多的其他動物或是高大的植物，那就更不必說了。那麼微小的細胞是以什麼型式而成長為一個人體的呢？這個答案就與指數函數有關了，因為那麼微小的細胞如果要組成人體，唯一的方式就是以指數的形式進行細胞分裂，所以，指數的曲線有時又稱之為「指數成長（exponential growth）」。這也可以用來描述細胞分裂與生物成長的狀態。

　　我們先不要用人體來計算，因為人體包含的細胞數量太多也太複雜了。就以單純的「細菌」來說好了，細菌平均每 20 分鐘就會進行一次細胞分裂，所以每小時可以分裂 3 次，而一天下來就是 72 次。由 1 而 2，由 2 而 4，如此的進行細胞分裂。那麼，以一個單一的細菌而言，它一天下來可以繁殖到多少呢？這就是最簡單的「指數」問題了。各位可以在圖 Fig 8.1 中看到單一個細菌它一天下來可以分裂繁殖到 $5 \times 10^{21}$ 之多，也就是 5 的後面加 21 個 0。這就說明了當我們的身體受到外傷時，只要在傷口上有一個細菌進來，經過一天的繁殖，就可以到 $5 \times 10^{21}$ 這麼龐大的數量。所以，在一開始受傷的時候，消毒工作就很重要了，如果這個時候沒有滅菌，接下來的免疫系統就要發揮功能。否則，如果讓細菌經過 3 天的分裂繁殖，各位可以嘗試算一算看看，那會是什麼樣子的一個天文數字？

　　這是大自然的奇蹟，當一顆種子在地上發芽的時候，一個星期就可以看到長出了綠色的芽苗，穿透了地面而迎風招展。植物的種子的發芽成長，也同樣的是以分裂繁殖的方式在進行，各位如果運用上述同樣的方式來計算，就可以瞭解為什麼許多植物的種子，當它們泡在水裡後，一個星期就可以長到 1 吋的高度。這不能不說是大自然的奇蹟，但是，它卻是有數學模式的。

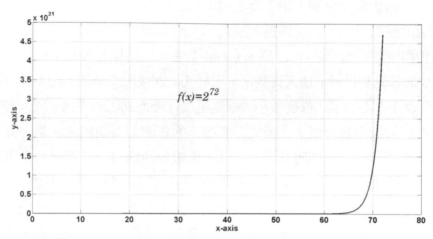

Fig 8.1 指數 $f(x)=2^x$ 細菌一天分裂繁殖增長曲線圖

指數函數 (exponential function ) 是最常用於成長變化率的一種函數，這種函數的表達方式只有兩個要件：其一為底數 (base)，另一個是變數 (variable)，如下所示：

$$f(x) = A^x$$

式中的 A 是底數，而 $x$ 則為指數，也是變數。式中的 $x$ 為任意的實數，而底數必須是 $A>0$，但若做為複數 (complex number) 討論時則不在此限。

例如：

$$f(x) = 10^x$$

它的底數為 10，同時也是常數，而 $x$ 是指數，也是變數。一般而言，底數為變數的使用較少，因為相對的若是它的指數一旦被固定了，底數變化的意義則相當有限。當然，我們應該很清楚的可以區別得出來 $10^x$ 與 $x^{10}$ 是全然不相同的兩回事。在下列的論述中，會安排許多相關的實例，以便各位可以清楚的看得出來它們之間的變化性與差異性。由此可知，指數函數不但是數學中相當重要的一種函數，而且在我們日常生活的科技、財經、生物、醫學等等皆多需應用。

# ☆ 8.2
# 用白話文講「指數」

　　自然指數函數 (Natural Exponential Functions) 的寫法爲 $e^x$，而另一個寫法也可以將這個函數式寫成 *exp(x)*，那是爲了方便於早期的印刷與打字機之用。*exp* 也就是指數 (exponential) 的意思，在這式中的 *e* 值是數學常數值，是自然「對數」的「底數」。請注意「自然對數的底數 (The base of the natural logarithm.)」這幾個字，它的寫法是 *log*$_e$*x*。「指數」與「對數」是一體兩面的。自然指數函數 (Natural exponential functions) 的寫法爲 $e^x$，它的數值近似等於 2.718281828，又稱爲「歐拉數（Euler’s number）」。因爲這個數是十八世紀末由他所命名的。但在一般的使用上，多使用到小數點第三位即可，也就是 *e=2.718*。

　　許多人常常會問：

**「爲什麼稱之爲自然指數函數？它跟自然有什麼關係嗎？」**

　　是的，它不但跟自然界有關，而且關係密切。它是數學中最重要的常數之一。在上一節的論述中，所談的是細胞的分裂增值，所以，該指數是以 2 爲底數的。但是，在宇宙與大自然之中，並不都是如細胞分裂般的增殖，事實上，在大自然中很少是以 2 爲增殖的底數。就以每天飲食都要用到的「火」而言，用火來加熱一個鍋子，而鍋子的溫度上升，如果用數學來表示，它不是 2 進制的，也不是 10 進制的，而是以這種自然指數函數的方式在進行的，所以才稱之爲自然指數函數，它的特性如圖 Fig 8.2 所示。

　　那麼，接下來要問：

**自然指數函數 $y=e^x$ 的這種寫法，究竟代表的是什麼意思？**

　　$e^x$ 這個寫法的意義如下所示：

(1) $2^x=8$：這是在說 2 的幾次方會等於 8 呢？當然是 *x=3*
(2) $10^x=100$：這是在說 10 的幾次方會等於 100 呢？當然是 *x=2*

(3) $e^x = 2.718$ ：這是在說 $e$ 的幾次方會等於 2.718 呢？當然是 $x=1$

(4) 所以，$e^x$ 的這種寫法是在說以 $e$ 為底的 $x$ 次方它的結果會等於多少？

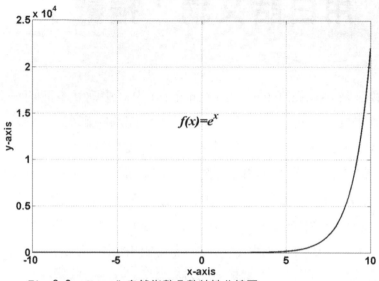

Fig 8.2　$f(x)=e^x$ 自然指數函數特性曲線圖

## ☆ 8.3
# 自然指數在數學上的定義

　　自然指數在數學上有兩種等價定義，其一是「極限值」的定義，另一種是在「積分」上的定義。目前所要談的是「極限值」這方面的定義，至於積分將在以後的章節再另行討論之。

　　以極限值的方式定義如下：

$$e^x = \lim_{n \to \infty} \left( 1 + \frac{x}{n} \right)^n$$

若是以「冪級數 (Power series)」及其展開式則是如下：

$$e^x = \sum_{n=0}^{\infty} \frac{x^n}{n!} = 1 + x + \frac{x^2}{2!} + \frac{x^3}{3!} + \dots$$

根據這個定義，當 x=1 的時候

$$e^1 = 1 + 1 + \frac{1}{2!} + \frac{1}{3!} + \frac{1}{4!} + \frac{1}{5!} \dots$$
$$= 2.71828$$

這是根據定義直接使用 $e^1 = 2.71828$ 所得到的結果，它是一個無窮小數，一般而言，可以取小數點 3 位或最多 5 位數即可。

對於自然指數函數較為完整的構成型式，其格式為：

$$f(x) = ce^x$$

式中的 **c** 是常數，而 **e** 稱之為底數 (base)，必須是正的實數（positive real number）。**x** 是指數，是數學運算中的冪次，即 **e** 的 **x** 次方（$e^x$），其中的 **x** 即為指數，在該式中是為變數 (variable)，它可以是任何的實數或複數（any real or complex number）。在底數 (base) 的部分，它可以是任何的正實數，但一般多以 **e** 或 2 或 10 為指數函數的底數。

# ☆ 8.4
# 指數運算定律

自然指數函數只是指數函數中的一種，指數函數的運算同樣的是有它的運算法則，分別如下所示：

1. $a^0 = 1$
2. $a^1 = a$
3. $a^{x+y} = a^x a^y$

4. $a^{xy}=(a^x)^y$

5. $\frac{1}{a^x}=\left(\frac{1}{a}\right)^x=a^{-x}$

6. $\sqrt[n]{a^x}=\left(\sqrt[n]{a}\right)^x=a^{x/n}$

對於任何 $a>0$，實數 $x$，和整數 $n>1$

自然指數函數的運算法則，雖然是很簡單，但是卻也很容易犯錯。舉例而言：

【★例如 1】：求 $3^{(2+3)}=$ ？

解答：
$$3^{(2+3)}$$
$$=3^2+3^3$$
$$=9+27$$
$$=36$$

　　整個式子的演算很流暢的就可以得到結果。但是，這個答案卻是錯誤的。而這也是一般最容易疏忽而犯的一種錯誤。那麼，它錯在那裡呢？根據第 (3) 項的規定，它應該是

$$a^{x+y}=a^x a^y$$

所以，這一題的正解是：
$$3^{(2+3)}$$
$$=3^2\times 3^3$$
$$=9\times 27$$
$$=243$$

或是

$$3^{(2+3)}$$
$$=3^{(5)}$$
$$=243$$

# ☆ 8.5
# 指數函數的特性曲線

　　「一幅圖表勝過千言萬語」這句話用在數學上是最爲貼切的了，要講指數函數，則是毫無疑問的必須使用最爲清晰而明確的圖表來解說，相信，唯有如此各位才能夠清楚的明白其中的道理。**f(x)=e^x** 的函數曲線的特性曲線圖，如圖 Fig 8.5 所示。當它在 **x** 軸上的負數部分總是非常平坦的，而且非常趨近於零。但是一旦上升到 **x** 的正數值這個區域，它則是急速的攀升。在 **x** 等於 0 的時候 **e^x=e^0=1**，也就是說在 **x=0** 的時候，**e^x** 的值才等於 1，也就是 **e^0=1**。有一點需要注意的，儘管 **e^x** 曲線是由 **x** 軸的負數端而起，但是，它卻永遠不會觸及 **x** 軸，也就是說，儘管它可以任意程度的靠近它 **x** 軸，甚至像是一條水平漸近線，但它永遠不會觸及 **x** 軸，甚至延伸到無窮遠。

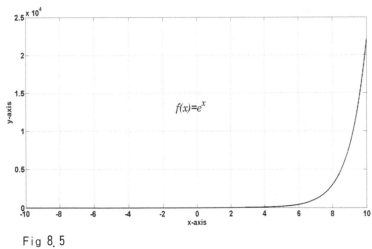

Fig 8.5

　　在圖 Fig 8.5 **f(x)=e^x** 特性曲線圖中我們並看不出當 **x** 等於 0 的時候 **e^x** 會等於 1，甚至還會懷疑這條曲線當 **x** 等於 0 的時候 **e^x** 會趨於 0。但是，如果各位仔細的觀察圖 Fig 8.5 中 **y** 軸的刻度值，就會發現它的刻度的度數是高達 **10^4**，在這種刻度下，單位值 1 是無法顯現的。詳細的小刻度的特性曲線圖的圖形如圖 Fig 8.5.1 所示，各位可以很明確的看到它在 **x=0** 附近的相關數值。也就是說當 **e^0=1**，而 **e^1=2.718**。

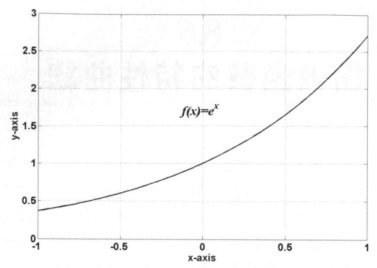

Fig 8.5.1　*f(x)=e^x* 中的 *x* 值 自 (-1 至 +1) 特性曲線圖

在 Fig 8.5 的 **f(x)= e^x** 特性曲線圖中有兩個重點必須要注意的：

(1) 自然指數函數 **f(x)** 的值永遠不會等於零。也就是說，不論 **x** 的值如何的小，而 **f(x)** 的值也可以無限的小，但是永遠不會等於零。

(2) 自然指數函數 **f(x)** 增長的速度非常快，各位請注意 **y** 軸上的刻度，它的單位是 **10^4** 起跳。所以，函數 **f(x)** 對於 **x** 值的變化是非常敏感的。

# ☆ 8.6
# 這個 *e=2.71828* 是什麼意思？

談到自然指數函數的底數 e，現在，要進一步的問：

**這個 *e=2.71828* 究竟是什麼意思啊？為什麼是這麼奇怪的一個數呢？**

對於這個自然指數函數的底數 **e** 這個數值，在上一節中已經說明它是根據極限

值的冪級數定義而得到的。但如果要進一步的說明這個自然指數函數的底數 *e* 在特性曲線圖上的意義，就必須先認識圖 Fig 8.6 的這個特性曲線。在觀看這張圖的時候，在曲線上有兩個點需要特別注意，分別是 (0，1) 這一點與 (1，*e*) 這一點。這兩個點都有它們不同的意義。首先是 (0，1) 這個點，這是當 *x=0* 時，函數與 *y* 軸的交叉點，也就是 *y=1*。這個點很重要，是指數函數很重要的特徵之一。另一個是 (1，*e*) 這一點，這是當 *x=1* 的時候，函數在 *y* 軸上所呈現的值。更明確的說，在這個函數中，當 *x=1* 的時候 *y=2.718*。這個 *y=2.718* 值就被定義成為 *e* 的常數值。所以說，這第二個點同樣的重要，它同樣是指數函數最重要的特徵之一。能夠牢記自然指數函數中的這兩個點，對於增進自然指數函數的理解與創作將會有莫大的助益。

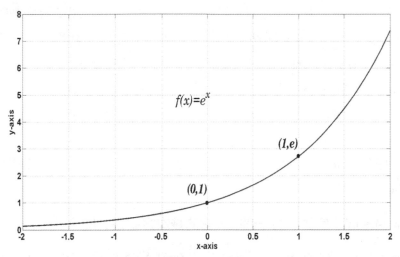

Fig 8.6　*(x=1，y=2.718)* 曲線圖

## ☆ 8.7
## 「對數」是什麼意思？

「對數函數（Logarithm Function）」的在數學上的格式為：

$$f(x)=log_a x$$

其值則是依賴於「底數 (base)」$a$ 和「變數 (variable)」$x$ 這兩者。這個 $log_a x$ 的正確讀法是：

**「以底數為 $a$ 的 $x$ 對數值 (The base-a logarithm of x)」**。

對數函數在一般的用法中其底數 $a$ 多是固定的，而其變化的變數通常只有一個 $x$ 而已。所以對底數固定的值而言，對數函數的值是唯一的。對於對數函數之底數唯一的限制就是不能是負數、$0$ 或 $1$。

我們一般常用的對數函數的底數 $a$ 多為 $10$ 或是自然對數（nation logarithm）中是以 $e$ 為底數的對數，但是，也有少數在計算機內使用的是以 $2$ 為底數的。自然對數（natural logarithm）中多使用 $log(x)$ 或是 $ln(x)$ 做為它的符號標記，而它的逆函數則是自然指數（natural logarithm. $e^x$）是以 $e$ 做為基底指數函數。

那麼 $log_a x$ 如果在思維與口語上究竟該是如何想法與說法呢？

事實上，$log_a x$ 若直接使用數學式的說法是一種哲學式的說法，反而會令許多人如聽天書，而不知道它是在說什麼？

所以，使用一種大家都能理解的方式來說它是必需的。因此，換個方式來說，$log_a x$ 是在說：

**「以 $a$ 為基底（底數）的一個數，它的幾次方會是 $x$ 呢？」**

這樣的說法是相當直接的。舉例而言，$log_2 8$ 是什麼意思呢？它是在說：

**「$2$ 的幾次方會等於 $8$ 呢？答案是 $3$。所以 $log_2 8=3$」**

希望各位能夠記得住才好，那麼在以後面對 $log_a x$ 就會瞭解它究竟是在說什麼，也唯有如此，才是瞭解數學真正含意的起點。

否則，如果每次面對 $log_a x$ 這個式子，終究不知道它在說什麼？那就白費工夫了。所以我常說，對於一些數學上的基本定義與「意義」，一定要能清楚嫻熟，那才是真的有用。

與對數函數相反的「反函數 (inverse function)」就是「指數函數 (exponential function . $y = a^x$)」了。什麼叫做「反函數」？

**所謂「反函數」就是對一給定函數做逆運算的函數。**

對數函數與指數函數彼此之間就是有這種重要的特質存在，那就是這兩者對於直線方程式 **y=x** 會構成對稱式的對應關係，這是很有趣的。

**$2^4 = x$ 這是在說，2 的 4 次方會等於多少呢？答案是 x=16。**

**$log_2(16)=x$ 這是在說，2 的幾次方會等於 16 呢？答案是 x=4。**

所以，各位可以很明確的看出來，指數與對數之間是有對應關係的。

對數函數有三個非常重要的特質，分別如下：

(1) 它們都一定會通過座標軸上的 (1，0) 點。

(2) 它的定義域（Domain），也就是函數中自變數所有可以取值的總和，其的絕對值不為零。

(3) 當底數 **a>1** 的時候，在 **(0,+∞)** 的範圍中，函數值是屬於增函數 (increasing function.)。

而在 **1>a>0** 時，也就是在 0 與 1 的範圍中，函數值會趨向於負無窮大，所以又稱這個部分為減函數 (decreasing function)。

# ☆8.8
# 用白話文講「對數」

進一步的，用白話文問，這個：

$$log_a x$$

究竟是在講什麼？它究竟是什麼意思？

是的，其實數學是可以完全用白話文講的。它的白話文是在說：

**「a 的幾次方會等於 x 呢？」**

這樣的說法，相信各位就可以很清楚了。下面的一些實例，也都是可以用白話文的語言來溝通或說明的，各位請看：

1.  $log_2 16 = ?$

    這是在說：「2 的幾次方會等於 16 呢？」

    答案是 4。也就是 $log_2 16 = 4$。$2^4 = 16$

2.  $log_{10} 100 = ?$

    這是在說：「10 的幾次方會等於 100 呢？」

    答案是 2。也就是 $log_{10} 100 = 2$。$10^2 = 100$

3.  $ln(1) = ?$

    這是在說：「$e$ 的幾次方會等於 1 呢？」

    答案是 0。也就是 $ln(1) = 0$。$e^0 = 1$

4.  $ln(0) = ?$

    這是在說：「$e$ 的幾次方會等於 0 呢？」

    答案是 $-inf(-\infty)$。也就是 $ln(0) = -inf$。$e^{-\infty} = 0$

5.  $ln(7.3890) = ?$

    這是在說：「$e$ 的幾次方會等於 $7.3890$？

    答案是 2。也就是 $ln(7.3890) = 2$。$e^2 = 7.3890$

# ☆ 8.9
# 【典範範例】集錦

## ★★★【典範範例 8-01】

請分別繪製出下列各指數函數之特性曲線圖，並分別解釋其意義。

1. $g(x) = x^2$
2. $f(x) = e^x$
3. $h(x) = 10^x$

## 【解析】

在下列的 Fig 8-01.1 特性曲線圖中，分別呈現的是三種不同型態的指數函數所分別繪製的特性曲線圖。

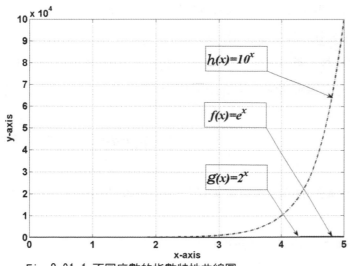

Fig 8-01.1 不同底數的指數特性曲線圖

1. 在 Fig 8-01.1 圖中似乎僅顯示了 $f(x)=10^x$ 這個函數的特性曲線圖，而其他 $f(x)=e^x$ 以及 $f(x)=2^x$ 這兩條特性曲線則似乎不在圖表裡面。然而事實上並非如

此，這種情況是由於 *f(x)=10ˣ* 這條函數曲線的「底數」要比其他的兩條指數函數的「底數」要大得多的關係，故而 *f(x)=10ˣ* 這條函數曲線的表現會極為突出，相對於 *f(x)=eˣ* 與 *f(x)=2ˣ* 這兩條特性曲線由於在短範圍內，它們的變化不大，所以，把這些特性差異極大的曲線圖放在一起是不合適的，也容易產生誤判。故而，另外在圖 Fig 8-01.2 則是將 *x* 軸的尺度縮小，如此則可以略微的顯示出它們之間的差異性。

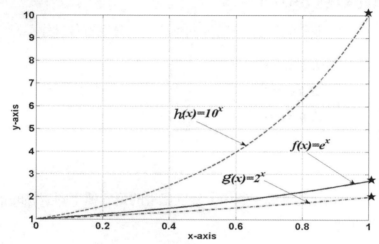

Fig 8-01.2 不同底數的指數特性曲線圖（放大圖）

在圖 Fig 8-01.2 中，各位需要做一件重要的事情，而這件事情則是可以提升自己的思維與能力，所以，是相當有助益的。那是什麼事呢？在 Fig 8-01.2 圖中有三個點各位必須要能夠確認的，因為，那是得以認識各函數具有關鍵性的一個點。那分別是：

(1) 在 *h(x)=10ˣ* 的函數特性曲線中，當 *x=1* 時，*h(x)=10* 這一個點在最右上角「★」的位置。

(2) 在 *f(x)=eˣ* 的函數特性曲線中，當 *x=1* 時，*h(x)=2.71828* 這一個點位於中央「★」的位置。

(3) 當 *g(x)=2ˣ* 的時候，*x=1* 時，*g(x)=2* 位於右下「★」的位置。

2. 為什麼上述的三個「★」點很重要呢？那是因為能夠掌握住這三個點的特質，則對於各種不同的指數型態就會有相當清晰的觀念，而不至於混淆不清，這種清晰的觀念正是學習數學的關鍵所在，也是能夠超越他人必備的條件。

## ★★★【典範範例 8-02】

設指數函數如下，請繪製該函數之特性曲線圖，並詳加解釋其意義。

$$f(x) = \frac{1}{e^x}$$

## 【解 析】

在這之前，談過許多的指數函數，它們都是屬於「指數成長 (exponential growth)」，也就是當變數逐漸增大的時候，指數函數的值會急遽的增加。那麼，指數函數一定都是屬於「指數成長」型態的函數嗎？當然不是，那麼，可以讓一個屬於「指數成長」型態的函數變成為「指數衰減 (exponential decay)」的一種型態嗎？答案是肯定的。但是，該如何去思考與實施呢？這的確是一個問題。

1. 它是與我們在數學上的基本觀念有着連動的關係存在，在思考這個問題的時候，事實上，我們著手的就是基本的「乘法」觀念。一個函數如果要它變大，可以使用「乘數」乘在「被乘數」上，則它的結果自然就會變大。相反的，一個函數如果要它變小，可以在該函數上使用「除法」，則它的結果自然就會變小。

   在這一題的【典範範例】中，將進一步要說的就是屬於「指數衰減 (exponential decay)」的一種型態，它隨著變數的增加而急遽的衰減。事實上，「指數衰減」的型態，對一位具有數學素養與思考能力的人是具有一些挑戰性的，雖然那並不是很難想像。它的方式有三種：

(1) 用「定數」去除該函數：這種方式是無效的，別忘了「指數」函數的成長是近乎爆炸形式的。如果用「定數」去除它，那是絕對動不了它的，最多也只是改變了它的「水平」位置，對整體的影響不大。

(2) 用變數去除該函數：為什麼呢？因為當變數隨 $x$ 軸變化而增大的時候，分母會越大，則函數式的值就會越來越小。但是，變數在 $x$ 軸上的變化是線性的。它還是對付不了指數爆炸形式的膨脹。

(3) 將指數直接放在分母：由於指數是爆炸形式的膨脹，當它被放在分母的時候，對分母也同樣的會形成爆炸形式的膨脹，故而構成了「指數衰減」的型態。如圖 Fig 8-02.1 所示。

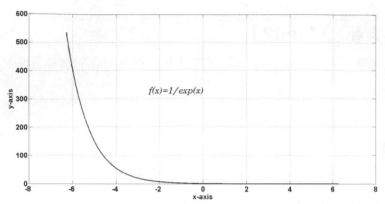

Fig 8-02.1 「指數衰減（exponential decay）」的型態

設 $f(x)=x^3+exp(x)$

請繪製該指數函數之特性曲線圖，並詳加解釋其意義。

## 【解 析】

1. 這個函數是由變數與指數相加而成。它是適合用在拆解對函數的合成的分析之用。所以，解答這一題之前，可以將它分別拆解來看然後再合成，是相當有趣的一題。首先假設 $f(x)=f1(x)+f2(x)$，故而 $f1(x)=x^3$ 的這個項目，這個 $f1(x)=x^3$ 函數式在前面的章節裡已經說的很清楚了，如圖 Fig 8-03.1 所示，於此就不再贅言。其次是 $f2(x)=exp(x)$ 這個式子，那各位就更清楚了，如圖 Fig 8-03.2 所示。

2. 現在，將這兩個圖形直接的疊加起來，大致上就可以獲得一個初步的印象。函數 $f1(x)=x^3$ 是一個「N」字形的曲線圖，在短距離內，它也是上升與下降都很快的一個函數。而指數函數 $f2(x)=exp(x)$ 則是在負值的部分一直的趨近於零，所以這個部分對合成的結果沒有太大的影響，但隨著 $x$ 的加大，整個函數會急遽的上升。也就是說，當變數 $x$ 在負數區域的時候，$f2(x)=exp(x)$ 仍為正值，但趨近於零，故而會將 $f1(x)=x^3$ 的斜率抵消一些，而稍微平坦一些。而在 $x$ 的正值方面，由於 $f2(x)=exp(x)$ 的斜率急遽升高，故而在 $x$ 的正值方面的特性曲線是 $f1(x)$ 與 $f2(x)$ 這兩個函數的疊加結果。所以，這整個函數曲線 $f(x)=x^3+exp(x)$ 的形狀，就如圖 Fig 8-03.3 所示，這與上述所推導的思維是相當符合的。

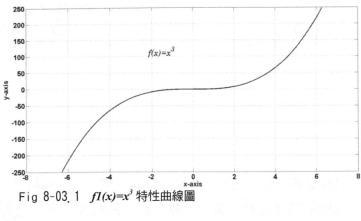

Fig 8-03. 1　*f1(x)=x³* 特性曲線圖

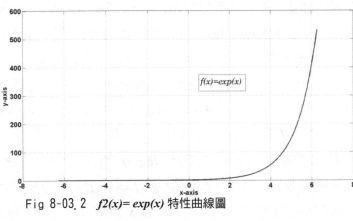

Fig 8-03. 2　*f2(x)= exp(x)* 特性曲線圖

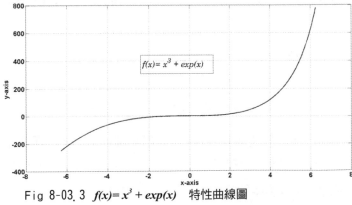

Fig 8-03. 3　*f(x)=x³ + exp(x)* 特性曲線圖

設對數函數如下，請繪製該函數之特性曲線圖，並解釋其意義。

$$f(x) = \frac{1}{\log(x)}$$

## 【解析】

1. 對於 *log(x)* 函數的性質各位應該已經很熟悉了。但是，如果有一個函數是它的倒數 *f(x)=1/log(x)*，那麼，它的特性曲線會是如何的呢？這道題目初看起來不會太難，但是，如果仔細的想想，卻可能完全不是各位想像的那個樣子。所以，特別提出來也希望各位能更進一步深入的瞭解這整個函數的特質與狀況。

2. 要思考這個函數的特性曲線，首先就會想到分母有沒有可能為零。但是，分母不可以為零。那麼，跟著就要想到 *log(x)* 會在何種狀況下等於零？如果各位對於「對數函數」還不太熟悉的話，我們可以將它轉化為「指數函數」來看。那就是 *e⁰=1*，這就應該很清楚了。而如果 *e⁰=1* 也就是說 *log(1)=0*。所以，當 *x=1* 的時候，*log(1)=0*，這時候函數 *f(x)=1/log(x)* 它的分母會是等於零，函數便會有極值的存在。故而，得到的第一個結果是當 *x=1* 時，*f(x)* 會有「極限黑洞」的存在，而在 *x=1⁺* 與 *x=1⁻* 的這兩邊會有正負兩個極值出現。更正確的說，在 *x* 接近於 *1⁺* 與 *1⁻* 的時候，函數 *f(x)=1/log(x)* 會出現 *+∞* 與 *−∞*。

3. 那麼，當 *x* 值逐漸增加的時候，*f(x)=1/log(x)* 這個函數式會是如何的呢？事實上，這是一個重點也是思考的關鍵所在。當 *x* 值變大的時候，*log(x)* 當然也會跟著變大。而 *log(x)* 的值增大的時候，則造成 *f(x)* 的值變小。如下列的數據所示：

$$f(2)=1/log(2) = 1.4427$$
$$f(3)=1/log(3) = 0.9102$$
$$f(4)=1/log(4) = 0.7213$$

有一點需要注意的，當變數的 *x* 值為負數的時候，整個函數會進入「複數 (complex number)」狀態，這個時候，在一般的繪圖系統所使用的都是實數座標系統，而無法同時顯示複數座標系統。下例是在變數 *x* 為負值的時候，*f(x)* 函數以複數形式所顯示的相關數據如下：

$$f(-2)=1/log(-2) = 0.0670 -0.3035i$$
$$f(-3)=1/log(-3) = 0.0920 -0.2836i$$
$$f(-4)=1/log(-4) = 0.1176 -0.2664i$$

4. 從上面的分析中可以得知,這個函數的特性曲線會是一個直角雙曲線的形式,如圖 Fig 8-04 所示。圖中看起來是左右不對稱的,這是當然的,因為它的「極限黑洞」是位於 *x=1* 的這個地方。所以,在此處會有 +∞ 與 —∞ 的曲線出現。而變數 *x* 越大,則函數的值越小,也越趨近於零。

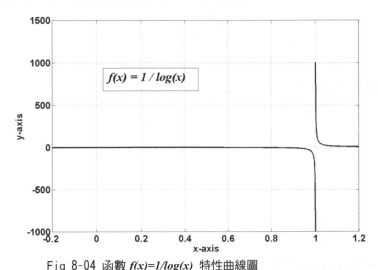

Fig 8-04 函數 *f(x)=1/log(x)* 特性曲線圖

### ★★★【典範範例 8-05】

設
$$f(x)=\frac{1}{exp(x)}$$

請繪製該指數函數之特性曲線圖,並詳加解釋其意義。

### 【解 析】

1. 這是一道很典型的題目,但是卻具有重要性質的一道題目。各位對於 *exp(x)* 函數的性質很熟悉也很清楚了。但是,這個函數是它的倒數 *f(x)=1/exp(x)*,是不是就是將它的特性曲線倒過來思想呢?的確,在許多時候一個函數與它的倒數常會有某種關係存在,能夠通曉這種存在的關係,在很多時候就可以得到很

快的一種概念。這一點是很重要的。當面對一個函數，一般人還摸不著頭緒的時候，而你已經可以建立起整體初步的構想與概念，這就是一種優異與超越的現象。各位應該要多多學習這方面的智能才好。在未來對於各種函數的真實狀況則必然可以更容易掌握與運用自如。

2. 各位都知道，指數函數 *g(x)=exp(x)* 的特性曲線圖是屬於急遽攀升的一種曲線圖。那麼，再讓我們回過頭來看一看 *f(x)=1/exp(x)* 這個函數，這個函數是前者指數函數的倒數。所以，應該可以想像得到，當指數函數 *g(x)=exp(x)* 的特性曲線圖在急遽攀升的時候，*f(x)=1/exp(x)* 則是相對的會快速的「萎縮」而下降，因為分母變得越來越大的時候，*f(x)* 的值就會越來越小。但是，無論如何不會小於零，而只是會無限的接近於零。所以說，函數 *f(x)=1/exp(x)* 這個式子與指數函數 *g(x)=exp(x)* 這兩個式子是有某種程度相互對應的。而這種現象，當然就可以從式子 *f(x)·g(x)=1*，也就是 *exp(x)·(1/exp(x))=1* 得到印證。圖 Fig 8-05.1 所示的是一般指數函數的特性曲線圖，而 *f(x)=1/exp(x)* 的特性曲線則如圖 Fig 8-05.2 所示，以利相互比較與比對。請注意的是，*exp(0)=1*，所以，在圖 Fig 8-05.2 中各位可以看到當 *x=0* 時 *f(x)=1/exp(0)=1*。

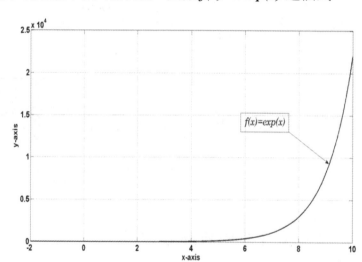

Fig 8-05.1 函數 *f(x)=exp(x)* 特性曲線圖

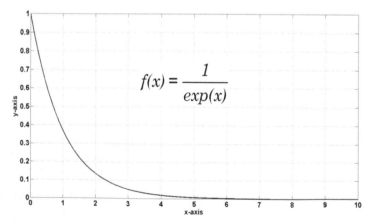

Fig 8-05.2 函數 *f(x)=1/exp(x)* 特性曲線圖

設指數函數如下，請繪製該函數之特性曲線圖，並詳加解釋其意義。

$$f(x)=sin(x) \cdot exp(x)$$

## 【解 析】

1. 這是一道有趣的題目，它可以讓有識之士，面對著這道題目充滿著許多的想像。我們可以想像它像 *sin(x)* 的波型，也可以想像比較會像 *exp(x)* 的波型，或是這兩者兼而有之。也就是說，它會是指數的型態，向上快速的增長，但也還帶有 *sin(x)* 的波動形狀，所以，它的結果會很有意思的，但真是如此嗎？

2. 首先，我們想到的是 *sin(x)* 的波型，它是一個具有週期性的波型，而且其值是界於 -1 至 +1 之間。照這個數值說來，它對於指數函數 *exp(x)* 的影響應該是很小的，但真的是如此嗎？

3. 這樣想法並沒有太離譜，指數函數 *exp(x)* 一向都是屬於正值的。但是，不要忘記了，*sin(x)* 函數在超過 180 度，也就是超過 *π* 的時候，它的值成為負的，所以，當 *sin(x)•exp(x)* 這兩者相乘之下，它的結果會急遽的由正值轉變為負值。也就是說，*exp(x)* 那種急遽上升的波型，也會成為急轉而下的負值，而在最後回到 *2π*。也就是 *sin(x)* 再回到 360 度的時候，函數曲線會再度的回歸於零，然後再趨向於正值。

4. 當整個函數 *f(x)=sin(x)•exp(x)* 在 *x* 為負值的時候，由於 *exp(x)* 的數值非常的小，所以，幾乎對 *exp(x)* 這個函數沒有什麼太大的影響。而當 *x* 直進入正值的時候，整個函數會略微升起，但是到了 *π/2* 的時候，*sin(x)=0* ，而 *f(x)=0*，此後 *sin(x)* →負值，所以函數相乘的結果為負，曲線急遽的下降。直到 *sin(2π/3)* 以後，曲線才開始往上攀升，而在 *2π* 時歸向於零。下圖分別顯示的是圖 Fig 8-06.1 的 *sin(x)* 曲線與 Fig 8-06.2 的 *exp(x)* 特性曲線圖，想要將 *sin(x)* 曲線與 *exp(x)* 曲線放在同一張規格的圖表中是不合宜的，因為它們的數值相差太遠。
圖 Fig 8-06.3 則是 *f(x)=sin(x)•exp(x)* 函數最後的結果。

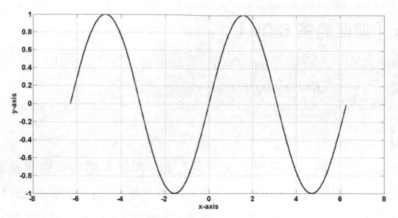

Fig 8-06.1 *sin(x)* 的特性曲線圖

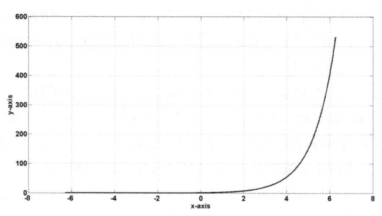

Fig 8-06.2 *exp(x)* 的特性曲線圖

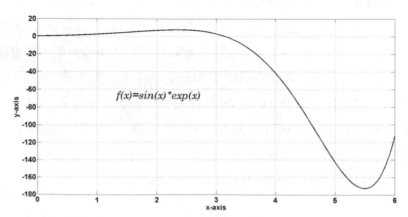

$f(x)=sin(x)^*exp(x)$

Fig 8-06.3 *f(x)=sin(x)•exp(x)* 特性曲線圖

8 為大自然說話的曲線

## 【研究與分析】

我們已經完成 **x>0** 這個部分的 **f(x)=sin(x)•exp(x)** 特性曲線圖,但是,在負數的區域,也就是 **x<0** 這個部分的特性曲線會是如何呢?是不是它的曲線性質會與 **x>0** 這個部分相互對稱呢?這樣的想法是太直接了而忽略了一些特質。**sin(x)** 函數固然是對稱的一種週期函數,但是,**exp(x)** 函數卻不是對稱的,也不是一種週期函數。**exp(x)** 函數在 **x>0** 的部分急遽上升,但在 **x<0** 的部分卻沒有表現,而是逐漸的趨近於零。所以,在相乘之後,數值仍是很小的在波動,並逐漸的趨近於零,如圖 Fig 8-06.5 所示:

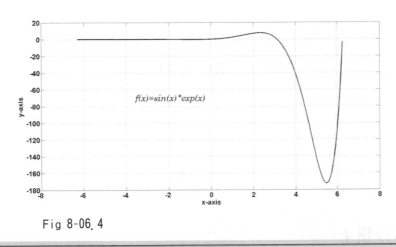

Fig 8-06.4

### ★★★★【典範範例 8-07】

設函數如下,請繪製該函數之特性曲線圖,並詳加解釋其意義。

$$f(x) = \frac{sin(x)}{exp(x)}$$

## 【解 析】

1. 有關於 **sin(x)** 與 **exp(x)** 這兩個函數的特質,經過前面長時間訓練,相信各位都能夠很詳熟了。對於這兩個函數相乘在上一題也解說了。但是,若是這兩個函數相除呢?我們應該立刻想到的是什麼呢?首先,各位可以看到的是指數函數 **exp(x)** 出現在分母,由於指數函數 **exp(x)** 是一種屬於急遽上升形式的函數,所以,第一應該想到的是,這整個分母會越除越大,而最後則幾乎就整個趨近於

零。

2. 但是，在短距離之內，指數函數 *exp(x)* 的值很小，所以對於整個函數的影響也就不會太大。因此，在 *sin(x)* 的半個週期之內，會有一些屬於 *sin(x)* 正半波的波動，不過，也僅在這短距離之內而已，最多過了一個週期，一切都會歸於平靜的，如圖 Fig 8-07.1 所示。在圖 Fig 8-07.1 中可以看到一個大的波峰出現。事實上，若從數值上來看，整體波動的範圍還是非常有限的，只不過是略微突起的變化了一點點。

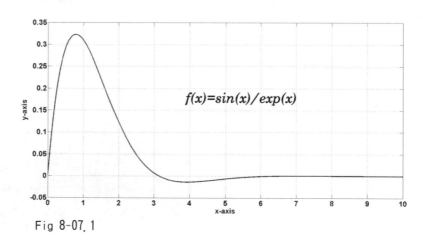

Fig 8-07.1

## 【研究與分析】

在「解析」了上面的這個函數與特性曲線之後，各位理應對這類相關的問題了然於心了。現在，若是進一步的將原函數更改為：

$$f(x) = \frac{exp(x)}{sin(x)}$$

那麼，讓我們再評估一下，這樣的函數會是如何的呢？首先，在看到這個函數的時候，在心裡面一定要警覺到，這裡面一定會有許多「極限黑洞」的存在。因為，*sin(x)* 每隔 180 度（$\pi$ 值）就會出現零值，而分母為零的地方，當然就會有一個「極限黑洞」的存在。如圖 Fig 8-07.2 所示。請注意，在 Fig 8-07.2 圖中縱軸的刻度很大，所以一些小的「漣漪」就無法顯示了。

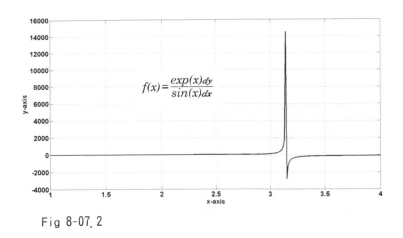

Fig 8-07.2

在 Fig 8-07.2 圖中所顯示的只有一個「極限黑洞」，事實上，在 0-π 的範圍中，應該有兩個「極限黑洞」才對。因為，**sin(x)** 的值在 0 與 π 的時候，都分別為零。如今將 Fig 8-07.2 圖靠近 0 這附近放大來看，就可以清楚的看出在 **x=0** 這個地方，有一個正的「極限黑洞」存在。如圖 Fig 8-07.3 所示：

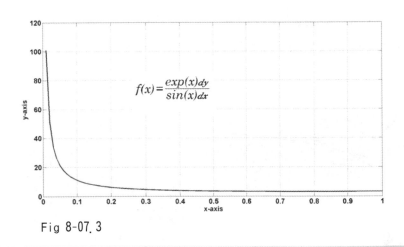

Fig 8-07.3

## ★★★★【典範範例 8-08】

請分別繪製出下列各函數之特性曲線圖，並請分別解釋其意義。

$$f(x)=log(x)$$

$$g(x)=log_2 (x)$$

$$h(x)=log_{10} (x)$$

## 【解 析】

1. 這 (1) *f(x)=log(x)* 是自然對數，也就是以 *e* 為底數的對數。(2) *g(x)=log₂(x)* 是以 2 為底數的對數。(3) *h(x)=log₁₀(x)* 則是以 10 為底數的對數。那麼，這三個不同底數的對數，它們彼此之間究竟有什麼不同呢？ 下列所示的圖 Fig 8-08.1 中，可以看到這三條曲線，它們之間唯一的不同就在於它們彼此之間的底數而已。

2. 這三條線的高度並不一致，*f(x)=log₂(x)* 最高，其次為 *g(x)=ln(x)*，而 *h(x)=log₁₀(x)* 則是最低。各位如果仔細的思考，相信一定可以想通其中的道理。若以實際的例子來看：

設               *x=8*

則               $g(x)=\log_2(8)=3$

                     $f(x)=\log_e(8)=\ln(8)=2.079$

                     $h(x)=\log_{10}(8)=0.903$

同樣的是 *x=8*，但 *g(x)*、*f(x)* 與 *h(x)* 的值均不相同，然而，很明顯的，指數的底數越大，曲線彎曲的程度越為低下。如圖 Fig 8-08.1 所示。

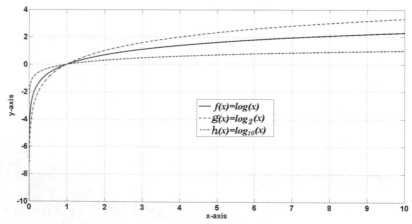

Fig 8-08.1   1. *f(x)=log(x)*    2. *g(x)=log₂(x)*    3. *h(x)= log₁₀ (x)* 之曲線圖

## 【研究與分析】

有一件很有趣的事情，各位一定要知道與牢記，那就是對數函數不論是以何為

底數的，它們都會通過 *x=1, y=0*，也就是 (1，0) 這一點，而成爲所有共同的交叉點。
這個事實，各位可以從下列的數據得知：

$$log(1)=0$$

$$log_2(1)=0$$

$$log_{10}(1)=0$$

如果將它們轉化爲指數型態，各位就可以更清楚了：

$$2^0=1$$

$$e^0=1$$

$$10^0=1$$

因爲任何數的 0 次方都是 1。圖 Fig 8-08.2 是局部的放大圖，各位可以更清楚
的看得出來這個現象。

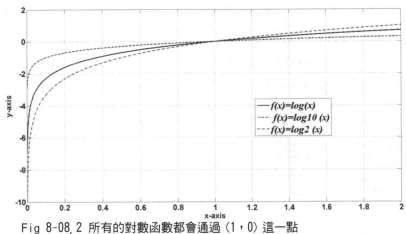

Fig 8-08.2 所有的對數函數都會通過 (1，0) 這一點

另外值得一提的，也是請各位稍微注意的是，在計算機 (computer) 內，是
不接受 *f(x)=log₁₀(x)* 或是 *f(x)=log₂(x)* 這種的寫法。而是直接以 *f(x)=log10(x)*、
*f(x)=log2(x)* 這種寫法或是 *ln(x)* 這種的寫法。原因其實很簡單，在計算機語言中，
包含組合語言或機器碼，計算機在解讀的時候是逐行逐字的在解讀，而「半」行
(line) 則是無法解讀的。所以，諸位如果在編寫程式碼的時候是需要注意這一點的。

## ★★★★【典範範例 8-09】

設函數如下，請繪製該函數之特性曲線圖，並詳加解釋其意義。

$$f(x) = \frac{exp(x)}{x}$$

## 【解 析】

這道題目在初看之下，對初學者而言，對於它的特性曲線可能會感覺到一時之間難以想像。但是，對一位有經驗的人士而言，可能覺得應該是並不困難的。這道理應該是很明顯的，因爲，針對 *exp(x)* 與 *x* 這兩個數的比值而言，它們之間是不成比例的。*exp(x)* 的特質是急遽上升形式的，而相對的 *x* 值則是線性的。所以，在這兩者相除之下的結果，對於 *exp(x)* 這個函數的影響不會太大，故而整體而言，這整個函數的特性曲線還是會維持在 *exp(x)* 這個函數的形式。更精準的說，變數 *x* 對於 *exp(x)* 的影響是倍率的問題，而這個倍率卻是一種降低的倍率，因爲它用的是「除法」。如果 *x=10* 則 *exp(x)* 的值要除以「降低」10 倍，若 *x=20* 則 *exp(x)* 的值要除以「降低」20 倍。但是，指數 *exp(x)* 在 *x=10* 的時候，已經是驟升到了 *exp(10)=2.5×10⁴*。而到了 *x=20* 的時候 *exp(20)=5×10⁸*。變數 *x* 對它的影響並不會很大。如圖 Fig 8-09.1 所示。

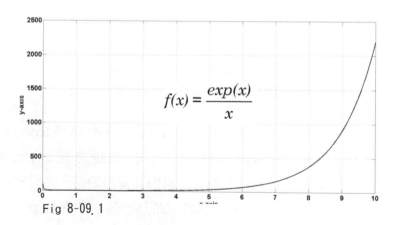

$$f(x) = \frac{exp(x)}{x}$$

Fig 8-09.1

## 【研究與分析】

各位可能覺得這道題目已經是可以結束了。但是，事實不然，這個函數的特性

曲線並沒有像圖 Fig 8-09.1 那樣是完整的一條曲線。事實上，它是有波折的。在這之前所顯示給各位看的是 *x>0* 的這個部分。但是，並沒有提到 *x* 趨近於零這個時候的狀況。各位應該可以看到的是在 *f(x)* 的函數式中，變數 *x* 是位在分母的位置，如果變數 *x* 是在分母，那麼就必須要知道當 *x* 趨近於零 *(x→0)* 的時候，整個函數會出現有正負無窮大的問題。所以，在 *x=0* 這一點上，函數式是有正負的極值出現。如圖 Fig 8-09.2 所示：

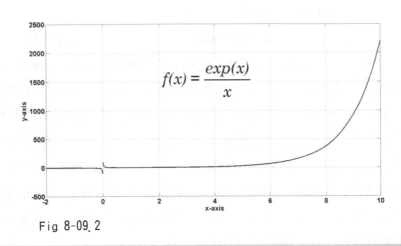

Fig 8-09.2

★★★★【典範範例 8-10】

請分別繪製出下列各指數函數之特性曲線圖，並請詳加解釋其意義。

1. *f(x) = exp(x)*
2. *g(x) = exp(2x)*
3. *h(x) = exp(3x)*

## 【解 析】

1. 有一個很重要的觀念，那就是可能有相當多的人認為 *exp(2x)* 所對應的函數數值會是 *exp(x)* 的兩倍，而 *exp(3x)* 所對應的值則是 *exp(x)* 的三倍。這也就是說 *(2x)* 會是 *(x)* 的兩倍，而 *(3x)* 則理所當然的是 *(x)* 的三倍。當然，若純粹論 *x*、*2x*、*3x* 這三個數，的確是對 *x* 有 1 倍、2 倍、3 倍的作用。但是，若是放在指數裡面，這樣的想法是相當錯誤的。因為，指數函數它不是線性的。所以，需

要特地的提出來，讓各位明瞭這其中的究竟，如此才能懂得真正的道理。現在，就使用數值分析，來進一步的證實這個問題：

$$exp(0) = 1 \qquad (e^0)$$
$$exp(1) = 2.7182 \qquad (e^1)$$
$$exp(2) = 7.3891 \ (e^2)$$
$$exp(3) = 20.0855 \qquad (e^3)$$
$$exp(4) = 54.5982 \qquad (e^4)$$

2. 在上式中，可以看得出來，$exp(2)=7.3891$ 它並不是 $exp(1)=2.7182$ 的兩倍，而 $exp(3)=20.0855$ 也不是 $exp(1)$ 的三倍，$exp(4)=54.5982$ 同樣不是 $exp(1)$ 的四倍。各位應該知道，它們之間本來就不是具備有線性的關係。所以，我們不可以用線性的眼光來看它們。事實上，從 $exp(1)=2.7182$ 到 $exp(4)=54.5982$，這之間增長了 20 多倍。總而言之，它們是以 $e$ 的倍率在成長，所以，不是只有 2 倍、3 倍或 4 倍等等的增長，這也是為什麼我們稱之為「指數函數」的道理所在。

3. 在 Fig 8-10.1 所顯示的圖中分別是 $exp(1)$、$exp(2)$ 與 $exp(3)$ 這三個指數函數的特性曲線圖。在圖中可以清楚的看得出來各曲線之間是以指數型態的增長，其為非線性的狀態。有一個重點請各位要記住：

**在指數函數中，底數越大則曲線的曲率也越大。**

4. 這句話是什麼意思呢？這是在說，在指數函數中，底數越大的函數則曲線向上彎曲的程度也越大。這個道理其實是非常明顯的，10 的平方等於 100，而 100 的平方則是等於 10000。同樣是平方，但是底數不同，當然它的倍率也就相差得很遠。如此，各位就很容易建立起這個觀念與認知，則將來在面對指數的時候，對於它們的特性曲線也必然會很容易的就能夠深入的掌握其中變化的道理之所在。

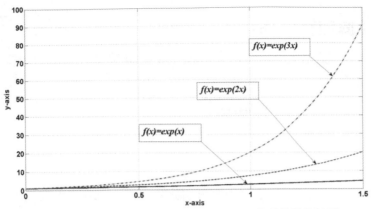

Fig 8-10.1 *exp(1x)*、*exp(2x)* 與 *exp(3x)* 之指數特性曲線圖

## 【研究與分析】

對指數函數來說，倍率的問題常使很多的人感到困擾，也因而常常不知該如何處理。其實，只要將它們區隔開來，問題往往就會清楚的多。下面的一些例子可以提供各位參考，並進一步的領悟它的道理，就可以運用自如了。

(1) 請注意，在書寫上 *exp(x)* 代表的是 $e^x$。所以：

$$exp(x) = e^x$$
$$exp(2x) = e^{2x}$$
$$exp(3x) = e^{3x}$$

(2) *exp(x²)* 代表的意義是什麼？

解答：它所代表的意義如下

$$exp\left(x^2\right) = e^{x^2}$$

(3) $e^{2^3} = ?$

解答：
$$e^{2^3} = (e^2)^3 = e^2 \times e^2 \times e^2$$
$$= e^6 = 2.7182^6$$
$$= 403.35$$

(4) $(e^2 \times e^3) = ?$

解答：
$$(e^2 \times e^3) = e^{2+3}$$
$$= e^5 = 2.7182^5$$
$$= 148.39$$

## ★★★★【典範範例 8-11】

設函數如下,請繪製該函數自 *x=-10* 至 *x=+10* 範圍之特性曲線圖,
並詳加解釋其意義。

$$f(x) = x \cdot log(x)$$

## 【解 析】

1. 這一個題目主要是要表達三個重要的觀念,其一是這個函數是由兩個不同的變數所組成,而且是相乘。第二個重點則是絕大多數的人不會考慮到,而且卻又是非常重要的,那就是在 *x=-10* 至 *x=+10* 的範圍中,這個函數會有一個「極限黑洞」的存在。因為,*log(0)= - Inf* 。這是一個負的無限大值,故而會形成「斷點」。第三點是要把各位對於 *log(x)* 函數的觀念,由實數領域帶入「複數 (complex number )」的領域裏。這是一般人很少能涉獵的,所以,也讓各位看一看在「複數」領域裏 *log(x)* 函數的真實狀況。

2. 如果僅是 *f(x) = x* 這個函數,它只是一條傾斜 45 度的直線,如圖 Fig 8-11.1 所示。至於,在 *x=-10* 至 *x=+10* 的範圍中的 *f(x)=log(x)* 的特性曲線圖就大大的不一樣了,如 Fig 8-11.2 圖所示。這可能會有許多人覺得很訝異,怎麼會是這樣呢?是的,就一般而言,絕大多數的書籍都不會將 *f(x)=log(x)* 這個函數中的 *x* 值取到負數的階段。因為,在實數領域中,沒有一個數是可以讓對數函數為負數值。正如在指數函數中 *f(x)=e^x* ,無論 *x* 值是多少,*f(x)* 都不可能為負數,最多就是為零。所以,當 *x* 值為「負數」的時候,它實際上是一個「複數」,而在我們所使用的「實數」領域中,是無法同時表達「複數」與「實數」這兩個領域,故而大家對於「複數」領域的部分都避而不談。事實上,各位應當知道,「複數」的本身就是包含了「實數」與「虛數」這兩個部分。因而形成了 Fig 8-11.2 的特性曲線圖。在一般的 *f(x)=log(x)* 圖形中,僅是取用 *x>0* 以上的部分,而這個部分也就是 Fig 8-11.2 圖中位於右半部的部分。

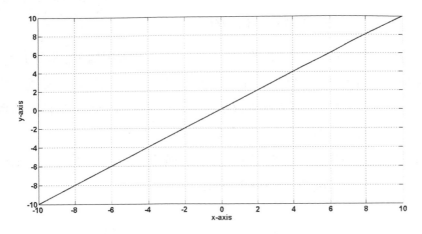

Fig 8-11. 1 函數 *f(x)=x* 圖形

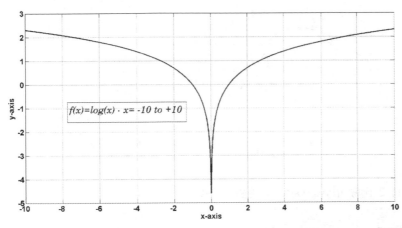

Fig 8-11. 2 函數 *f(x)=log(x)* 圖形（含負數區域）

3. 對於 Fig 8-11.2 的函數 f(x)=log(x) 圖形，進一步提供下列數據以供參考：

*log(7.391) = 2.000*

*log(4) = 1.3863*

*log(3) = 1.0986*

*log(2) = 0.6931*

*log(1) = 0*

*log(0) = -Inf*

*log(-1) = 0 + 3.1416i*

*log(-2) = 0.6931 + 3.1416i*

*log(-3) = 1.0986 + 3.1416i*

$$log(-4) = 1.3863 + 3.1416i$$

1. 那麼，當變數 *x* 與 *log(x)* 的相乘的時候，各位可以嘗試根據 Fig 8-11.1 與 Fig 8-11.2 這兩個圖，是否可以構想出一個大概的結果出來。但是，要提醒各位的是，當變數 x 位於負數時，與 *f(x)=log(x)* 相乘的結果，有一部分會得到負負得正，而仍有一部分仍然會是留在負值區域。如 Fig 8-11.3 所示。

2. 在 Fig 8-11.3 圖中，各位可以看得出來，位於 *x=0* 的地方出現了一個「集線黑洞」的斷點，那是因爲 *log(0)= − Inf* 的緣故。

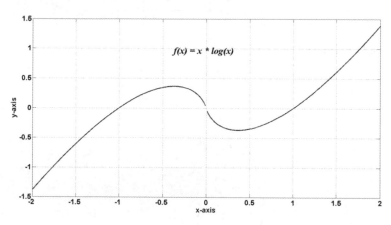

Fig 8-11.3 函數 *f(x)=x*log(x)* 特性曲線圖形

## 【研究與分析】

各位可能對於函數 *f(x)=x•log(x)* 特性曲線圖形，也就是對於 Fig 8-11.3 圖中的曲線會感覺到有點奇怪。相「乘」應該是放大的作用啊！如何會整個都變形了呢？是的，相「乘」的確是具有放大的作用，但是，不要忘了，相「乘」的結果也會改變方向，因爲相「乘」的結果會出現正負號的問題，也因此會直接的影響特性曲線圖的方向。在 Fig 8-11.3 圖中有兩個地方需要特別注意的，那就是在 *x=+1* 及 *x=−1* 這兩個地方。在 *0<x<1* 這個地方，曲線是在負值區域，過了 *x=1* 這一點，則曲線進入了正值的領域。相反的，在 *−1<x<0* 這個區域，曲線是位於正值，過了 *x=−1* 這一點，則曲線進入了負值的領域。如果對於上述的曲線若是還有遲疑的話，可以參閱下列的數據就很清楚了。

$$f(x)=x \cdot log(x)$$

$x = 2$ ，$f(x) = 1.3863$

$x = 1.5$ ，$f(x) = 0.6082$

$x = 1$ ，$f(x) = 0$

$x = 0.5$ ，$f(x) = -0.3466$

$x = 0$ ，$f(x) = NaN$

$x = -0.5$，$f(x) = 0.3466 - 1.5708i$

$x = -1$ ，$f(x) = 0 - 3.1416i$

$x = -1.5$，$f(x) = -0.6082 - 4.7124i$

$x = -2$ ，$f(x) = -1.3863 - 6.2832i$

★★★★【典範範例 8-12】

設函數如下，請繪製該函數之特性曲線圖，並詳加解釋其意義。

$$f(x) = log(x)^2$$

## 【解 析】：

1.  各位如果用 $log(x)$ 來想 $log(x)^2$，雖然那是一種本能，但是，事實上它們的相似程度卻是相差得很遠、很遠了。首先，各位想一想看，$log(0) = -Inf$，而 $log(0)^2 = +Inf$。一個是負無窮大，而另一個卻是正無窮大，這之間就出現了天與地之差。

2.  在構想函數 $f(x) = log(x)^2$ 之前，讓我們再看一看 $f(x) = log(x)$ 的特性曲線，如圖 Fig 8-12.1 所示。根據這個特性曲線圖，可以進一步的推導出函數 $f(x) = log(x)^2$ 的特質出來。

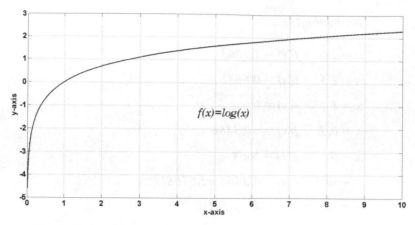

Fig 8. 12. 1 *f(x)=log(x)*

3. 現在，讓我們一起來分析函數 **f(x)= *log(x)²*** 的特性曲線如下：

(1). 首先，還是必需由函數 **f(x)=log(x)** 的特性曲線特質做為依據。當曲線從 **x=0** 這一點開始的時候，曲線由「負」無窮大的地方快速而急劇的升起。因此，在平方之後反而會成為「正」值，而曲線則會倒過來成為急劇的下降的形式，這個現象各位可以比對圖 Fig 8.12.2 的前半段所顯示的狀態就可以明確的看出它的特質。

(2). 然後曲線就來到 **x=1** 的這個點，這是一個關鍵點。在這之前曾多次提過，所有的對數函數都一定會通過 **(1，0)** 這一點。所以在這一點的時候，**log(x)²** 曲線的下降會接觸到 x 軸，而這也就是底部，因為，任何數的平方都不會是負數，所以，**(1，0)** 這一點會是它的底部。

(3). 在這之後，**log(x)** 開始穩定而平緩的上昇。因此，**log(x)²** 曲線也就隨之平穩的逐漸升起。這也就是 **f(x)=log(x)²** 後半段的情況。如圖 Fig 8.12.2 之所示。

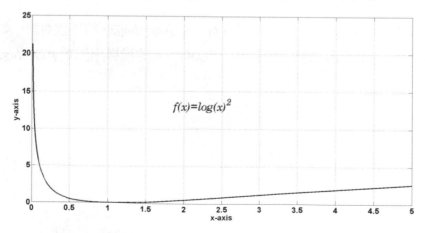

Fig 8. 12. 2 *f(x)=log(x)²*

## 【研究與分析】

(1). 凡所有的對數函數它們的特性曲線中都有一個最重要的特質，那就是曲線一定會通過 $x=1$，$y=0$ 也就是 **(1，0)** 這一點。那麼要問，對於 **log(x)** 這個函數的平方，也就是 **log(x)²** 還會不會維持這個特性呢？答案是肯定的。各位可以回到 Fig 8.12.2 圖中，明顯的可以看出這樣的一種特質仍然是存在的。這一點很重要，也請各位牢記之。

(2). 圖 Fig 8.12.3 是將 **x** 軸的刻度放大到 **x=50** 的尺度。並隨後提供詳細的數據資料，

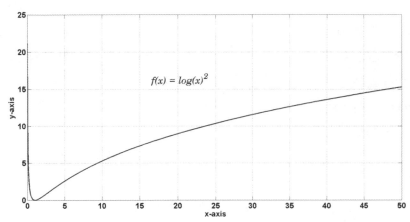

Fig 8. 12. 3 函數 $f(x)=log(x)^2$ 特性曲線圖

$$log(0)^2 \ = \ Inf$$
$$log(0.1)^2 = \ 5.3019$$
$$log(0.5)^2 = \ 0.4805$$
$$log(1)^2 \ = \ 0$$
$$log(5)^2 \ = \ 2.5903$$
$$log(10)^2 \ = \ 5.3019$$
$$log(15)^2 \ = \ 7.3335$$
$$log(20)^2 \ = \ 8.9744$$
$$log(30)^2 \ = \ 11.5681$$
$$log(40)^2 \ = \ 13.6078$$
$$log(50)^2 \ = \ 15.3039$$

★★★★★【典範範例 8-13】

設函數如下，請繪製該函數之特性曲線圖，並詳加解釋其意義。

$$f(x) = log(x) \cdot exp(x)$$

## 【解 析】

1.　這是一題 5 顆星的題目，達到了最高的級數。許多人在面對這一個題目的時候可能會想，指數函數與對數函數是互為「反函數 (inverse function)」。對於 *log(x)\*exp(x)* 這兩個函數相乘，可能會有許多人以為它是不是會回歸成為一條直線。如果有這樣想法的人，是對於指數與對數還是沒有了解透徹的。如果 *log(x)\*exp(x)* 這兩個函數相乘可以得到一條直線，那麼要進一步的請問 *log(x)/exp(x)* 則又是什麼？或是 *exp(x)\*(1 /\*exp(x))* 那又是什麼？所以，這一題就是要詳盡的分析這一切的究竟，讓各位可以進一步的對指數與對數進入透徹的了解而設計的。

2.　首先，我們需要在實際上看到指數與對數的特性曲線圖。圖 Fig 8-13.1 是對數 *log(x)* 的特性曲線圖，請注意的是，這個函數圖是跨越了 *x* 軸的正負兩端，由 *x=−5* 至 *x=+5* 的範圍。當然，*log(x)* 函數在 *x<0* 的時候會是「複數 (complex number)」的形式。但是，不能因為它是「複數」的形式，我們就完全不討論它。事實上，*log(x)* 函數在 *x<0* 的時候，不但是有虛數，但也有實數存在，我們可以棄「虛數」暫不討論，但是它在 *x<0* 時候的，「實數」的這個領域仍然是可以討論的。

1.　在 Fig 8-13.1 圖中，可以看到指數在「實數」領域的範圍中，是以「零」為中心展開，然而它們卻是完全對稱的。當然，當 *x=0* 時候 *log(x)* 是不存在的。因為，*log(x)=-Inf* ，它是一個趨於負無窮大的值，如圖中所示。我想要在重申的就是這個在 Fig 8-13.2 的特性曲線圖中，絕大部分的書籍都是從 *x>0* 開始的，至於在 *x<0* 這個部分，很少人去討論它，所以一般人也就不會知道它。因此，要強調的是，*log(x)* 在 *x<0* 這個部分絕對不是不存在，而是以「複數」的型態存在，如今，我只是將它的「實數」部分列示出來，讓各位可以知道在 *x<0*

這個部分，*log(x)* 還是有東西存在的。

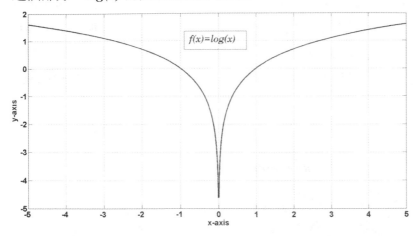

Fig 8-13.1 函數包含 *x<0* 之 *log(x)* 實數部分特性曲線圖

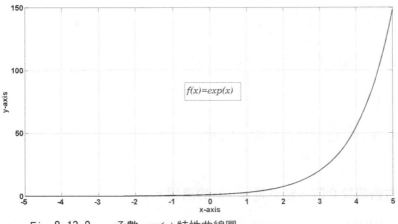

Fig 8-13.2 　　函數 *exp(x)* 特性曲線圖

2. Fig 8-13.2 圖是函數 *exp(x)* 的特性曲線圖，這是一個應該已經非常熟習的曲線
   圖了。它的範圍同樣是落在 *x=-5* 至 *x=+5* 的這個範圍。現在，各位要開始設
   想的是圖 Fig 8-13.1 與圖 Fig 8-13.2 這兩個特性曲線圖相乘的結果會是如何？有
   一點需要提醒各位的，哪就是在這兩個圖中的 *y* 軸，也就是 *f(x)* 的刻度 (scale)
   所呈現的並不相同而且差異很大，雖然在 *x* 軸上所採用的刻度是一致的。由這
   兩個圖中的 y 軸的刻度 (scale) 所呈現的差異，我們應當會感覺到 *log(x)•exp(x)*
   這兩者相乘後的結果，*exp(x)* 這個函數的特性應該會較為凸出得多。

3. 函數 *f(x)=log(x) •exp(x)* 相乘的結果呈現在 Fig 8-13.3 圖中，各位可以很明顯的

看得出來，這兩個數相乘的結果，指數的特質被凸顯出來了。但是，這其中有一個「特質」點需要注意，那就是在 *x=0* 這個地方出現了一個凹點。事實上，這個凹點正是 *log(0)* 的「特質」所在，也就是「極限黑洞」的所在地。因為 *log(0)=-Inf* 是一個負無限大值，當然，這個值不是任何數可以拉得起來的。

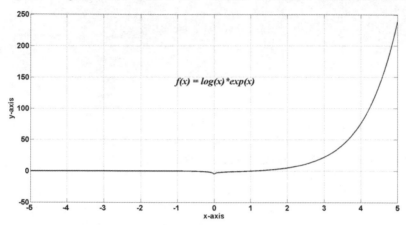

$f(x) = log(x)*exp(x)$

Fig 8-13.3　　函數 *f(x)=log(x)•exp(x)* 特性曲線圖

## 【研究與分析】

*log(0)= -Inf* 這一點是十分有趣的，*log(0)* 這個數學式若是翻譯成白話文則是在說：

**「e 的幾次方會等於 0 呢？也就是 $e^?=0$ 的意思。」**

這個「？」問號就是我們所要的答案。當然，在理論上是沒有任何一個實數的值是可以讓「e」值變成為 0 的，只有在極限的領域中可以討論到讓它趨近於 0。而這個極限值就是 *-Inf (- ∞ )*。所以，我常使用「極限黑洞」來形容或描述這個負無限大的數值的情況與思維。在圖 Fig 8-13.3 中所顯示的刻度範圍較大，所以只能看出一小個凹點。如今在圖 Fig 8-13.4 中顯示的刻度範圍較小，做了局部性的放大，各位可以看得出來，那是一個非常有意思的「極限黑洞」負無限大的極值，也是一個無底洞。

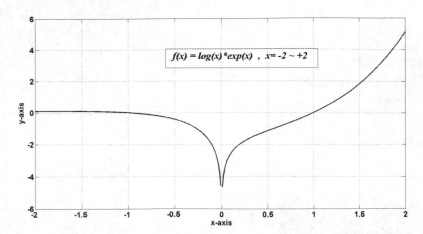

Fig 8-13.4 在 *x=0* 附近局部放大的函數 *f(x)=log(x)•exp(x)* 特性曲線圖

# 9

# 用白話文講指數與
# 對數的微分

【本章你將會學到下列的知識與智慧】：

# ☆ 9.1
# 再用白話文講「指數」

有許多的人對於「指數函數 (Exponential function)」與「對數函數（Logarithmic function）」究竟是什麼？常常弄不清楚，甚至是在觀念上就顯得相當混淆不清也不解。為了希望能真正的幫助各位將「指數」與「對數」弄得清清楚楚，所以，特地的將它們轉化為「口語化」思維。所謂「口語化」思維的意思就是：

**將數學中艱澀的文字與理論，用一般大家使用中的口語，把它説得更清楚、講得更明白與更透徹。也就是將數學的「意識」轉化為一種「口語化」的思維。**

也唯有如此，讓各位能夠充分的瞭解，所要面對的這一切之真實意義，而不是用數學的框架把人們框架在裡面，而很多時候卻不知道自己在做什麼？深信，使用「口語化」來解釋數學中艱深的「意識」是有大助益的，如此對於我們的思維與認知，才會有潛移默化的功能，而有極大的幫助與助益，而這也是本書最大的特色之一。

譬如說，我們常用的「十二生肖 (Chinese zodiac)」，即鼠、牛、虎、兔、龍、蛇、馬、羊、猴、雞、狗、豬。或是在農業社會中傳承與沿用了數千的「二十四節氣 (solar term)」，如果沒有特殊的方法，也的確是不容易記憶。所以，自古以來就有「十二生肖」的口語歌頌。至於「二十四節令歌」，也有「二十四節令歌 (Song of Solar Terms)」能幫助我們進行「口語化」的記憶，根據那些歌令再來推想「十二生肖」或「二十四節氣」，再計算起來就容易多了。數學有的時候也是如此，尤其是對基本的一些定義一定要弄清楚，那往後所有衍生出來的演算與道理，才能應付自如。所以，不要小看這種「口語化思維」的作用，它常會帶給我們非常大的幫助與功效。

首先，就讓我們來談談指數函數（Exponential Function）。在談這個之前，就必須先要知道指數函數的「型式」。

事實上，任何的函數都有它一定的「型式」，更簡單的說也就是它的「模樣」，

指數的型式可以由下列的式子得知：

$$f(x) = a^x$$

指數函數 $f(x)$ 式中必須是 $a>0$ 且 $a≠1$。這個 $a$ 稱之為「底數 (base)」，而 $x$ 則是為「指數 (index 或 exponent)」，它可以是任意的實數。所以，在 $f(x)$ 的定義域為所有的實數 。用白話文說：

$a^x=y$ ( 這是在說：$a$ 的幾次方等於 $y$ 呢？)

$2^x=16$ ( 這是在說：$2$ 的幾次方等於 $16$ 呢？

答案是 $x=4$ 也就是 $2^4=16$)。

這個 2 是「底數」，4 是「指數」，而 16 則是它們的答案。

所以，如果我們知道對於一個函數如果知道它的底數與指數，而要求它的結果，這種運算稱之為「指數運算」。

在指數運算中，在一般狀況下，它的底數是不變的，而指數則是可以任異的變動。當然，除非是專門討論「複數」的領域，通常指數則是不會具有「虛數」的形式。

$a$ 也可以為 $e$，如果將 $a$ 換成是 $e$，則成為下列的型式：

$$f(x) = e^x$$

此 $f(x)$ 稱之為「自然指數函數 (natural exponential function)」，這裡的 $e$ 是數學常數，就是自然指數，又稱為「歐拉數（Euler's number）」，是以瑞士數學家歐拉 (Euler，1707~1783) 命名的，它的數值約是 $e=2.718281828$，就像圓周率 $π$ 及虛數單位的 $i$(Image) 一般，$e$ 是數學中最重要的常數之一。

在大自然與人世間，有很多事情在增長之中或是逐步的衰減過程中，都必須用指數函數來進行敘述與模擬的。由於指數函數 $e^x$ 的另一種特殊性，是在於它是唯一的函數是與自身的導數相等的一種函數，也就是說，指數的微分還是它自己，這是非常有意思的事。

# ☆ 9.2
# 自然指數特性曲線圖的意義

在指數特性曲線圖中最常被用到的是自然指數特性曲線圖，也就是使用以 $e$ 為底數的指數模式，這個 $e$ 值是大自然中，也是數學中最重要的常數之一。它與圓周率 $\pi$ 幾乎是一樣的常被人們提起與使用到。

在大自然的環境中，或是事物的增長與衰退的過程，經常都會使用到指數函數來進行說明與模擬。

在自然指數特性曲線圖可以看得出來，曲線是成「急遽」的型態上升，在圖中的數據上顯示，在橫軸 $x=10$ 的時候，$f(x)$ 已經達到 $10^4$ 之高。各位可能覺得這樣的曲線圖在人類社會與大自然中不常出現。事實不然，這其實也是人類社會與大自然中常出現的狀態。

生命現象的增長並不全然是以 2 為底數的。人體或是其他的植物或生物等，是由兆億的細胞所構成的，在成長的過程中，固然是細胞不斷地在分裂增殖，但是，到了一個階段之後，有些則會繼續的分裂增殖，而有些細胞會另行再做各種不同功能上的分裂增殖。所以說，生命現象的分裂增殖與增長並不全然是以 2 為底數的。反而是自然指數在使用上是佔了絕大多數的地位。

圖 Fig 9.2.1 所示的 $f(x)=e^x$ 是自然指數函數的特性曲線圖，在自然指數函數的特性曲線圖有兩個點必須特別注意的地方，如圖 Fig 9.2.2 所示。

在圖中有兩個星號，這是自然指數函數一定會通過的兩個點。

第一個要注意的點是 A(0，1) 點，當 $x=0$ 時 $f(x)=1$。第二個要注意的點是 B(1，2.718) 這個點，當 $x=1$ 時 $f(x)=2.718$。

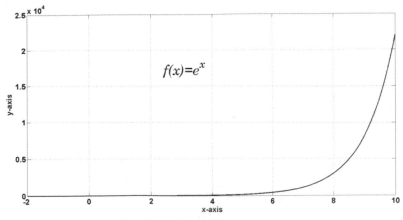

Fig 9.2.1 自然指數函數的特性曲線圖

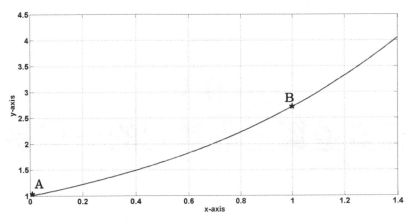

Fig 9.2.2 自然指數函數的特質點

　　有一個非常重要的應用上所必需的，那就是自然指數的特性曲線圖並不是完全被固定住的或是全然一成不變的，若是如此，那就一點意義都沒有了。畢竟這個世界上是無奇不有的，涵蓋了所有的現象。所以，即使是自然指數，也必須能夠調整與應變，當它與各種不同的參數 (parameter) 或是函數 (function) 一起運算的時候，則是可以產生各式各類不同的曲線，這就幾乎可以讓自然指數幾乎是無所不能了。如圖 Fig 9.2.3 之所示。至於不論是指數函數或是自然指數函數 $e^x$ 它們都有一個非常不可思議的特性，那就是它是唯一的函數，它的本身是與自身的導數相等的一種函數，白話文的說法就是：「指數的微分還是等於它自己。」這是非常奇特的事。這將會在下列的章節繼續的再做進一步的討論。

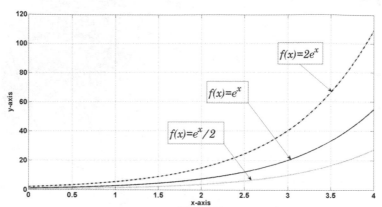

Fig 9.2.3 不同變數的自然指數函數曲線

# 在指數運算上最常犯的一些錯誤

不要小看了「指數」的一些基本運算,事實上,經常會有一些人士,在觀念上如果沒有建立非常清晰明確的時候,總難免會弄錯的。所以,於此進一步的提出來在指數上最常犯的一些錯誤,並藉此希望能進一步的提醒各位注意:

第 1 個錯誤是: $2^2 \times 2^3 = 2^{2 \times 3} = 2^6 = 64$

正確的答案是: $2^2 \times 2^3 = 4 \times 8 = 2^{2+3} = 2^5 = 32$

（這是指數的相加）。

第 2 個錯誤是: $(2^2)^3 = 2^{2+3} = 2^5 = 32$

正確的答案是: $(2^2)^3 = 2^2 \times 2^2 \times 2^2 = 2^{2 \times 3} = 2^6 = 64$

（這是指數的相乘）。

第 3 個錯誤是: A. $2^2 + 2^3 = 2^{2+3} = 2^5 = 32$

$$B. \quad 2^2 + 2^3 = 2^{2 \times 3} = 2^6 = 64$$

正確的答案是： $2^2 + 2^3 = 4 + 8 = 12$

第 4 個錯誤是： A. $(2^{2^3}) = 2^{2 \times 3} = 2^6 = 64$

B. $(2^2)^3 = 2^5 = 32$

C. $(2^2)^3 = 2^6 = 64$

正確的答案是： A. 錯誤的。正確的是 $(2^{2^3}) = 2^{2 \times 2 \times 2} = 2^8 = 256$

B. 是錯誤的。

C. 正確

# ☆ 9.4
# 指數的微分是一條打不死的龍

　　「自然指數」是一種非常、非常奇特的函數，因爲它其實是「一條打不死的龍」。什麼意思？是的，這是有其非常特殊的意義。在我們一般微分的處理過程中，每微分一次，就會降階一次，最後總會將它微分成爲常數項或是零。但是「指數函數」卻不是如此，只要是「指數函數」，不論微分多少次，它都是「自己」，也都不會降階，更不可能將它微分成爲零。所以，說它是一條打不死的龍。

　　現在，就讓我們再來看看我們所使用的一般「**微分法則（n 爲實數）**」：

$$\frac{d}{dx}(x^n) = nx^{n-1} \qquad \text{----------------------------------- (1)}$$

$$\frac{d}{dx}(cx^n) = c * nx^{n-1} \qquad \text{----------------------------------- (2)}$$

但是，對於 $f(x) = e^x$ 求 $f'(x)$ 時，我們需藉由導函數 (Derivative) 的定義，做進一的導證：

$$f'(x) = \lim_{\Delta x \to 0} \frac{f(x + \Delta x) - f(x)}{\Delta x}$$

$$= \lim_{\Delta x \to 0} \frac{e^{(x + \Delta x)} - e^x}{\Delta x}$$

$$= \lim_{\Delta x \to 0} \frac{e^x \times e^{\Delta x} - e^x}{\Delta x}$$

$$= \lim_{\Delta x \to 0} \frac{e^x(e^{\Delta x} - 1)}{\Delta x}$$

$$= \lim_{\Delta x \to 0} e^x \times \lim_{\Delta x \to 0} \frac{(e^{\Delta x} - 1)}{\Delta x}$$

這個式子可以拆成為兩個式子分別來看：

設 $f'(x) = f1(x) \cdot f2(x)$

$$f1(x) = \lim_{\Delta x \to 0} e^x$$

但因 $\Delta x \to 0$ 對於整個 $f1(x)$ 的式子並沒有影響，也就是 $\Delta x$ 的改變，並不是 $x$ 在改變，所以，對於 $e^x$ 不會有影響。故而

$$f1(x) = e^x$$

而
$$f2(x) = \lim_{\Delta x \to 0} \frac{(e^{\Delta x} - 1)}{\Delta x} = 1$$

$f2(x)$ 這個式子在 $\Delta x \to 0$ 時，如圖 Fig 9.4.1 所示：

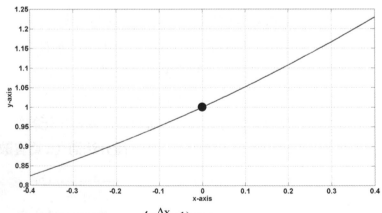

Fig 9.4.1 函數 $\lim\limits_{\Delta x \to 0} \dfrac{(e^{\Delta x} - 1)}{\Delta x}$ 的特性曲線圖.

當 $f2(x) =$ 在 $x$ 趨近於零的時候，$f2(x)$ 會趨近 $1$。請注意 $\Delta x$ 可以無限的小，但是就是不可以等於零，否則分母為零，就不成立了。

所以，  $f'(x)=f1(x) \cdot f2(x)$

$=e^x \cdot 1$

$=e^x$

結論是指數的微分為：

$$\frac{d}{dx}(e^x) = e^x$$

所以，當 $f(x)=e^x$，$f'(x)=e^x$

　　這好像是非常、非常的奇怪，怎麼 $f(x)=e^x$ 而微分 $f'(x)=e^x$ 所得到的結果卻還是原來的樣子。那麼，這個現象則又是在說什麼呢？它是在說，「自然指數」的這條特性曲線，它曲線的變化與「斜率」的變化完全相同。請注意，這是針對「自然指數」而言，這真是宇宙中的奇蹟。所以，除了這個「自然指數」之外，其他的指數型態在微分之後，則未必完全等於它自己。所以說，這「自然指數」真是一條「打不死的龍」。故而，$e^x$ 的微分還是 $e^x$，還是原來的樣子，沒有改變。

## ☆ 9.5 指數微分與符號法則

請注意下列自然指數的運算式子及其表達方式：

$f(x)=e^x$

$f'(x)=e^x$

$f''(x)=e^x$

$f'''(x)=e^x$

$exp(1)= e^1 = 2.718$

$exp(1.\text{^}2)$ 　　　$= e^{(1\text{^}2)} = 2.718$ (對 1 的平方。)

$exp(1).\text{^}2$ 　　　$= (e^1)^2 = 7.3891$ 　　　(對 e 的平方。)

$$exp(2) = (e^2) = 7.3891 \qquad (對\ e\ 平方。)$$
$$exp(3) = (e^3) = 20.0855 \qquad (對\ e\ 的\ 3\ 次方.)$$
$$exp(2.\text{^}2) = exp(2).\text{^}2 = (e^4) = 54.5982$$
$$exp(2).\text{^}3 = exp(3).\text{^}2 = exp(6) = e^6 = 403.4288$$
$$exp(1/2) = e^{\frac{1}{2}} = \sqrt{e} = 1.6487$$
$$exp(-1/2) = e^{-\frac{1}{2}} = \frac{1}{\sqrt{e}} = 0.6065$$

**【指數的微分法則】**：

$$\frac{d}{dx}\left(e^x\right) = e^x \text{ ----------------------- (1)}$$

$$\frac{d}{dx}\left(e^u\right) = e^u\frac{du}{dx} \text{ ----------------------- (2)}$$

# ☆ 9.6
# 什麼是對數函數

　　與「指數函數」最具有親密關係的就是「對數函數 (Logarithmic function)」了，它們其實是親兄弟，也可以說是一體兩面的。所以，真正瞭解「指數函數」的人，就必定會對「對數函數」有着正確而深切的觀念。因為，它們是可以相互轉換與相互思考的。前面談了許多指數的問題，現在，要再進一步的與各位談談對數函數的各種問題，談一談究竟應該如何去思考它？現在，就先讓我們看一看下列的式子，如果我問：

**「2 的幾次方會等於 8？」**

這樣一個問題，在數學式上有兩種表達方式：

**(1) $2^x=8$（2 的幾次方會等於 8 呢？）**

(2) $Log_2 8=x$　　（ **2 的幾次方會等於 8 呢？** ）

當然，我們都可以很輕易的回答說：

「**2 的 3 次方會等於 8。**」

所以，這兩個式子中的 **x**，都是 **x=3**。雖然，它們所用的方法不同，但是，所談的卻可以是同一件事，這樣的思維與觀念很重要。

所以，若要問：

「**2 的幾次方會等於 8 呢？**」

它數學式的答案是：

$$Log_2 8=3$$

# ☆ 9.7
# 如何口語化的數學

所以，請記住，在面對下列這個數學式子的時候，

$$Log_2 8$$

我們不要把它認為是一個數學式子而已，它除了是一個數學式子以外，更重要的是要懂它的真實意義。所以，我一向是極力的推介，我們應該用口語化的教學以及學習這種技巧，並進一步的用口語化來瞭解它、記憶它。這可以讓我們一見到它，就立刻的知道它的真實意義，而且一輩子都不會忘記。

那麼 $Log_2 8$ 這個數學式子用口語化來說就是等同於：

$Log_2 8$ => 「**2 的幾次方會等於 8 ？**」

所以，請記住。$Log_2 8$ 這個數學式子的意義就是在說：「2 的幾次方會等於 8 ？」

懂得這個道理之後，我們的答案也就出來了，當然，那就是 3。

$$Log_2 8 = 3$$

雖然，在數學上必須跟著數學的符號寫或是跟著唸。但是，那是數學，如果真的將 $Log_2 8 = 3$ 完全跟著數學的字母或符號的順序而一字不改的照唸，於是就唸成了「$Log$ 的 $2$、$8$ 等於 $3$」。這樣的詞句，真的會把人弄得糊裡糊塗而七暈八素，最終就是連自己都不知道在唸什麼了。所以，希望大家能正確的跟著我唸，唸對了自然而然的就會懂得它的道理了。這整個口語化的唸法也正等於它所表達的真實意義，所以，「口語化的數學」最根本著眼點，就是要唸正確。

★　$Log_2 8$：「$2$ 的幾次方會等於 $8$？」
★　$Log_2 8 = 3$：「$2$ 的 $3$ 次方會等於 $8$。」
★　$Log_x Y$：「$x$ 的幾次方會等於 $Y$ 呢？」

# ☆ 9.8
# 口語化的「對數」函數

自然對數（Natural logarithm）是以 $e$ 為底數的對數函數，標記為 $log_e(x)$ 或是直接寫 $log(x)$，最常用的一種則是 $ln(x)$。「自然對數」與一般「對數」唯一的差別就是在於它的「底數」，毫無疑問的，自然對數的「底數」一定是以 $e$ 為底數的指數函數。所以，自然對數 $lnx$ 則是等同於 $log_e x$ 的簡易寫法。對於自然對數 $lnx$ 同樣的是可以「口語化」的，所以，一併將它們的「口語化」都說明清楚。在函數 $y = a^x$ 數學運算中，「冪」運算的上標，即 $a$ 的 $x$ 次方（$a^x$），其中的 $x$ 即為指數（Exponential）。「冪」的意思是指乘方運算的結果。例如 $n^m$ 是指將 $n$ 自乘 $m$ 次，也就是把 $n^m$ 看作乘方的結果，所以叫做「$n$ 的 $m$ 次冪」或是「$n$ 的 $m$ 次方」。

在指數函數的寫法中，**exp(3)** 就是等同於 $e^3$ 的寫法，這是為了早期電腦上的書寫方便起見而使用的用法。那麼 **exp(3)** 若轉化在口語化上意義是什麼呢？

**exp(3)= ？等同於 $e^3$= ？**

所以，「exp(3)」在口語化上說法是：

**「自然底數 $e$ 的 3 次方會是多少呢？」**

當然，這個底數也可以更改為 2 或是 10，或是其他的底數，在此就不一一再敘述了。現在就讓我們進入對數函數及其微分的相關事宜之中。首先，再讓我們以實際的數值，請各位詳細的比對。

$$x=1 \quad , \quad ln(1)=0 \quad , \quad e^0 =1$$
$$x =2 \quad , \quad ln(2)= 0.693 \quad , \quad e^{0.6931} =2$$
$$x=2.718, \quad ln(2.718)= 1 \quad , \quad e^1 = 2.718$$
$$x=7.390, \quad ln(7.390)= 2 \quad , \quad e^2 =7.390$$

要深入而詳盡的研究這些對應關係，當然是非常重要的。所以，最好的方法就是在一開始的時候能夠建立非常清晰而明確的觀念，才可以然自然而然的隨心應手。現在，再看看下列的「問題」就會更清楚了。

## 【問題 1】：$log_{10}1$ 這是什麼意思？

說明：

1.  $log_{10}1$
    這是在說：**「10 的幾次方會得到 1 呢？」**

2.  $log_{10}1 = 0$
    這是在說：**「10 的幾次方會得到 1 呢？」**
    答案是：10 的 0 次方等於 1。

3.  如果換成「指數」型態：
    $10^0=$ ？那是在說什麼？
    這是在說：**「10 的 0 次方會是多少呢？」**

答案是：10 的 0 次方等於 1 。

也就是：$10^0=1$ 。

## 【問題 2】：$log_{10}(x)=0$ 這是什麼意思？

說明：

1.  這是換一個角度來看問題，不同的式子則是在述說不同的事情，
    當式子中放入了變數時：

    $log_{10}(x) = 0$

    這是在說：

    **「10 的 0 次方則 x 會是多少呢？」**

    答案是：$x=1$。

    這是說：**「10 的 0 次方則 x=1。」**

    也就是 $log_{10}(1) = 0$

2.  若是寫成指數型態

    $10^x=1$ 則 $x=0$。

    這是在說：

    **「10 的幾次方會是 1 呢？ x= ？」**

    答案是：$x=0$。

    也就是 $10^0=1$

## 【問題 3】：$lne=1$ 這是什麼意思呢？

說明：

1.  這是在說：

    **「自然對數 e 的幾次方會得到 e 呢？答案是 1。」**

2.  $lne=1$ 的意思也就是等同於：

    **e 的 1 次方會得到什麼呢？答案是 e。**

3.  也就是在說：

*log(2.718)= log$_e$(2.718) = ln(2.718)=1*

*e$^1$ =2.718*

## 【問題 4】：*log$_e$1=x* 這是什麼意思呢？

說明：

*log$_e$1=x* 用口語化來說：

**「e 的幾次方會得到 1 呢？」**

答案是 *e* 的 0 次方會等於 1。

*log$_e$1=0*

## 【問題 5】：*log(1)=0* 這是什麼意思呢？

說明：

*log(1)=0* 完全等同於 *log$_e$1=0*

這是在說：

**「e 的 0 次方會得到 1。」**

## 【問題 6】：*ln(1)=x* 這是什麼意思呢？

說明：

1. *ln(1)=x* 完全等同於 *log(1)=x* 或 *log$_e$1 = x*

   也就是在說：

   **「e 的幾次方會得到 1。」**

2. 所以，當 *f(x)=ln(x)*，*x=1*

   *f(1)=ln(1)= log(1) =log$_e$1=0*

3. 想通了，也看懂了這些道理之後，如果我再問：

   *log(2.71828)=* ？

   相信，大家就會知道那是在問：

「*e* 的幾次方會得到 *2.71828* 呢？」

當然，*e* 值的本身就是 *2.71828*，

所以，

*log(2.71828) = 1.0000*

這也就是：

*e¹ = 2.71828*

# ☆ 9.9
# 奇妙的對數微分

　　為什麼要說是奇妙的對數微分呢？是的，就一般函數的微分而言，會產生降階的現象，也就是說，每微分一次就會降一階。例如對一個三次方 $x^3$ 的微分，就會降了一階而成為 $3x^2$ 的二次方，再微一次就會再降一階而成為 $6x$，而成為一次方。如果再微分的話，就成為常數項了，而常數項的微分就是零了。所以說，對一般的函數而言，多幾次的微分，就可以將它給「微掉了」就是這個道理。

　　但是，對「對數」的微分而言，就不是如此了。事實上，它也是一條打不死的龍。也就是說，不管你如何去微分它，它永遠都不會消失。奇怪的是，微分不是會有降階的作用嗎？那如何不會被降到零階呢？是的，這也正是各位應該多想像的。各位想想看，如果函數是一個分數的話，那分母的降階只會越來越小而不會為零。根據定義，自然對數的數學性質，設 *x*，*y* 是為正數，則其相關恆等式：

　　(1) $\ln e^x = e^{\ln x} = x$

　　(2) $\ln 1 = 0$，$\ln e = 1$

　　(3) $\ln xy = \ln x + \ln y$

　　(4) $\ln x^b = b \ln x$

　　(5) $\ln x/y = \ln x - \ln y$

對於 *ln(x)* 的微分可以證得如下：

$$e^{\,ln\,x} = x$$

$$\frac{d(e^{\,ln\,x})}{dx} = \frac{d}{dx}(x)$$

$$(e^{\,ln\,x})\frac{d}{dx}ln(x) = 1$$

$$\frac{d}{dx}ln(x) = \frac{1}{x}$$

所以，設

$$f(x)=log(x)=ln(x)$$

$$f'(x)=1/x$$

圖 Fig9.9.1 是 *f(x)=log(x)=ln(x)* 的自然對數函數圖形，各位可以使用「斜率」的方式，相信你也可以繪製的出來 圖 Fig9.9.2 的 *f'(x)=1/x* 的微分特性曲線圖來。

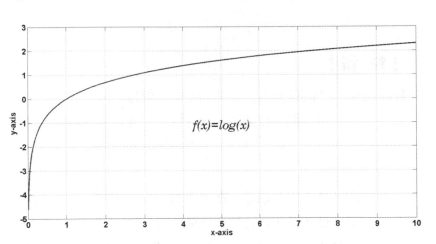

Fig9.9.1 *f(x)=log(x)=ln(x)*

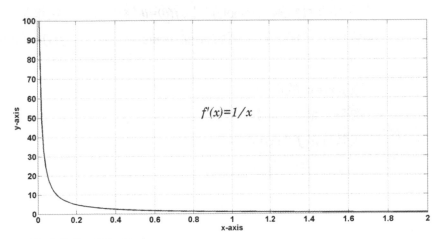

Fig9.9.2 *f'(x)=1/x*

## ☆ 9.10
# 【典範範例】集錦

## 【解 析】

1. 這個式子的微分是大家都知道的。但是，微分以後呢？

   也就是說，微分以後所得到的特性曲線它所代表的意義究竟是什麼？這才是我們要探討的要點。事實上，不論是一次微分或二次微分，其計算方法都有公式可循。

   然而，真正的問題是，在一次微分或二次微分之後所得到的答案，它們究竟是在講什麼？這才是我們真正應該關心的。

2. 對函數 $f(x)=x^2$ 的特性曲線而言，很顯然的，這是一個與 $y$ 軸對稱而且是凹型最基本的拋物線 (parabola)，以 $f(0)=0$ 為中心點，它也是一個開口向上的拋物線曲線，又稱之為「圓錐曲線 (conic section)」。$f(x)=x^2$ 的函數特性曲線圖如 Fig 9-01.1. 中所示。

3. 函數 $f(x)=x^2$ 的微分：

   一次微分是 $f'(x)=2x$。

   二次微分是 $f''(x)=2$。

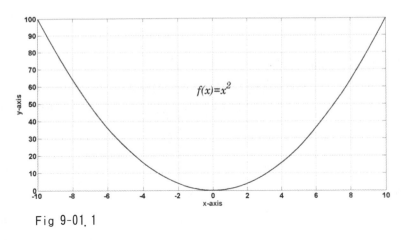

Fig 9-01. 1

## 【研究與分析】

　　有許多的人，的確是不知道這多次的「微分」究竟是要做什麼的？它們究竟是在說什麼呢？它又有什麼用呢？這些疑問都是應該的，也絕對是好現象。現在，就讓我們詳詳細細的從這裡開始，來徹底的解決這個問題。

　　為了能夠有一個卓越的開始，首先以這第一題為例，進行一次較為詳盡的解說與分析。這一道題目設定的較為簡單而單純，所以，是一道非常好的說明題目。讓大家可以清楚的知道它們(微分)究竟是在做些什麼事情？現在，就讓我們分點來論述如下：

1.　首先，我們必須先要清楚的知道函數 $f(x)=x^2$ 的特性曲線圖，唯有如此才能清楚的談論下去。函數 $f(x)=x^2$ 的圖形是一個凹形的拋物線曲線，中心最低點通過原點 $(0，0)$，左右兩邊對稱向上分別揚起。在瞭解了函數 $f(x)=x^2$ 的特性曲線圖後，現在再來看看一次微分 $f'(x)=2x$ 它究竟代表的是什麼意義？當然，各位會說它代表的是函數 $f(x)=x^2$ 的斜率變化。但是，這樣的說法太學術化了，未必讓人可以獲得真實而又具體的涵義。我們要的是把話說得白一點，說得簡易而明白一點。

2.　函數 $f(x)=x^2$ 是一條曲線，但是若要問，這條曲線整體的變化如何？或是這條曲線每一點的變化狀態如何？恐怕就不是一般言語可以回答得出來的。那麼，各位應該可以想得到，若能求得曲線中臨近的兩點的「傾斜」狀態，就可以確實的知道該曲線在這兩點之間的變化情況。這種取得曲線中臨近的兩點的「傾斜」狀態，正就是「斜率(slope)」的意義所在。當然，這也正是「微量因果」

的對應與變化狀態。而整個微分式，正是這種「微量因果」連續性變化的結果。當然，如果說得專業一點，整個微分式，也就是「斜率 (slope)」變化的結果。

3. 函數 $f(x)=x^2$ 這條曲線的變化狀態與相關數據，不是肉眼可以看得出來的，然而，必須藉助一次微分，它得到的結果告訴我們是依據 $f'(x)=2x$ 的這個函數。它是在說明函數 $f(x)=x^2$ 這條曲線的變化狀況，是以 $y=2x$ 這條直線方程式的「軌跡」在變化着。那麼，$f'(x)=2x$ 的這個函數它所述說的細節則又是告訴我們什麼呢？它所代表的意義究竟是什麼？事實上，這一次微分所得到的直線正是在說明 $f(x)=x^2$ 這條曲線，它的斜率 (slope) 就是 $2x$ 這條直線。也就是說，$f(x)=x^2$ 這條曲線的斜率在 $f'(x)=2x$ 的這一條直線上，從頭到尾都可以在這條直線上可以找得到。

4. 現在，更重要的是，讓我們來看一看它表示的是什麼現象？圖 Fig 9-01.2 提供了詳細的狀態與相關的數據。我們可以分析而得到下列的結論：

a. 在 Fig 9-01.2 圖中首先可以看到 $f(x)=x^2$ 這條拋物線曲線，它的最底部是在原點 $(0，0)$ 這個位置上。那麼，跟著要問 $f(x)=x^2$ 這條拋物線的變化狀態如何？這無法用語言描述，而是表達在 $f'(x)=2x$ 這一條直線上。當我們看到這條直線才知道，$f(x)=x^2$ 這條拋物線它的斜率變化竟是如此的筆直而成為一條直線的線性。這其實是很偉大的，否則，單憑我們的肉眼，實在很難看出那條曲線竟是如此線性的在變化着。

b. 在 $f'(x)=2x$ 這一條直線上，左低而右高，這是什麼意思？$f'(x)=2x$ 這條直線通過原點 $(0，0)$ 這個位置，當 $x<0$ 的時候，很明顯的，它的斜率是負的，是向下傾斜的。到了原點 $(0，0)$ 這個位置的時候，斜率為零，這是一個最低點。而當 $x>0$ 的時候，它的斜率則轉為正值，也就是傾斜的程度是向上揚起的。$f'(x)=2x$ 這條直線最終表達的是整個 $f(x)=x^2$ 這條曲線的彎曲程度，從頭到尾都是均勻的。當然，它實際的數據就顯示在 $f'(x)=2x$ 這個直線方程式中，數據會說話，這實在是很了不起的一件事。

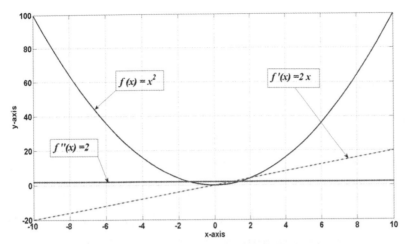

Fig 9-01.2 函數式 $f(x)=x^2$ 及 $f'(x)$ 與 $f''(x)$ 之特性曲線圖.

c. 一次微分之後，接下來的是二次微分了。$f'(x)=2x$ 這個函數式子的二次微分結果得到 $f''(x)=2$。這是一個等於 2 的常數值，常數是不會再變動的，也就是說針對一次微分的結果，函數式 $f'(x)=2x$ 這條斜直線的斜率永遠等於是 2 這個值。那麼，這個 2 則又是代表什麼意思？$f''(x)=2$ 就是一條水平線了。這實際上是在說，$f'(x)=2x$ 這條斜直線的斜率 $y=2$ 這個值。更確切的說，$f'(x)=2x$ 這條斜直線每一的地方的斜率都是 $y=2$ 這個數值。當然，這是一條水平線。

d. 原函數 $f(x)=x^2$ 曲線與一次微分式 $f'(x)=2x$ 該直線相交於 $x=2$，$f(x)=4$ 這一點。而原函數 $f(x)=x^2$ 曲線與二次微分式 $f''(x)=2$ 則分別相交於 $x=+1.414$，$f(x)=2$ 及 $x=-1.414$，$f(x)=2$ 這兩點。

e. 有關於原函數 $f(x)=x^2$，一次微分式 $f'(x)=2x$ 以及二次微分式 $f''(x)=2$ 它們的特性曲線圖都呈現在圖 Fig 9-01.2 中，請各位詳細的參閱。

【★★★典範範例 9-02】

設 $f(x)=-x^2$ 求一次微分 $f'(x)$ 與二次微分 $f''(x)$
請分別繪製 $f(x)$、$f'(x)$ 與 $f''(x)$ 之特性曲線圖，
並詳細解釋其微分後的現象與意義。

## 【解 析】

1.  這是一道觀念性的題目，整個函數與上一題的函數差了一個符號。現在要探討的是，這個一個符號之差，究竟是差在哪裡？各位可以先在心目中仔細的想一想，看看能不能繪製出一條概要的特性曲線圖，然後再來印證本題的結果，如此，相信一定可以讓各位徹徹底底的想得清楚，想得明白。

2.  對一個有經驗的人而言，一看到是「$f(x)=-x^2$」這個函數式，第一個會想到的就是整個特性曲線會分布出現在第三、四這兩個象限。更因為是 $x^2$，所以它必然是對 $y$ 軸是對稱的，而第一、二這兩個象限是正值，故不合適。這個函數式 $f(x)=-x^2$ 同樣是一個拋物線的形狀，但是拋物線的頂端在上，而開口則反過來是向下的。它同樣的是經過原點 $(0，0)$。所以原點 $(0，0)$ 是最高點。如圖 Fig 9-02.1 所示。

3.  函數及其一次微分與二次微分如下：

$$f(x) = -x^2$$
$$f'(x) = -2x$$
$$f''(x) = -2$$

4.  那麼，它們又代表的是什麼意思呢？$f(x)=-x^2$ 是一條拋物線如圖 Fig 9-02.1 所示。$f'(x)$ 同樣是一條直線方程式，它的傾斜角度與上一題剛好相反，是左高而右低。這表示該曲線的狀況是先向上揚起，經過高點之後，在向下傾斜而下。當 $x=1$ 時，$f'(x)$ 通過 -2 這一點。從 $f'(x)=-2x$ 這個斜率的式子中，它告訴我們，原函數 $f(x)=-x^2$ 的斜率也是以線性（直線）的方式在變化。白話的說，也就是原函數「$f(x)=-x^2$」它的彎曲程度是非常均勻的由正向彎到負向。所以，一次微分 $f'(x)=-2x$ 這個式子就是在告訴我們，當 $x<0$ 時，原函數的斜率是正值，而當 $x>0$ 時，原函數的斜率是負值。

5.  二次微分 $f''(x)=-2$ 的結果是為常數。雖然是一個負值，這是說明這條直線是位於 $y=0$ 這條水平軸之下。當然，最主要是在說明 $f''(x)$ 的結果是常數而不再變動。請注意區別 $y=0$ 與 $y=-2$ 這兩條直線，雖然距離很近，但它們是兩條不同的直線，容易混淆在一起，如圖 Fig 9-02.1 所示。

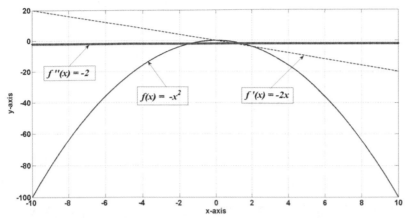

Fig 9-02.1　函數 $f(x)=-x^2$ 與一次微分及二次微分之特性曲線圖.

## 【★★★典範範例 9-03】

設函數 $f(x)=2e^x$，求：

　　　　1. $f'(x)=$ ？

　　　　2. $f''(x)=$ ？

請繪製各該相關之特性曲線圖並請詳加解釋之。

## 【解 析】

1.　這一題雖然看起來是非常基本的一題，但對許多人而言，可能還是有疑惑的。也正因為如此，所以，必須要特別的提出來，而不可以疏忽。這最大的問題就是許多人會以為依照一般的方式去微分就好了，也就是如果函數是：

　　　　$f(x) = e^x$

　　　　一次微分 $f'(x)=xe^{x-1}$

　　　　二次微分 $f''(x)=x(x-1)e^{x-2}$

如果真的是如此的想法，那就完全的錯了。

2.　自然指數在微分的時候，有兩個微分法則必須特別注意的：

　　　　(1) $D_x(e^x)=e^x$

而如果 $x$ 的本身又是屬於另外的一個函數，則該「指數微分法則」為：

　　　　(2) $D_x(e^u)=e^x D_x u$

3. 所以，函數 $f(x) = 2e^x$ 的一次微分，根據 $D_x(e^x) = e^x$ 為：

$$f(x) = 2e^x = e^x + e^x$$

$$f'(x) = D_x(e^x) + D_x(e^x) = e^x + e^x = 2e^x$$

二次微分還是為：

$$f''(x) = f'(f'(x)) = f'(2e^x) = 2e^x$$

4. 在面對自然指數函數微分的時候，一定要警覺它的微分最後還是自己。它與一般的微分會越微越小最後會把一般函數微分成常數或 0 是完全不一樣的。就一般的微分而言，原有的函數經過微分之後，就會降一階，如 $x^3$ 在經過一次微分之後，就會成為 $3x^2$ 而後再經過二次微分就成了 $6x$，再經過三次微分就成了 $6$ 而成為常數項了，再微分就都沒有了。自然指數函數它不管微分多少次都還是自己，這是最有趣的。所以，這真正是一條打不死的龍。它永遠不會被「微」掉，永遠都會在。圖 Fig 9-03.1 所示除了有 $f(x)$ 也包含相同的曲線的一次微分 $f'(x)$、二次微分 $f''(x)$ 以及自然指數 $e^x$ 函數，方便各位比較與研究。

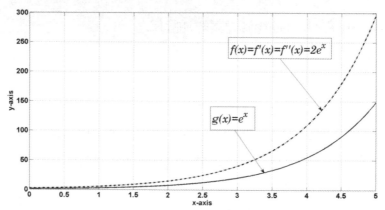

Fig 9-03.1　$f(x) = 2e^x$、$f'(x)$、$f''(x)$ 以及 $e^x$ 函數特性曲線圖

## 【★★★典範範例 9-04】

設 $f(x) = e^{2x}$，求 $f'(x) = ?$

請繪製各該函數相關之特性曲線圖，並請詳加解釋之。

## 【解 析】

1.  這道題目是可以提升各位相關之思維與認知的。首先要能構思與建立觀念的地方，就是要深知這個函數式 $f(x)=e^{2x}$ 的特質究竟如何？就認知的層面上看來，它應當與 $f(x)=e^x$ 的特性不會相差太遠才對。它的曲率會更大才是。事實上也的確是如此，這兩者之間的差異，也的確是在它的指數倍率不同而已。所以，在面對這樣一個問題的時候，我們心裡面應該是清楚的，它們這兩者之間，雖是會有曲率上的差異，但大體上來說，將會是類似的。故而，在特性曲線上它們的特質應該也是類似的，只是函數 $f(x)=e^{2x}$ 它的彎曲程度要比 $f(x)=e^x$ 加倍而已，$e^{2x}$ 的變化速度比起 $e^x$ 的變化快得多，如圖 Fig 9-04.1 所示。

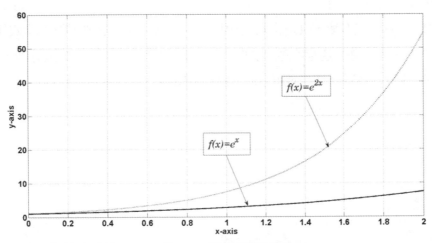

Fig 9-04.1 函數 $f(x) = e^x$ 與 $f(x) = e^{2x}$ 的特性曲線圖

2.  圖 Fig 9-04.1 是函數 $f(x)=e^x$ 與 $f(x)=e^{2x}$ 合併的特性曲線圖。各位可以在圖中清楚的比較出來它們的不同點與相似點。我們如果用數值來核對一下上面的曲線狀態，如此可以進一步的加強與增進各位對於自然指數函數的真實印象。

(1) $f(x) = e^x$ ：

當 $x = 1$ ，則 $e^1 = 2.7183$

當 $x = 2$ ，則 $exp(2)=e^2 = 7.3891$

當 $x=3$，則 $exp(3)=e^3 = 20.0855$

(2) $f(x) = e^{2x}$ ：

當 $x = 1$ ，則 $e^{2*1} = 7.3891$

當 $x = 2$ ，則 $exp(2)=e^{2*2} = e^4 = 54.5982$

當 $x = 3$ ，則 $exp(3)=e^{2*3} = e^6 = 403.4288$

但是，請特別要注意的，千萬不要以為函數 $f(x)=e^x$ 是函數 $f(x)=e^{2x}$ 的兩倍數而已，這是非常錯誤的一種想法。在上面所呈列的相關數據可以看出，$e^4$ 不等於 $e^2$ 的兩倍。因為 $e^4=54.5982$ 而 $e^2=7.3891$。同理，$e^6= 403.4288$ 也不是 $e^3=20.0855$ 的兩倍率。

現在，進一步的要來看看 $f(x)=e^{2x}$ 的微分狀況：

函數 $f(x)=e^{2x}$

由「指數微分法則 (2)」$D_x(e^u)= e^x D_x u$ 可得狀況：

$f'(x)=2e^{2x}$

它的「本質」沒有變，只是常數項增加了。所以。自然指數函數不論如何微分，它的「本質」是永遠存在的。如圖 Fig 9-04.2 所示，它的二次微分與三次微分亦同時列入，各位可以分別仔細的看看與想想，它的確是一條打不死的龍。

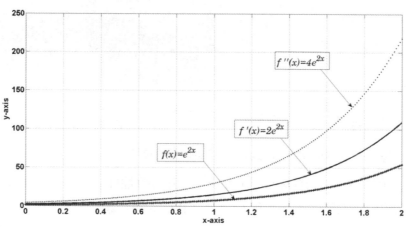

Fig 9-04. 2 函數 $f(x)=e^{2x}$ 與 $f'(x)$ 及 $f''(x)$ 的特性曲線圖

$$f''(x)=4exp(2x)=4e^{2x}$$

$$f'''(x)=8exp(2x)=8e^{2x}$$

【★★★典範範例 9-05】

設 $f(x) = \dfrac{1}{x^2}$ 求 (1) $f'(x)$　(2) $f''(x)$ .

請繪製各該函數相關之特性曲線圖並請詳加解釋之。

# 【解 析】

1. 這題的要旨是在提醒各位，如果一個函數它的變數是出現在分母的部分，那就要留意了。但有一點是相同的，那就是變數雖然是在分母的部分，但在微分的時候，指數函數也還是永遠微不完的，這一點是依然要注意的。更重要的是，它不但是微分「微」不完，而且越「微」分母的次方也越高，曲線也越變越複雜，所以，這是一個重要的關鍵點。

2. 有關函數 *f(x)=1/x²* 的特性曲線，可以從該函數式中歸納出下列幾點：

 (1) *f(x)* 這個函數值永遠不可能出現負值，因為有 *x²* 項。

 (2) 整個函數曲線會位於 *y* 軸的上方，亦即是在第一與第二象限之內。

 (3) 該曲線會以 *y* 軸為其漸進線 (vertical asymptote) 對稱於兩側。

 (4) 該兩條曲線在趨近於 0+ 與 0- 時，都會出現無窮大的極值。

 (5) 該函數 *f(x)=1/x²* 的特性曲線是一種基本的特性曲線圖，宜多加注意。

 (6) 該函數的特性曲線圖如圖 Fig 9-05.1 所示。

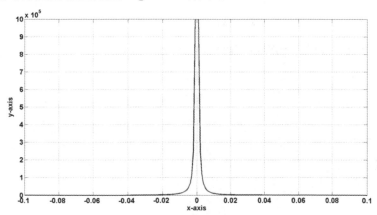

Fig 9-05.1　函數 *f(x)=1/x²* 的特性曲線圖

3. 函數 *f(x)=1/x²* 的一次微分與二次微分的結果如下所示：

$$f(x) = 1 / x^2$$

$$f'(x) = -2 / x^3$$

$$f''(x) = 6 / x^4$$

4. 一次微分與二次微分特性曲線圖及其意義如下所述：

 (1) 原函數一次微分的結果 *f'(x)=-2/x³*，很明顯的可以看出比起微分前有兩點不同。其一是出現了負號，第二個是分母多增加了一次方。

(2) $f'(x)=-2/x^3$ 三次方的分母，會分別出現「正」與「負」的極限值。在 $x<0$ 的時候，$f'(x)$ 得到的是負負得正的正值極限值。這代表的是原函數在 $x<0$ 的這個部分整個斜率是正的。

(3) 當 $x>0$ 時，$f'(x)$ 其值是負的，其斜率是負值的，這代表的是原函數在 $x>0$ 的這個部分，其斜率是負的。也就是隨著 $x$ 值的增加而向下傾斜。如圖 Fig 9-05.2 所示。

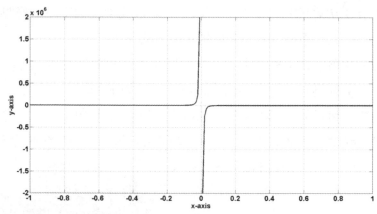

Fig 9-05.2　一次微分 $f'(x)=-2/x^3$ 的特性曲線圖

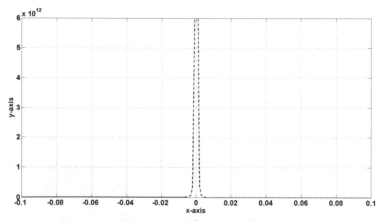

Fig 9-05.3　二次微分 $f''(x)=6/x^4$ 的特性曲線圖

5.　二次微分 $f''(x)=6/x^4$，如圖 Fig 9-05.3 所示。可以看出它的分母是偶次方，於是又會還原成原來的樣子，也就是還原成 $f(x)$ 二次方的模樣，唯一不同的是二次微分 $f''(x)$ 的分母因為是四次方，所以在縱軸 $(y)$ 的刻度 (scale) 上，與原函數會有著相當大的差異，這一點必須相當注意的。

## 【解 析】

1.  這是一道典型的「自然對數」的題目,該函數在 *x* 的值較小的時候,曲線急遽
    的上升,但過了 *x* 的值為 1 之後,曲線上升的狀態則趨於緩慢,如圖 Fig 9-06.1
    所示。

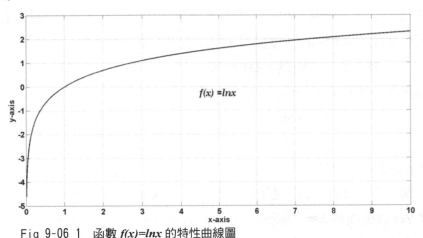

Fig 9-06.1 函數 *f(x)*=*lnx* 的特性曲線圖

2.  事實上,睿智的人應該可以懂得從另外一個角度去思考問題,如此,反而可以
    很快的就獲致一個具體的觀念。最怕的是,人們在面對問題的時候,卻不懂得
    思考的技巧,甚至是一點概念都沒有,那就是沒有懂得活用數學或是沒有懂得
    活用「觀想」的思維。所謂「觀想」就是觀念性的思想。現在,就讓我們從自
    然對數 *f(x)*=*lnx* 這個式子的本身,「觀想」的來思考它的微分結果究竟會是如
    何?對諸位而言可能是一項極大的挑戰,但懂得用這個方法的人,則是超越
    的,也必然會超越絕大多數的人。

3.  原函數 *f(x)*=*lnx* 它的特性曲線圖於 Fig 9-06.1 可知,在 *x* 值逐漸加大的時候,
    曲線的斜度由原來急遽的上升而逐漸的變緩。換句話說,這個曲線的斜率在接
    近軸心的時候,其剛起始的時候是非常垂直的,所以 *f(x)* 在此短距離中的變化

也相當的大。然後當 $x$ 值增加的時候，曲線的斜率開始很快的變緩慢下來，而漸漸的趨向於零。有一點值得一提的，那就是在一般的數學中，絕大多數都是只提 $x$ 值爲正值的部分，對於 x 值爲負值的部分則多略而不提，這一點我將會在本題的【研究與分析】中，再進一步的詳細分析。

4. 要想像原函數 $f(x)=lnx$ 的一次微分之特性曲線，有時候我們就要倒過來想。原函數在 $x$ 值逐漸加大的時候，其特性曲線也急遽的由下而上升。$f(x)$ 在此短距離之中的變化也相當的大。然後當 $x$ 值再增加的時候，曲線的弧度開始變緩慢下來，而漸漸的趨向於零。從這些特徵，我們大略的就可以推知其一次微分之特性曲線了。在接近零軸的時候，曲線的斜率會很大，然後隨著原函數的趨緩，其斜率也開始變小，然後再逐漸的平緩。有一點需要特別注意的，那就是從原函數彎曲的角度而言，可以看得出來，它的斜率都會是正值。

5. 事實上，根據上面的描述，我們大約已經可以感覺得出來原函數微分後的特性曲線的一些特質了。現在來看看，原函數及其微分：

$$f(x) =lnx$$

$$f'(x)=1/x$$

對 $f'(x)=1/x$ 的這個微分函數而言，它是「基本」定義。我們應該用極限的「觀想」來思考，如此可以「觀想」得出來，在 $x=0^+$ 與 $x=0^-$ 的這前後，這個時候的 $f'(x)$ 值會趨於 $\pm\infty$ 的極值。而在 $x \rightarrow \pm\infty$ 的時候，$f'(x)$ 值會趨於 $\pm 0$。有關於一次微分後 $f'(x)=1/x$ 特性曲線圖如圖 Fig 9-06.2 所示。

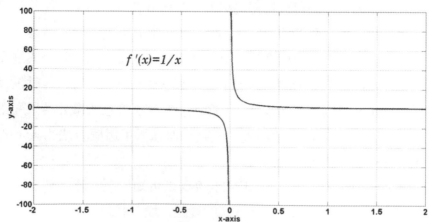

Fig 9-06.2　$f'(x)=1/x$ 特性曲線圖

## 【研究與分析】：

1.  一次微分所得到的函數式為 **f '(x)=1/x**。這個函數式的特性曲線圖是無法由圖 Fig 9-06.2 中得到的。那是因為在 Fig 9-06.1 函數 **f(x)=lnx** 的特性曲線圖中，僅繪製了完整曲線圖的一半，也就是 **0<x** 的這一半，而另外的 **0>x** 的這一半並沒有繪製出來。這在絕大部分的數學書籍中也都是如此。其真正的原因則是著眼於應用的層次上。

2.  剛剛談了，原函數 **f(x)=lnx** 一般多僅顯示 **0<x** 的這個部分。這一點各位要小心才好，許多人錯誤的以為 Fig 9-06.1 的圖形就是正確的圖形，那在觀念上就產生了錯誤，是不對的。至於 **x<0** 的這個部分多不顯示。那是因為在絕大多數的應用上，**x<0** 的這個部分多不在應用的範圍。而相對的，絕大多數的時候是應用在 **0<x** 的這個部分。所以，不常用的也就不顯示了。但是，事實上，函數式為 **f(x)=lnx** 它完整的特性曲線圖當然應該是左右對稱的。

3.  事實上，它完整的特性曲線應該是由 **x** 軸的 **─∞** 一直延伸到 **+∞**，也就是包含了 **x** 的正負兩個極端，也唯有如此，才能真正的看清楚它完整的特性曲線圖。如圖 Fig 10-06B 之所示。請注意，在原點 (0，0) 的附近，**f(x)** 的值會趨於 **─inf**。也唯有從圖 Fig 9-06.3 才可以思考得出 Fig 9-06.2 中 **f '(x)=1/x** 的特性曲線圖。也就是在 **x** 值趨於 **±0** 的時候，**f '(x)** 會有趨於正無限大與負無限大的極值出現。

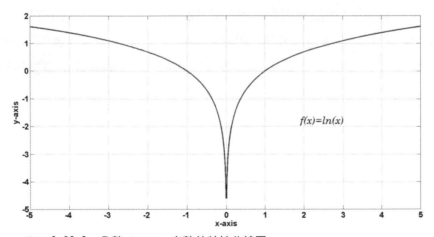

Fig 9-06.3　函數 **f(x)=lnx** 完整的特性曲線圖

設函數爲：$f(x) = e^{-x}$ 求 $f'(x) = $ ？

請進一步的比較它與指數 $e^x$ 的差異如何？並請分別詳加解釋。

## 【解 析】

1. 這是一題具有相當重要性觀念的題目，$e^x$ 這個函數式我們應該非常的熟習了。但是，對於 $g(x) = e^{-x}$ 這個函數式呢？各位可能就不是很熟習，甚至也沒有什麼觀念。那麼，各位不妨先看看 $f(x) = e^{-x}$ 在下列所呈現的相關數值，也許，就容易獲得一些較微具體的概念與實際性。

$$x = 3 \quad , \quad f(x) = e^{-3} = 0.049$$
$$x = 2 \quad , \quad f(x) = e^{-2} = 0.135$$
$$x = 1 \quad , \quad f(x) = e^{-1} = 0.367$$
$$x = 0 \quad , \quad f(x) = e^{-0} = 1$$
$$x = -1 \quad , \quad f(x) = e^{-(-1)} = 2.718$$
$$x = -2 \quad , \quad f(x) = e^{-(-2)} = 7.391$$
$$x = -3 \quad , \quad f(x) = e^{-(-3)} = 20.085$$

2. 從上列一連串的對應數值顯示，當 $x$ 處於正值的部分，此時若 $x$ 由 0 而逐漸增大的時候，$e^{-x}$ 的值反而會相反的逐漸的降低與減少，當 $x$ 正值趨於無限大的時候，$e^{-x}$ 的值則是趨近於零。相對的，在 $x$ 爲負數的時候，負值越大的時候，則 $e^{-x}$ 的值相對的正值也越大。跟據以上相關的數據與敘述，這整個特性曲線的「概要」就被明確的突顯出來了。如圖 Fig 9-07.1 所示。

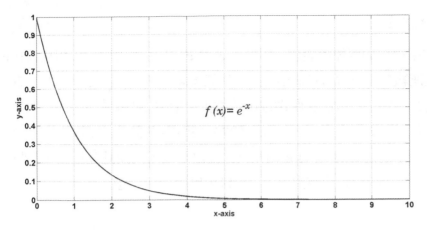

Fig 9-07.1 函數 $f(x) = e^{-x}$ 之特性曲線圖

3. 要理解的重點是：

**「$e^x$ 的特性是隨著 x 值的增加而快速的遞增。」**

相對於 $e^x$ 的是 $e^{-x}$，它的特性則是剛好相反：

**「$e^{-x}$ 的特性是隨著 $x$ 值的增加而快速的遞減。」**

1. **$f(x) = e^{-x}$ 的微分：**

$$f(x) = e^{-x}$$
$$f'(x) = -1 \bullet e^{-x} = -e^{-x}$$

$f'(x) = -e^{-x}$ 微分的特性曲線圖如圖 Fig 9-07.2 所示。

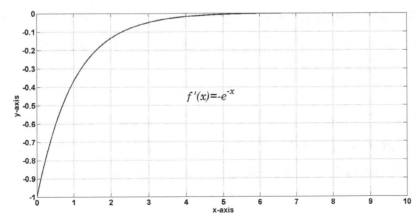

Fig 9-07.2 一次微分式 $f'(x) = -e^{-x}$ 之特性曲線圖

## 【研究與分析】：

　　有一個非常重要的認知與觀念，那就是 $e^x$ 與 $e^{-x}$ 這兩個函數，它們無論在任何狀況下它們的函數值是不會有負值出現的。這個現象就如同細胞分裂一般，就「分裂」的本身而言，它可以呈現爆炸式的分裂現象，也可以是遞減的狀態。但無論如何，就是不會有「負」的分裂，最多則是不再分裂而爲零而已。在圖 Fig 9-07.3 中，各位將可以很清楚的比對出 $e^{-x}$ 與 $e^x$ 這兩者之間之互爲對向而且互爲對應的特質與特性。這個特質很特殊也是很有意思的，所以，也很容易記憶。

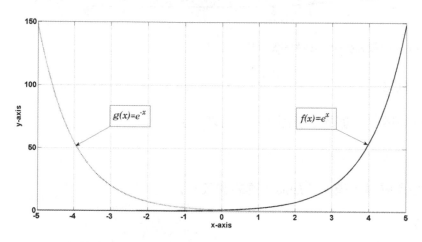

Fig 9-07.3 函數 *f(x)* =$e^x$ 以及函數 *g(x)*=$e^{-x}$ 之特性曲線比較圖

　　爲了避冤將 *f(x)* 的混淆，我們暫時將它們區分爲 *f(x)* =$e^x$ 與 *g(x)*= $e^{-x}$ 。現在，讓我們進一步來看一看將 *f(x)* =$e^x$ 與 *g(x)*= $e^{-x}$ 做成相對的一種特性曲線圖的比較圖。我們可以在這個「區域」內看得出來，它們是相當對稱的。這對於我們可以很容易就形成一個深刻的印象。認爲它們一定是從頭到尾都是對稱的，有這種想法是可以理解的，但是，卻是有可能會產生嚴重的失誤。

　　現在，讓我們進一步的來看看這個問題的延伸。如果我們將格線 (scale) 縮小至 *x=0* 至 *2* 的範圍，於是我們就可以看到圖 Fig 9-07.4 的這個特性曲線圖。很顯然，在這裡 *f(x)* =$e^x$ 與 *g(x)*= $e^{-x}$ 並沒有構成對稱的狀況。的確是如此，這兩個函數的特性曲線圖 *f(x)* =$e^x$ 與 *g(x)*= $e^{-x}$ 所對稱的軸線是 *y* 軸，偏離 *y* 軸自是不構成對稱的條件。

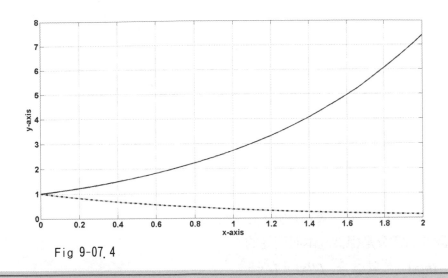

Fig 9-07.4

【★★★★範例精粹 9-08】

設函數 $f(x) = ln(x^2)$　求 $f'(x) = ?$
請繪製微分前後函數的特性曲線圖，並請解釋其原因與意義。

【解析】：

1. 看到 $ln(x^2)$ 很多人可能就覺得不好思考或是難以思考了，其實，這樣的題目對於各位來說，如果都能跟得上本書「解析」之腳步的話，應該已經學得相當的高階的思維與技巧，而不會覺得太困難才是。道理何在？就以本章而論，若是各位都能確切的了解 $ln(x)$ 這個函數的「解析」與特性曲線的話，那麼，$ln(x^2)$ 這個函數的特性曲線應該就不會太難的。

2. 整個 $f(x) = ln(x^2)$ 函數的值，其實是跟 $ln(x)$ 相差不遠的。因為，只有 $x$ 的值加以平方而已，所以，在整個特性曲線的形狀上不會有太大的改變才是，只是曲線的高度會變得高一些而已。如圖 Fig 9-08.1 所示。

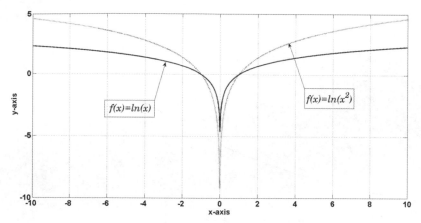

Fig 9-08.1 $f(x) = ln(x^2)$ 與 $f(x)=ln(x)$ 特性曲線圖比較。

3. 這個函數式的微分是相當基本而簡易的：

當 $f(x) = ln(x)$ 　　其微分 $f'(x) = 1/x$

所以，當

$f(x) = ln(x^2)$ 　　其微分為 $f'(x) = 2/x$

4. $f'(x) = 2/x$ 的特性曲線如下圖 Fig 9-08.2 所示，對於這個函數的特性曲線，應該是相當熟習了。微分是代表的是原函數的斜率，我們可以從原函數 Fig 9-08.1 中看得出來，在位於座標中心位置的地方曲線有一個向下的「極限黑洞」的極值出現。故而，在此處的微分，會出現兩個完全相反的曲線斜率，它分別以 $x$ 軸與 $y$ 軸為其漸進線 (asymptote) 的一種圖形。當 $x>0$ 趨於 $0+$ 時，曲線的斜率會有正極值出現。當 $x<0$ 趨於 $0^-$ 時，曲線的斜率會有負極值出現。

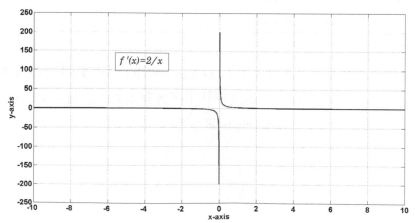

Fig 9-08.2 $f'(x) =2/x$ 特性曲線圖。

## 【研究與分析】

各位千萬不要弄錯了函數式 $f(x) = ln(x^2)$ 與函數式 $f(x) = ln(x)^2$。這兩個函數式是完全不同的。在上一題所解的函數是 $f(x) = ln(x^2)$。但是,如果寫成 $f(x) = ln(x)^2$,那就是完全不同的兩回事了。當然,它們的微分也就完全的不相同了。

1.　　$f(x) = ln(x^2)$　　$f'(x) = 2/x$

2.　　$f(x) = ln(x)^2$　　$f'(x) = 2ln(x)/x$

隨附的一些數據提供給諸位參考之用。有一點要特別注意的,那就是函數 $f(x) = ln(x)^2$ 並不具有對稱性。各位可以從下列簡單的數據,即可以看出它是不對稱的,這一點要特別注意才好。

$$x = 1 , \quad f(x) = ln(x)^2 = 0$$
$$x = 0 , \quad f(x) = ln(x)^2 = + Inf$$
$$x = -1 , \quad f(x) = ln(x)^2 = -9.8696$$

下圖 Fig 9-08.3 所顯示的是函數 $f(x) = ln(x)^2$ 的特性曲線圖,它與 $f(x) = ln(x^2)$ 是完全不相干的。

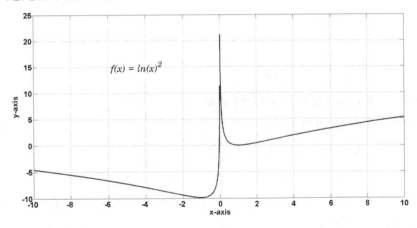

Fig 9-08.3　$f(x) = ln(x)^2$ 之特性曲線圖。

---

## 【★★★★典範範例 9-09】

設函數 $f(x) = 3x^3 + 2x^2 + x + 1$　　求 $f'(x)$ , $f''(x)$ 與 $f'''(x)$。

請思考並研判各相關函數之特性曲線,並請解釋其原因與含義。

## 【解 析】

1.　原函數 $f(x) =3x^3+2x^2+x+1$ 是一個一元三次方的函數式。有一個觀念很重要，如果是三次方的函數式，則代表該函數式的特性曲線圖會有兩個「轉折點」，或稱之為「彎點」的，也就是轉彎之點的意思。同理，如果是四次方的函數式，則會有三個「彎點」，依此類推之。在談論這個函數之前，應該先要繪製出該函數的特性曲線圖來，才便於做進一步的探討。如圖 Fig 9-09.1 所示，這是一個一元三次方的函數式，所以會有兩個「轉折點」，以「$N$」字形的形狀呈現，在這之前我們已經談過很多次了，在圖中可以明顯的看出有兩個「轉折點」的存在。

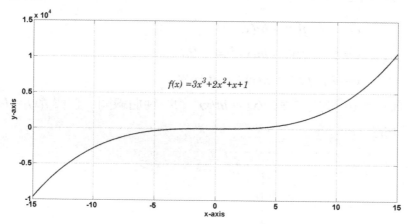

Fig 9-09.1　$f(x) =3x^3+2x^2+x+1$ 之特性曲線圖

2.　原函數一次微分的結果可得：

$$f(x) =3x^3+2x^2+x+1$$

$$f'(x)=9x^2+4x+1$$

這是一個一元二次方程式，所以它會有一個轉折點，也就是一個開口向上的曲線方程式。原函數的曲線雖然是有兩個「轉折點」，但是，微分的結果由三次方程式降為二次方程式，故為一個「轉折點」。它是一個類似拋物線形式的曲線。原函數是一個「$N$」字形的曲線，我們難以看出它斜率的變化狀況。但是，一次微分所到的結果卻告訴我們，它是以接近拋物線的形式在變化的。但是，無論如何有一個最重要的特徵，那就是原函數的斜率都是位於正值區域。也可以說，原函數的斜率，自最左端開始其斜率由向下傾斜，然後達到水平，再一路斜升上來而向上，但都位

於正值區域，如圖 Fig 9-09.2 所示。

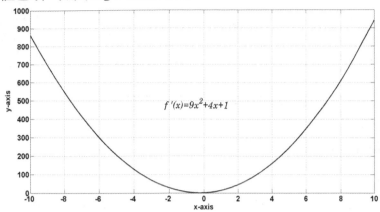

Fig 9-09.2　$f'(x)=9x^2+4x+1$ 之特性曲線圖

3.　二次微分可得：

$$f''(x)=18x+4$$

這已經是一個一次方程式了。當然，所呈現的則是一條直線，這個直線的斜率是在說明它的斜率是以等比值的狀態在改變。當然，這個二次微分方程式「$f''$」則是進一步的在說明一次微分「$f'$」它的斜率分布狀態，它是告訴我們這一次微分「$f'$」它的斜率分布以直線的狀態分佈着，線上所有的比值均相同。而且是在 $x<0$ 的時候，它的整個斜率是負的，而在 $x>0$ 時，其斜率轉爲正。

4.　至於第三次的微分 $f'''$：

$$f'''(x)=18$$

這當然就是一個常數了，是位於 $Y$ 軸之上 18 個單位的一條水平線。當然，這也是在說明二次微分方程式「$f''$」它的斜率是一個固定而不會變動的常數。

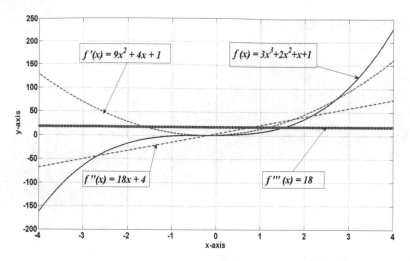

Fig 9-09.3 綜合函數 *f(x)*、 *f'(x)*、*f''(x)* 與 *f'''(x)* 各函數之特性曲線圖

5.　在圖 Fig 9-09.3 中所顯示的是原函數 *f(x)*、一次微分 *f'(x)*、二次微分 *f''(x)* 與三次微分 *f'''(x)* 總共有四個不同的函數特性曲線圖同時的顯示於一張圖表上，這最大的好處是可以讓各位充分而仔細的進行相互比對，並能詳細的解讀各個結果所代表各自不同的表徵與涵義。非常的希望各位能夠詳細的解讀圖中每一條曲線（直線）的它們所代表的相關涵義。當然，各位必然也是知道的，那就是一次微分 *f'(x)* 所代表的是原函數整個的斜率變化狀態，而二次微分 *f''(x)* 則是代表一次微分 *f'(x)* 函數的整體斜率變化狀態。同樣的，三次微分 *f'''(x)* 則又是代表二次微分 *f''(x)* 函數的整體斜率變化狀態。

## 【研究與分析】

曾經遇過有一些人會有疑問：

### 「斜率（slope）」究竟是有甚麼「實質」上的意義？

事實上，無論是在科學上、工程學上或是經濟學上等等，「微分」是經常而且是時常被用到的一種數學模式。而「斜率」則正就是「微分」的關鍵所在。那麼，這「斜率」兩個字究竟又是代表甚麼涵義呢？是的，這是一個相當基礎而且重要的觀念，我常要說的就是「數學絕不是獨立於生活之外而自行存在的」。相反的，數學其實與我們的生活是息息相關的。

就以我們日常生活我居住的房屋或是高樓大廈來說好了，如果它每一層樓的平面結構在設計的時候，在其力學結構上，其「斜率」是為零的話，那代表的是那一層樓是「絕對」水平的，我用了「絕對」這兩個字，並不代表它是小數點之後有多少個位數，至少在數學上如果 slope=0 它代表是絕對的而且不容懷疑的數值。幾乎，所有科學上的設計或研究，最後都要落在「數學模式」上，那麼，這個「數學模式」的變化率如何？那可不是用肉眼可以看得出來的。所以，只要將它「微分」則立刻可以知道它的「變化率」如何？事實上，這個「變化率」也就是「斜率」的代名詞。從「斜率」上的變化當然也就是說明了它「變化率」的狀況。宇宙中，所有的物體都在是處於運動的狀態，只要是運動，絕大多數都是曲線，當然就跟「斜率」有相關聯了，而「斜率」則可以進一步的顯示出該物體是處於何種運動的狀態。

「斜率」即使是用在個人或公司的財務評估上，同樣的是代表着有它的意義。如果成長曲線的 *slope>0* 它代表的則是會有盈餘，而若是 *slope=0* 則是代表是持平，沒有盈餘但也沒有虧損。但是，如果是 *slope <0* 它就不太好了，那代表的是向下栽了，那是負面的，是虧損的。微分則是在告訴我們，原函數每一點的「斜率」的分佈狀態，也就是說，我們可以藉由「微分」知道原函數每一點「斜率」的變化狀態。事實上，這種變化狀態也就是在告訴我們，在「極微」的狀態之下，它的因果關係與狀態是如何的。當然，這也必然可以提供我們「及早」的認知與預防之道，各位，能說這個問題不重要嗎？

【★★★★範例 9-10】

設函數為：$f(x)= e^x/ x$

求其微分 $f'(x)$ 及各函數之特性曲線圖，並請詳加解釋其涵義。

## 【解 析】

1. 這一題在觀念上是很重要的一個題目，因為它很容易被認為是自然指數 $e^x$ 的同類性質的特性曲線，故而認為它的特性曲線與自然指數 $e^x$ 大概相差不會太遠。如果真是如此的想法，那就差異得很遠了。事實上，它的特性曲線不但是與自然指數 $e^x$ 相去得很遠，而且幾乎是全然不同的。那麼，該要如何去思考

這個題目呢？其實，這是很有趣的一個問題。當我們碰到一個函數，它的分母是變數的時候，有一個觀念很重要，那就是必需用「極限」的觀念去思考這類的題目，才容易獲得解答。

2. 就這一題 $f(x)= e^x / x$ 而言，如果用「極限」的觀念去看它的時候，當變數 $x$ 趨於「零」的時候，$e^x$ 的值會趨近於 $e^0=1$。但是，如果只考慮在分母趨於「零」的時候，整個函數則會趨近於「無限大」。但是，當變數 $x$ 變得越來越大的時候，當然，$e^x$ 的值會急劇的上昇，而分母變得越大的時候，則會使整個函數變得越小。那麼，這整個函數究竟會是如何呢？那就值得更進一步的思考了。

3. 如果用「極限」的觀念去看它，一般而言，我們可以用三至四個數值去試驗它：

$f(x)= e^x / x$

$x=0$     ，    $f(0) = e^0/0 =1/0$ $( =>+\infty)$

$x=1$     ，    $f(1) = e^1/1 = e/1 = e=2.718$

$x=3$     ，    $f(3) = e^3/3 = 20.085/3 = 6.695$

$x=5$     ，    $f(5) = e^5/5 = 148.413/5 = 29.682$

4. 以簡單的四個數據大約就可以測出整個曲線的大略走勢。事實上，我們可以使用「極限」的觀念來看它。就 $f(x)= e^x / x$ 這個函數式得整個形式來看，畢竟分子這個部分增加的倍率要比分母大得多，從上面的數據也可以顯示出來，也的確是如此。如圖 Fig 9-10.1 所示。

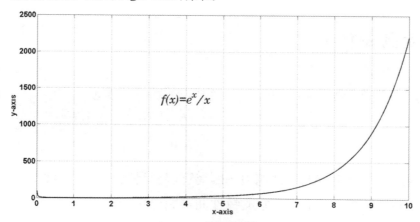

Fig 9-10.1 函數 $f(x)= e^x / x$ 特性曲線圖。

5. 現在，讓我們來看一看這個混和型的指數函數 $f(x)= e^x / x$ 的微分將會是如何

呢？

很顯然，它必須是進行兩段式的處理，也就是依據 $D_x(e^u) = e^x D_x u$ 這個方式來處理。也就是在說，它除了對本身的自然指數微分外，還需要對它的變數再進一次的微分。所以，原函數微分的結果為：

$$f(x) = e^x / x$$

$$f'(x) = e^x / x - e^x / x^2$$

6. 函數 f(x) 微分後的 $f'(x) = e^x / x - e^x / x^2$，對於 $f'(x)$ 的特性曲線我們可以大略的推想得出，$f'(x)$ 的結果是由等號右側的兩個項目所構成的，第一個項目是 $e^x / x$，第二個項目是 $e^x / x^2$。也就是 $f'(x)$ 的值是由這兩個項目相減而得。對於這兩個項目的相減的時候，當 $x$ 值變化的時候，它們之間不同的效益就逐漸的浮現了。首先，當 $x$ 值還小的時候，第二個的項目的值會大於第一個的項目，所以，整個 $f'(x)$ 的結果成線的是負值現象。但是，當 $x$ 值逐漸變大的時候，第二個項目的 $e^x / x^2$ 會逐漸變小，而第一個項目的 $e^x / x$ 則是逐漸變大，故而，整個 $f'(x)$ 的結果偏向於正值。而當 $x=1$ 的時候，整個 $f'(x) = e^x / x - e^x / x^2 = 0$。相關的簡要數值分析如下所示：

$$f'(x) = e^x / x - e^x / x^2$$

$x=0$ ， $f(0)$ ( $=> -\infty\infty$)

$x=0.1$ ， $f(0.1) = -99.4$

$x=0.2$ ， $f(0.2) = -24.4$

$x=0.3$ ， $f(0.3) = -10.4$

$x=0.4$ ， $f(0.4) = -5.5$

$x=0.5$ ， $f(0.5) = -3.2$

$x=1$ ， $f(1) = 0$

$x=1.1$ ， $f(1) = 0.24$

$x=1.3$ ， $f(1.3) = 0.65$

$x=1.5$ ， $f(1.5) = 0.98$

$x=2.0$ ， $f(2.0) = 1.84$

那麼，跟據上面的資料，該如何去設想一次微分 $f'(x)$ 實際的特性曲線圖呢？

其實，我們應該思索與理解的方向，還是先對以上的數據在腦海中整理出一個整體性的觀念，那就是，根據這些簡要的數據，我們可以發現整個函數的斜率是隨變數 *x* 值的逐漸增加而由負值區域逐漸上昇，也就是當 *x* 值逐漸增加的時候，*f′(x)* 所表現的斜率值是由負值的區域，開始逐漸向上昇起。而當 *x* 值在到達 *x=1* 的時候 *f′(x)=0*，其斜率值為 *0*，這是一個重要的關鍵查核點，超過這個點，也就是 *x>1* 的時候，此時函數的斜率 *f′(x)>0*，而此時的斜率值也逐漸的趨於平坦。所以，在 Fig 9-10.2 圖中，*f′(x)* 之特性曲線由負值較深的區域逐漸的上昇，而達到 *x=1*，*f′(x)=0* 其斜率值為 *0*。最終則是 *f′(x)>0* 並逐漸的趨於平緩。當我們在考慮這一類相關的指數函數的時候，不但是需要有這樣強固的觀念，而且也必須有一些計算的概念與思維。如此，對於相關類似的問題，才能有清晰的整體概念，也才能夠迎刃而解。

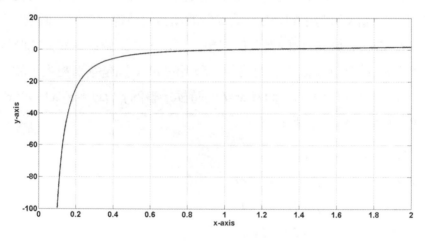

Fig 9-10.2 函數 $f′(x) = e^x/x - e^x/x^2$ 特性曲線圖。

## 【研究與分析】

一些若僅僅根據上列的分析，事實上那還是不夠的。首先，我們就可能對特性曲線圖 Fig 9-10.1 會產生一些疑惑。因為，跟據 Fig 9-10.1 無論如何是不會得到變化如此劇烈的 Fig 9-10.2 特性曲線圖的。是的，有這樣的想法的確是正確的，跟據 Fig 9-10.1 的確是看不太出來會得到變化如此劇烈的斜率或是「微分」的特性曲線圖的。

但是，各位要注意的是，在 Fig 9-10.1 圖中所使用的 "刻度 (Scale)"，在 *y* 軸上的範圍其 *x* 值是自 *x=0* 至 *x=10* 相當大的範圍。而在 Fig 9-10.2 圖中所使用的 "刻度 (Scale)"，則是 *x* 軸上的 "刻度 (Scale)" 要小得多。事實上，各位如果注意的話，

在特性曲線圖 Fig 9-10.1 中，最接近 **x=0** 的這個區域裏，是有點不一樣的，讓我們放大來看，如 Fig 9-10.3 所示。

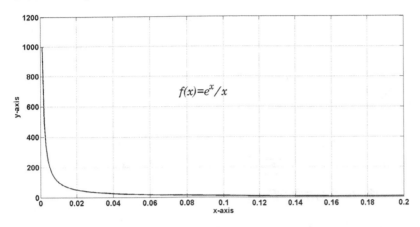

Fig 9-10.3 $f(x) = e^x/x$ 小刻度特性曲線圖

【★★★★範例 9-11】

設指數函數為： $f(x) = 3x^2 + e^{3x}$
求 (1.) $f'(x)$ (2.) $f''(x)$ (3.) $f'''(x)$ 各函數之特性曲線圖，並請詳加解釋各相關意義。

【解 析】

1. 這個題目在外表上看起來有些複雜，但其實在實質上的複雜度並不高，而且難度也不高。然而，對於不熟習的人而言，對於它的特質或是各相關函數與「微分」之特性曲線會是如何？總會有些令人有點猜不透的感覺。事實上，懂得思維與應變的人應該想得到，函數 $f(x)$ 是分別由另外兩個，也就是由函數 $3x^2$ 與函數 $e^{3x}$ 所分別組成的。而 $3x^2$ 的特性曲線在前幾題已解說多次，應該已經很熟了，它是一個凹形且與 $y$ 軸對稱的拋物線圖形。如圖 Fig 9-11.1 所示。而另一個函數 $e^{3x}$ 則是自然指數的形式，它的最大特質就是函數會隨 $x$ 軸增加，而呈現具有爆炸性的成長，如圖 Fig 9-11.2 所示。

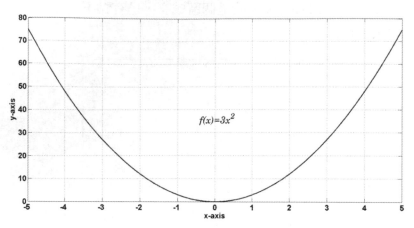

Fig 9-11. 1 函數 $3x^2$ 之特性曲線圖

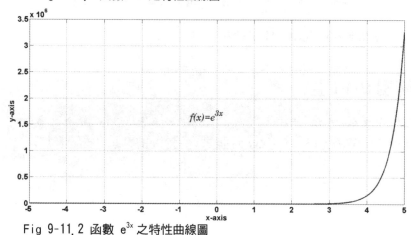

Fig 9-11. 2 函數 $e^{3x}$ 之特性曲線圖

2. 那麼，函數 $3x^2$ 與函數 $e^{3x}$ 這兩個函數若是相加在一起，它的結果會是如何呢？也就是說，它的特性曲線圖會是如何呢？對於懂得正確思維的人而言，它的答案應該是可能大略的體會得出來的。道理其實很簡單，因為，函數 $3x^2$ 與函數 $e^{3x}$ 這兩個函數比起來，第二個項目，也就是 $e^{3x}$ 這個函數的特性，要比第一個項目，也就是 $3x^2$ 的特性強太多了。故而，第二個項目 $e^{3x}$ 這個函數的特性會蓋過第一個項目 $3x^2$ 的特性。所以，我們概略的可以知道，它的結果也會是一個指數函數的形式，如圖 Fig 9-11.3 之所示。

3. 函數 $f(x) = 3x^2 + e^{3x}$ 的 $f'(x)$、$f''(x)$ 與 $f'''(x)$ 的結果分別如下所示：

$$f(x) = 3x^2 + e^{3x}$$

$$f'(x) = 6x + 3e^{3x}$$
$$f''(x) = 6 + 9e^{3x}$$
$$f'''(x) = 27 e^{3x}$$

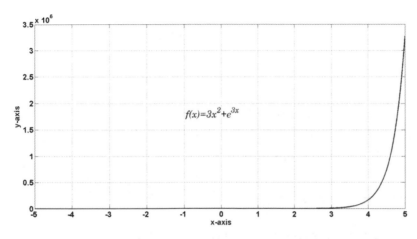

Fig 9-11.3 $f(x) = 3x^2 + e^{3x}$ 之特性曲線圖

## 【研究與分析】

1. 各位也許會覺得 Fig 9-11.3 這個函數式 $f(x) = 3x^2 + e^{3x}$ 之特性曲線圖與前面的 Fig 9-11.2 圖，這兩個圖形幾乎是相同的一個圖像，怎麼會這樣呢？事實上，各位知道 Fig 9-11.3 這個函數式 $f(x) = 3x^2 + e^{3x}$ 是由 $3x^2$ 與 $e^{3x}$ 這兩個函數相加而成的。這第二個項目 $e^{3x}$ 的特性，要比第一個項目 $3x^2$ 的特性強太多了。故而，第二個項目 $e^{3x}$ 這個函數的特性幾乎完全的蓋過了第一個項目 $3x^2$ 的特性。

   如果各位能夠注意 Fig 9-11.1 圖與 Fig 9-11.2 圖，這兩個圖形在 $y$ 軸的刻度，就應當多少會領悟到，Fig 9-11.1 與 Fig 9-11.2 這兩個圖形在 $y$ 軸上的數值相差得太遠了。也就是說 Fig 9-11.1 圖的數值太小了，各位應該注意到同樣的 $x$ 軸範圍，Fig 9-11.1 圖在數值最高只有到達 $x=+5$，$y=75$，而在 Fig 9-11.2 圖中的 $y$ 數值則是到了 $10$ 的 $6$ 次方了，由此可知，這兩個圖在數值的比例實在是相差得太遠了。因此，相加的結果第一個項目 $3x^2$ 根本就顯現不出來。也就是說，在原函數中 $f(x) = 3x^2 + e^{3x}$ 這第一項 $3x^2$ 的值根本就可以不計。

2. 關於原函數 $f(x) = 3x^2 + e^{3x}$ 的微分 $f'(x)$、$f''(x)$ 與 $f'''(x)$ 的結果與其特性曲線，如下圖 Fig 9-11.4 所示。在圖中我們很明確的可以看出，原函數經過一次、二

次、三次的微分之後，它們曲線的斜率出現了兩個現象：

(1). 它們曲線的斜率會越來越高的現象，這是整個原函數的現象。

(2). 原函數真正的本質是 $e^{3x}$，所以，不論如何的微分，它始終都一直存在。

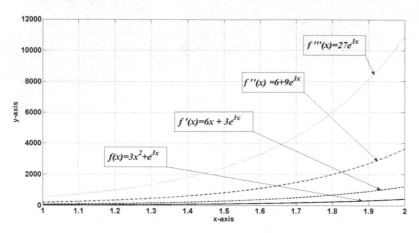

Fig 9-11. 4 函數 $f(x)$ 及 $f'(x)$、$f''(x)$、$f'''(x)$ 之特性曲線圖

### 【★★★★典範範例 9-12】

設函數為 $f(x) = 8^x$ 求 $f'(x)$

請繪製原函數及微分後之特性曲線圖，並解釋其原因及涵義。

### 【解 析】：

1. 這是一題看似簡易，其實是相當特異的一個指數函數。它可能會讓許多的人使用一般的微分方式來處理這類的問題，那問題就大了，而且是大錯特錯。所以，我還是標上四顆星，藉以提醒各位在處理這種函數微分的時候，宜特別小心謹慎。

2. 這是一個屬於「隱函數 (implicit function)」的微分。「隱函數」是在函數式中，具有隱藏形式的一種函數。我們一般絕大部分所處理的函數都是屬於「顯函數 (explicit function)」。在一般的「顯函數」中，它的變數型態非常明顯，而且是可以明確的隨著函數變動，也明確的可以觀察得出來。例如 $f(x)=x^2$ 這是一個很明晰的函數，不具有隱藏性。它的微分直接就是 $f'(x)=2x$。但是，就以本題的函數式來說，這個函數 $f(x) = 8^x$ 而言，在對於 $f(x)$ 微分的時候，我們不可

以直接將它的指數拉下來而成為 $f'(x)=x8^{x-1}$。因為，這個函數式的指數，它本身也還是一個變數。所以，對於「隱函數」的微分，是不可以直接以一般形式的方法加以微分的。而是必須再對該隱函數」的部分，再加以微分。

3. 對於「隱函數」的微分，它依尋的公式如下：

$$\frac{d}{dx}(a^u) = a^u \frac{du}{dx} \ln a$$

所以，在這一題中，它的一次微分等於：

$$f(x) = 8^x$$

$$f'(x) = 8^x log(8) = 8^x ln(8)$$

## 【研究與分析】

1. 各位可能會覺得奇怪，為什麼 $f(x) = 8^x$ 是「隱函數」，而 $f(x) = e^x$ 卻是「顯函數」呢？那是因為 $f(x) = e^x$ 它本身很明確的被定義為「自然指數」。所以，它是一個具有很明確性與整體性的意義存在。也因此，在微分的時候，不可以將 $e$ 與 $x$ 區分開來，而是整體性的在運作，所以，$e^x$ 的微分還是它自己，故又稱之為一條打不死的龍。但是，$f(x) = 8^x$ 則是不同的，對於 $f(x) = 8^x$ 的微分，不可以將 $x$ 直接的降階來求得答案，這是因為 $x$ 的本身還是一個變數。因此，對於這種「隱函數」的微分，必需依尋它特殊的公式與定義來進行。

2. 對於 $f(x) = 8^x$ 特性曲線，各位可能會覺得「隱函數」的特性曲線是不是會特殊一些。事實上應該還不會感到太困難才是，畢竟也是指數函數的一種，所以它的特性曲線應該是可以預測得出來，也就是跟 $f(x) = e^x$ 函數不會相差得太遠才是，但會比 $f(x) = e^x$ 函數斜率彎曲的程度大些，如圖 Fig 9-12.1 所示。

3. 對於 $f'(x) = 8^x ln(8)$ 的這個式子，可能就會有許多人不知該從何處著手了。事實上，對於 $f'(x) = 8^x ln(8)$ 的這個式子的圖解，我們應該用另外的一個角度來看。那就是將這個式子重新的安排一下而成為 $f'(x) = ln(8)*8^x$。這樣再從新的思考，相信就容易得多了。因為，那只是在 $f(x) = 8^x$ 這個函數之前，多乘上了一個 $ln(8)$ 常數項而已。

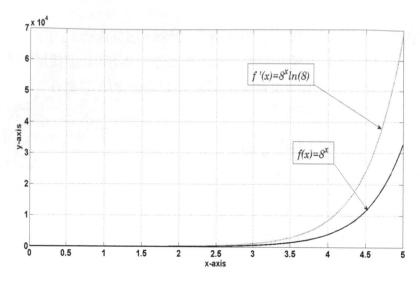

Fig 9-12.1  *f(x) =8$^x$* 及 *f '(x) = 8$^x$ln(8)* 之特性曲線圖

4. 如圖 Fig 9-12.1 所示是綜合了 *f(x) = 8$^x$* 與一次微分 *f '(x) = 8$^x$ln(8)* 這兩個函數的圖形在一張圖表上。如此可以讓各位得以相互的比較，也才會深深的知道，如果不是自然指數，它微分的結果，就會與原有的函數有了差異，而它們之間的差異，雖然僅僅是一個常數而已，這一點在 Fig 9-12.1 中可以看得很清楚。

## 【★★★★典範範例 9-13】

設函數 *f(x) = ln(x)+exp(x)* 求其微分 *f '(x)* 如何？
請繪製原函數及微分後之特性曲線圖，並解釋其原因及涵義。

## 【解 析】

1. 這是一題非常有意思的題目，許多人都認為「對數」與「指數」是相對而相反的，也就是 *ln(x)* 與 *exp(x)* 這兩個函數是互相反轉的。對於這樣的想法，就讓我們用這一個題目做進一步的驗證，看一看它的究竟會是如何？。所以，在這一題學完之後，相信各位對於指數與對數的能力與認知，必然是會大增的。函數 f(x) = ln(x)+exp(x) 實際上就是分別由兩個子函數所構成，那就是函數 ln(x) 與函數 exp(x) 這兩個部分，經由這兩個函數相加而結合在一起。事實上，我們應該已經非常了解函數 ln(x) 與函數 exp(x) 這兩個函數的特性曲線了，但為了

能夠帶給各位「視覺」上的教學效果，特地將它們列了出來。如圖 Fig 9-13.1
與圖 Fig 9-13.2 所示。

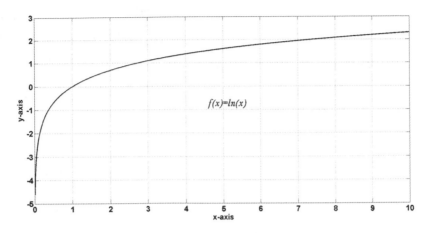

Fig 9-13.1　　*f(x) = ln(x)* 之特性曲線圖。

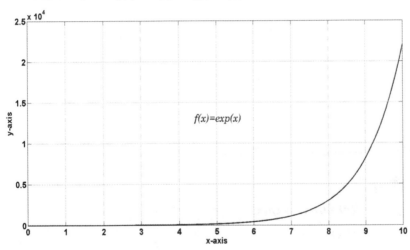

Fig 9-13.2　*f(x) =exp(x)* 之特性曲線圖。

2.　各位請仔細的看一看上面的兩個特性曲線圖，很明顯的會發現，這兩個曲線在
　　外觀上它的曲線特質是相反的，***ln(x)*** 是向上鼓起，而 ***exp(x)*** 則是向下凹的。
　　那麼相加之後，是不是就抵消而變成了一個平坦的線段呢？各位在看了上列的
　　兩個特性曲線圖後，應該知道，它的答案是否定的。

3.　原因呢？各位請再看 Fig 9-13.1 與 Fig 9-13.2 這兩個曲線圖的 ***y*** 軸，應當就可以
　　體會這個道理了。這兩個曲線並不是完全得相對與相反，所以，它們在相加之

後，也絕對不會成爲一條直線。事實上，它不但不會成爲一條直線，而且，它的特性曲線應當是與 *exp(x)* 之特性曲線接近相同才是。因爲，這兩個曲線圖分別在 *y* 軸上的數值相差得很大。*ln(x)* 在 *y* 軸上的數值還不到 *3*。然而 *exp(x)* 在 *y* 軸上的數值則達到了 *10* 的 *4* 次方，這期間相差了 *10⁴* 次方的倍率。所以，若是將 *ln(x)* 與 *exp(x)* 這兩個函數相加之後，它的結果，也就是說它表現在外的，就幾近是 *exp(x)* 的函數特質了，而 *ln(x)* 函數特質幾乎就不顯了。這一點，可能是許多人所料想不及的。函數 *f(x) = ln(x)+exp(x)* 的特性曲線圖如圖 Fig 9-13.3 之所示。

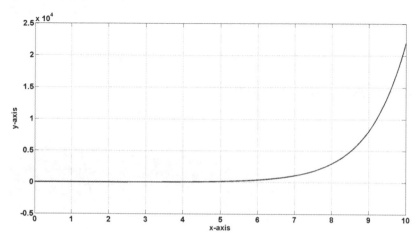

Fig 9-13. 3　*f(x) =ln(x)+exp(x)* 之特性曲線圖。

4.　函數的一次微分：

$$f(x) =ln(x)+exp(x)$$
$$f'(x)= exp(x) + 1/x$$

一次微分後的特性曲線值得我們再次的仔細思量。首先，想要提醒各位的是，在整個函數 *f '(x)* 是分別由兩個子函數所構成的，一個是 *exp(x)* 函數，另一個是 *1/x* 函數。所以，在思考問題的時候，就必須衡量一下這兩個子函數式各自所佔的分量。事實上，函數 *1/x* 的這個量，在整個 *f '(x)= exp(x) + 1/x* 中所佔的分量比起函數 *exp(x)* 的量，實在是小得多了，尤其是當 x 變數值增加的時候。例如，當 *x=10* 的時候，*1/x=1/10=0.1*。而 *exp(10)= 2.2026e+004* 是一個相當大的數值。所以，一次微分 *f '(x)= exp(x) + 1/x* 的特性曲線圖仍然是函數 *exp(x)*

所主導。如圖 Fig 9-13.4 所示。

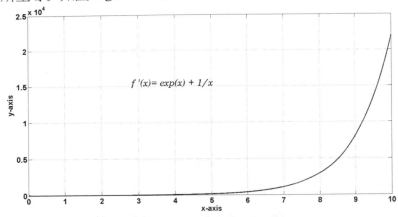

$f'(x)= exp(x) + 1/x$

Fig 9-13. 4 一次微分 $f'(x)= exp(x) + 1/x$ 的特性曲線圖

## 【研究與分析】

在 Fig 9-13.4 的圖中，也就是 $f(x) =ln(x)+exp(x)$ 之特性曲線圖，現在看起來已經是很妥善而圓滿了。但是，其實這裏面隱藏著一個大問題，而這個問題也只有那些對於對數的觀念非常清晰的人才會發現。否則，一般看起來真的就以為是圓滿無缺了。這個函數式由 **0** 平滑的開始，而後在急劇的升起，這正是指數函數 **exp(x)** 最典型的特質。然而，這一題的情況真的是如此嗎？

各位應當知道，**log(x)** 這個函數是有「極限」值的，而這個極值就出現在水平軸上的 **x** 趨近於 **0** 之處。也就是 **ln(0)= -Inf** 。這個函數在 **x→**趨近於 **0** 之時是有負無限大極值的，但是，為什麼在 Fig 9-13.4 圖中卻沒有顯示出來呢？在起初的部分，卻顯示出平坦的現象呢？原因無它，那是因為我們用了較大的「刻度 (Scale)」，所以看不出來。如今，就讓我們將範圍縮小一些，如圖 Fig 9-13.5 所顯示的樣子，那麼，就可以清楚的看得出來，在 **x** 趨近於 **0** 之處，的確是有一個向下的負無限大極值存在的。所以說，在思考題目的時候，還是要心細而且觀念清晰才可以的。

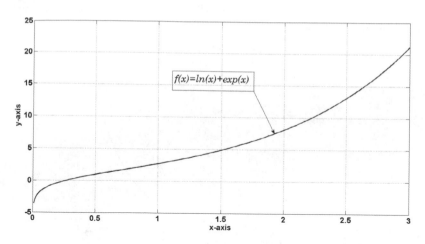

Fig 9-13.5 *f(x) =ln(x)+exp(x)* 在 x 趨近於 0 處還是有負的極限值存在的

★★★★【典範範例 9-14】

設函數為：*f(x) =1/ln(x)* 求其一次的微分 *f '(x)=* ？
請思考並研判各函數的特性曲線圖，並請解釋其原因與含義。

## 【解 析】

1.  這為什麼會是一題四顆星的題目呢？是的，是大家對函數 *lnx* 的特性曲線應當已經相當的熟悉了，但是，對於該函數 *ln(x)* 的倒數也就是 *1/ ln(x)* 可能就未如想像一般的容易了。第二個原因則是函數 *f(x) =1/ ln(x)* 的確是一個非常重要而具有關鍵性的一個函數，所以，各位有需要進一步知道它的必要。首先，各位應個要知道，一個函數與該函數倒數，例如 *f(x)=x* 與 *f(x)=1/x* 這是完全不同的兩個函數，而且它們的差異度是天差地別的。所以說 *f(x) =1/ln(x)* 是一個非常重要的函數。事實上，我們很難用 *f(x) =ln(x)* 的特性曲線來想像與它好像有關的 *f(x) =1/ln(x)* 的特性。正如，我們不可以用 *f(x)=x* 這個函數的特性曲線來想像 *f(x)=1/x* 這個函數的特質，它們之間其實是沒有任何相關的關係的。

2.  那麼，各位在繼續往下閱讀之前請先仔細的思考一下，看看是否能夠想出該函數整體性的特性曲線之概念。事實上，在本書中曾多次提到，如果一個函數的變述是出現在該函數的分母，那就需要特別注意。因為，變數在分母的時候，我們首要考慮的是函數在跨越 *x* 趨近於 *0* 的時候，就一定會有極值出現。而變

數 x 在趨近於正負無限大的時候，則整個函數有會趨近於 *±0* 值。

3. 因此可知，函數 *f(x) =1/ln(x)*

　　　　　　當 *x=1* 的時候

　　　　　　*ln(1) = 0* .　　也就是 *e⁰=1*

　　　　　　所以 *f(1) =1/ ln(1) =1/ 0 => +Inf.*

也就是當 *ln(1)* 趨近於 *1* 的時候，整個函數則是趨近於無限大值。

相對的，函數 *f(x) =1/ln(x)*　，　　當 *x=0* 的時候

　　　　　　$ln(0) = -Inf$ .也就是 $e^?=0$

　　　　　　答案是 $e^{(-Inf)}=0$

　　　　　　所以 *f(0) =1/ (- Inf )* 而趨近於 *-0* 。

它的特性曲線圖則是近似於直角雙曲線。如 Fig 9-14.1 之所示。

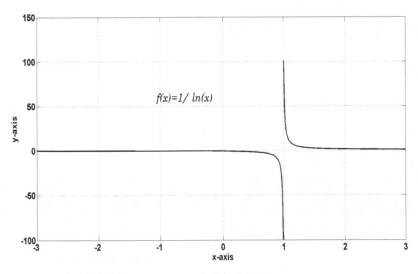

Fig 9-14. 1 函數 *f(x) =1/ lnx* 之特性曲線圖

4. 該函數 *f(x) =1/ lnx* 的微分

　　　　　*f(x) =1/ lnx*

　　　　$f'(x)= -1/( x \cdot ln(x)^2 )$

這個微分的結果 *f '(x)* 在分析它的特性曲線時看起來好像不是很容易的樣子，

事實上，如果逐步分析的時候，我們可以得到下列的狀況：

(1). 整個函數是「負」值的。也就是說，在第 1 與第 2 這兩個象限不會有圖形。

(2). 由於分母包含的有變數，所以，它會有「負」的極值出現。

(3). 當變數 *x* 分別向正無限大與負無限大接近的時候，整個函數都會趨近於 *0*。
其特性曲線如圖 Fig 9-14.2 之所示。

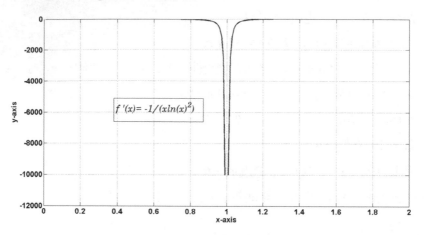

Fig 9-14. 2　*f '(x)= -1/( x · ln(x)²)* 特性曲線圖

## 【研究與分析】

1. 在原函數 *f(x) =1/ lnx* 的 Fig 9-14.1 的特性曲線圖中，我們可以看得出它是一個
直角雙曲線的形式。但是，絕大多數的人可能想不到，它的對稱點並不是在原
點上，而是在 *x=1* 的地方產生的對稱點。這是為什麼呢？事實上，它與函數
*f(x) =1/x* 的特性曲線非常的相似。那麼，這之間究竟是差別在哪裡呢？也就是
說，對於 *f(x) =1/ln(x)* 與 *f(x) =1/x* 這兩這函數之間，究竟有沒有差異性，如果
有的話，那麼它們之間的差異究竟在哪裡？

   這是一個很有趣的問題，用說的也許講不清楚，那麼，各位請看下列所示的
   圖，如圖 Fig 9-14.3 所顯示的這兩條特性曲線圖。那就是函數 *f(x) =1/x*，當 *x*
   趨近於 *0* 的時候，整個函數才會趨近於正負無限大。而在函數 *f(x) =1/ln(x)* 中，
   它的極值則是位於 *x=1* 的這個地方，也就是說：

   當 *x* 趨近於 *+1* 的時候 (*x→+1*)

   *ln(1) = 0* . 也就是 *e⁰=1*

   *f(1) =1/ ln(1) =1/ 0 => +Inf* .

   同理

當 $x$ 趨近於 $-1$ 的時候 $(x \to -1)$

$f(x) \Rightarrow +Inf$ . 趨近於負無窮大。

所以，函數 $f(x) = 1/ln(x)$ 的極值是出現在 $x=1$ 的地方，而不是在 $x=0$ 之處。這兩個函數雖是相似，但它們的極值卻是有著不同的差異性。

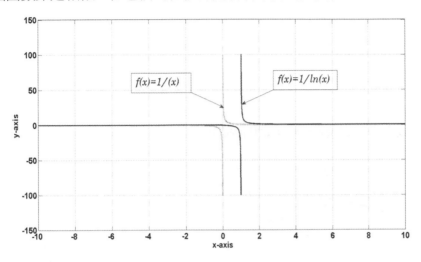

Fig 9-14.3　函數 $f(x) = 1/ln(x)$ 與 $f(x) = 1/x$ 之間的差異性

【★★★★典範範例 9-15】

設函數 $f(x) = sin(x) + log(x)$ 求一次微分 $f'(x)$

請思考並研判各函數的特性曲線圖，並請解釋其原因與涵義。

【解 析】

1. 這是一題很有意思的題目。想像一下，這兩個完全不同的函數相加之後會是什麼樣子？大家應該都很熟習 $sin(x)$ 的函數，這是一個標準的正弦波。請注意，一般在計算函數 $f(x) = sin(x)$（尤其是在微積分）時，多不使用角度，而是使用「徑度 (radians)」來計值的。因為，它可以與其它的函數使用完全相同的數值變數，而不需要再經過麻煩的角度轉換。有關 $sin(x)$ 的波形與 $log(x)$ 的波形它們的特性曲線圖我們已經很熟習了，但為了增進對問題的解說之方便，故而列是如下圖 Fig 9-15.1 與 Fig 9-15.2 之所示。

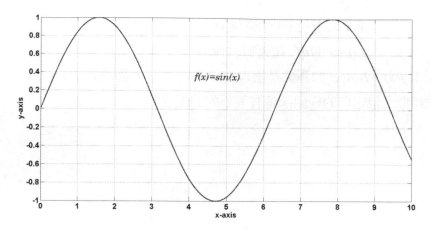

Fig 9-15. 1　　函數 *f(x) =sin(x)* 之特性曲線圖。

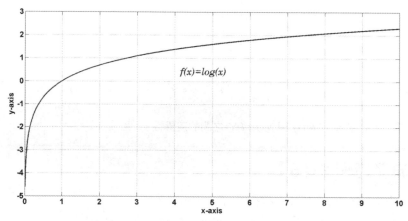

Fig 9-15. 2 函數 *f(x) =log(x)* 之特性曲線圖。

2. 但是，當函數是 ***f(x) =sin(x)+ log(x)*** 這兩個分別不同的函數相加的時候，那結果會是什麼呢？相信，在經過前面許許多多的【典範範例】之後，應當已經是相當的熟練了。故而若是將 ***sin(x)*** 的波形疊加在 ***log(x)*** 的波形之中，它的結果應該是如我們心目中所想像的相互結合與合成的那個情景，真是如此嗎？答案是肯定的，如果能具有如此的想法，那各位在數學的智能上的確是有增長進步的。

3. 在 Fig 9-15.3 的圖中，我們的是看到了的確是將 ***sin(x)*** 的波形疊加在 ***log(x)*** 的波形之中所形成的另一個「合成波形」。事實上，如果對於各個函數能夠深知它們之特性的話，那麼，我們應該就可以大致上思考與估量得出來，在函數之間的合成效果將會是如何的。其實，這種合成的效果往往也就是各函數之間相

加之後的結果。當然，「相減」的效果也是「相加」效果的一種，只不過它的
方向相反而已。

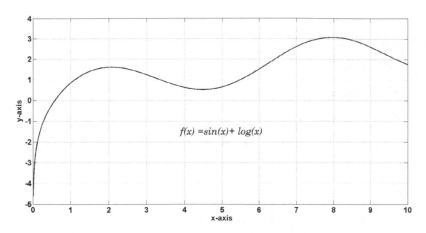

Fig 9-15.3 函數 *f(x) =sin(x)+log(x)* 之特性曲線圖。

4. 依照 Fig 9-15.3 函數 *f(x) =sin(x)+log(x)* 所示的特性曲線圖，我們應該先仔細的
想一想，這個函數經過微分之後的 *f ' (x)* 會是如何的樣子呢？事實上，經過本
書長久而多次的鍛鍊，應該大致上可以得到一個整體性的觀念。首先，我們可
以想得到，*sin(x)* 的微分會是 *cos(x)*，這很容易。而 *log(x)* 的微分得到的是 *1/x*，
所以，這個函數的微分一點也不困難，那就是：

$$f(x) =sin(x)+log(x)$$
$$f '(x) =cos(x)+1/x$$

## 【研究與分析】

1. 那麼，這個微分式 *f '(x) =cos(x)+1/x* 會有什麼樣的特性曲線呢？事實上，經過
了長久而多次的鍛鍊，我們應該想到，要解決這個問題有兩個方法：

(1). 從函數式 *f(x) =sin(x)+log(x)* 的特性曲線來思考。也就是從函數式 *f(x)* 的特性
曲線去思考它的斜率及特性曲線。不過，這種方式在思考上它的難度會稍微高
一點。

(2). 直接從微分式 *f '(x) =cos(x)+1/x* 著手來思考。那就是只要將 *cos(x)* 與 *1/x* 的特
性曲線展現出來，然後相加合成就可以了。的確，這種方法所得到一個「合成
波形」確實是簡便而有正確的。那麼，該如何去做呢？首先從 *cos(x)* 的波形著

手，這已經是大家都非常詳熟的了。至於 *1/x* 的波形應該也很熟習的，因為我們已經用了太多次了，那就是一個分別以 *x* 軸與 *y* 軸為漸進線的直角雙曲線的式樣。

2. 故而，將這兩個特性曲線疊合在一起，就是如圖 Fig 9-15.4 所示 *f'(x)* 這整個的特性曲線了。在這個特性曲線中，各位需要注意的是，在橫軸上所出現如同小小漣波形狀的正是 *cos(x)* 的波形。因為，*cos(x)* 的值是介於 +1 與 -1 之間，所以，比起 *1/x* 的直角雙曲線數式樣的特性曲線其值相差得非常大。所以，在兩相比較之下，*cos(x)* 的波形就顯得不那麼明顯了，但是，還是可以的。

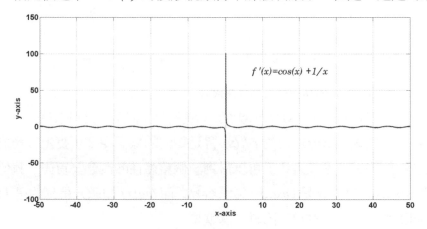

Fig 9-15.4　*f'(x) =cos(x)+1/x* 之特性曲線圖

---

## 【★★★★★典範範例 9-16】

設函數為 *f(x) =x^x*。求其一次微分 *f'(x)*。
請繪製原函數及微分後之特性曲線圖，並解釋其原因及涵義。

## 【解 析】

1. 這是一個五星級的題目，也是一題蠻奇怪的題目，但是，它卻有重大的意義。一般的人看到這樣的題目，幾乎是毫不考慮的直接依照一般的微分方式做下去。但是，事情沒有那麼簡單，否則就不會有五顆星了。這個題目 *f(x) =x^x* 在表面上看起來也是指數的一種形式，但事實不然。雖然它的整個函數式是如此的簡單，但是，一般的人多不知道，它的難度其實是不算太低的。

2. 這一題指數函數最奇特的地方是它的底數與對數的變數是完全的相同。它的底數可以不斷的在變化,而其對數亦以相同的數值在改變。事實上,在 *x>0* 的部分,它所表現的狀況的確是與指數函數相似。但是,在 *x<0* 的時候,曲線的特質就變得相當特異了。現在,我們首先繪製函數中 *x>0* 的這個的原函數特性曲線圖,如圖 Fig 9-16.1 與 Fig 9-16.2 所示。

3. 在圖 Fig 9-16.1 中顯示的是 *x* 自 *0* 至 *3* 這個部分的 *e^x* 與 *x^x* 這兩個函數的特性曲線圖,在這個部分函數 *x^x* 的起步較晚,所以它的曲線要比 *e^x* 略低一些。但是,在超過了 *x=2.75* 之後,函數 *x^x* 的優勢就顯現了,它會進一步的遠遠的超過 *e^x* 的數值。這在圖 Fig 9-16.2 中可以明顯的看得出來。

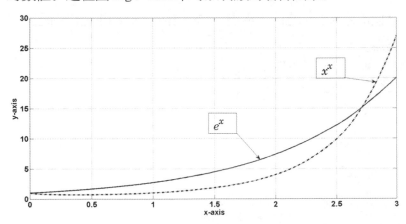

Fig 9-16.1    函數 $x^x$ 與 $e^x$ 在小區域 *x=0* 至 *3* 的特性曲線圖.

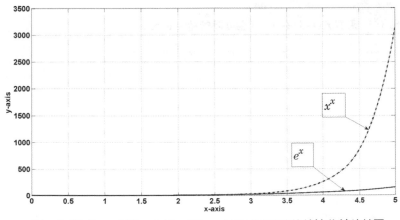

Fig 9-16.2    函數 $x^x$ 與 $e^x$ 在 *x=0* 至 *5* 區域時的特性曲線比較圖.

4. 這個函數 *f(x) =x^x* 特別是在 *x<0* 的時候,曲線的走勢就變得相當特異了,也不

是一般人們可以猜想得到的，它實際的特性曲線則如圖 Fig 9-16.3 所呈現的這種樣式的曲線。它是一種稱之為「阻尼振盪 (Damped oscillation)」的。各位可能覺得這種「阻尼振盪 (Damped oscillation)」是特殊專業的一個名稱，不易理解。事實不然，這種「阻尼振盪 )」的現象在大自然中是常見到的事，也是最常出現在大自然現象中的事情。例如小孩子最喜歡玩的鞦韆，它在施力一次之後就會擺盪，由開始大幅的擺盪，由於「阻尼」加大，而後逐漸的降低擺幅，最後趨於靜止。其它如樹枝的搖擺，樹葉的擺震，也莫不都是如此。所以我說，這也是一種負的「大自然的曲線」。在 Fig 9-16.3 圖中，就可以很明顯的看得出來了。對於這種「阻尼振盪」的看法是要反相過來看的，也就是由 *x=0* 開始向 *x<0* 這個部分來看，它的「震盪」越來越小。而如果是由由左向右看，它是開始「震盪」了。

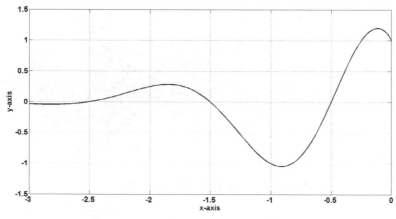

Fig 9-16.3　　函數 *f(x) =x^x* 在 *x=-3* 至 *0* 時的特性曲線圖．

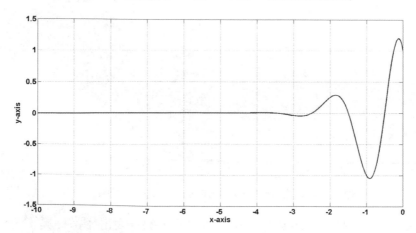

Fig 9-16.4　　函數 *f(x) =x^x* 在 *x=-10* 至 *0* 時的負「阻尼振盪」特性曲線圖．

　**9**　用白話文講指數與對數的微分

5. 這裏有一個各位必須要「特別注意」的事情，那就是：

**當 $x=0$ 時函數式 $f(x)=x^x$ 會是如何？**

因為這個時候會出現「底數」與「指數」都是為「0」的狀態，那麼，此時的函數究竟會等於甚麼？毫無疑問的，許多人在這裏會產生一個相當不確定的答案或認知。也就是當 $x=0$ 時函數式 $f(x)=0^0$ 會是等於多少？或許，絕大部分的人都會認為「0」的任何次方都是為「0」。因為，$0^1=0$，$0^2=0$ ……。所以，當然 $0^0=0$。但是，諸位如果真是這樣的認知或想法那就錯了。

6. 事實上，在數學中各位要注意的是：

**「任何數的零次方都是等於 1。」**

也就是說，$1^0=1$，$2^0=1$……。當然，重要的是 $0^0=1$ 同樣的是符合上述定義的。所以，我們一定要知道，「0」的「0」次方是「1」，也就是 $0^0=1$ 這個數值，而這一點在圖 Fig 9-16.3 與 Fig 9-16.4 上面所列的特性曲線圖中，可以很明確的看得出來。

7. 為了能讓各位能更真實的了解，所以，使用一些實際的數字現象，讓各位可以知道這種負阻尼振盪在負 $x$ 軸上，的確是上下來回的震盪著，而震盪的值也隨著 x 的負值越大而趨於越來越低，也越來越趨於零值，從下列所列出的數值，可略知所以。

$$f(x) = x^x$$

$$x = 0 \quad , \qquad f(x) = 0^0 = 1$$

$$x = -1 \quad , \qquad f(x) = -1$$

$$x = -2 \quad , \qquad f(x) = 0.2500$$

$$x = -3 \quad , \qquad f(x) = -0.0370$$

$$x = -4 \quad , \qquad f(x) = 0.0039$$

$$x = -5 \quad , \qquad f(x) = -3.2000e\text{-}004$$

$$x = -6 \quad , \qquad f(x) = 2.1433e\text{-}005$$

由上列的數據各位可以看得出來，當 x 的數值在負數上越來越大時，$f(x)$ 的值出現了一個有趣的現象，它在正與負之間上下擺動，而且也隨著 $x$ 的負值越大

而 *f(x)* 的值則趨於越來越低，也越來越接近於零值，而最後「振盪」則趨於平靜而中止。從上列所述的數值，可以獲得一個大致上的概念。故而，就整體而論，*f(x) =xˣ* 的特性曲線圖的確是相當特殊的，也請各位特別注意的，尤其是在 *x = 0* 的時候，*f(x) =1* 的這一點上。

8. 圖 Fig 9-16.5 所顯示的是包含 *x* 軸的正負範圍在 *x= −2* 至 *+2* 的 *f(x) =xˣ* 特性曲線圖，在經過上面相關得解說之後，相信各位對於這個函數已經有一個整體性的觀念了，在 Fig 9-16.5 圖中所顯示的曲線看起來有些怪異。但是，如果將它「正」「負」方向分開來看，就是上面所說的它們各別的道理了。

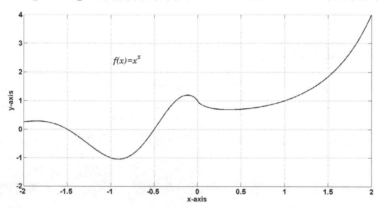

Fig 9-16.5　函數 *f(x) =xˣ*　特性曲線圖．

9. 那麼，接下來要問當函數 *f(x) = xˣ* 時，那麼它的微分 *f '(x)* 會是如何呢？如果指數與其底數都是變數的話，是不可以直接引用一般的微分型式來微分得。所以，這一題相對是有些難度的，但也相對的是一種考驗。現在，讓我們逐步的演算如下，便於各位能夠真實而確切的深入了解它的計算過程。首先，為了方便起見，先將將函數 *f(x)* 設為 *y* 值。於是對 *y=xˣ* 的兩邊取「對數」如下：

$$y = x^x$$
$$ln\ y = ln\ x^x$$
$$ln\ y = x\ ln\ x$$

等號兩邊同時微分，得

$$(1/y)D_xy=lnx+x(1/x)$$
$$D_xy = y(lnx+1)$$
$$= x^x(lnx+1)$$

$$= x^x + xx\,lnx$$

故得

$$y' = x^x + x^x lnx$$

$$f'(x) = x^x + x^x lnx$$

10. $f(x) = x^x$ 的一次微分的結果得到為：

$$f'(x) = x^x + x^x lnx$$

Fig 9-16.6，如果仔細思索這個微分的特性曲線的特質，應當會發現它與原來的函數 f(x) 的特性曲線之特質是相彷彿的。因為它們兩這之間是用加號相連結的，也就是說，除了原有的函數之外，多加了一些「東西」上去而已。所以說它會有一些變化，但變化不會太大。但是，有一點需要特別注意的，那就是「極限」的問題，這將會在【研究與分析】中，將會做進一步的討論。

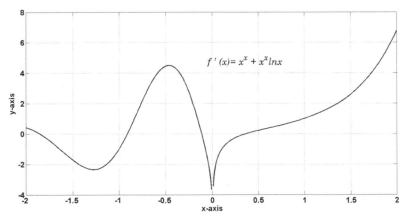

Fig 9-16.6 $f'(x) = x^x + x^x lnx$ 特性曲線圖.

## 【研究與分析】

1. 這一題的【研究與分析】是很有趣的一題，也是一題非常值得一提的一個題目。那就是原函數式的 $f(x) = x^x$ 或是一次微分式 $f'(x) = x^x + x^x lnx$ 都有一個地方是非常奇特的，也需要大家注意的。那就是：

（1）. 函數 $f(x) = x^x$ 當 $x=0$ 的時候，$f(x) = 0^0 = ?$

（2）. 微分 $f'(x) = x^x + x^x lnx$ ，而它在 $x=0$ 的時候，$f'(0) = ?$

大家不妨都先想一想。

2. 當 *x=0* 的時候，*f (x)= x^x=0^0*，前面說過根據定義，「零」的任何次方其值都是等於 *1*。所以 *0^x=0^0 =1* ，這是毫無疑問的。也可以在 Fig 9-16.4 與 Fig 9-16.5 圖中看得出來，當 *x=0* 的時候，*f (x)=1*。

3. 那麼，根據這個道理，它的一次微分式 *f '(x)= x^x + x^x lnx* 的特性曲線圖中，如果我們將 *x=0* 代入 *f '(x)* 的時候，它會是如何的情景？首先，我們可以得知原函數的第一項 *xx* 的特性曲線圖，因為已經在前面討論過了，已經可以理解了。至於原函數的第二項 *x^x lnx* 的特性曲線圖，它是由 *x^x* 與 *lnx* 相乘而得。前一項 *x^x* 就不再討論了。至於 *lnx* 這一個項目，它的影響就會很大了。因為 *ln(x)* 在 *x=0* 的地方有極值出現。在 *x=0* 時 *ln(0)=log(0)= −inf*。*Inf* 是 infinite( 無窮大 ) 的意思，而 *−inf* 則是負無窮大。那麼 *log(0)* 又是什麼意思？這個問題我們談論很多了，再整理一下：

(1). *ln(2.718)* 是在說：

*e* 的幾次方會等於 *2.718* ？

答案是 *1*。也就是說 *e^1=2.718*。

(2). *ln(1)* 是在說：

*e* 的幾次方會等於 *1* ？

答案是 *0*。 也就是說 *e^0=1*。

(3). 那麼，*ln(0)* 是在說：

*e* 的幾次方會等於 *0* ？

答案是 *−inf*。

4. 仔細的想一想，在 Fig 9-16.6 這個「極值」是由那裡產生的呢？事實上，原函數 *f (x)= x^x* 並不會產生極值，所以，那必然是受到 *ln(x)* 的影響所致。的確，我們不妨看一看 *ln(x)* 的特性曲線圖，如圖 Fig 9-16.7 就可以了解。

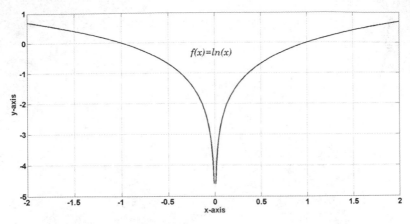

Fig 9-16.7　*ln(x)* 特性曲線圖.

在圖中我們可以看到整個 ***ln(x)*** 函數在 ***x*** 趨近於 ***0*** 的時候，出現了「極限黑洞」的現象，那是一個負無限大（***-inf***）的值。

5.　所以，當我們再看微分的函數式：

$$f\,'(x) = x^x + x^x lnx$$

這個函數式中竟然加上了一個「極限黑洞」的現象，當然，無可避免的，整個函數式必然也就避不開這個現象了。因此造成整個 $f\,'(x) = x^x + x^x lnx$ 在整個特性曲線圖 Fig 9-16.7 中所呈現的該「極值」的原因與結果。

# 10

# 積分究竟是什麼？

【本章你將會學到下列的知識與智慧】：

# 積分的究竟思維

「積分 (Integration)」是得自於數學家黎曼（Georg Friedrich Bernhard Riemann，1826~1866），他是德國的數學家，也是幾何學與複變函數論創始人，很可惜他只活了 40 歲，否則他的成就會更大。他的想法是將函數在一個固定的區間裡，進行細微的分割與取樣，然後加總並取得最後的總和，此又稱之為「黎曼和 (Riemann sum)」。最簡單的取樣與分割的方法，則是將一個區間均勻地分成若干個寬度相等的長方形子區間，然後再將每個子區間加總。而如果當這些子區間足夠小的時候，那麼，所有的「黎曼和」都會趨於某個極限值，那麼這個極限值就稱之為該函數在閉區間上的「黎曼積分」。如圖 Fig 10.1 所示。

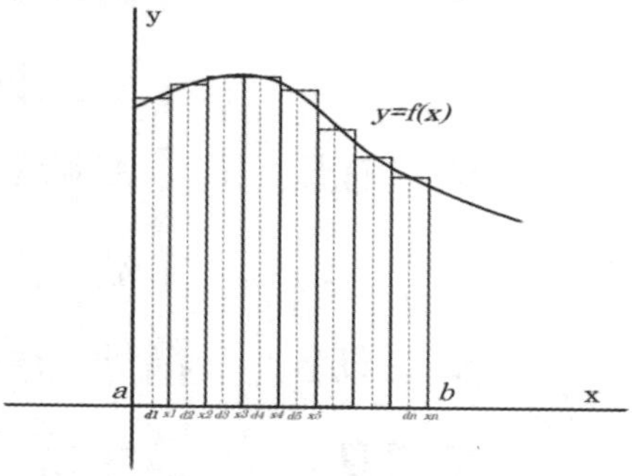

假設這些均勻寬度的長方形各個子區，在小到足夠小的時候，則所有的「黎曼和」都會趨於某個極限值，那麼這個極限值就等同於該區域的實質面積，故得「黎曼積分」如下：

$$\lim_{\Delta x \to 0} \sum_{i=1}^{n} f(di)\Delta x = \int_a^b f(x)dx$$

「積分」的本質就是一種微量加總的意思。

Fig 10. 1

「微量加總」的意思就是將無數最細微的量「加總」在一起。當然，我們不可能逐一的一個一個去將它加總在一起。但是，各位應當還記得，在「微分」的思維中，它是在求得最微量的「因果變化」。而「積分」則是「微分」的反運算，故又稱之為「反微分 (antiderivative)」。「微分」是將「總量」化解為「微量」，然後再來看它與分析它最細微的狀況下的變化。而「積分」則是相反的，也就是說，它是「反過來」思考與運算。它是將最細微狀況下的變化加總，而求得總體性的結果。所以，「微分」與「積分」在事實上，它們就有着極為相連一體兩面的關係。

例如，就一條函數曲線而言，「微分」是在告訴我們在該曲線上每一點的變化情況。也就是藉由「微分」我們可以確切而真實的知道，在該曲線上任何一個地方

最細微的變化如何。反過來說就是「積分」了，「積分」是將該曲線上每一個地方最細微的變化，將它逐一的加總起來，求得它加總結果的如何。「曲線」可以是這個觀念，而「面積」、「體積」與累積數值等，在「微分」與「積分」上，當然也是相同的觀念在相互的運用著。

「積分」是《微積分學》與《數學分析》裡的核心概念。「積分」可以分為「定積分 (definite integration)」」和「不定積分 (indefinite integration)」這兩種。

所謂「定積分」是：對於一個給予定值的實值函數 $f(x)$，該 $f(x)$ 在一個實數區間 [a，b] 上的定積分則是：

$$\int_a^b f(x)\,dx$$

它的意義則是表示在直角座標的平面上，曲線由函數 $f(x)$ 所形成的曲線，經由其間的邊界之界線 $x=a$ 與 $x=b$ 及 $x$ 軸所圍成的曲邊之面積值，而這個面積值必然是一個確定的實數值，所以稱之為「定積分」。

當我們對一個函數進行積分之後，就會得到一個結果，而對它所得到的結果而言，則該如何去思考這個結果究竟代表的是什麼？或是有什麼特質？更直接的說，它積分後所得到的函數，它的特性曲線究竟代表什麼？而它又與積分之前函數的特性曲線有什麼不同？這才是真正屬於數學專業應該關心與注意的事。對於這個問題的回答，可以用下列的方式來思維：

以 $\Sigma(Sigma)$ 的方式來思考，也就是以累積總和的觀念來想它。

例如：

$$\sum_{i=1}^{n} i = 1+2+3+\cdots+(n-1)+n$$

這是一種累加的觀念，也正是「積分」這個名詞在基礎觀念上的一個起點。當然，這種的累加它的函數可以是線性的累加，但也可以是非線性的累加。在式中「$\Sigma$(Sigma)」是一個累加函數式，所以，在想法上與表達上面都是相當的容易理解的。這種思維可以因應各種不同的需求而有各種不同的函數式出現。因此，就根本來說，這種以「$\Sigma$(Sigma)」的方式所進行的思維，是可以估計它累積的狀況而得到的一種觀念與答案。事實上，對於「$\Sigma$」的以細微累積總和的這種思維與觀念也就是積分的緣起與前身。

# 積分在數學上的意義

　　數學是根據思想與應用的需求而給予相關的的定義。微積分在本質上則又區分為「微分 (differential calculus)」與「積分 (integral calculus)」這兩大區域。就「積分」的本質與性質而言，則可再進一步的區分為「定積分 (definite integral)」和「不定積分 (indefinite integral)」這兩種方式。

　　「不定積分 (indefinite integral)」是表示在積分的過程中，不具有特定的「區間 (interval)」範圍，簡單的說，也就是沒有範圍的限制，故定義為：

$$\int f(x)dx = F(x) + c$$

　　其中的 $F$ 是 $f$ 的「不定積分」。根據「乘冪法則 (power rule)」可得積分的基本運算如下：

$$\int x^n dx = \frac{x^{n+1}}{n+1} + c \ , \ n \neq -1$$

　　其中的 $dx$ 表示 $x$ 是 $f(x)$ 中要進行積分的那個變數，故又稱之為「積分變數 (variable of integration)」。這個「$\int$」符號又稱之為「積分符號 (integral sign)」。事實上，這個積分符號它是拉丁語「總計」（Summa）」或稱之為「Sum」，所以，積分的符號也可以說是這個字母「S」的另一種寫法。

　　對一個實值函數 $f(x)$ 的「定積分」而言，就是該函數 $f(x)$ 在一個固定的實數「區間 (interval)」 $[a，b]$ 裡面運作。因此，「定積分」在數學上的定義如下：

$$\int_a^b f(x)dx = F(b) - F(a) = F(x) \Big|_a^b$$

　　如果一個函數若是它的積分存在，而且有限的，我們就可以說這個函數是「可積的 (integrable)」。而 $a$ 稱之為「下限 ( lower limit)」，$b$ 則稱之為「上限 ( upper limit)」。「定積分 $(f)$」與「不定積分 $(F)$」之間還是有某種特殊關係存在的，它們之間的差異則是在於一個常數 $c$ 值。

事實上，積分」事實上是「微分」的一種反導數 (antiderivative)，也就是由導數 (derivative) 推算出原函數。例如函數：

$$y = x^2 + C \ (\text{C 是常數})$$

則它的導數為：

$$y' = 2x$$

而它的反導數 (antiderivative)，也就是積分則為：

$$\int 2x\,dx = x^2 + C$$

這可以很明顯的看得出來，「積分」和「微分」它們彼此之間是一種可以相互轉換的「反運算」，固而它也可以由導數 (derivative) 進而推算出原來的「原函數」。

下列的這道題目，是對各位做一個最簡單的自我檢視與測試。這道題目想要檢查什麼呢？或是測試什麼呢？是的，這道題目可以檢視自己的觀念與思維是否清晰明確，測試自我是否已經具有基本的能力了。更重要的是，它能讓我們反省所面對的究竟應該是什麼？此時在我們的腦海中應該如何去構想？如何去思維？甚至該如何去著手？各位請先看一看下面的這道題目，當你在第一眼看到它的時候，心中想的是什麼？思考的是什麼？甚至已經知道該如何著手嗎？題目如下：

$$f(x) = \int 1\,dx$$

題目真的非常簡單，可以說到了最簡單的地步。但是，也要提醒各位，題目雖簡單，它的真實道理卻沒有想像的那麼簡單或容易，數學就是要講道理，而且要講清楚、說明白。也可能會有一些人在面對這道題目的時候，幾乎是沒有概念的。如果各位有這個現象，那就不妨反過來思考一下。也就是說，讓我們回過頭來用「微分」的觀念來思考這個問題。至於，所謂的「沒有概念」的意思是說，各位可能會做，也會立即的寫出答案來，至於為什麼會有如此的答案，那就不一定理解，甚至也沒想過應該去理解它的真實涵義。而如果真是那樣的話，那就是把自己當作是一部最不精準，也是最沒有效率的機器了，是相當可惜的。因為，徒然浪費了寶貴的時間。

那麼，現在就讓我們直接的切入主題，這個式子是在問什麼呢？

$$f(x) = \int 1\,dx = ?$$

這個式子不是再問你，它的答案是什麼？而是問你，它究竟是什麼意思？我們可以用另一個不同的方式來回答上面的問題，那就是

**「什麼樣的變數其『微分』的結果會是『1』呢？」**

各位當然會回答：

$f(x)=x$ 的微分會等於 1。也就是

$f'(x)=1$。

那就對了。所以，對於 $f'(x)=1$ 的積分不就是回到了 $f(x)=x$ 嗎？它們之間是相通的。各位可以做比對性的思考。故而可知

$$f(x) = \int 1dx = x + c$$

如此，相信各位在這樣相互反思中，就必然會更清楚這其中的道理了。

如圖 Fig10.2.1 與 Fig10.2.2 之所示。現在，要進一步的提出下列相關的兩個問題：

**(1) $f(x)=1$ 是一條直線，那麼它積分的意義是什麼？**

**(2) $f(x)=x$ 這條斜線所代表的意義究竟是什麼？**

要回答上面的兩個問題，讓我們以實際的以圖解來做詳盡的說明。在 Fig10.2.1 圖中我們看到的是一條 $f(x)=y=1$ 的直線。也就是說，它在 $y$ 軸上是有值的。所以，當 $x$ 的值一直增加的時候，$y=1$ 值卻是永遠不會改變的。但是，如果要求介於 $y=0$ 與 $y=1$ 值之間的這塊面積，卻是會經由累積而逐漸的隨著 $x$ 值的增加而增加。

所以，對於 $y=1$ 這底下面積累積而逐漸增加的結果，也就是 $f(x)$ 積分的結果。而這個結果也就是 $f(x)=x$ 的這條對稱的斜直線，表現於 Fig 10.2.2 圖中的這條斜直線就是面積逐漸因累積而增加的積分結果的特性曲線。

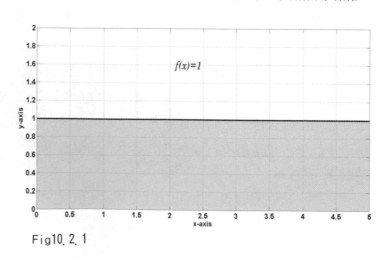

Fig10.2.1

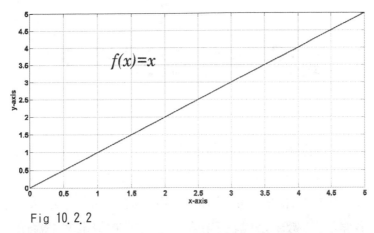

Fig 10.2.2

現在，讓我們深入一步的來驗證上述列舉的這個問題：

**$y=1$ 積分的結果得到的是 $f(x)=x$，它是 Fig10.2.1 圖中直線下面灰色區域的累積和嗎？**

是的，各位可以逐點仔細的比對圖 Fig 10.2.1 與 Fig 10.2.2 這兩個圖的結果，在 Fig 10.2.1 圖中，灰色的面積 *Area=5(x=5,y=1)*。這在 Fig 10.2.1 圖中，我們可以很明確的看到，當 *x=5* 的時候，確實是 *f(x)=5*。那麼，在 Fig 10.2.2 圖中又告訴我們什麼？事實上，它是在告訴我們，在 *f(x)=x* 的這個面積之下，每一點與每一個位置所對應的面積之大小，該所有對應的面積之大小也就是函數 *f(x)=x* 的這個特性曲線。我們可以在 *f(x)=x* 的這個特性曲線中找到在 *y=1* 的這個面積之下，每一個 *x* 位置所對應的面積之大小。

例如，在 Fig 10.2.2 圖中，當 *x=1* 時 *f(x)=1*，這個 *f(x)* 是積分的值，它是在告訴我們，當 *x=1*，*y=1* 的這塊面積是 *Area=1*。同樣的道理，當 *x=3* 的這塊面積是 *Area=3*。各位可以比對 Fig 10.2.1 圖中的面積，就能很清楚的明白圖 Fig 10.2.2 所顯示的這個道理了。

# ☆ 10.3
# 積分有什麼用呢？

有許多的人總是將數學當作是一種運算，又稱之為符號運算。所以，一直的在一些數學的符號中搬過來、移過去。甚至以為數學就是計算，計算的答案對了，就功德圓滿，這一切也就結束了，而以為這就是數學了。當然，這樣的想法與做法都是不正確的。我常說：「數學是代表宇宙的真理。」數學當然是實用的，人類也是由於在實用上的需求才產生了數學。那麼，如果現在問：

**「積分究竟能做什麼用？」**

這真是大哉問。當然，積分的用處實在是太大了。可以確定的說，沒有《微積分》就不會有今日的科學時代的來臨。人類五千年以來，直到三百年前，在科技上的進步不大。一直來到 1699 年初，牛頓 (Newton，1643~1727) 與萊布尼茨 (Gottfried Wilhelm Leibniz，1646~1716) 分別發明了微積分學，開始奠定了人類科學進入了可以計算與傳承的時代。而在 1769 年，英國人瓦特發明改良式的蒸汽機之後，從手工勞動轉向動力機器生產，因而引起了一系列的工業革命。數學與工業的結合，終於使人類開始轉而進入了科學時代，也逐漸開始成就了近代科技而到了現在一日千里的境界。

古代在數學上的應用，多僅止於對個體上的應用，不論是石頭、木頭、磚瓦，動物或是錢幣等，數學在個體上的應用多半是足夠的。但是，對於田地的計算，也多半是將它規劃為方形以便於計算。但是，對於不規則形狀的田地，在規劃上就比較困難了。說到「面積」，就讓我們先從「面積」談起好了。諸位想想，在以往所學的《基礎代數 (Elementary algebra)》的範圍及其相關的領域中，對於「面積」的計算的確也是費盡了心力。但是，限於《基礎代數》範圍所能涉及的領域，能夠求解的面積實在是有限得很，總不外乎是那些具有規則形狀的平面面積。如正方形、長方形、圓形、三角形或平行四邊形等等。但是，人類對於「面積」的要求僅僅就

靠那些具有規則形狀的面積就滿足需求了嗎？當然不是，那距離真正實用的層面還差得太遠了。事實上，我們真正需要知道的多是不規則形狀的面積或體積。例如，飛機能飛是因為有翅膀的關係，而翅膀的面積直接影響飛機在空氣中的浮力。又如輪船而言，它外殼的體積也是直接影響它在海中的浮力。在我們的四周絕大部分的物件都是不規則的，在生產與製造的時候，尤其是對於大量的生產與製造，那就需要經過非常精細的計算，一點點誤差，有可能就是成敗的關鍵。這也就是為什麼學各類工程或科學等的人士都必須學《微積分》的道理。當然，其他的如經濟學、統計學等等科學，也有它各自不可或缺與不同領域的計算與應用。那麼對於這些理論或計算上的問題，究竟該如何處理呢？當然，這就需要一種特殊的「學問」來處理了。故而，單靠《代數學(algebra)》、《幾何學(geometry)》或是《解析幾何學(analytic geometry)》等是解決不了問題的。那麼，對於那些不規則形狀的「面積」究竟是該如何求解呢？事實上，在應用的層面上，那些不規則形狀的「面積」或「體積」才是真正佔有絕大多數的實際的需要與需求。那麼，該如何對這些不規則形狀的「面積」或「體積」進行求解呢？真正的答案就是在「積分(Integration)」的這門學問上。在數學上要描述任何的事情或思維都要從基本的想法與定義開始，當然「積分」也不例外。那麼，「積分」憑什麼可以計算出各式各樣的面積與體積呢？事實上，它也沒有什麼特殊的特異功能，它使用的是「一步一腳印」的方式，也是實實在在的一步一腳印走出來的。

「定積分」的發展由於它是可以滿足使用者特定的需求，很自然的就面對了應用上的應用，也是最常被用來解決面積或體積上的問題。任何的曲線，只要有方程式可循，而又可以界定出上下限的所在，那麼當然就可以使用「定積分」的方式，用以求得所界定與所需要的該項的面積、體積與各項的累積和。就面積而言，它必須具備「高度」與「寬度」的範圍，雖然，函數方程式所表現的曲線不一定是直線，但是，它無論如何都必須以「長度」與「寬度」才能夠圍成所需的面積。所以，不論曲線的形狀如何，「上下的高度」與「左右的寬度」是一定要有的，這一點在觀念上是首先必須被確立的。

至於「不定積分」，從字面上就可以瞭解到，該函數的積分是沒有界限的限制的。也就是將邊界的界線 $x=a$ 與 $x=b$ 的範圍取消，而不再有邊界的界線上限制，在這種狀況下，可以想見的是由於不具有限制的範圍，所以，任何能夠滿足其導函

數的函數 F 都成立。故而，一個函數 *f* 的不定積分並不是唯一的。但是能夠滿足其導函數是函數 *f* 的函數 F 卻也不是任意隨便都可以。各位不妨想一想，在微分的過程中，常數的微分等於零。而「積分」則是「微分」的反運算。所以，在「積分」的結果中，必須將該常數予以恢復，是理所當然的事情。也因此我們最常用的就是只是將與相差一個常數的函數 F+C 的方式來表達該「不定積分」的結果。「積分」就是透過該函數的原函數，以便於方便地計算它在一個某一個區域上的累積數值。

## ☆ 10.4
# 【典範範例 -1 】介於直線之間的面積

現在，就讓我們用一些「例題」來做進一步的說明，如此可以進一步的使得整個問題的層面表現得非常的清楚。

### 求函數 f(x)=2x 在介於 x=1 至 x=2 這之間的面積如何？

若是單看這道題目表面的文字敘述是不大容易體會有整體性的印象。因為，我們對於題目上所說的一切，是不太容易有詳細的概念與感覺和印象的。所以，首先的要務就是先繪製出整個題目的圖意出來，也就是特性圖來。如此，才會知道，究竟我們要做的是什麼？如圖 Fig 10.4.1 我們所要求的就是灰色圖案中的面積。於是經由積分可得如下：

$$A = \int_{1}^{2} 2x\,dx = \left[ \frac{1}{2} 2x^2 \right]_{1}^{2} = x^2 \Big|_{1}^{2} = 4 - 1 = 3$$

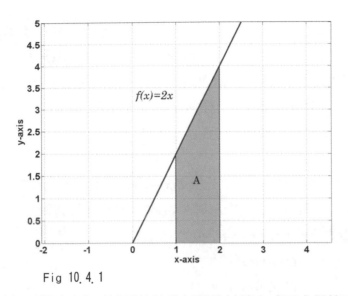

Fig 10.4.1

事實上，這一道題目也可以用傳統幾何學的計算方式而求得答案。

$$A = \left[\frac{1}{2}(2*4)\right] - \left[\frac{1}{2}(1*2)\right] = 4 - 1 = 3 \ (\text{平方單位})$$

那麼，既然已經得到答案了，問題是不是就應該結束了呢？答案還是否定的。因為它還有許多討論的空間，不要以為這就可以解決所有的問題了，這是在計算的人最容易忽略的，也是真正學數學的人不應該捨棄的。現在，讓我們進一步的看一看下列的【研究與分析】-(1)。

## 【研究與分析】-(1)

現在，讓我們進一步的研究與分析在上面「定積分」的過程中，產生了一個 $x^2$ 的這個函數。這個狀況在使用「不定積分」的時候就很明顯了。那麼，這個 $x^2$ 它所表現的意義是在說什麼呢？絕大部分的人會以為「不定積分」與「定積分」只是差在一個常數而已。事實上，問題還是沒有那麼簡單，它有着相當深入而是具有特殊與重大含意的。函數 $f(x)=2x$ 的「不定積分」可得如下：

$$F = \int 2x\,dx = x^2 + c$$

函數 $f(x)=2x$ 的「不定積分」的結果是一個一元二次的方程式 $F(x)=x^2$，它重要的是在告訴我們一件事情，那就是 $f(x)=2x$ 這個函數，它對於 $x$ 軸積分時所得到的

「面積」的變化率狀況，是以一元二次的方程式在變化。它的重點就是在「面積的變化率」這六個字上面。也就是說 $F(x)=x^2$ 所表達的是 $f(x)=2x$ 函數在積分時，它的「面積的變化率」是以 $F(x)=x^2$ 型態在變化，而經由這個方程式，任何人都可以精準的掌握原函數在「面積」上任何一點的變化情形。請注意，「不定積分」這幾個字是相當偉大的。因為，它可以代表原涵數「任何」一段距離的面積，你說這不夠偉大嗎？

　　現在，就讓我們再進一步的來分析 $F(x)=x^2+c$ 這個函數，函數式各式之間僅僅相差一個常數 c 值，那究竟有沒有影響？如果有影響，那影響的又是什麼？現在，讓我們做進一步的分析與比較。所使用的函數式分別是：

$$(1)\ f(x)=x^2$$
$$(2)\ f(x)=x^2+50$$
$$(3)\ f(x)=x^2+100$$

　　這三個唯一的差別是在它們的常數項。茲將該三個式子繪製圖形如下 Fig 10.4.2 圖所示。諸位可以看到這三條很有意思的曲線，它們形狀完全是一模一樣，只是高低的位置不同而已。$f(x)=x^2$ 它的最低點是位於 $y=0$，$x=0$ 的位置。而 $f(x)=x^2+50$ 我們可以看到它的最低點是位於 $x=0$，$y=50$ 的地方。至於 $f(x)=x^2+100$ 它的最低點是位於 $x=0$，$y=100$ 的地方。所以，$f(x)=x^2+c$ 這程式中對於整個函數的影響，只是在於它們曲線所在的位置的「上下」位移而已，但不會影響該函數其他的特性。

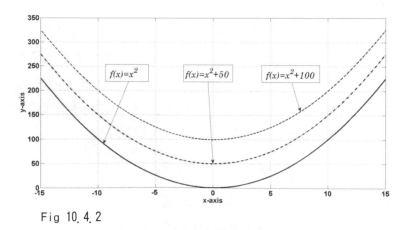

Fig 10.4.2

如果再進一步的分析，若是所要的不是各函數所在位置的「上下」位移，而是「左右」移動的話，那各相關函數式會是如何的變化呢？各位先想一想。再讓我們進一步的看看下一個【研究與分析】-(2) 的分析與解說。

## 【研究與分析】-(2)

現在讓我們來看一看下列的三個函數式，它所呈現的特性曲線會是如何的呢？在這之前我們已經看過了 $y=x^2$ 的曲線狀態。那麼，讓我們再看看下面所列的式子，它們之間究竟有何不同？而所表現的究竟又會是如何呢？

$$(1) \quad y=(x-2)^2$$

$$(2) \quad y=(x-4)^2$$

$$(3) \quad y=(x-6)^2$$

事實上，這是針對 $y=x^2$ 的這條曲線進行「平移」變化的函數式。所謂「平移」就是左右平行的移動。如果要使得 $f(x)=x^2$ 這個函數產生「左右」平移的現象的話，首先我們得想到由於 $f(x)=x^2$ 它的最低點是位於 (0，0) 的這個原點上，而「平移」則是在水平線上左右平行的移動。因此，要讓整個函數平行移動的話，也就是它的中心對稱軸要跟著移動，如圖 Fig 10.4.3 所示：

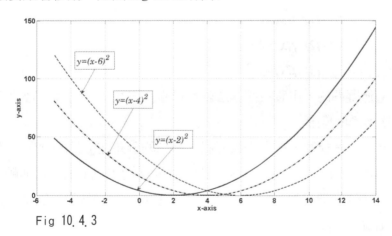

Fig 10. 4. 3

在 Fig 10.4.3 圖中，我們可以看得出來，如果需要將函數曲線平移的話，我們就需要在 $x^2$ 的整體範圍中，置入所需要的平移的位移量。在 Fig 10.4.3 圖中各位可以看到當 $y=(x-2)^2$ 的時候，函數的中心點，移到了 $x=2$ 的這個位置上。而當 $y=(x-4)^2$ 的時候，函數的中心點移到了 $x=4$ 的這個位置上，其餘可依此類推。以上所示的是如何讓一個函數式進行平行式移動的一種技巧與方式。各位如果能夠熟悉這種

技巧與知識，相信對於各種函數的特性曲線圖之認知會有極大的助益。更重要的是不會被這些常數或是數值項目所迷惑，而能夠一眼就看得出來這其中的不同與變化。

如果我們想再進一步的改變 $f(x)=x^2$ 這個函數的彎曲度，那該如何變化與處理呢？就讓我們看看下列的【研究與分析】-(3)

## 【研究與分析】-(3)

在上面的兩個【研究與分析】中，我們看到的是如何讓函數曲線「上下」與「左右」移動。現在，如果我們想要改變 $f(x)=x^2$ 這個函數的彎曲度，也就是讓 $f(x)=x^2$ 這個函數變得彎曲一點，或變得平坦一點，那該如何處理？在此先暫停一下，希望各位能先想一想，該如何處理這個問題？

現在，就讓我們看看下列的這三個函數，它們之間看起來相當的相似，但是，也有不同的地方，那麼，它們之間究竟有哪些具有關鍵性的不同點呢？就讓我們先鍛鍊自己一下，看看是否能讓我們一眼就能把它們不同的結果看出來？因為，這也是一種超越。

(1) $f(x)=x^2$

(2) $f(x)=2x^2$

(3) $f(x)=3x^2$

1. 首先，毫無疑問的，用直接觀察法就可以看得出來，這三個函數式它們都對原點 (0，0) 均勻的對稱。

2. 曲線以 $y$ 軸為對稱軸，成拋物線形狀，均勻的分布在 $y$ 軸的兩側。因為，不論 $x$ 值是正數或負數，它的平方都是正值。所以，曲線以 $y$ 軸為對稱軸的拋物線，而原點 (0，0) 為曲線最低點。並在 $x$ 軸以上成上升的型態。因為，$y$ 軸不可能有負值出現。

3. 那麼，在這三條拋物線的函數中，$f(x)=x^2$、$f(x)=2x^2$、$f(x)=3x^2$ 它們之間究竟有什麼不同呢？是的，仔細的看一看就可以體悟，當它們同時具有相同的 $x$ 值的時候，$f(x)=3x^3$ 所得到的 $y$ 值，很顯然的要比 $f(x)=2x^2$ 所得到的 $y$ 值大。那麼，同樣的 $x$ 值而 $y$ 值變大代表的是什麼意思呢？那是在說，曲線的曲度變大了。也就是說 $f(x)=3x^3$ 曲線向上彎起的曲度要大於 $f(x)=2x^2$，而 $f(x)=2x^2$ 曲線向上

彎起的曲度則又大於 $f(x)=x^2$。如圖 Fig 10.4.4 所示。

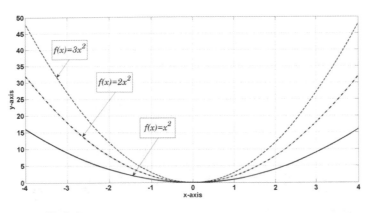

Fig 10.4.4

# 【典範範例 -2】介於曲線之間的面積

求函數 $f(x)=3x^2$ 在介於 $x=0$ 至 $x=3$ 這之間的面積。

在上一個例題中，所要計算的面積是一個具有規則形式的面積。故也可以使用一般幾何學中的方法求得答案。雖然使用積分的方法會來得簡單的多。現在【範例-2】的這道題目，如果還是想要用《平面幾何學》來求解，那就不是容易的事了。

當然，首先我們需要知道 $f(x)=3x^2$ 這個函數的特性曲線，如此，才能知道我們究竟在做的是什麼事？也才能真正的明白透徹。如圖 Fig 10.5.1 所示，這是本例題的特性曲線圖，在圖中可以明顯的看到，題中所需要求得的面積，就是在曲線下面灰色區域的那塊 A 的面積。

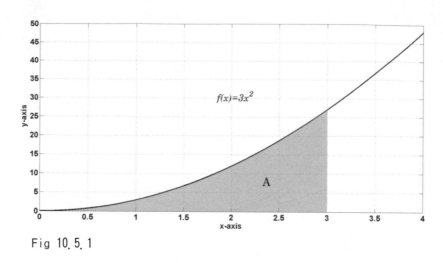

Fig 10.5.1

當然，毫無疑問的傳統的《代數》或《平面幾何學》等是無法解決這個問題的。
但是「積分」可以輕易的解決這個問題，如下所示：

$$A = \int_0^3 f(x)dx$$

$$= \int_0^3 3x^2 dx$$

$$= \left[ \frac{3x^3}{3} \right]_0^3$$

$$= 27 - 0$$

$$= 27 \qquad (平方單位)$$

各位至此應該可以很容易的看得出來，對於傳統的《代數》或《平面幾何學》
難以求解的事情，但是對「積分」而言，卻是輕而易舉的。

各位當然也可以理解為什麼「積分」在整個數學中佔有那麼重要的地位。人類
真正進步的主因是因為工具的進步，而不是人類本身進化的比較聰明。我從不認為
近代的人類會比古人聰明，或是智慧比古人高。近代的人類所唯一憑藉的，是我們
日常使用的工具進步了。《微積分》是解決數學的最佳工具，而數學則又是代表宇
宙的真理。所以，你說，《微積分》重要不重要？

## 【研究與分析】

固然，積分可以區分為定積分與不定積分這兩個部分。但是，事實上，我們應

當知道，定積分只是不定積分中的一個區域或是特例，也就是說，定積分是包含在不定積分之中的。現在我們就以本範例來說，在 $f(x)=3x^2$ 的 $x=0$ 至 $x=3$ 的範圍中，積分可得 27 平方單位。

$$A = \int_0^3 f(x)dx = \int_0^3 3x^2 dx = \left[\frac{3x^3}{3}\right]_0^3 = 27 - 0 = 27 \quad \text{(平方單位)}.$$

事實上，這個數值在不定積分的結果中，不必經過計算，就可以找得到答案。如圖 Fig 10.5.2 所示。在 $x=3$ 的地方，我們可以找到對應點 $y=27$，如圖中的圈點所示。

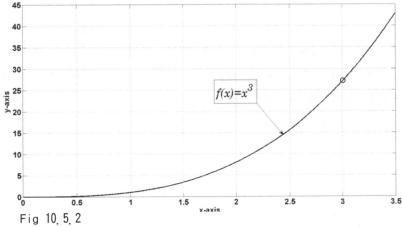

Fig 10.5.2

不定積分是一種對函數積分的一種「通式」，既然是通式，則代表它是可以通用的，而不只是侷限於某一個區域。事實的確是如此，各位請看該函數不定積分的解，得到的是 $A=x^3$。

$$A = \int f(x)dx = \int 3x^2 dx = x^3$$

根據這個解可以繪製出這個函數不定積分的解的特性曲線圖，如圖 Fig 10.5.3 所示。

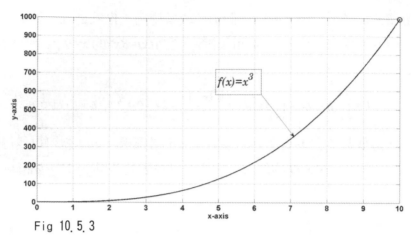

Fig 10.5.3

這是一個格線 (scale) 較大的特性曲線圖，在圖中我們不妨核對一下，當 **x=10** 的時候，定積分的結果 **(x=0 至 =10)** 是 **A=1000**。而這個面積實際上在圖 Fig 10.5.3 中則是清晰可見的。所以，有了 Fig 10.5.3 這個圖，我們即可以知道原涵數所有一切自 0 至任何地方之積分的答案，這真的是具有相當卓越的貢獻。

# ☆ 10.6
# 積分的進階思維

讓我們再深入的把問題做更高層次的探討與延伸。要問的是：

**那這條 *f(x)=3* 的直線，該函數經過兩次的積分，則又代表什麼意義呢？**

對於這個問題，那就讓我們再進一步的從頭一路看下來。各位如果仔細的想一想，應該可以想像得到 *f(x)=y=3* 這是一條直線，如圖 Fig 10.6.1 所示。

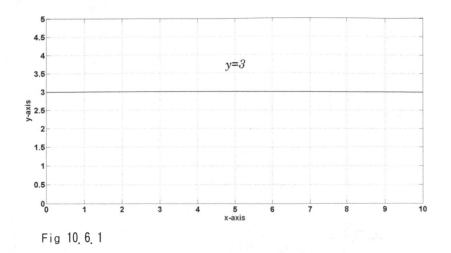

Fig 10.6.1

如果我們針對函數 *y=3* 進行積分的話，那麼，它所代表的意義如何？

$$f(x) = \int y\,dx = \int 3\,dx = 3x$$

對於 *y=3* 的積分，得到了函數 *f(x)=3x*。它代表的是 *y=3* 這條直線之 *x* 任意值所累積的面積。而這個面積所呈現的大小，正是 *f(x)=3x* 的函數。更簡單的說，*y=3* 這條直線所涵蓋的面積，就呈現在 *f(x)=3x* 這條斜線上。如圖 Fig 10.6.1 所示。（常數 C 暫不列入）

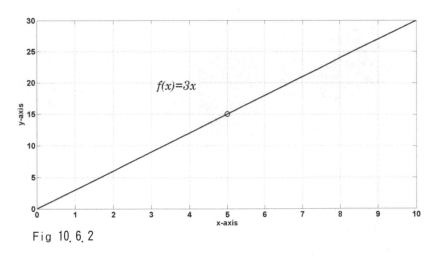

Fig 10.6.2

舉例而言，當 *y=3* 自 *x=0* 至 *5* 積分的時候，它的面積是多少？

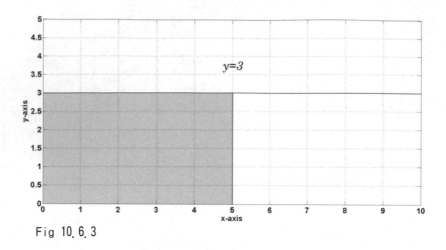

Fig 10.6.3

在圖 Fig 10.6.3 中我們很明顯的可以看到，灰色區域的面積是

$$x=5 \text{ , } y=3$$

$$Area=5*3=15$$

各位請再回頭看圖 Fig 10.6.2 這條斜線上所顯示的，在 *x=5* 的地方，所指的正是 *f(x)=15*，也就是「圓圈」處，這個積分的結果，顯示的也正是它的面積。

那麼，若是進一步問，如果 *y=-3*，當 *x=0* 至 *x=5* 積分的結果會是如何？如圖 Fig 10.6.4 所示。

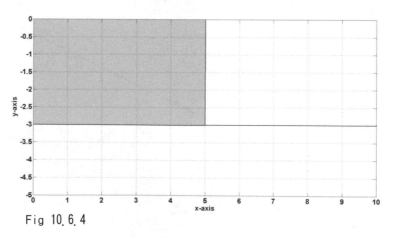

Fig 10.6.4

從圖 Fig 10.6.3 中，我們可以用簡單的幾何方式計算出該區域的面積如下：

$$y=-3 \text{ , } x=5$$

$$Area=5*(-3)=-15 \qquad （平方單位）$$

如果我們使用「定積分」來計算，可得如下：

**10 積分究竟是什麼？**

$$Area = \int_0^5 -3dx = \frac{-3x}{1}\Big|_0^5 = -15 \text{ (平方單位)}$$

而如果我們使用「不定積分」來計算,則可得出整個積分結果的方程式,如下所示:

$$Area = \int -3dx = -3x$$

其特性曲線如圖 Fig 10.6.5 所示。在圖中所標示的「圓圈」即可以看出在 **x=5** 時所對應的面積 **y=f(x)=-15**。需要各位注意的是,「面積」不是一個絕對值,所以,它不可能永遠是正值。事實上,面積同樣有負值。所以,正負面積在計算的過程中,是會被抵消的,這一點要請特別注意。

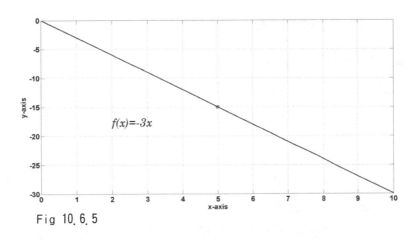

Fig 10.6.5

# ☆ 10.7
# 多重積分的意義

在這之前,我們所用過的積分都是一個變數的積分。如果變數有兩個或是兩個以上,則我們稱之為「多重積分 (Multiple integral)」。在多重積分中。具有兩個變

數的則稱之為「二重積分 (**double integral**)」，具有三個變數的稱之為「三重積分 (**triple integral**)」。就數學的意義而言，「積分」的本質也就是「加總 (Sum)」的意思。我們可以對任何的個體或微量加總，以便求出它的總體數量，或是求出它總體數量的變化函數。能夠因個體或微量的加總而得到它總體數量的變化函數。這其實是很了不起的。

對於「常函數 (Constant function)」A 而言，無數的常數所累積出來的總量，事實上，就是一個線段。所以，常數所積分出來的就是線段，如下所示：

$$\int A dx$$

例如：若 A=1

$$f(x) = \int 1 dx = x$$

這 *f(x)=x* 是一條沿著 *x* 軸的變化而斜上升的直線。

但是，我們究竟該如何去面對下列的這個式子？也就是說，這個式子的思維究竟是什麼？它在表達什麼？或是說，它究竟是在說什麼？

$$f(x) = \int 1 dx$$

事實上，它是在說有一個數值是「1」與「*dx*」相乘之後的累積。這個「1」是一個單位，而「*dx*」的累積就成了 *x* 這個值。所以，它的積分結果就等於 *x*。故然，*f(x)=x* 在數學上是用來表達一條直線，也是一條對等的斜直線。但是，不要忘了，這條斜直線的下方還是有面積的，對定積分而言，卻同樣是可以計算得出相關的面積來，原因是在於定積分對於該線段給予上下限的限制，而一個線段如果有了上下限的限制，再結合 *x* 軸的底線，這就是一塊面積，這也是為什麼在這之前，我們常用一次積分來計算面積的道理。

下列的式子對「常函數 (Constant function)」而言是如此。但是，如果不是「常函數」而是一般的函數，那麼事實上，則又不太一樣了。各位請注意下列的積分式子：

$$\int f(x) dx$$

在這個積分式子中，*f(x)* 它本身就是會隨著 *x* 而變的函數，也就是說，對 *x* 而

言，*f(x)* 的本身就是等同於 *y* 值，那麼，當 *y* 值與 *dx* 相乘的時候，實際上，它代表的就是一小塊面積，再經過積分之後，就可以形成任何形狀的面積。然而，我們所使用的卻是一次的積分而已。所以，是不是「常函數」這一點很重要，在觀念上必須能夠正確的認知才可以。

在圖 Fig 10.7.1 中所顯示的是一塊面積。而這塊面積則正是 *f(x)=x* 配合 *x=4* 與 *x=6* 的上下限所圍出來的面積，故而，使用一次定積分即可得：

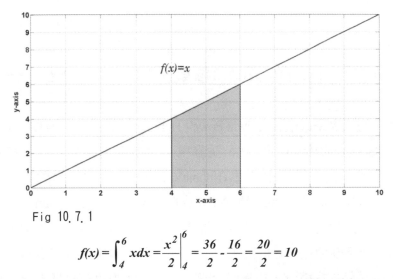

Fig 10. 7. 1

$$f(x) = \int_4^6 x\,dx = \frac{x^2}{2}\Big|_4^6 = \frac{36}{2} - \frac{16}{2} = \frac{20}{2} = 10$$

上述的積分所計算而得到的結果，如果各位略微仔細的觀察，相信是可以直接從圖中看出答案的，事實上，選用這道題目的本身就是十分有趣的。

「二重積分」是使用了兩個積分符號，也就是必須經過兩次的積分才能完成。

$$\iint A\,dx\,dy$$

在原則上，如果 A 是一個常數，則所「積」出來的則會是面積。但是，如果 A 是一個變數，則仍然可以「積」出所需要的「體積」來。各位應該可以瞭解，*dx* 與 *dy* 的相乘，就是一個二維的面積，A 若是一個常數，對於維度並不會產生影響。然而如果 A 是一個變數，則這三個變數相乘當然就會是一個體積了。所以，即使是二維的積分，要看式中的這個 A 值，才可以決定它所求的是面積還是體積。

同樣的，如果 A 是一個常數，則對於「三重積分」所得到的會是三維的「體積」。但如果 A 不是一個常數而是一個變數，則積分出來的會是一個三維的 *dx*、

$dy$、$dz$ 變數之外，再加上變數 A 的一維。故而，它將會是一個四維的積分結果。

$$\iiint Adxdydz$$

現在，請各位再看一看。也許有人會問，如果積分是四重積分的式子，那麼它究竟又是在講什麼？或是在表達什麼？

$$\iiiint Adxdydzdt$$

這個積分式子看起來很是嚇人，看到了「四重積分」，那簡直就不知道它是在表達什麼？或是在說什麼了？事實上，這其實一點都不難，上面這個「四重積分」的式子，它除了把三度空間的度量 $dx$、$dy$、$dz$ 都用上，這當然是在做為立體的積分，除了體積的積分以外，它還把「時間」的變數加了進來，這就是還要進一步的對「時間」積分。

美國著名的天文學家哈伯(Edwin Powell Hubble，1889~1953)證實了銀河系(Milky Way) 外其他星系 (galaxies ) 的存在，並發現了大多數星系都存在紅移 (redshift) 的現象，並因發現而建立了哈伯定律 (Hubble's law)，為宇宙的起源於「大霹靂 (Big Bang)」提供了有利的證據，也是證實宇宙膨脹 (Universe is expanding) 的有力證據。宇宙的膨脹是全方位的，除了已知的三維空間以外，最重要的是整個宇宙還在隨著時間的增加，而不斷地在一直的膨脹中。所以，宇宙的膨脹是使用四維的。

但是，這樣形式的積分，在我們一般的日常生活中可有這樣真實的實例存在？當然，這不但是有，而且就在我們的身邊多得是。例如說，我們在吹一個氣球，這時候氣球不但有了三維的體積，而且它的體積會隨著時間而變大，這就是另外還需要對「時間」進行積分的意義。

# ☆ 10.8
# 常數的一次積分是什麼意思？

在通達了上一個章節的內涵之後，如今，讓我們再進一步深入的探討下去：

**我們一路由「常數」積分而成為 $x$ 的一次方，再由 $x$ 的一次方積分而成為 $x^2$ 的二次方，如果，再由 $x^2$ 的二次方積分而成為 $x^3$ 的三次方，這究竟是想要表達什麼呢？**

是的，重點是一個數可以由「常數」經積分而為「一次方程式」，再由「一次方程式」經積分而為「二次方程式」，再由「二次方程式」經積分而為「三次方程式」。如此，一直的「增值」上去，那麼，這「三次方程式」究竟又是代表什麼呢？這樣的積分究竟是有完沒完啊？

在這一連串的過程，那僅僅是由一個常數開始的，而開始進行一次積分、二次積分甚至到了三次積分。重點不是在於我們會不會積分，而真正要知道的是它究竟是在做什麼？現在，就讓我們做一次綜合性的探討與整理如下：

從一個常數 $y=1$ 開始積分

$$f(x) = \int 1dx = x + c$$

由一條 $y=1$ 的水平線，經積分後，得到第一次積分的結果：

$$f(x)=x$$

這是一條「斜」直線（常數 $c$ 暫不討論），它代表的是：

**「自 $y=0$ 至 $y=1$ 之間面積的累積和之函數式。」**

也就是說，在這線上，可以找到任何對應 $x$ 的面積累積和之值。

例如：　　在圖 Fig 10.8.1 中

$$y=f(x)=1$$
$$當\ x=1 \quad，面積\ Area=1×1=1$$

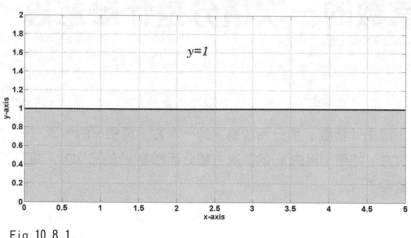

Fig 10.8.1

　　這樣的一個現象，正是對 *y=1* 積分的結果 ( 常數 c 暫不討論 )。而這個結果，則完全顯示在對它的積分的結果裡。

$$f(x) = \int 1dx = x$$

　　常數 *y=1* 的積分得到了函數 *f(x)=x* 的結果，這是一條傾斜 45 度的直線，其特性曲線如圖 Fig 10.8.2 所示。

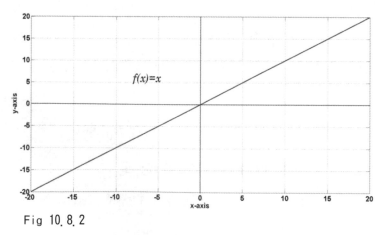

Fig 10.8.2

　　我們可以在這個 *f(x)=x* 積分的結果中，找到任何一個面積的答案。例如，

　　　　*x=5*　　，面積 *f(x)=f(5)=5*

$$x=10 \qquad ，面積\ f(x)=f(10)=10$$

這裡的 *f(x)* 就是 *y=1* 時對 *x* 軸所累積的每一個面積。微積分的確真的很了不起的。

想像力如果豐富一點的人，可能會問：

**不同的「常數數值」它們積分後，會有什麼不同意義呢？**

這是一個好問題。例如，常數數值 *g=2*，*h=5* 這些常數數值可以皆不相同，那麼在積分之後，會有什麼影響或是差異呢？也就是對於積分結果的影響是什麼？事實上，各位在看到這個問題後，心中應該可以想到的是，這些常數數值如 *g=2*，*h=5* 的積分所得到的是 *g(x)=2x* 與 *h(x)=5x*（常數 c 暫不討論），它們的特性曲線如圖 Fig 10.8.3 所示。

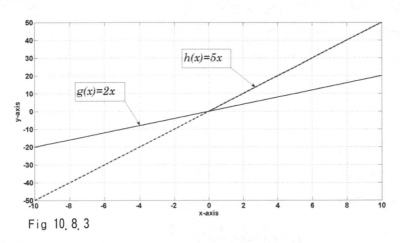

Fig 10.8.3

這兩個函數式 *g(x)=2x* 與 *h(x)=5x*，我們可以在特性曲線上看得出來，它們唯一的差別就是斜率不同而已。也由於斜率的不同，所以 *g(x)=2x* 與 h(x)=5x 所代表常數數值 *g=2*，*h=5* 所累積的面積亦不相同。

# ☆ 10.9
## 常數連續兩次的積分是什麼意思？

從一個數值 y=1 是一條水平線，將它積分得到：

$$f(x) = \int 1dx = x + c$$

也就是常數經過第一次積分的結果得到：

$$f(x)=x \text{（常數 c 暫略）}$$

將第一次積分的結果 $f(x)=x$ 再進行積分，也就是由一個普通的「數值 $y=1$」經過一次積分之後，會得到一個一元一次的方程式，也就是 $f(x)=x$ 這個方程式。但是，如果再將這個「數值 $y=1$」進行第二次積分的話，會得到什麼？那又代表的是什麼意義？

$$f(x) = \int xdx = \frac{1}{2}x^2 + c$$

這個「數值 $y=1$」在進行第二次積分之後，產生了一個一元二次方程式，就這個函數（常數 c 暫不考慮）來看，它想要說的是什麼？想要表達的又是什麼？首先，就這個一元二次方程式（常數 c 暫略）來看，

$$f(x) = \int xdx = \frac{1}{2}x^2$$

那麼，這條

$$f(x) = \frac{1}{2}x^2$$

如圖 Fig10.9 所示。這個一元二次的函數曲線所代表的意義是什麼？它是什麼意思？事實上，它就是 $f(x)=x$ 這條直線與 $x$ 軸所累積出來的面積。

簡單的說，它就是 $f(x)=x$ 這個函數對 $x$ 軸所涵蓋的面積加以累積之結果。它是來自於一元一次函數式的這個斜線之下的面積，所累積出來的結果。而這條曲線上的數值，也就是對應著 $f(x)=x$ 這條直線與 $x$ 軸所累積出來的面積。

它不再是線性的，而是非線性的，這個曲線凹面鏡式的拋物線其實是一條非

常重要的曲線，很多的時候都會用到它。

結論是：「數值常數」的一次積分會得到線性的一次方 **f(x)=Ax** 這個形式的通式。

二次積分則會得到二次方 **f(x)=Ax²** 的這個形式的通式。這是一個最基本也是最典型的例子，希望各位仔細的體認並能牢記，會在將來派上許多用場的。

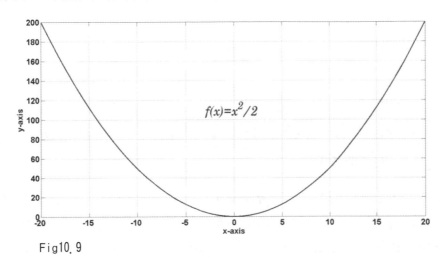

$f(x)=x^2/2$

Fig10.9

## ☆ 10.10
# 常數經過三次的積分有什麼意思？

一個「數值常數」經過第二次積分所得到的結果會得到 **Ax²** 二次方的結果。那麼，再進行第三次的積分會是如何？於下式可得 ( 略常數 C )：

$$f(x)=\int \frac{1}{2}x^2 dx = \frac{1}{6}x^3$$

當然，繼續的要問，這個式子它代表的又是什麼意義？這是一個一元三次方的函數式。當然，首先要想的是這個一元三次方的函數式真的是可以代表二次方函數面積的累積結果嗎？

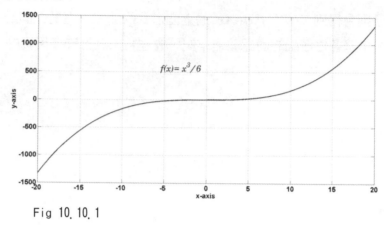

Fig 10.10.1

在圖 Fig 10.10.1 中所顯示的是 $f(x)=x^3/6$ 這個函數式的特性曲線圖，這個圖看起來有點奇怪的樣子，是一個「N」字型的形狀。這樣子的曲線可以解釋二次函數式 $f(x)=x^2/2$ 該曲線下所累積面積？答案是肯定的。為了便於提供各位快速的思維起見，所以使用一種較快捷的思維稱之為「量估法」。這是對於一個函數或是方程式進行快速的「量測估計」的方式。它的重點不在於細微精準，但可以在最快速的情況下，獲得大致而具體的觀念，而且又不會太偏離結果。現在我問：

**「如果先不用積分的方式，在二次積分函數式 $f(x)=x^2/2$ 中，$x>0$ 部分的面積是多少？」**

如圖 Fig 10.10.2 所示，面對這個問題，恐怕很少人能夠直接的回答出來。事實上，對於這樣的問題，其實就可以使用「量估法」快速的「量測估計」一下，就可以約略的知道它會是什麼樣的一個狀況。首先，我們可以假設 $f(x)=x^2/2$ 這個函數式在 $x>0$ 的這個部分，也就是 Fig 10.10.2 圖中陰影的面積，可以假設它是一個三角形的形狀，便於我們估量。

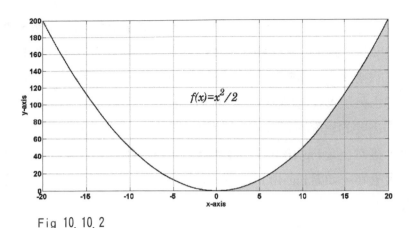

Fig 10.10.2

　　使用「量估法」快速的「量測估計」這個視為是一個三角形的陰影面積,可得它的面積「(Area-E。E 是估計 (Estimation)」的意思。

**面積 *(Area-E)=(20×200)/2=4000/2=2000***

　　但是,由於該曲線有向下凹曲的現象,所以,在估算它的面積時約略的減掉 500,所以,它的面積約略是 1500 個平方單位。這樣的估計,大約使用幾秒鐘的時間就可以讓我們獲致一個大約的具體數值觀念。那麼,現在再回過頭來看一看真正的結果如何?也就是這第三次積分 *f(x)=x³/6* 的結果。在特性曲線圖 Fig 10.10.3 它所顯示的其實正就是這項詳細的結果之圖表。事實上,我們可以直接的在該圖中讀到當 *x=20* 的時候,我們可以看到積分 *f(x)=x³/6* 的落點,也就是在圖中當 *x=20* 時,*f(20)=1333* 的地方。圖中由於格線 (scale) 的問題,肉眼看不到那麼細微。

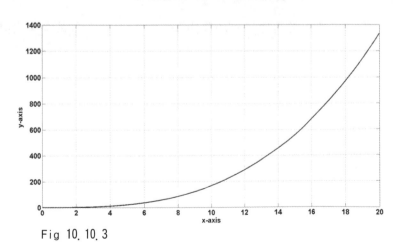

Fig 10.10.3

Fig 10.10.3 圖 這個特性曲線圖所顯示的是整個函數式的部分狀態，事實上，它也僅僅是 Fig 10.10.1 圖中的一個屬於 *x>0* 的段落而已。我們不要以為圖型資料所能表達的數據它的精準度可能會比較差。事實上則是不然，圖形資料所能表達的數據資料，同樣的也可以讓我們得到滿足的程度。任何的「圖型資料」在實際上都可以取得足夠我們需要的程度的資料。它的精準度取決於「格線 (scale)」的大小。就以這一題而言，雖然在圖 Fig 10.10.3 中我們無法取得詳細的對應資料。但是，如果我們將圖表放大來看，如圖 Fig 10.10.4 中，我們可以輕易的獲得有效位數達小數點第三位的數據。

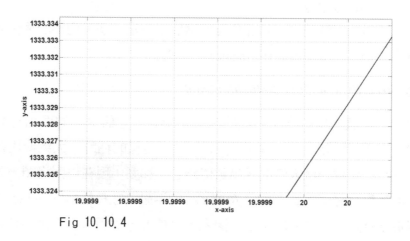

Fig 10. 10. 4

也就是當 *x=20* 時，*f(x)=x³/6*，

面積 *(Area)=f(20)=1333.333*

對照上圖，有效位數可以達到小數點第三位之多，你能說它不精準嗎？

# ☆ 10.11
# 如何求兩曲線間的面積

　　單一的一條曲線，它的面積可以界定在左右的範圍限制與曲線的本身及 $X$ 軸或 $Y$ 軸所圍成的區域或面積。再依據定積分的方式就可以求得所需要或所指定的面積，無論該面積的形狀如何？重要的是它是可以規範的。「積分」本身的難易程度不是問題，現代的「電腦 (Computer)」會做得比我們好太多了，把計算的部分留給電腦，我們所要的是思想。正如人類單憑兩隻腳走路而要與汽車、飛機比快慢或是路程，那同樣的是沒有意義。

　　在這之前，我們所需要求得的面積之底線都是以 $X$ 軸或 $Y$ 軸為底限的。但是，如果進一步所要求得的面積，其底限不再是在 $X$ 軸或 $Y$ 軸上面的時候，那麼，該如何處理這個面積的「積分」問題？這個問題是很真實而層次則是比較高一些，各位可以先思考一下，再看下一步。

　　事實上，我們可以使用「減法定則」，在曲線中定下「左右」兩邊的限制或範圍，於是「左右的寬度」就有了。再讓兩條曲線都以 $X$ 軸為其底線，從「減法定則」中，我們就可以取得中間區塊的面積了。這也就是「兩曲線間面積」定理：

**若函數 $f(x)$ 與 $g(x)$ 在〔$a,b$〕為連續，且 $f(x)$ 與 $g(x)$。則在 $f(x)$ 與 $g(x)$ 及〔$a,b$〕之間所形成的面積為：**

$$A = \int_a^b \left[ f(x) - g(x) \right] dx$$

　　這個定理究竟是在說什麼呢？我們應該可以看得出來，它在求這兩個函數方程式中間的夾層的面積。如圖 Fig 10.11.1 所示。事實上，這兩個函數方程式所產生的面積並不是僅僅只有中間夾層的面積，它總共會產生三個不同型態的面積。其一是面積 A，也就是這兩個函數方程式中間夾層的面積。其二是如圖 Fig 10.11.2 位於 $y=g(x)$ 下方的面積 B。對於這塊面積，我們僅需要用到函數式 $y=g(x)$ 的積分就可以了。而第三個就是位於 $y=f(x)$ 下方的面積 A+B 了，如圖 Fig 10.11.3。雖然這塊面積

最大，對於這塊面積我們也僅需要用到函數式 *y=f(x)* 的積分即可。所以，在實際應用上，我們都必然可以看得出來，位於兩個函數方程式中間的夾層的面積 A，在積分的時候，用到的正是函數的「減法定理」。也就是 **f(x)-g(x)** 積分之後所到的面積。

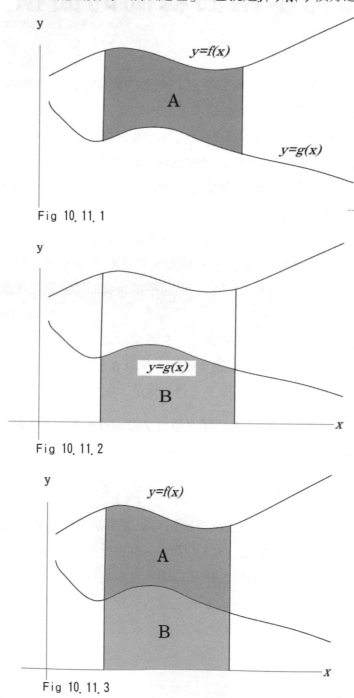

Fig 10. 11. 1

Fig 10. 11. 2

Fig 10. 11. 3

10 積分究竟是什麼？

$$\stackrel{\Large ☆}{} \text{10.12}$$

# 【典範範例】集錦

## ★★★【典範範例 10-01】

求下列函數的積分，並請解釋該積分的真實涵義如何？

$$f(x) = \int_0^3 x\,dx$$

## 【解析】

1. 這是一道最基礎的積分運算，重點不是在如何計算該積分的答案。因為，這個積分的答案即使是不用紙筆來計算，而用心算也可以計算出答案來。問題是，那個「答案」代表什麼涵義？這才是比較重要的議題。當我們面對這道題目的時候，在我們的內心中，能否想到它在實質上究竟是什麼？簡單的說，它的真實意義是什麼？這才是我們真正應該要認真思考與努力的。

2. 積分是微分的一種反導數 (antiderivative) 運算，也就是說，它可以由導數推算出原函數來。在這一題中可以很輕易的回推出原函數來。我們可以使用積分的基本通式：

$$\int x^n dx = \frac{x^{n+1}}{n+1} + c \ , \ n \neq -1$$

$$\int_a^b f(x)dx = F(x)\Big|_a^b = F(b) - F(a)$$

當 $f(x)=x$ 時，其積分可得：

$$f(x) = \int_0^3 x\,dx = \frac{x^2}{2}\bigg]_0^3 = \frac{9}{2} - \frac{0}{2} = \frac{9}{2}$$

3. 如此可以輕易的求得該積分的面積，如圖 Fig 11-01 所示。

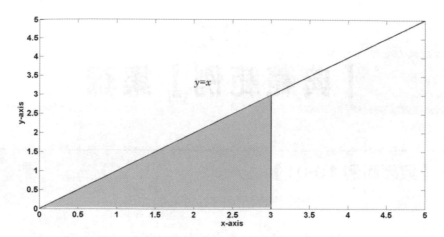

Fig 10-01. 1 積分的面積如灰色的面積所示

4. 該函數積分的結果是：

$$f(x)=9/2=4.5$$

它正是上圖 Fig 10-01.1 灰色三角形的面積。若是我們得到的是整個函數積分的最後所呈現的整體現象，而不是僅僅某一個區域的積分結果或面積，故而，我們需要可以求得積分的通式，也就是 $f(x)=x^2/2$ 這個結果。其特性曲線如下圖 Fig 10-01.2 所示。

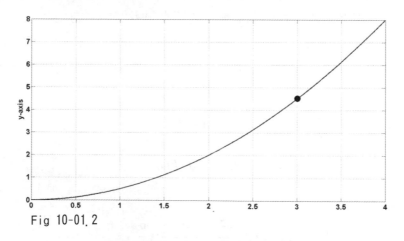

Fig 10-01. 2

在圖中，我們可以得到所有積分（也就是面積）結果的對應數據資料，當然，這也同樣的包含了 $x=3$ 這個時候所對應的 $f(x)=4.5$，如圖中的黑色圓形圖點所在的位置所示。

## ★★★【典範範例 10-02】

求下列函數的積分結果，並請解釋該積分的實質意義。

$$f(x) = \int_1^3 x^2 \, dx$$

## 【解 析】

1.  在上一題中，各位也許會想到，何必用積分來算呢？用肉眼來估算，或是用算數來算，同樣的也可以知道結果啊！但是，問題的關鍵不在這裡，我們真正希望看到的不是一個點而已，關鍵是在於它的通式。能夠解決所有因應變化數據，這才是我們真正需要的。不但如此，更重要的是要能夠看出原函數整個面積的積分之後，其面積的整體變化的狀態，所謂：

    **「數學是可以精準的預測未來。」**

    就是這個道理。

2.  當然，這種題目不是規則形式的面積，所以，要靠一般的幾何學的方式計算面積，恐怕就很難算出結果來。該函數特性曲線及所求的面積如圖 Fig 10-2 所示。使用積分，我們可以輕易的將灰色區域所在的面積計算出來。

3.  當 *f(x)=x2* 時，其反導數 (antiderivative) 為

    $$F(x) = x^3/3$$

    故得

    $$\int_1^3 x^2 \, dx = \frac{x^3}{3}\bigg]_1^3 = \frac{27}{3} - \frac{1}{3} = 9 - \frac{1}{3} = 8\frac{2}{3}$$

    該積分的面積如圖 Fig 10-02 灰色的面積所示。

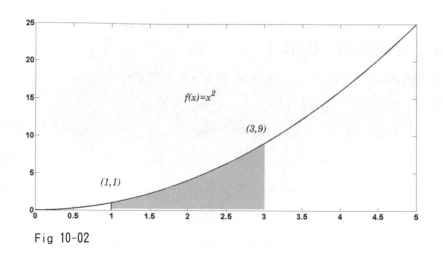

Fig 10-02

求下列函數的積分值，並請解釋該積分的實質意義。

$$\int_3^6 \sqrt{x}\, dx$$

## 【解 析】

根號的積分在整體的方法上，還是與前面所使用的反導數之積分通式是一體適用的。但是，在實際的運算上，對於帶有根號的運算，的確是顯得有些不太一樣。許多時候，常容易在計算的式子上犯錯，這一點是必須小心的。現在，就讓我們仔細的「解析」這一題積分的詳細過程：

1.　當 $f(x) = \sqrt{x} = x^{(1/2)}$

　　由通式：

$$\int x^n dx = \frac{x^{n+1}}{n+1} + c \ , \ n \neq -1$$

　　可得

$$F(x) = \frac{2x^{(3/2)}}{3}$$

　　故得

$$\int_{3}^{6} \sqrt{x}\,dx = \frac{2x^{(3/2)}}{3}\Bigg]_{3}^{6} = \frac{2*6^{(3/2)}}{3} - \frac{2*3^{(3/2)}}{3}$$

$$= \frac{2(6^{(3/2)} - 3^{(3/2)})}{3} = \frac{2(6\sqrt{6} - 3\sqrt{3})}{3}$$

$$= 2\sqrt{3}\,(2\sqrt{2} - 1) = 6.333$$

2.  事實上，這是一個 $y^2{=}x$ 的函數式，而這個函數式真正的特性曲線圖如 Fig 10-03.1 所示。它的特質是以 $x$ 軸為中心線，而成為上下對稱的一個拋物線形式的曲線。如果我們同時對 $y^2{=}x$ 函數式兩邊同時進行開根號，就會出現：

    $$f(x) = \pm\sqrt{x}$$

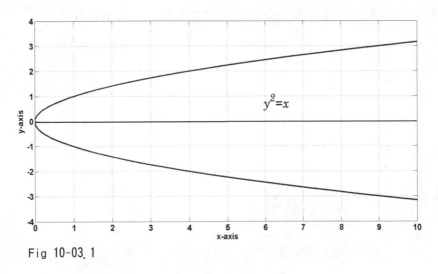

Fig 10-03. 1

3.  但在本題中，所採用的是 $f(x) = \sqrt{x}$ 是正值的部分。故而該積分的面積如圖 Fig 10-03.2 灰色的面積所示。

415

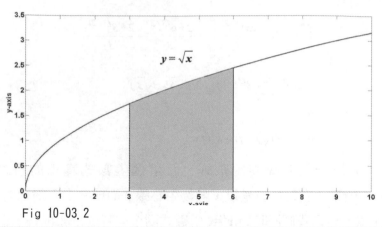

Fig 10-03.2

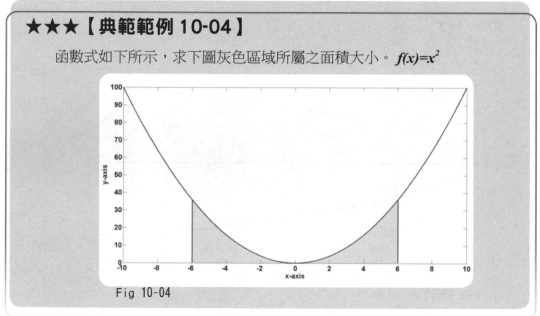

★★★【典範範例 10-04】

函數式如下所示，求下圖灰色區域所屬之面積大小。 $f(x)=x^2$

Fig 10-04

## 【解 析】

1. 這是一個標準的 $f(x)=x^2$ 拋物線方程式，如 Fig 10-04 圖所示。現在要求的是 $x=-6$ 至 $x=6$ 這之間的面積。我們可以直接使用積分如下：

$$\int_{-6}^{+6} x^2\,dx = \frac{x^3}{3}\Bigg]_{-6}^{+6} = (\frac{216}{3} - \frac{-216}{3})$$

$$= 72 + 72 = 144$$

2. 各位應該可以看到「積分」的偉大一面了。若不是用「積分」這個方法，當

然還是有其他的方式可以求該面積，但是，那就會複雜得多了，而且也不精準。「積分」這麼簡單的一個算式，就可以精準的解決這個問題。這麼有趣的一門科學，你說「積分」是不是真的偉大而又神奇的不得了。

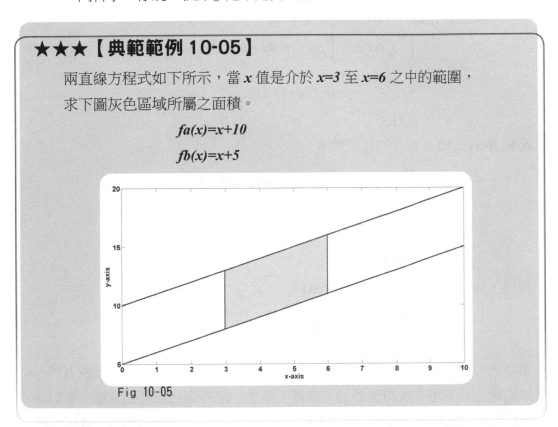

★★★【典範範例 10-05】

兩直線方程式如下所示，當 *x* 值是介於 *x=3* 至 *x=6* 之中的範圍，求下圖灰色區域所屬之面積。

$$fa(x)=x+10$$

$$fb(x)=x+5$$

Fig 10-05

## 【解 析】

1.  請各位先思考一下。很顯然的，這一題是不能直接使用傳統的平行四邊形的方式求得面積。雖然我們可以使用積分的方式達到目地，但是，對於中間這塊方形區域，卻也不是一步可及。

2.  在積分上有一個相當重要的觀念，那就是我們在積分的時候，除了積分的上下限範圍之外，另一個重要的觀念，就是函數式要累積成面積必須要有兩個範圍，其一是 *y* 軸的範圍，另一是 *x* 軸的範圍。在本題中 *x* 軸的範圍是介於 *x=3* 至 *x=6* 的範圍。

3.  現在，有了這兩樣資料，於是我們就可以求面積了。這灰色區域的面積是無法

直接求的。但是，我們可以取得兩個函數各個積分的面積，然後取其差值，如此，才可以得到所要的灰色所屬區域的面積。所以，就必須分兩個步驟來進行。

4. 　首先，求函數 $f_a(x)=x+10$ 所包含的區域如下：

$$\int_3^6 f_a(x)\,dx = \int_3^6 (x+10)\,dx = (x+10)^2/2\,\Big]_3^6$$

$$= (\frac{16^2}{2} - \frac{13^2}{2}) = 128 - 84.5$$

$$= 43.5$$

5. 　函數 $f_b(x)=x+5$ 所包含的區域如下：

$$\int_3^6 f_b(x)\,dx = \int_3^6 (x+5)\,dx = (x+5)^2/2\,\Big]_3^6$$

$$= (\frac{11^2}{2} - \frac{8^2}{2}) = 60.5 - 32$$

$$= 28.5$$

6. 　所以，灰色區域所屬之面積 **A(Area)**：

$$\textbf{Area} = \int_3^6 f_a(x)\,dx - \int_3^6 f_b(x)\,dx = 43.5 - 28.5 = 15$$

　　事實上，如果我們用目測法，將該平行四邊形拉正了，使其成為一個長方形，也可以約略的估算出來該面積為 15。但是，這是一個特例。它是直線圍出來的面積，所以可以較為精確的估算出來。但是，如果是不規則的曲線面積等，就不可能了。事實上，能夠養成這種估算的習慣是好的，雖然不一定很精準，但是，也不會太離譜。否則，有的時候因為計算上的錯誤，偏離實際太遠而不自知，那就不好了。所以，養成這種大致上估算的習慣，對一位學習數學的人而言，是頗為重要的。

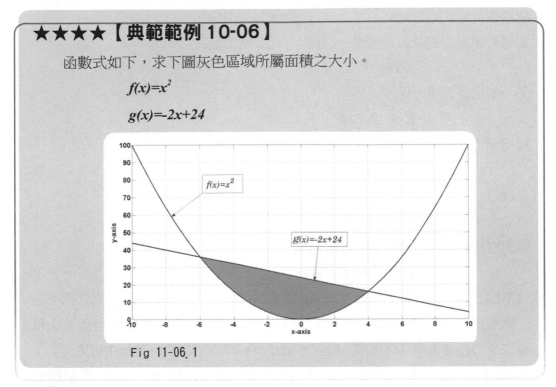

★★★★【典範範例 10-06】

函數式如下，求下圖灰色區域所屬面積之大小。

$$f(x)=x^2$$

$$g(x)=-2x+24$$

Fig 11-06. 1

## 【解 析】

1.　這是一道相當有趣，也是相當重要的題目。因為，它的有趣點與重要點是在於
　　這一題的題目裡面，並沒有「提供」一個明確的積分範圍，也沒有提供它的上
　　下線在哪裡？各位或許會想，沒有「提供」一個明確的積分範圍那又如何可以
　　得到積分的結果呢？是的，這就是本題的妙處。其實，根據題目所提供已有的
　　資料，的確是可以決定並求出該項所需的面積，也就是灰色區域的面積的大
　　小。事實上，只要是一個具有封閉性的面積，原則上都可以求得該項面積的。

2.　那麼，該使用什麼方法求出這塊灰色區域面積的大小呢？確切的說，這與 *f(x)*
　　及 *g(x)* 這兩個方程式有着密切的關係。也就是說，*f(x)* 與 *g(x)* 這兩個方程式
　　一定會有兩個交點或兩個以上的交點，否則它們之間就無法形成面積。因此，
　　能夠求出這兩個函數的交集所在之位置，就能夠得到這兩個函數 *f(x)* 與 *g(x)*
　　的交集所在之位置，而這兩個交集所在之位置，也必然就是它們的上下限的位
　　置。因此，有了上下限的位置，也有了對應的方程式。那麼，當然就可以使用
　　定積分的方式，求得交集所在區域內的面積。故而，現在首先要做的就是找出

這兩個方程式的交集點。

3. 通過交集點上的兩個方程式，一個是一元二次方程式

$$f(x)=x^2$$

另一個則是直線方程式

$$g(x)=-2x+24$$

這兩個方程式的交集點可以直接讓這兩個方程式相等，於是可得：

$$x^2=-2x+24$$

也就是

$$x^2+2x-24=0$$

解出這兩個方程式的共解，可得：

$$x=-6，x=+4$$

這兩個方程式的交點，可以在圖 Fig 10-6.2 的題目中，明確的看出來它們所在的狀態位置與數值。所以，即使已經有了該面積的上限與下限，仍然無法單獨取得夾在其中的這塊面積。所以，還必須另有其他的輔助方式才可得。

4. 當我們得到這兩個方程式的共解值之後，也就是它們相交的交點，可以用它們來做為積分的上限與下限，雖然還是不可能直接取得那塊灰色面積。但是，我們可以先求得自 $x=-6$ 至 $x=+4$ 與直線方程式之下方的梯型區域的總面積，如圖 Fig 10-6.3 中深灰色之部分所示。設其總面積為 $T=A0+A1+A2$。所以，$A0=T-A1-A2=T-(A1+A2)$。如圖 Fig 10-6.3 所示。

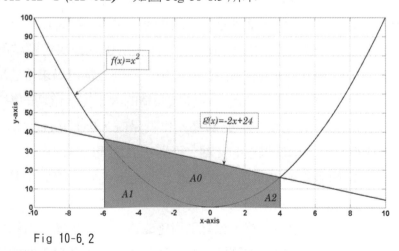

Fig 10-6.2

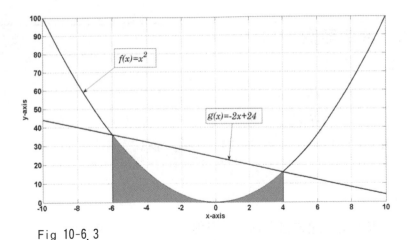

Fig 10-6.3

故而可得

$$A0 = \int_{-6}^{4} g(x)dx - \int_{-6}^{4} f(x)dx$$

$$= (-x^2 + 24x)\Big|_{-6}^{4} - \frac{x^3}{3}\Big|_{-6}^{4}$$

$$= 260 - \frac{280}{3} = \frac{780 - 280}{3}$$

$$= \frac{500}{3}$$

## 【研究與分析】

讓我們試試看，不同的思考方式，是不是也可以得到相同的結果呢？如果我們不使用上述「交集」的積分方式，當然還是有其他方法可以獲得結果的。各位也可以使用另外一種不同的思維與方法，來做為另一種形式的驗證。這個方式是屬於比較間接的方式。

$$A0 = \int_{-6}^{4} g(x)dx - \int_{-6}^{4} f(x)dx$$

$$= \int_{-6}^{4} [g(x) - f(x)]dx$$

$$= \left[ (-x^2 + 24x) - \frac{x^3}{3} \right]\Big|_{-6}^{4}$$

$$= \left[ -(\frac{x^3}{3} + x^2 - 24x) \right]\Big|_{-6}^{4}$$

$$= 260 - \frac{280}{3}$$

$$= \frac{500}{3}$$

求下列兩個方程式：

$$f1(x)= x^2$$

$$f2(x)= -x^2+4x$$

有無封閉性的面積出現，若有則請計算該面積之大小？

## 【解 析】

1.  首先，為求得兩方程式之交點，設方程式

$$f1(x)= f2(x)$$

$$x^2 = -x^2+4x$$

$$2x^2 -4x =0$$

$$x^2 -2x =0$$

$$x(x-2)=0$$

總共有兩個交點存在。它們會在 $x=0$ 與 $x=2$ 的地方，有的兩個共同的交點。其一是 $x = 0$ 的時候，$f1(0)=0$，$f2(0)=0$。另一個是在 $x = 2$ 的時候。其特性曲線圖，如 Fig 10-07.1 圖所示。如圖中灰色所涵蓋的面積即為其交集所產生的面積。

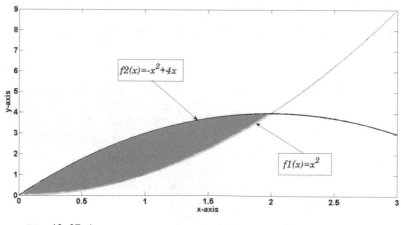

Fig 10-07. 1

2. 那麼，現在如果要求得圖中灰色部分所涵蓋的面積，我們可以使用如同上題所使用的方式，將這兩個方程式自 *x=0* 至 *x=2* 所產生的積分面積相減即可。如圖 Fig 10-07.1 所示：

方程式 *f2(x)* 所產生的面積為

$$f2(x)=A+B$$

方程式 f1(x) 所產生的面積為

$$f1(x)=B$$

所以，可得積分之面積「A」如下

$$A=f2(x)-f1(x)$$

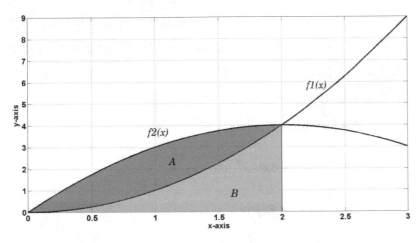

Fig 10-07.2

3. 「A」面積之積分可得

$$A = \int_{0}^{2} f2(x)dx - \int_{0}^{2} f1(x)dx$$

$$= \int_{0}^{2} (-x^2 + 4x)dx - \int_{0}^{2} x^2 dx$$

$$= (-\frac{x^3}{3} + \frac{4x^2}{2})\Big]_{0}^{2} - (\frac{x^3}{3})\Big]_{0}^{2}$$

$$= \left[ (-\frac{8}{3} + \frac{16}{2}) - 0 \right] - (\frac{8}{3})$$

$$= \frac{8}{3}$$

## 【研究與分析】

　　另外的一種比較簡易的做法，那就是在積分式，也就是在同一個積分符號下，直接進行兩個函數的相減。在 Fig 10-07.2 圖中，我們可以很清楚的看出來 *f2(x)* 這個方程式所包含的面積是大於 *f1(x)* 的面積。也就是說，*f1(x)* 的面積是包含在 *f2(x)* 的面積裏面。所以，在求面積「*A*」的時候，應當是用 *f2(x)* 的面積減掉 *f1(x)* 的面積 B，則剩下的所得才是面積「*A*」。

　　事實上，如果我們沒有繪製出這兩個方程式的特性曲線圖，並且把它們放置在一起，則往往不知道該如何相減，或是那一個減去那一個。其實，在這 A 與 B 的兩個面積中，用那一個積分減去另外的那一個積分並不重要。也就是，不論是 A-B 或是 B-A 所得的結果都會是相同的，唯一不同的是正負的「符號」不同而已。因為，我們所要的只是面積，而它只是一個純量，最後的正負符號並無關面積的大小。所得是「正」值，代表的是多出來的。而所得是「負」值，則代表的是不足的。但無論如何，它們的絕對值則是唯一的。

$$A = \int_0^2 \left[ f2(x) - f1(x) \right] dx$$

$$= \int_0^2 \left[ (-x^2 + 4x) - x^2 \right] dx$$

$$= \int_0^2 (-2x^2 + 4x) dx$$

$$= \left[ \left( -\frac{2}{3} x^3 + 2x^2 \right) \right]_0^2$$

$$= -\frac{16}{3} + 8 - 0$$

$$= 2 \frac{2}{3}$$

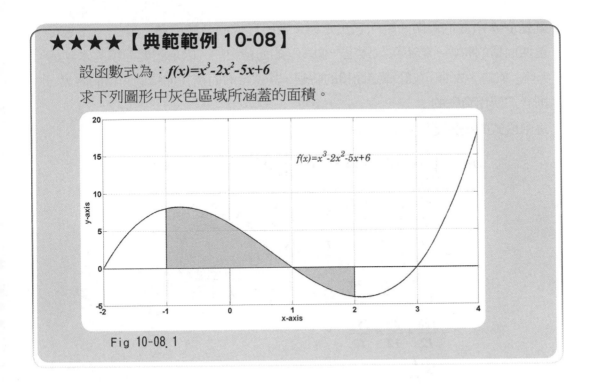

★★★★【典範範例 10-08】

設函數式為：$f(x)=x^3-2x^2-5x+6$

求下列圖形中灰色區域所涵蓋的面積。

Fig 10-08. 1

## 【解 析】

1.  這是一個非常好的題目，希望各位務必能夠細心的思維，並能進一步的深自體察這裡面的許多細節。對於一些初學者而言，在面對這個題目的時候，很可能不知道該從那裏著手。但是不要緊，相信經過一些提示之後，各位就一定會獲得一些觀念性的思維，並進而可以開始規畫與著手了。首先，一開始就有一個相當重要的思維與觀念是必須知道的，那就是我們不可以「直接」的使用自 **x= -1** 至 **x=2** 這整個的所求的範圍之中，想要以一次的方式來完成整個的積分。所以，我們必須分段來進行。

2.  首先，要處理的第一個段落是自 **x= -1** 至 **x=+1** 這個區域的面積。在這個區域中的積分是沒有問題的，而且是可以直接的積分。因為，該段的面積是函數 **f(x)** 與 **x** 軸所形成面積，由於它就在 **x** 軸上，所以，直接引用該函數 **f(x)** 對 **x** 軸自 **x= -1** 至 **x=+1** 積分就可以獲得這個區域的面積。

3.  比較有問題的是第二個段落。在這個段落中則是起自 **x=+1** 至 **x=+2** 這個區域的面積。然而，我們應該很清楚的看得出來，這一段的面積是在 **y** 軸以下，也

就是 $y<0$ 所在的範圍。雖然它也是與 $x$ 軸所形成的一個面積。但是，在處理這塊面積的時候，卻不可以與上一個段落的面積相加。因為這塊面積的本身是「負」值的，故而，在計算總面積的時候，其總合的面積在加這個面積的時候，則必需使用負號的 。

4.  這兩段式的積分結果如下所示：

$$Area = \int_{-1}^{1} (x^3 - 2x^2 - 5x + 6)\,dx - \int_{1}^{2} (x^3 - 2x^2 - 5x + 6)\,dx$$

$$= \left[ \frac{x^4}{4} - \frac{2}{3}x^3 - \frac{5}{2}x^2 + 6x \right]_{-1}^{1} - \left[ \frac{x^4}{4} - \frac{2}{3}x^3 - \frac{5}{2}x^2 + 6x \right]_{1}^{2}$$

$$= \left[ (\frac{1}{4} - \frac{2}{3} - \frac{5}{2} + 6) - (\frac{1}{4} + \frac{2}{3} - \frac{5}{2} - 6) \right]$$

$$\quad - \left[ (\frac{16}{4} - \frac{16}{3} - \frac{20}{2} + 12) - (\frac{1}{4} - \frac{2}{3} - \frac{5}{2} + 6) \right]$$

$$= \frac{128}{12} + \frac{29}{12} = \frac{157}{12}$$

$$= 13\frac{1}{12}$$

## 【研究與分析】

如果我們不是以兩段的方式處理，而是直接從頭到尾的積分，也就是自 $x=-1$ 開始一直積分到 $x=2$，則積分的結果如下：

$$Area = \int_{-1}^{2} (x^3 - 2x^2 - 5x + 6)\,dx$$

$$= \frac{x^4}{4} - \frac{2x^3}{3} - \frac{5x^2}{2} + 6x \Big|_{-1}^{2}$$

$$= \frac{33}{4}$$

$$= \frac{99}{12}$$

如此得到的積分面積比原有的面積少了 *58/12* 。這個值反而要比真正的面積要來得小。原因就是小於 $y$ 軸那個部分的面積被減掉了。所以，在處理這方面問題的

時候，如果有面積是位於 **y** 軸下方，也就是位於 y<0 的區域，則需要特別的小心與
謹慎處理。

同樣的道理，當我們在處理三角函數的時候就要特別小心。

---

例如：

如下圖 Fig 10-08.2 所示，**f(x)=sin(x)** 自 **0** 至 **2π** 的積分如何？

---

## 【解 答】

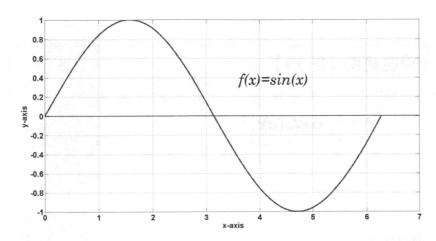

Fig 10-08.2

積分的結果如下：

$$f(x) = \int_0^{2\pi} \sin(x)$$

$$= -\cos(x)\big|_0^{2\pi}$$

$$= -\left[\cos(2\pi) - \cos(0)\right]$$

$$= -\left[1 - 1\right]$$

$$= 0$$

所得到積分的結果是 **0**。因為 **sin(x)** 的波形其正半波與負半波不但是完全對稱，
而且也完全等值。所以，在抵消之後其最後的結果是為 **0** 值。而如果我們積分的範
圍是自 **0** 至 **π** 的範圍，則可得：

$$f(x) = \int_0^\pi sin(x)$$

$$= -cos(x)\Big|_0^\pi$$

$$= -[cos(\pi) - cos(0)]$$

$$= -[-1 - 1]$$

$$= 2$$

　　所以，如果要計算 $sin(x)$ 自 $0$ 至 $2\pi$ 的積分淨值，也就是它的總面積，則它的結果會是等於 $4$。

★★★★【典範範例 10-09】

如下圖 Fig 10-09.1 所示，求

$$A = \int_0^\pi cos(x)\,dx$$

的積分結果。

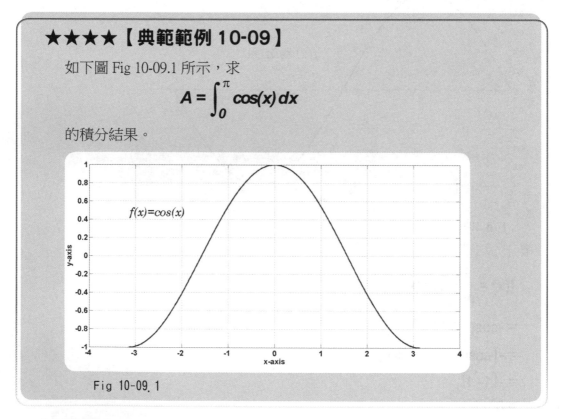

Fig 10-09. 1

## 【解 析】

　　這是一題四顆星的題目，對於題目的要求，其實，我們可以直接的予以積求解，可得該項面積如下：

$$A = \int_0^{\pi} \cos(x)dx$$

$$= \sin(x)\Big|_0^{\pi}$$

$$= \sin(\pi) - \sin(0)$$

$$= 0 - 0$$

$$= 0$$

所得到的答案是「**0**」。但是，它明明是應該有面積的，這項積分也明明沒有錯。是的，的確是在積分的時候出了問題。積分的計算過程沒有錯，是所設的條件上出了問題。那麼，問題究竟是出在那裡？這一題在表面上看來應該是輕而易舉的事。但事實上，很容易被疏忽了。因為，請各位再看清楚，它有一半的面積是位於 **y** 軸的水平線以下。所以，若是我們想的是對於整個特性曲線圖自 0 至 **π** 的積分，由於它有一半的面積是對等「負」值的，所以積分的結果當然是為「**0**」。

對於這類的題目，建議各位一定要先將它整個的特性曲線圖仔細看清楚。也由於它不是有波形「反向」的問題，所以也不可以用「反向」的方式加回去。在實際上，各位也可以看到上面的積分，不管是那個部分的「反向」，它的值都是「**0**」。因此，對於這種題目而言，就必須做「分段」式的處理。將原有的自 0 至 **π** 的積分必須區分為兩段式：(1). 自 **0** 至 **π/2** 的積分。(2). 自 **π/2** 至 **π** 的積分。

$$A = \int_0^{\pi} \cos(x)\,dx$$

$$= \int_0^{\pi/2} \cos(x)\,dx + \int_{\pi/2}^{\pi} -\cos(x)\,dx$$

$$= \sin(x)\Big|_0^{\pi/2} - \sin(x)\Big|_{\pi/2}^{\pi}$$

$$= 1 + 1$$

$$= 2$$

## 【研究與分析】

各位很可能有一個觀念，那就是對於 **cos(x)** 自 **0** 至 **π** 的積分，如下所示，

$$A = \int_0^{\pi} \cos(x)\,dx$$

那是對於 **cos(x)** 正半波之一半的積分，如圖 Fig 10-09.1 之所示。對於這個正半波而言，它所積分的範圍當然就是圖 Fig 10-09.2 之所示，在圖中灰格所佔有的 **x=0** 至 **x=π(3.14)** 所在的範圍與面積。如果有這樣的想法是很自然的。但是，事實上卻是錯誤的。這至少犯了兩個錯誤：

(1). 如果沒有特殊的聲明，標明對於 **dx** 的積分是指函數對於 **x** 軸進行積分，而在 Fig 10-9.3 圖中很顯然是在對 **y=-1** 積分，而非對 **x** 軸積分。

(2). 在 Fig 10-9.3 圖中 **x** 軸是在 **y=0** 的地方，也就是在圖中水平中線的位置上。各位應該是清楚的，在水平中線以下的面積是「負」值的。

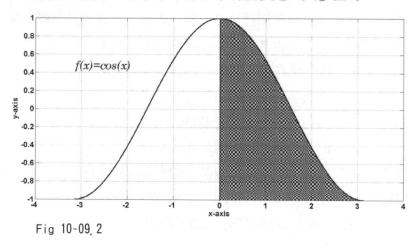

Fig 10-09.2

所以，凡是想對下列

$$A = \int_0^\pi cos(x)\, dx$$

　　這個函數式直接近行積分的話，可以肯定的，至少是犯了上述的兩項錯誤而不自知。這也是為什麼要特別提醒各位注意的。

　　事實上，跟據我兩段式的積分結它的面積 **A=2** 。各位也不可以錯誤的以為，它所積分出來的面積只有正半波的上面部分。它實際所積分出來的面積如圖 Fig 10-09.3 之所示。這可能是許多人始料未及的。原因其實很簡單，也是依據最基本的定義，那就是在積分的時候，函數是對 **dx** 積分，也就是對 **x** 軸進行積分的。許多人可能一直有一個錯誤的觀念，那就是認為積分就是取得包圍在函數區域內的面積。事實上當然不是如此。所以，各位一定要注意在積分的時候，究竟是 **dx** 還是 **dy**，那是對不同的座標軸進行積分，而不是在於曲線是否是封閉在那個區域。

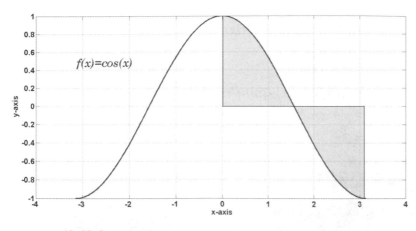

Fig 10-09.3

　　那麼，如果真的是想要求得 *cos(x)* 自 )*0* 至 *π(3.14)* 的積分的積分面積則該如何
積分呢？這是一個好問題，答案還是一樣，那就是必需對 *x* 軸做有效的 *dx* 積分。
如圖 Fig 10-09.4 之所示。

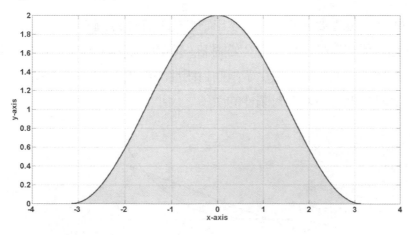

Fig 10-09.4

　　對於這樣的問題，我們只需要將整個曲線圖「墊高」到 *y=0* 的水平位置上。也
就是位於 *x* 軸上。在 Fig 10-09.4 圖中，我們可以看到這個 *cos(x)* 的底線是位於 *x* 軸
上了。所以，這「墊高」以後的積分，才是真正 *cos(x)* 的半個波形的真實面積。

$$A = \int_{-\pi}^{\pi} \big[cos(x) + 1\big]\, dx$$

$$= (sin(x) + x)\big|_{-\pi}^{\pi}$$
$$= (sin(\pi) + \pi) - (sin(-\pi) - \pi)$$
$$= \pi + \pi$$
$$= 2\pi$$

★★★★【典範範例 10-10】

求由如下所示的兩個方程式所為成的區域面積。

$$f(x)=x^3$$
$$g(x)=x$$

## 【解析】

1. 面對這樣的題目，首先要做的就是繪製出它們的特性曲線圖來，也只有這個方法才可以知道我們究竟是在做什麼？如圖 Fig 10-10.1 所示。可以明顯的看得出來這兩個方程式的相互交叉，產生了兩個封閉性的面積。它總共是有兩個。如今，所需要計算的就是這兩個封閉性的面積之大小。

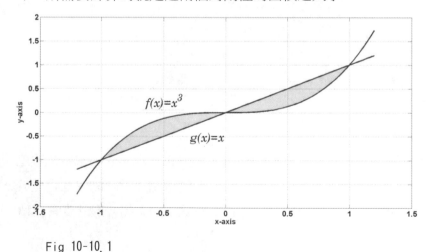

Fig 10-10.1

2. 接著，必須要做的就是知道它們的交點。解聯立方程式可得：

$$f(x)=x^3$$
$$g(x)=x$$

所以 $\qquad f(x)=g(x)$

$$x^3=x$$

$$x\,(x^2-1)=0$$

故知其交點為：$x=0$ ，$x+1$ ，$x=-1$ 共有三個交點。

3. 要求得其總面積 $A(Area)$ 必須分為兩個部分來做，$A=B+C$。

第一部分 (B)：$x=-1$ 至 $0$

$$B = \int_{-1}^{0} g(x) - f(x)$$

$$= \int_{-1}^{0} g(x)\,dx - \int_{-1}^{0} f(x)\,dx$$

$$= \int_{-1}^{0} x\,dx - \int_{-1}^{0} x^3\,dx$$

$$= \frac{x^2}{2}\bigg|_{-1}^{0} - \frac{x^4}{4}\bigg|_{-1}^{0}$$

$$= (0 - \frac{1}{2}) - (0 - \frac{1}{4})$$

$$= -\frac{1}{2} + \frac{1}{4}$$

$$= -\frac{1}{4}$$

第二部分 (C)：$x=0$ 至 $+1$

$$B = \int_{0}^{+1} g(x) - f(x)$$

$$= \int_{0}^{+1} g(x)\,dx - \int_{0}^{+1} f(x)\,dx$$

$$= \int_{0}^{+1} x\,dx - \int_{0+1}^{+1} x^3\,dx$$

$$= \frac{x^2}{2}\bigg|_{0}^{+1} - \frac{x^4}{4}\bigg|_{0}^{+1}$$

$$= (\frac{1}{2} - 0) - (\frac{1}{4} - 0)$$

$$= \frac{1}{2} - \frac{1}{4}$$

$$= \frac{1}{4}$$

請注意，由於這 (B) 部分的面積是位於「負」值區域。所以，在進行加總的時候，必需要取絕對值，故 $B= \mid -1/4 \mid =1/4$

面積 A(Area) 等於

$$A(Area) = B + C$$
$$= \frac{1}{4} + \frac{1}{4}$$
$$= \frac{1}{2}$$

## 【研究與分析】

事實上，不論是「微分」或「積分」，首先要做的都是必需繪製出它們的特性曲線圖來，也唯有如此，我們才會知道究竟是在做什麼？否則，如果僅僅是在要求計算的結果，那是一點意義都沒有。在計算機 (computer) 還不發達的時代，所有的記算都需要靠人力而為，但那也是無可奈何的。時至今日，計算機或相關計算的工具已經是如此的發達了，實在是沒有道理再要求任何人使用手工來計算數學的問題。故而，就這個題目的本身而言，如果沒有繪製出它們的特性曲線圖來，那簡直就不知道該從何處著手。所以，就時代性與個人的需求而言，學習數學最重要的不再是計算的問題，而是必需要知道，所面對的數學它在說甚麼？或是對自己而言，就經需要的是什麼？這才是真正的重點所在。

在使用積分求面積的時候，要注意兩件事情：

(1). 繪製出相關的特性曲線圖。如此則必然可以知道對於該面積相關的資訊，如此則可以提供正確的計算方式與範圍。尤其是對於數個不同的區域或面積而言，究竟是應該相加或是相減則可非常清楚的一目了然，而不會產生錯誤的加減。

(2). 如果是在求分別各自的面積的時候，時常會由於函數的加減問題而產生正負不同的符號。為了避免此項困擾，宜使用「絕對值」處理較方便。

### ★★★★【典範範例 10-11】

求下所示的方程式的積分結果與面積。

$$f(x) = \int_{-1}^{1} \frac{1}{x^2} dx?$$

# 【解 析】

1. 首先，可以將 $1/x^2$ 轉化為 $x^{-2}$。

$$f(x) = \int_{-1}^{1} \frac{1}{x^2}\,dx$$

$$= \int_{-1}^{1} x^{-2}\,dx?$$

$$= \left[\frac{x^{-1}}{-2+1}\right]_{-1}^{1}$$

$$= \left[-\frac{1}{x}\right]_{-1}^{1}$$

$$= -1-1$$

$$= -2$$

2. 這個題目的計算可以說是相當的簡易。但是，卻是錯誤的。是在計算上產生錯誤了嗎？不是！計算的過程沒有錯，計算的方式也沒有錯。但是，這整個的一切卻是錯誤的。為什麼？請各位先仔細的想一想，然後再看下列的【研究與分析】。

# 【研究與分析】

1. 事實上，這個題目是屬於「發散 (divergent)」性質的一個題目。更正確的說，是在它求積分的範圍中是一個發散的區域。各位可以很清楚的在下列的圖示 Fig 10-11 中可以看得出來。該函數在趨近於零的時候，則函數值趨近於無窮大。當然，我們是無法對「無窮大」的區域或是「不連續」的區域進行積分的。所以，它是沒有答案的，也是屬於「發散 (divergent)」的。

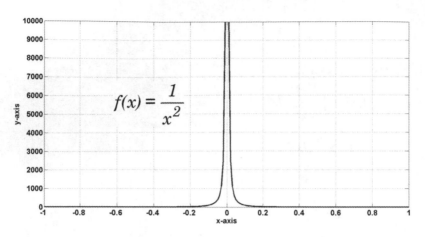

Fig 10-11

2. 使用極限的觀念，同樣的可以知道它是屬於「發散」的。

$$f(x) = \int_{-1}^{1} \frac{1}{x^2} dx$$

$$= \lim_{t \to 0} \int_{-1}^{t} \frac{1}{x^2} dx$$

$$= \lim_{t \to 0} \left[ -\frac{1}{x} \right]_{-1}^{t}$$

$$= \lim_{t \to 0} \left[ -\frac{1}{t} + \frac{1}{-1} \right]_{-1}^{1}$$

$$= \infty$$

# 11

## 用白話文講對數與指數的積分

【本章你將會學到下列的知識與智慧】：

# 什麼是指數與自然指數

在所有函數的積分之中，「指數函數 (Exponential function)」與「對數函數（Logarithmic function）」是屬於較爲特殊的一種函數。但是，也是屬於非常重要的一種函數。

就一般函數的微分或是積分而言，只要因循就緒的依照公式去做，多能迎刃而解。但是，對指數與對數的積分而言，那就不一樣了，因爲它具有相當大的變異性。

所以，對指數與對數這部分的積分而言，可以說，是可以立即考驗出對微積分之程度的。這是因爲，對於指數與對數的積分方式與一般的積分方式是完全不同的，如果在這方面沒有下過一點工夫，那是絕對對應不出來的。

所以，在本章中，配合了許多的相關圖表，相信會帶給各位非常清晰的觀念與思維。也必能提供各位正確的認知與最大的收穫及成就。

對於「指數函數」與「對數函數」究竟是在講什麼？

常常會有人弄不清楚，也就是說，在觀念上就顯得混淆不清。

在第 9 章「用白話文講指數與對數的微分」中，曾經以「口語化」的方式，詳細的解釋了究竟什麼是「指數」與「對數」。

現在，我們要進一步談的是，「指數函數」與「對數函數」的積分究竟是什麼？也希望讓各位能夠充分的瞭解，所要面對的這一切究竟是什麼意義？

對於指數函數的積分，首先必須要知道，指數函數的「形式」如下所示：

$$f(x) = a^x$$

指數函數 $f(x)$ 式中必須是 $a>0$ 且 $a \neq 1$。這個 $a$ 稱之爲「底數 (base)」，而 $x$ 稱之爲「指數 (index 或 exponent)」，它可以是任意的實數。所以，用白話文說：($x$ 表未知數)

$a^x = y$（a 的幾次方等於 y 呢？）

$2^x = 8$（這是在說：$2$ 的幾次方等於 $8$ 呢？答案是 $x=3$

也就是 $2^3=8$）

這個 2 是「底數」，$x$ 是「指數」，此時是 $x=3$，而 8 則是結果。所以，對於一個函數如果知道它的底數與對數，就可以求得它的結果，這種運算稱之為「指數運算」。

如果將 $a$ 換成是 $e$，則成為下列的形式：

$$f(x)=e^x$$

於此 $f(x)$ 則稱之為「自然指數函數 (natural exponential function)」，而 e 就是自然指數，又稱為「歐拉數（Euler's number）」，是以瑞士數學家歐拉（Euler，1707~1783) 命名的，它的數值約是 $e=2.71828$。就像圓周率 $\pi$ 及虛數單位的 $i$(Image) 一般，$e$ 是數學中最重要的常數之一。

☆ 11.2

# 指數的基本運算與積分

*1. $a^x \cdot a^y = a^{(x+y)}$*

*2. $a^x / a^y = a^{(x-y)}$*

*3. $(a^x)^y = a^{xy}$*

*4. $(ab)^x = a^x b^x$*

*5. $(a/b)^x = a^x / b^x$*

*6. $exp(x)=e^x$*

*7. $exp(ln\ x) = x$，$x>0$*

*8. $ln(exp(x)) = x$*

9. $\int x^a dx = \dfrac{x^{a+1}}{a+1} + c$ ， $a \ne -1$

10. $\int e^x dx = e^x + c$

11. $\int a^x dx = \dfrac{1}{lna} a^x + c$

12. $\int x^{-1} dx = \int \dfrac{1}{x} dx = lnx + c$

# ☆ 11.3
# 還是一條不死的龍

　　「自然指數」不論是在微分或是積分上，都是非常、非常奇特的一種函數，因為它真的是「一條壓不死的龍」。這是什麼意思？各位請看上一節的第 10 條，就會發現「自然指數」的積分還是它自己本身，而不是依照積分的通式來積分的。

## 【典範範例 -01】：求下列函數的積分，並詳細解釋之。

$$f(x) = \int e^x dx = ?$$

## 【解　析】：

$$f(x) = \int e^x dx$$
$$= e^x + c$$

　　我們曾經多次的提到，「自然指數」不論是用在微分上面或是用在積分上面，它的特質都是非常奇特的，正如書中所說的，它真的是在微分的時候是一條打不死的「龍」，而在積分的時候是一條壓不死的「龍」。在本【典範範例 -01】中，我

們可以很確切的看到，這個自然指數函數在經過積分之後，完全沒有變質，它還是原來的它。當然，它會多了一個常數項。

## 【研究與分析】

「自然指數」在積分的時候它的本質並不會改變，它還是原來的它。但是會多了一個常數項。在 Fig 11.3.1 圖中，可以看到的是不同的常數項所造成的現象。各位如果仔細觀察的話，就會發現，不同的常數項最多只會造成該原函數「平移」的現象，而不會改變該原函數特性曲線的形狀。不同的常數項會產生不同的「平移」的現象，如果該常數項是正值，則原函數特性曲線會向上移動，而如果該常數項是負值，則原函數特性曲線會向下移動。

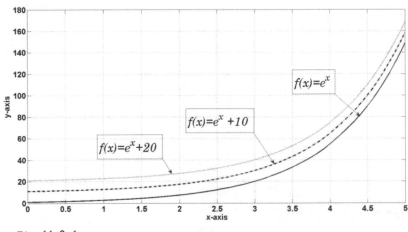

Fig 11. 3. 1

---

## 【典範範例 -02】：求下列函數的積分，並詳細解釋之。

$$f(x) = \int_0^1 e^x dx$$

## 【解 析】：

$$f(x) = \int_0^1 e^x \, dx = e^x \big|_0^1 = e^1 - e^0 = e - 1$$
$$= 2.71828 - 1 = 1.71828$$

不論積分的上下限如何？或是與其他任何函數相互混合。在積分之後，它還是會回到原來「自然指數」的型態，永遠都不會改變，也永遠都存在。事實上，要想通這個道理也不困難。

「積分」的意義本來就是一種「累積」的作用與運算。

所以，用在求「面積」與「體積」的計算與應用。對一般的函數而言，在累積的過程中，所產生累積的結果必然是會與原有的函數不論是在型態或是樣式上，都會是不相同的。但是，對自然指數而言，在「堆疊」的過程中，就是在以自然指數的型態與方式在堆疊。也就是說，在「堆疊」的過程中，自然指數的相互「堆疊」的結果，所呈獻出來的結果，還是具有自然指數的型態。也因此，對自然指數而言，不論是微分或是積分，它的結果都會有「它」的影子存在。如圖 Fig 11.3.2 所示。

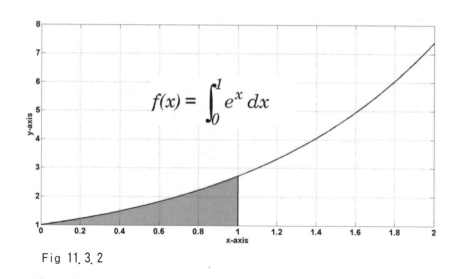

$$f(x) = \int_0^1 e^x \, dx$$

Fig 11.3.2

# ☆ 11.4
# 口語化的指數與對數關係

現在，要開始逐漸的從「對數」的積分談起，在認識「對數」的積分之前，我們需要在「對數」的表達方式及其意義做充分的瞭解。首先，就讓我們使用「口語化思維」的方式，來建立「對數」的觀念。各位，請看下列的式子：

$$y = a^x$$

底數為 $a$ 的 $x$ 次方得到 $y$ 值。由於 $a^x$ 值不可能產生負數（虛數除外），故 $y$ 值永遠為正值。但如果要反過來問：

**「在 $y = a^x$ 式中，底數為 $a$ 的 $x$ 次方得到 $y$ 值。那麼如果 $a$ 與 $y$ 為已知，則 $x$ 該如何表示呢？**

答案是：

$$\log_a y = x$$

由於 y 必須為正值，所以，$\log_a y$ 只在於 $x>0$ 時才有意義。

那麼，現在就讓我們來看一看，下列的式子該如何用「口語化」來解說呢？

$$\log_{10} 1 = x$$

這個式子口語化的結果是：

**「10 的幾次方 _(x)_ 會得到 1 呢？」**

答案是：

**「10 的 0 次方等於 1。」**

這個 $x=0$，也就是

$$\log_{10} 1 = 0$$

所以，這個式子口語化的唸法是：

**「10 的 0 次方等於 1。」**

同樣的道理

$$log_{10}10 = 1$$

$$log_{10}100 = 2$$

$$log_{10}1000 = 3$$

在對數中最常用的「底」多是以 $e$ 爲「底」的，除此之外，還有以 10 以及以 2 爲「底」的。但以 $e$ 爲「底」的是使用最爲廣泛，爲了能與其他的底數區別，這種以「自然對數」的 $e$ 爲「底」有另外一種寫法，那就是：

$$ln\ x$$

它也就是 $log_e\ x$ 的意思。

口語化的意思就是：

**「$e$ 的幾次方會得到 $x$ 呢？」**

所以：

$$ln\ (1)=0$$

請記住，它的意思也就是說：

**「$e$ 的 0 次方等於 1。」**

寫成「指數」型態就是；

$$e^0 =1 \quad 「e\ 的\ 0\ 次方等於\ 1。」$$

$$ln\ x \quad 「e\ 的幾次方會得到\ x\ 呢？」$$

圖 Fig 11.4.1 中所顯示的是自然對數函數 $ln(x)$ 以及分別以 2 及 10 爲底的對數的特性曲線圖。我們可以在圖中發現一個頗爲重要的現象，那就是對數的「底數」越大，則曲線向下彎曲的程度也「越低」。也就是說，對數的「底數」越大則曲線增長得越慢。這道理其實是相當簡單的，讓我們看一看下列的解說就很清楚了。

$y=log_2(x)$ ， $2^y = x$ 　　　。當 $y=1$ 時 $x=2$

$y=log_e(x)$ ， $e^y =x$ 　　　。當 $y=1$ 時 $x=e=2.718$

$y=log_{10}(x)$ ， $10^y= x$ 　　。當 $y=1$ 時 $x=10$

也因此可以看出，在同樣的 $y$ 值條件下，$y=log_2(x)$ 增加得最快。所以，以 2 爲底數，也就是 $y=log_2(x)$ 的曲線比其他底數的曲線向上揚起的程度最大。而相對的，$y=log_{10}(x)$ 由於底數較大，也因此曲線的上升程度較爲緩和。 但是，就對數函數而

言，各位必須記住一點，那就是不管對數函數的底數是如何？它們必然會在 P(1，0)
這一點會有共同的交集。如圖 Fig 11.4.1 所示。

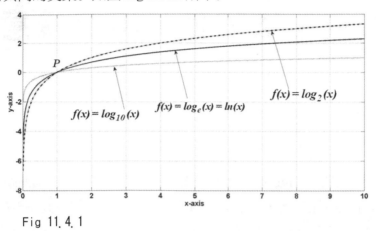

Fig 11. 4. 1

現在，將「指數」與「對數」的相互對應關係，用「口語話」的方式，列表如下，
各位可以相互對照，明確的熟悉其間的對應關係：

(1) 對數 $log_{10}1$ 它的意思是：「10 的幾次方等於 1 ？」

答案是：10 的 0 幾次方等於 1。亦即 $log_{10}1=0$

「對數」：$log_{10}1=0$

「指數」：$10^{0}=1$

(2) 對數 $log_{e}x=ln(x)=lnx$ 它的意思是：「$e$ 的幾次方等於 $x$ ？」

$ln(1)$ 它的意思是：「$e$ 的幾次方等於 1 ？」

答案是：$e$ 的 0 次方等於 1。亦即 $log_{e}1=ln(1) = 0$

「對數」：$ln(1)=0$

「指數」：$e^{0}=1$

(3) 「例如」：下列所表示的函數式是什麼意思？結果如何？

$$ln(0)= ?$$

解答：

a. 這是在說：「$e$ 的幾次方會等於 0 ？」

b. 如果要讓 $e$ 的值等於 0。那麼就必須是

$$ln(0)=-Inf$$

c. 也就是說，必須是 $e^{-Inf}=0$。

# ☆ 11.5
# 對數與指數的積分與特殊意義

對積分而言，大家都知道它的通式 ( formula)：

$$\int x^n \, dx = \frac{x^{n+1}}{n+1} + C \qquad n \neq -1$$

所以，對於對數函數 *log(x)* 該如放進去積分呢？這的確是一個問題。事實上，可能有很多人並沒有注意到，它是有一個限制的，它的前提就是 *n≠-1*，這一點非常重要。那麼如果是在 *n=-1* 的條件下，則它又是如何？

我們如果注意的話，應當可以看到「通式」的右端，當 *n=-1* 的時候，分母會等於 0。而如果分母為零，當然就無解了。所以，這個「通式」並不是所有的函數都可以適用。在「積分」中，對於這個「自然對數函數 (natural logarithmic function) . ln x」是有定義的：

$$ln(x) = \int_1^x \frac{1}{t} \, dt \qquad x > 0$$

由上述的定義，當 *x=1* 的時候可得：

$$ln(1) = \int_1^1 \frac{1}{t} \, dt = 0$$

請注意，如果對 *ln x* 進行微分的時候，則就會回到原形。如下所示：

$$D_x(lnx) = D_x \left( \int_1^x \frac{1}{t} \, dt \right) = \frac{1}{x}$$

所以

$$D_x(lnx) = \frac{1}{x}$$

如果 *u* 對於 *x* 而言是可被微分的 (differentiable function of x)，則可得

$$D_x(lnu) = \frac{1}{u} \times D_x u$$

由這裡可以知道，對於 *lnx* 進行積分的時候，是不可以用「通式 ( formula)」來

積分的。

　　由於上面所說的，對於 *lnx* 進行積分的時候，是不可以是用「通式 ( formula)」來積分的。那麼，*lnx* 該如何積分呢？它最常用的方法就是「分部積分法 (Integration by parts)」。它也是一種積分的技巧，它是由微分的「乘法定則」推導而來的，為的是將難以積分的式子，轉化為易於求出結果的積分形式。在函數微分的時候，對於二函數之乘積的微分公式。

$$D(f(x) \times g(x)) = f(x) \times g'(x) + f'(x) \times g(x)$$

求上式兩側的反導數，可得

$$f(x) \times g(x) = \int f(x) \times g'(x)\, dx + \int f'(x) \times g(x)\, dx + C$$

或寫成

$$\int f(x) \times g'(x)\, dx = f(x) \times g(x) - \int f'(x) \times g(x)\, dx + C$$

　　這就是有名的「部分積分法 (Integration by parts)」公式，它提供了一個新的積分技巧。若令 *u=f(x)*，*v=g(x)* 則得 *du=f'(x)dx*，*dv=g'(x)dx*

　　故得

$$\int u\, dv = uv - \int v\, du$$

# ☆ 11.6
# 指數與對數的常用積分公式

　　這個章節非常的重要，所以，建議各位一定要多加看幾遍，務必使自己能夠非常熟練下列各項公式的用法。

在上一個章節中已經很明確的使用口語化的方式，把「指數」與「對數」的觀念與思維說得清清楚楚的，這些觀念與思維希望各位不但要懂得道理，也一定要能夠切記，也唯有如此，才能在往後的章節裡能夠應付自如，也才能夠深深的知道，自己究竟是在做什麼？

這也才是真正的做學問之道，而也必然可以使自己達到超越的實質效果。事實上，如果真的到了這個地步，那就是一種樂趣了。

**【指數與對數相關的積分公式】**

(1) $\int x^n dx = \dfrac{x^{n+1}}{n+1} + c$ ， $n \neq -1$

(2) $\int u\,dv = uv - \int v\,du$

(3) $\int \dfrac{1}{x} dx = \ln x + c$ ， $n = -1$

(4) $\int e^x\,dx = e^x + c$

(5) $\int a^x\,dx = \dfrac{a^x}{\ln a} + c$

(6) $\int \ln(x)\,dx = x\ln(x) - x + C$

## ☆ 11.7

# 【典範範例】集錦

**【★★★典範範例 11-01】**

求下列函數的積分值，並解釋該積分結果的意義。

$$\int \ln(x)\,dx$$

# 【解析】

1. 這個 [ 典範範例 ] 是一題對於對數函數積分的起點,請各位注意的是,這一題並沒有一般人想像的簡單,但它卻是一個非常重要的題目。這說明了對數函數的積分往往會有它的難度。對一些人而言,它會是比較陌生的,甚至是不知從何處著手。所以,也希望各位能夠積極的跟隨本書的進度,如此,則必然會有超越的表現。

2. 爲了配合「分部積分 (Integration by parts)」公式,可以將下列的式子:

$$\int ln(x)dx$$

改寫爲 $\int ln(x) \cdot 1dx$

3. 於是就可以設定「分部積分 (Integration by parts)」公式如下:

$$\int udv = uv - \int v\,du$$

$$u = ln(x) \quad ; \quad du = \frac{1}{x}dx$$

$$v = x \quad ; \quad dv = 1 \cdot dx$$

$$\int ln(x) \cdot 1dx = xln(x) - \int x \cdot \frac{1}{x}dx$$

$$= xln(x) - \int 1\,dx$$

$$= xln(x) - x + C$$

$$= x(ln(x) - 1) + C$$

4. 現在,再回到 *f(x)=ln(x)* 這個函數式來,如圖 Fig 11-01.1 所示。各位應還記得自然對數 *ln(x)* 曲線必然會通過一個非常重要的點,那就是 *x=1*,*y=0* 這一點。不但要記住這一點,事實上,任何底數的對數,它的特性曲線都必然會通過這重要的「P」點。除此之外,如果我們能對於整個對數的特性曲線多加記憶與熟練,則在將來必然會有大的用途。

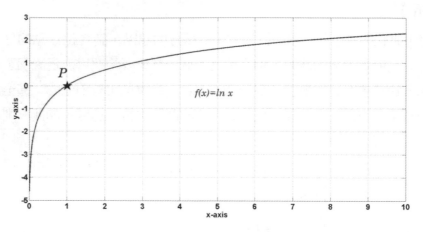

Fig 11-01. 1

## 【研究與分析】

　　大部分的人士，在計算完了之後就認為整個問題到瞭解出答案，而也就以為功德圓滿了，再也沒有人會去做進一步思想。而幾乎所有的微積分的書籍也都是如此。其實，諸位再想一想，解出「計算」的答案來，怎麼會是功德圓滿呢？事實上，千辛萬苦的計算出答案來，諸位千萬請記住，那不是問題的結束，而真正才是問題的「開始」。想一想看，不是嗎？

　　經過複雜的運算所得，好不容易得到了正確答案，卻將它棄之不理，這哪裡是應該有的現象呢？我不希望各位只是做一個計算的機器，而是有思想、有創作的人。也正因此，我會把解題之後的答案，帶領各位經由深入的探討，而能夠懂得其真實意義並因而達到超越的地步。現在，就讓我們進一步來解讀這個答案。那麼，它究竟是在說什麼？如下所示。

$$\int ln(x)\,dx = xln(x) - x + c$$

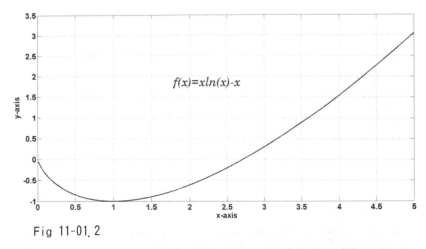

Fig 11-01.2

　　這條曲線，就是本題答案中的答案。在本題上面的計算答案中，諸位看到的只是一個數學式子而已，而這個數學式子所表達的道理，就在這個圖 Fig 11-01.2裡面。那麼，這個曲線圖是在表述什麼呢？首先，我們先看一看整體的大格局，諸位可以看到整個曲線是先下降，然後就開始一路的上升上去。但是，諸位請注意的是，這條曲線所代表真正的意義是「一條體積變化的曲線」。也就是說，「*xln(x)-x*」這個答案，是代表函數 *ln (x)* 在不定積分中，整體的「體積」變化的情況與結果。這其中有兩個極為重要的點，我們就用 *x=1* 來測試一下好了，當 *x=1*時 *xln(x)-x=1(0)-1=-1*。

　　但是，有一點我們必須非常小心的，那就是當 *x=0* 時，函數 *ln(0)* 的積分結果如何？各位都知道，*ln(0)=-Inf*，那是一個負無限大的數值，所以，函數 *ln(0)* 的積分在該點，也就是 *x=0* 時的這點是不成立的。在 Fig 12-01.2 圖中，表面上看起來 *x=0，y=0* 這一點是存在的。事實不然，那是因為圖表的刻度用得大，為的是能夠看到大格局，對於細小的特殊點，也就較為不易察覺。但是，如果我們將該圖原點左右的範圍放大來看，就很容易看出來，在原點這個地方，是沒有任何圖點出現的，因為，它根本就不成立，也不存在。如圖 Fig 11-01.3 所示。可以看到在原點這個地方不但是沒有任何資料，而且是中斷的。

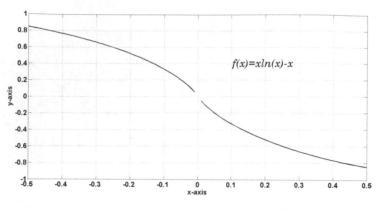

Fig 11-01.3

★★★【典範範例 11-02】

求下列函數的積分值，並請解釋該積分結果的意義。

$$\int_{1}^{3} ln(x)dx$$

## 【解 析】

1. 在上一個範例中用的是「不定積分 (indefinite integral)」的方式。「不定積分」這個名詞，在正式的定義上也有稱之為「反導數 (antiderivative)」的。「反導數」也就是「導數 (derivative)」的反運算。有一點需要注意的，「微分 (differentiation)」同樣也是「積分」的反運算 (opposite operation)，但是處理及求解「微分」的方法與過程 (process) 則稱之為「導數 (derivative)」，這是有不同意義的，請各位務必要分清楚。

2. 這一題事實上也就是上一題在應用層面上實際的應用，我們可以根據上一題計算所得的結果，直接拿來應用，可得如下，並如圖 Fig 12-02.1 所示：

$$\int_{1}^{3} ln(x)dx = \left[ xln(x) - x \right]_{1}^{3}$$
$$= (3\,ln(3) - 3) - (1\,ln(1) - 1)$$
$$= (3 * 1.0986 - 3) - (0 - 1)$$
$$= (3.2958 - 3) + 1$$
$$= 0.2958 + 1$$
$$= 1.2958$$

11 用白話文講對數與指數的積分

3. 事實上，要想學好數學，不是只有會計算而已，而是要能夠養成一個「估略」的習慣。什麼是「估略」？那就是估計大略的意思。就以這一題而言，圖 Fig 11-02.1 中深色的面積，在「估略」中是略小於 3/2 的。所以，與本題的答案極為相近。

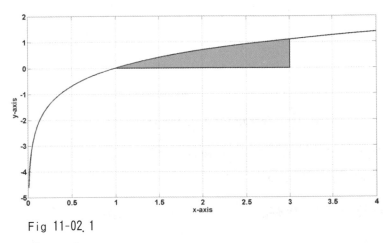

Fig 11-02. 1

## 【研究與分析】

　　這道題目有一個重點必須要注意的，那就是可能會有人誤以為 *x=1* 至 *x=3* 這個範圍對 *ln(x)* 的積分，會產生如下圖 Fig 12-02.2 所示的灰色部分的面積。具有這樣想法的人或許相當的普遍，原因是忘了積分只是積到 *y=0* 以上的面積，如果要包含 *y=0* 以「下」的面積，那是沒有意義的。各位請看一看，如果是要計算到 *y=0* 以「下」的面積，那就沒完沒了了啦！到了無限遠的下方去了，甚至各位也應該知道，*ln(x)* 的函數在接近 *y* 軸的時候，是沿伸到 *-inf*，所以說那是沒有意義的，當然也是錯誤的。

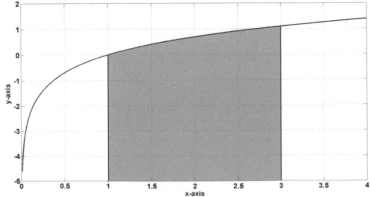

Fig 11-02. 2　錯誤的積分區域

## ★★★【典範範例 11-03】

這是一道具有相當重要含意的題目。

下列函數的積分，所要表達的究竟是有什麼重要的意義呢？

$$f(x) = \int_{1}^{2.71828} \frac{1}{x} dx$$

## 【解 析】

1.  根據 12.9 節的第 3 個積分公式，可知

$$\int \frac{1}{x} dx = \ln x + c \quad , \ n = -1$$

也就是 $f(x)=1/x$ 的積分是等於 $\ln(x)$，於此常數 $c$ 暫不列入計算。如果各位觀念還清楚的話，那麼請各位先回答下列的這個問題：

**當 $x=1$ 至 $x=2.71828$ 時的「定積分」，它究竟是什麼意義？**

是的，從 $x=2.71828$ 這個數就可以體認到，它是自然對數的底數「$e$」的值。當然，這是一個重要的數值，是有它重大的意義的。而它的真正意義就在這道題目上。

2.  各位知道這一題 $f(x)$ 的定積分其實也就等於下式的積分：

$$f(x) = \int_{1}^{e} \frac{1}{x} dx$$

那麼，這個積分是在表達什麼呢？它又什麼意義嗎？是的，當 $f(x)$ 的定積分由 $x=1$ 至 $x=2.71828$ 這個範圍的積分的結果，其值等於 1，正好是一個單位面積。而這個 $x=2.71828$ 各位當然應該知道，它就是 $e$ 這個值。所以說，這個 $e=2.71828$ 的這個值是一個相當奇特的數值，它在告訴我們，在自然對數的積分中，由 $x=1$ 開始而至自然對數的底數 $e$，它所得到的面積，剛好就是一個單位面積。

3.  這個積分的結果如下所示：

$$f(x) = \int_{1}^{2.71828} \frac{1}{x}\, dx = ln(x)\Big|_{1}^{2.71828}$$

$$= ln(2.71828) - ln(1)$$

$$= ln(e) - ln(1)$$

$$= 1 - 0$$

$$= 1$$

答案是 1( 平方單位 )。於此有一點需要提醒各位注意的，那就是 *x* 的值是由 *x=1* 開始積分的，而不是由 *x=0* 積起的。這所持的理由，相信各位略微想一下就可以通的。因為若是由 *x=0* 開始積分的話，勢必造成函數式的分母為零，而產生了一個「Inf (Infinite)」無限大的後果。

## 【研究與分析】

為了能讓問題呈現得更清楚也更明白起見，讓我們進一步的說明。在上列式子計算的結果中，其中最重要的一個地方就是這個

*ln(2.71828)*

它究竟是什麼？事實上，用白話文來講，它是在說：

**以自然對數 *e* 為底，它的幾次方會等於 *2.71828* 呢？**

答案當然是 1。如果我們把它換成另一個方式來說，用指數的方式，那就是在說：

$e^x$*=2.71828*

各位都知道，*e=2.71828*，它本身就是自然指數的底。所以，*x* 的值當然也就是 *x=1*。那麼，另一個 *ln(1)* 又是如何？用白話文來講，它是在說：

**以自然對數 *e* 為底，它的幾次方會等於 1 呢？**

以同樣的道理來看，將它寫成指數形式則為：

$e^x$*=1*

毫無疑問的，當然是 *x=0*，也就是 $e^0$*=1*，故而 *ln(1)=0*。

這就是為什麼 *e=2.71828* 的道理所在，如圖 Fig11-03 所示。我們可以問：在函數式 *f(x)=1/x* 的面積積分中，若下限自 *x=1* 開始，它的積分上限在 *x=?* 的時候，則

積分面積會是等於 1 呢？

$$f(x) = \int_{1}^{?} \frac{1}{x}\,dx = 1$$

而這個問號就是自然指數的底數，也就是我們所謂的這個「$e$」值。

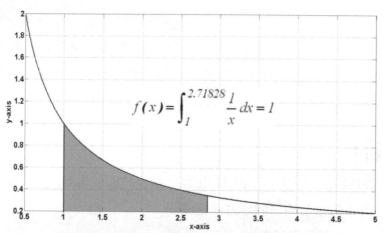

Fig 11-03 自 $x=1$ 至 $x=e$ 的積分其面積等於 1

### ★★★【典範範例 11-04】

求下列函數的積分值，並解釋該積分結果的意義。

$$f(x) = \int_{0}^{2} e^{x}\,dx$$

### 【解 析】

1.　我們已經看了許多對數函數的積分。現在，來看看指數的積分會是如何？當然，各位必然都知道，指數微分的結果仍然是不變的。那麼，指數的積分其結果會是如何呢？答案依然是「不變」這兩個字。這真是非常的特殊，但事實上的確就是如此。

2.　所以，在上式中它的積分就是：

$$f(x) = \int_{0}^{2} e^{x}\,dx \;=\; e^{x}\Big]_{0}^{2} \;=\; e^{2} - e^{0} \;=\; e^{2} - 1$$

## 【研究與分析】

　　各位應該相當清楚了，「對數」是不可以從 *x=0* 開始積分的，因為「對數」在 *x=0* 的時候是一個無限大的值，也就是所謂的 *ln(0)=-Inf*。當然，無限大本身是不可能積分的。但是，「指數」卻可以從 *x=0* 開始積分，因為「指數」在 *x=0* 的時候是 1，如圖 Fig11-04.1 所示，也就是 *exp(0)=1* 或是 *e⁰=1*。這一點各位必須在觀念上非常清楚才可以。所以，各位在 Fig 11-04.2 圖中可以看到曲線的起點是從 *x=0*，*y=1* 開始的。在 Fig 11-04.2 圖中灰色的面積就是我們積分的區域。事實上，積分的結果 *f(x)=e²-1*，就這個結果而言，可以不必再進一步的解開它，這樣的結果就是答案了。但如果我們想「估略」一下，它會是 *f(x)=e²-1=(2.718)²-1=7.387-1=6.387*。這個答案是與我們所估略的該面積之數值相符的。

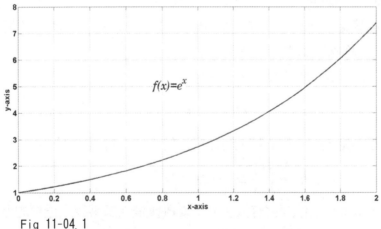

Fig 11-04.1

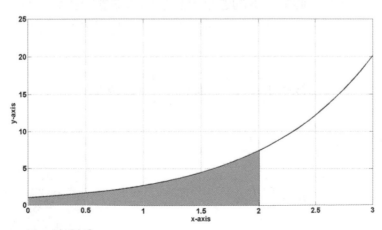

Fig 11-04.2

求下列函數的積分值，並解釋該積分與積分結果的相關意義。

$$f(x) = \int_1^3 \frac{1}{x} dx$$

## 【解析】

1. 這一題看起來非常的容易，但卻常常出現在考題的題目上，雖然在形式上多少都會有變動，但是，基本上卻離不開這樣子的一個形式。對於懂的人，可以直接寫答案。實際上，這一題則是上一個[典範範例]的延伸。對於沒有概念的人，經過了上一題的[解析]，相信不會再有人用積分的通式來解答，而寫成 $-2x^{-2}$，那就錯的太嚴重了。為了使各位能在這種容易犯錯而又是具有最基本定義與意義上的題目加深印象，所以，再以這一題讓各位能通透而徹底的瞭解與解悟這一類以及具有相關性的題目。

2. 事實上，這一題的本身就是 $lnx$ 的基本定義：

$$ln\ x = \int_1^x \frac{1}{t} dt \quad x > 0$$

3. 根據上述的定義，我們直接就可以寫出答案來，那就是：

$$f(x) = \int_1^3 \frac{1}{x} dx = ln(3)$$

所以說，這就是為什麼會有很多考試委員或是老師喜歡出這類的題目的原因。因為，它完全是一個觀念性的題目，而且是基礎性的觀念，也所以，一定要能通透才好。事實上，把這一題的觀念應用在上一題中，同樣的可以立即獲得答案如下：

$$f(x) = \int_1^{2.71828} \frac{1}{x} dx = \int_1^e \frac{1}{x} dx = ln(e) = 1$$

## 【研究與分析】

在這一題積分的式子中，

$$f(x) = \int_1^3 \frac{1}{x} dx$$

它的答案直接就等於 **ln(3)**，對許多人來說，這樣的結果似乎是不太容易想像的。至於 **ln(3)** 的數值究竟是多少？其實這並不是重要的，**ln(3)** 的本身就是答案。若是要進一步的探討這個問題，就讓我們分別用它們的特性曲線圖來做比較好了。事實上，**f(x)=1/x** 這個函數與 **ln(x)** 函數它們的特性曲線圖是完全不同的，分別如下圖所示：

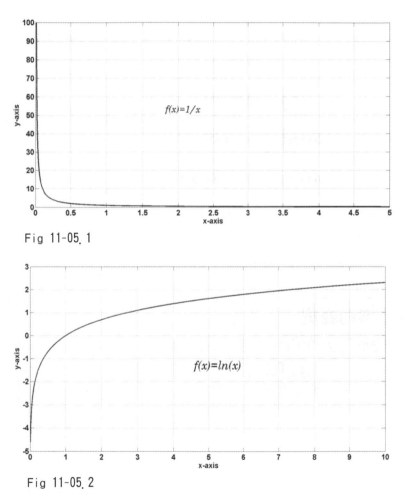

Fig 11-05.1

Fig 11-05.2

在圖 Fig 11-05.1 中所顯示的是 **f(x)=1/x** 的特性曲線圖。而圖 Fig 11-05.2 所顯示的則是 **f(x)=ln(x)** 的特性曲線圖。這兩個圖似乎是完全談不上有什麼關係。事實不然，有一個非常重要的觀念與認知，那就是：**Fig 11-05.1 的特性曲線圖，剛好就是 Fig 11-05.2 的解**。如果各位還有絲毫的懷疑，那麼就讓我們用實際的數值關係

來看好了。

首先，各位請看：

$$f(x) = \int_{1}^{3} \frac{1}{x} dx = ln(3)$$

這個答案，*ln(3)* 究竟是多少呢？答案是：

$$ln(3) = 1.0986$$

各位可以在 Fig 11-05.2 圖中，於 *x=3* 的位置上，對應到 *ln(3)* 的值是 *1.0986*。跟著下來，我們可以對照一系列的數值如下：

$$f(x) = \int_{1}^{4} \frac{1}{x} dx = ln(4) = 1.3863$$

$$f(x) = \int_{1}^{5} \frac{1}{x} dx = ln(5) = 1.6094$$

$$f(x) = \int_{1}^{10} \frac{1}{x} dx = ln(10) = 2.3026$$

所以說，Fig 11-05.2 的特性曲線圖，正好就是 Fig 11-05.1 這個積分問題的「答案」與「解」。各位，你說妙不妙？請各位略為注意：

$e^0=1$，所以，*ln(1)=0*。$e^{-\infty}=0$，所以，*ln(0)=-Inf*。

---

★★★★【典範範例 11-06】

求下列函數的積分值，並解釋該積分結果的意義。

$$f(x) = \int \frac{1}{x^2} dx$$

---

## 【解 析】

1. 這一題是相當重要的，首先，讓我們看一看需要被積分的原函數 $1/x^2$ 特性曲線圖如下，它在 $0^{+}$ 的地方分別有正的無限大值的出現。這是因為它的分母是 $x^2$，所以，不會有負值出現。

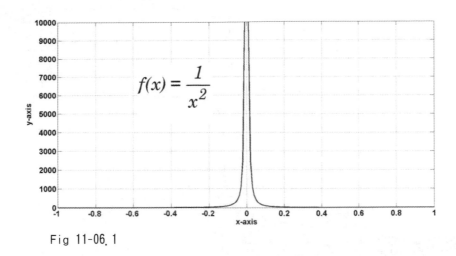

Fig 11-06. 1

2. 事實上，它就是接上一題而來的。但是，它的積分方式，卻又與上一題完全的不同。在上一題中它積分的結果就是一個自然對數。然而，在本題中則並不是如此。在上一題中，屬於自然指數 (natural logarithmic function) 的定義是；

$$ln\ x = \int_{1}^{x} \frac{1}{t} dt \quad x > 0$$

但是，在本題中就不是如此了。它不屬於自然指數，所以，自然也不能使用該自然指數的積分方式，所以，還是必須回到了積分的通式(formula)上。事實上，以這一題的狀況來說，它的確是很容易被列入考試題目的，因為它除了可以考觀念之外，還有很容易計算的好處與方便。該積分與特性曲線圖如下：

$$f(x) = \int \frac{1}{x^2}\ dx = \int x^{-2}\ dx$$
$$= \frac{1}{-2+1} x^{-2+1}$$
$$= -x^{-1}$$
$$= -\frac{1}{x}$$

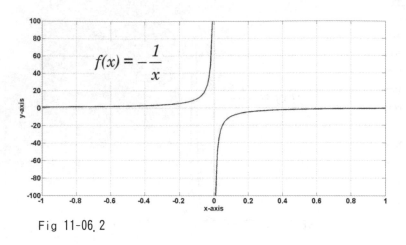

$$f(x) = -\frac{1}{x}$$

Fig 11-06. 2

## 【研究與分析】

1.　對微分如果較為熟練的人士而言，當它看到

$$f(x) = \int \frac{1}{x^2}\, dx$$

這個積分式子的時候，應該會聯想到有一個微分的式子會等於 $1/x^2$ 這個函數式，那就是當

$$f(x) = -\frac{1}{x}$$

的時候，它的微分 $f'(x)=1/x^2$。從這裡我們可以看出微分與積分之間，它們在根本上就是相通的，不但是相通，而且是一體兩面的。

2.　求下列函數的積分值，並解釋該積分結果的意義。

$$f(x) = -\frac{1}{x}$$

### 【再解析】

$$\int_{-1}^{2} \frac{1}{x^2}\, dx = \left[ -\frac{1}{x} \right]_{-1}^{2} = -\left[ \frac{1}{2} - (-1) \right] = -\frac{3}{2}$$

這整個計算的過程是完全正確的，但是，事實上這個答案卻是錯誤的。也許，各位一時想不通，所有的計算明明都是對的，如何能說有錯？是的，計算的式子沒錯，但是，題目錯了。各位請看 Fig 11-06.1 圖應該就會清楚，這個積分的題目跨越的「極限黑洞」，也就是在 $x \rightarrow 0$ 的時候，函數出現了極限值，所以，題目所給的範圍跨越了「極限黑洞」，它是「發散」的，當然是不應該會有結

果的。有一點要提醒各位的。那就是在 Fig 11-06.1 圖中，水平的 **x** 軸與垂直的 **y** 軸在格線 (scale) 上的尺度是不對稱的。原因是若真的要 1:1 的格式來畫的話，圖表將會太大。凡是函數的變數是位於分母的狀況下，則當我們在積分的時候，就需要特別注意了，所以，通常是 **x>0** 才可以，否則，若是當 **x** 趨近於 0 的時候，會有極限值出現，如 Fig 11-06.3 所示。

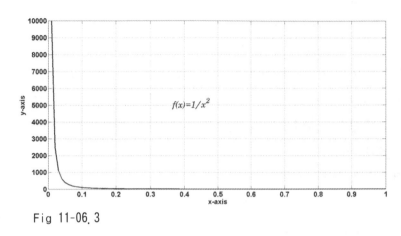

Fig 11-06.3

## ★★★★【典範範例 11-07】

求下列函數的積分值，並請進一步解釋該積分結果的意義。

$$f(x) = \int \frac{ln\,x}{x}\,dx$$

## 【解 析】

1. 看到這一類的題目，第一時間也許可能會不知如何著手。但是，如果仔細的想一想，應該可以聯想到的是這兩個函數 **ln x** 與 **1/x**，在本質上它們就有相近的等值的關係。故設：

$$u=ln\,x \qquad\qquad 則\ du=dx/x$$
$$f(x) = \int \frac{ln\,x}{x}\,dx = \int u\,du$$
$$= \frac{1}{2}u^2 + C$$
$$= \frac{1}{2}(lnx)^2 + C$$

## 【研究與分析】

在 Fig 11-07.1 圖中分別列示了函數 *g(x)=ln(x)* 以及題目所提供的原函數 *f(x)=ln(x)/x* 這兩個函數的特性曲線圖。各位應該很明顯的可以感覺得出，這兩個函數具有某種程度的相似度，事實上也的確是如此。在這兩個特性曲線圖中，它們有一個共同的交點，那就是在：

*x=1* 時

*g(x)=0* ， *f(x)=0*

這個現象是所有對數函數的共同現象，當然，也包含了自然對數在內。事實上，*g(x)=ln(x)* 與 *f(x)=ln(x)/x* 這之間的差別，只是在於一個 *1/x* 倍率而已。所以，這兩個函數當然是相當接近的，只是倍率不同而已。而這其中 *f(x)* 會比 *g(x)* 來得平坦，因為 *f(x)* 多除了一個 *x* 數值，當然會變得小一些。

Fig 11-07.2 圖 是 *f(x)* 的積分結果，有趣的是，我們同樣可以發現，在 *x=1* 的時候，*y=0* 這一點是所有自然對數的共通點，也是永遠都不會改變的。

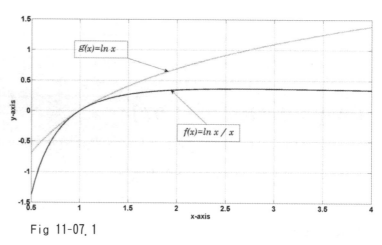

Fig 11-07. 1

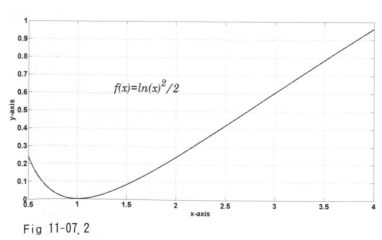

Fig 11-07. 2

**11** 用白話文講對數與指數的積分

求下列函數的積分，並解釋該函數與積分結果的意義。

$$f(x) = \int xe^x dx$$

## 【解 析】

對於這一題，可能還是有人不知該從何處著手來解這種積分？事實上，在微積分中，「積分」這個部分並不像微分那麼容易，這是所有學微積分的人的一種共同認知，而真實面也的確是如此。面對「積分」的問題，沒有人可以使用某一種固定的方式來解決問題。但是，除了可以使用積分的「通式」之外，絕大多數的時候，我們應該要想到「分部積分式」這個方法。

就以本題處理的方式來說，我們沒有辦法直接的對 $xe^x$ 這個函數積分，但是，我們應該可以想到，如果將 $x$ 與 $e^x$ 拆開來分別進行演算，那就會容易得多。所以，具有這樣的想法是正確的，而事實也的確是如此。現在，就讓我們以「分部積分法」這個方式進行如下：

$$f(x) = \int xe^x dx$$

分部積分法

$$f(x) = uv - \int vdu$$

設 $u=x$ ， $dv=e^x dx$ ，

則 $du=dx$ ， $v=e^x$

$$f(x) = uv - \int vdu$$

$$= xe^x - \int e^x dx$$

$$= xe^x - e^x + C$$

## 【研究與分析】

1.  這是一道很好的題目，而且是相當具有思維性的題目。就特性曲線上而言，函數 $xe^x$ 與函數 $e^x$ 究竟有什麼區別呢？希望各位先不要看以下的答案，先在心裡

面預先的想想看，思考一下，想想看這兩個函數它們之間的特性究竟有沒有差別？而如果有差別的話，那它們的差別會是如何？又會在哪裡？

現在，回到題目的本身上。經過思考後，我們應該可以看得出最重要的一個差別，那就是原函數的特性曲線 $xe^x$ 其實是與函數 $e^x$ 之間，只有相差 $x$ 倍而已。也就是說，函數 $xe^x$ 的特性曲線會比函數 $e^x$ 的特性曲線來得更陡峭 $x$ 倍，如此而已。能夠立即看透這一點的人，其實已經是一種超越了，是相當值得肯定的。該兩個函數 $xe^x$ 與 $e^x$ 之特性曲線圖如 Fig 11-08.1 所示。

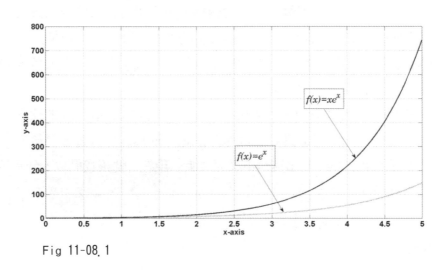

Fig 11-08.1

2.　現在，讓我們再深入的看一看原函數在積分之後的特性曲線。如果各位能夠略微的深思的話，應該可以想到它的結果大致上會是如何的。因為，指數不論是微分或是積分，它的原貌都不會有太大的改變，所以，我們可以循著整個函數的變遷而有所增減。就本題來看，有三個函數式可以比較，那就是 *(1) $xe^x$ (2) $xe^x-e^x$ (3) $e^x$* 這三個函數式。首先，我們可以想到曲線彎度最大的當然是 $xe^x$ 這個函數式，因為它將 $e^x$ 放大了 $x$ 倍。其次是 $xe^x-e^x$ 因為它被放大了 $x$ 倍之後減去一個 $e^x$，這影響不會太大。最小的應該是 $e^x$ 這個函數式，因為它完全沒有被放大。這三個函數式的特性曲線圖如圖 Fig 11-08.2 所示。

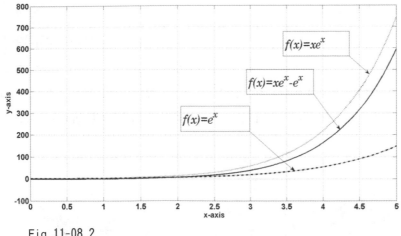

Fig 11-08.2

★★★★【典範範例 11-09】

求下列函數的積分值，並解釋該函數與積分結果的意義。

$$f(x) = \int x^2 \ln x\, dx$$

## 【解 析】

1.  很顯然的，在面對這一題的時候，根據前面的經驗，我們唯一可以選擇就還是使用「分部積分法」來處理這兩個看似不相干的函數問題。

    由「分部積分法」：

    設 $u = \ln x$，$dv = x^2 dx$， 則 $du = (1/x)dx$ $v = (1/3)x^3$

    $$f(x) = uv - \int v\, du$$

    可得：

    $$f(x) = \int x^2 \ln x\, dx$$
    $$= \ln x \times \frac{1}{3}x^3 - \int \frac{1}{3}x^3 \times \frac{1}{x}dx$$
    $$= \frac{1}{3}x^3 \ln x - \frac{1}{3}\int x^2\, dx$$
    $$= \frac{1}{3}x^3 \ln x - \frac{1}{3} \times \frac{1}{3}x^3 + C$$
    $$= \frac{1}{3}x^3 \ln x - \frac{1}{9}x^3 + C$$

## 【研究與分析-A】

事實上，要計算出這一題的答案，看起來很複雜，其實那並不算什麼？只要心細就一定能得到正確的答案，而它在計算的複雜度上，其實也算不上是困難的。重要的是，我們必須知道，我們究竟面對的是什麼樣子的問題？那麼，這道題目究竟是在講什麼呢？在圖 Fig11-09.1 中，所表現的是這個函數 **f(x)=x²lnx** 的特性曲線圖，我們要對它積分。

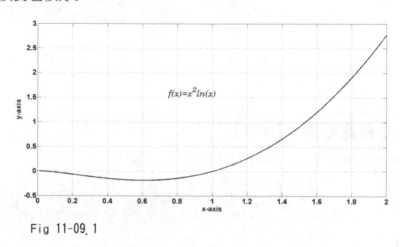

Fig 11-09.1

各位請注意，它的曲線有一點詭異，它的彎曲程度是有變異性的。尤其是在 **x=0** 至 **x=1** 這個部分的曲線，它的數值是負值的。但是，過了 **x>1** 之後，則曲線急遽的上升。最有趣的一點，那就是所有對數的通律，在任何的狀態下，對數函數都必然會通過 (1，0) 這一點，也就是 **x=1，y=0** 這點，也就是 **log(1)=ln(1)=0**。而這一題也不例外。這是對數函數的特殊的特質，也是一個非常有趣與奇特的現象。各位一定要牢牢的記在心中才好。

## 【研究與分析-B】

求下列函數的積分值，並解釋該積分結果的意義。

$$f(x) = \int_{0.1}^{1} x^2 lnx dx$$

【解　答】

$$f(x) = \int_{0.1}^{1} x^2 lnx dx$$

$$= \frac{1}{3} x^3 lnx - \frac{1}{9} x^3 \Big]_{0.1}^{1}$$

$$= -0.1102$$

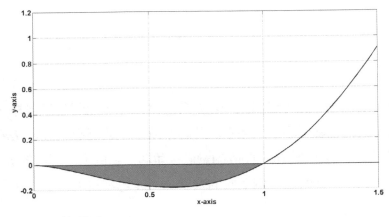

Fig 11-09. 2

現在，進一步讓我們來看一看定積分的狀態。各位可以看到自 **x=0.1** 至 **x=1** 函數 **f(x)** 的積分結果是一個負值，再仔細的看一看圖 Fig 11-09.2，相信各位就可以很清楚的明白這是為什麼了？因為，在這一段中，曲線本來就是位於水平線之下的。

---

## ★★★★【典範範例 11-10】

求下列函數之積分，並解釋該函數與積分之結果的意義。

$$f(x) = \int \frac{1}{e^x} dx$$

## 【解 析】

1. 我們應當已經很清楚的知道，$e^x$ 的「微分」其結果還是 $e^x$。那麼，對於 $e^x$ 的「積分」呢？其答案是……還是 $e^x$。這真是天底下最了不起的一種函數，這一點各位應該要知道。但是，對於函數 $1/e^x$ 的積分呢？那各位就需要好好想一想了。讓我們先看一看函數 $1/e^x$ 的特性曲線，如圖 Fig 11-10.1 所示：

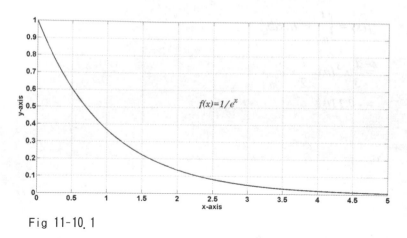

Fig 11-10.1

這個函數的曲線各位可以看到，它是急遽遞減的，道理也很簡單，因為分母越大，函數的值就越小。請注意，該圖中所使用的函數式 $f(x)=1/e^x$，式中的 **f(x)** 僅是用以代表函數 (function) 的意思，並非在範例中所專用的 **f(x)**。也就是說，這個 **f(x)** 只是做為一個函數的代表，並非專屬於哪一個專用，而需視不同的場合而定。

2.　剛剛說了，$e^x$ 的「微分」其結果還是 $e^x$，而 $e^x$ 的「積分」答案還是 $e^x$。但是，現在的這一題不同了。現在要積分的函數是 $f(x)=1/e^x$ 這個指數函數 $e^x$ 是位於分母的位置。事實上，它還是不變的，只是把分母的符號拿出來，也就是直接的將 $f(x)=1/e^x=e^x$ 式中分母的負號拿出來到外面就可以了，如下所示：

$$f(x) = \int \frac{1}{e^x}\,dx = \int e^{-x}\,dx$$

$$= -e^{-x}+c = -\frac{1}{e^x}+c$$

## 【研究與分析】：

1.　仔細的閱讀在積分的結果中，出現了一個很大的「疑問」？那就是原函數積分的結果，所得到的卻是一個負值。問題是，原函數就它的特性曲線而言，它是位於第一象限，無論如何它積分的面積都不應該是「負數」才對。但是，如今就該積分的結果與其特性曲線圖看來，該積分的結果的確是「負」值，其特性曲線並如圖 Fig 11-10.2 所示。這該如何解釋？

$$f(x) = \int \frac{1}{e^x}\,dx = -\frac{1}{e^x}$$

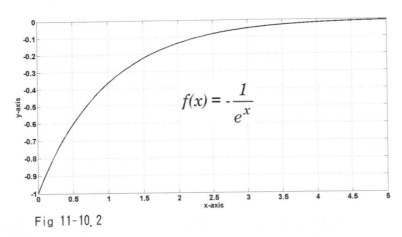

$$f(x) = -\frac{1}{e^x}$$

Fig 11-10.2

2. 關於上述的「疑惑」現在就讓我們使用【範例 11.11】做進一步與深入的研究與探討。

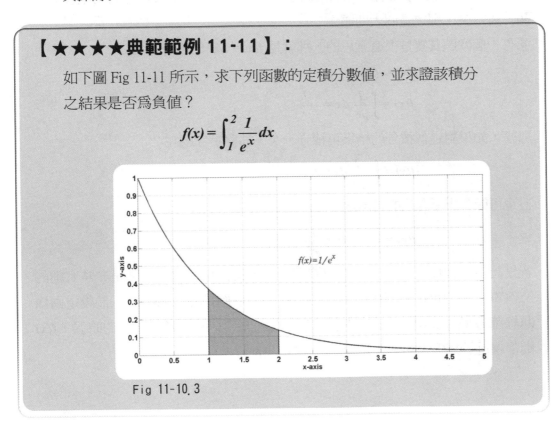
【解 析】：

1.
$$f(x) = \int_1^2 \frac{1}{e^x}\, dx = -\frac{1}{e^x}\bigg|_1^2 = -\left[\frac{1}{e^2} - \frac{1}{e^1}\right] = -\frac{1}{e^2} + \frac{1}{e^1}$$

$$= -\frac{1}{(2.718)^2} + \frac{1}{(2.718)^1} = -0.1354 + 0.3679$$

$$= +0.2325$$

2. 所得到的結果證實，以該積分的結果自 *x=1* 至 *x=2* 做面積的積分，直接引用該項的結果，則所得到的面積仍然是「正」值的，與該積分的結果不同，也好像與我們的預期不同。事實上，剛好相反。也正因為積分的結果有那個「負」號，所以，我們在上式的定積分，也就是面積的積分中才能夠得到「正」的 0.2325，這才是我們所要的面積。所以，我們不可以僅憑積分結果的函數式中的「負」號，就以為它積分的結果是負值。相反的，如果積分的結果沒有那個「負」號，那才是個大問題。

3. 還有一個問題其實是很有意思的，那就是 *f(x)= 1/e^x* 的積分等於

$$f(x) = -(1/e^x)$$

$$f(x) = \int \frac{1}{e^x}\, dx = -\frac{1}{e^x}$$

那麼，如果對這個積分的結果再積分一次，那會是什麼呢？

$$f(x) = \int -\frac{1}{e^x}\, dx = \,?$$

答案可能會出乎各位的意料之外，那就是它又回到了原式：

$$f(x) = \int -\frac{1}{e^x}\, dx = \frac{1}{e^x}$$

4. 若是將這兩個函數的特性曲線放置在一起，進行相互對照，那是非常有趣的一件事。我們可以對照出這兩條特性曲線，它們是完全對稱的，最後這兩條曲線都收斂於 *x* 趨近於正無限大時，*y* 趨近於 0。而在趨近於 0 的時候，*f(x)* 則都趨近於無限大的值，如圖 Fig 11-11.1 所示。

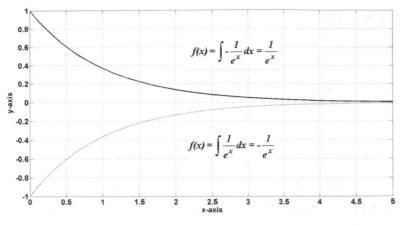

$$f(x) = \int -\frac{1}{e^x} dx = \frac{1}{e^x}$$

$$f(x) = \int \frac{1}{e^x} dx = -\frac{1}{e^x}$$

Fig 11-11. 1

5.　現在，再進一步的提供給各位很重要的另一個對照圖表，那就是函數式 *f(x)=e^x*
　　與函數式 *f(x)=-e^x*，這兩個函數式的特性曲線的對照圖表。在這個圖表中，我
　　們可以對照出這兩條特性曲線它們同樣是完全對稱的，但是，有一點卻是與前
　　面完全不同的，那就是它們並不是收斂的，反而是開放的，而且是極為快速的
　　在增值。這一點相信各位是可以非常明瞭的。指數的增加，它的函數值當然會
　　快速的增加。如圖 Fig 11-11.2 所示。

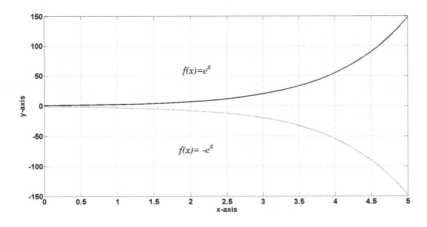

$$f(x)=e^x$$

$$f(x)= -e^x$$

Fig 11-11. 2

## ★★★★【典範範例 11-12】

求下列函數的積分，並請解釋該原函數與積分結果的意義。

$$f(x) = \int ln^2(x)dx$$

## 【解析】

1. 對於指數與對數的積分，在本書中的每一題都是非常精彩的。所以，請各位一定要藉著這個機會，徹徹底底的明瞭與理解，各函數積分前與積分後的因果變化與其道理才好。現在，當面對這一題的時候，請再次的面對您自己，好好的想一想。你該如何著手進行這一題的計算與解析？相信，各位您應當不會想用積分的「通式」來處理或解決這個問題吧！

2. 各位也許有必須要有先要熟悉下列一些指數函數與對數函數的最基本的一些算式與公式，再根據這些最基本的算式與公式，來進行進一步的演算。否則，若是熟習這些算式與公式，則必然會有不知從何著手的感覺。

3. 重要的一些自然對數之算式與公式，再為各位提供整理如下：

   (1). $f(x) = ln(x)$            微分結果是：$f'(x) = 1/x$

         $f(x) = ln(x)$            積分結果是：$\int ln(x)dx = xln(x) - x + c$

   (2). 「分部積分 (Integration by parts)」公式如下：

   $$\int u\,dv = uv - \int v\,du$$

4. 要處理這一題 [ 典範範例 ] 的問題，首先就必須想到的是「分部積分法」，否則，是無法處理它的。依據「分部積分式」的方式：

   $$\int u\,dv = uv - \int v\,du$$

   則由題目

   $$f(x) = \int ln^2(x)dx$$

   令 $u = ln^2 x$               , $dv = dx$

   則 $du = 2ln(x)/x\,dx$        , $v = x$

   可得：

$$f(x) = x\ln^2 x - \int \frac{x2\ln x}{x}dx$$

$$= x\ln^2 x - 2\int \ln x\,dx$$

再令 **u= ln x** , **dv=dx**

則 **du= 1/x** , **v= x**

所以

$$\int \ln x\,dx = x\ln x - \int \frac{x}{x}dx$$

$$= x\ln x - \int 1\,dx$$

$$= x\ln x - x$$

故得

$$f(x) = x\ln^2 x - \int \frac{x2\ln x}{x}dx$$

$$= x\ln^2 x - 2\int \ln x\,dx$$

$$= x\ln^2 x - 2(x\ln x - x)$$

$$= x\ln^2 x - 2x\ln x + 2x$$

## 【研究與分析】

1. 這是一題很好且具有非常特殊觀念的題目。首先，各位可以看到的是，它運用了兩次「分部積分」公式的方法才求出解答。這在自然對數的積分方法上是常見的。當然，如果是必要得話，運用三次或是以上「分部積分法」也是有的，只要是需要，可以繼續的運用「分部積分法」，一次一次分別的往下進行。所以說，這一題是很重要的，能夠徹底的弄懂這一題，也就等於弄通相關往後一系列的問題了。

2. 其次，請仔細的比對一下，看一看 *ln(x)* 與 *ln²(x)* 它們的特性曲線的差異究竟在哪裡？事實上，絕大多數的人會認為它們的差異性不大，最多也只是平方倍，只是它們在曲線上的彎曲程度不同而已。然而事實不然，它們在特性曲線上的差異性將是各位所想像不到的。當然，也會讓各位覺得 *ln(x)* 與 *ln²(x)* 這兩個函數的特性曲線，究竟是什麼原因竟然會讓它們有如此大的差異性呢？現在，就讓我們分別的來看一看 *ln(x)* 與 *ln²(x)* 它們的特性曲線究竟差異性與道

理何在？圖 Fig 11-12.1 是大家所熟悉的自然對數特性曲線圖。

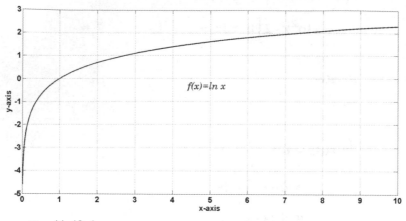

Fig 11-12.1

請各位注意這個特性曲線圖，它有三個值得注意地方的數值，其一 **x** 趨於「**0**」的地方，在這一段的曲線中，所有的函數值 **y** 值都是「負」的。第二是「**x=1**」之處，此時函數值「**y=0**」。第三是「**x=10**」的地方 ( 以本圖範圍為例 )。能注意這三個地方，再來看看下一個 **ln²x** 的特性曲線圖就容易進入狀況得多。

3. 　　這個 Fig 11-12.2 是 ln2x 的特性曲線圖中，表面上看起來似乎是陌生的，怎麼會是這樣子呢？而且，好像也與原來的函數 **lnx** 毫無關係的樣子。是的，表面上看來的確是如此。因為，有相當多的人，可能將函數 **ln²x** 的特性曲線圖想像成 **ln(x²)** 的樣子了。

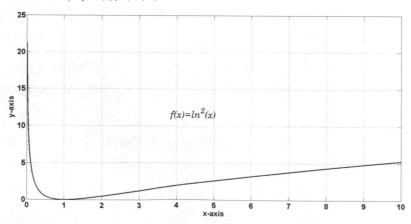

Fig 11-12.2

各位應當知道，函數 **ln²x** 與函數 **ln(x²)** 是完全不同的兩回事。**ln²x** 是整個函

數的平方，而 $ln(x^2)$ 則是只對 $x$ 進行平方。雖然是如此，但是這一切都有一個共同的特點，也就是說，只要是對數函數就必然有此共同的特質，那就是在「$x=1$」的時候，不管函數如何變化，其 $y$ 值都必然等於「$0$」。現在，就讓我們看一看下列的相關數據：

對於 $ln^2x$ 的相關數據如下可知，圖 Fig 11-12.3 為小範圍之
$y=ln^2(x)$ 特性曲線圖。

$y=log101 = 0$ ， $10^0=1$

$y=log_e1 = 0\ (ln\ 1 =0)$ ， $e^0 =1$

$y=log_2 1 = 0$ ， $2^0 =1$

$ln^2 (0.2) = 2.590$

$ln^2 (0.4) = 0.839$

$ln^2 (0.6) = 0.260$

$ln^2 (0.8) =0.800$

$ln^2 (1) = 0$

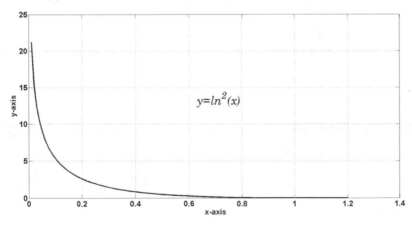

Fig 11-12.3

相對的，對於 $ln(x^2)$ 的相關數據，如下所示。圖 Fig 11-12.4 為 $y=ln(x^2)$ 的特性曲線圖。

$ln(0) = Inf$

$ln(1^2) = 0$

$$ln(2^2) = 1.386$$
$$ln(3^2) = 2.197$$

由此可知，它們是兩個完全不同的兩個函數。如圖 Fig 11-12.4 所示。

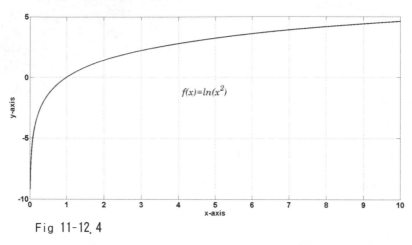

Fig 11-12.4

★★★★【典範範例 11-13】

求下列函數的積分，並解釋該函數與積分結果的實質意義。

$$f(x) = \int \frac{x}{exp(x)}\,dx$$

## 【解 析】

1. 毫無疑問的，這個函數唯一可以思考的方向就是依「分部積分法」來解題目。
   在表面上分子與分母並沒有什麼關係。但是，如果熟習的人一定可以感覺得出
   來，其實，它們還是有某種程度上的關連。現在，就讓我們用「分部積分法」
   看一看，究竟分子與分母並有沒有什麼關係。

   設　　　　*u=x*　　　　　　，　　*du=dx*
   　　　　　*dv=dx/exp(x)*　，　　*v=-1/exp(x)*

   可得：

$$f(x) = uv - \int vdu$$

$$= x \cdot \frac{-1}{exp(x)} - \int \frac{-1}{exp(x)} dx$$

$$= \frac{-x}{exp(x)} - (\frac{1}{exp(x)})$$

$$= \frac{-(x+1)}{exp(x)}$$

## 【研究與分析】

1. 上述的這些也只是純粹的一些計算上的方法，或是稱之爲技巧而已。對於數學或微積分的本身而言，這也只是一種單純的計算方式而已。能夠解出這一題的解答，也說不上是有什麼智能上得解悟。畢竟，人類不是一個單純的計算工具而已，我們要的是從這裏面知道真正的所以然，以及與其相關的智能。所以，我們應該要知道，我們究竟是在做什麼？或是說，我們究竟做的是什麼？而不是只有計算而已。也正因爲如此，我們需要知道所處理的函數，它究竟是一個甚麼樣子？這正如同我們千言萬語的去描述一個地方的風景，講了半天，其實，不如實際上看一張照片來得真實。所以，我們所要積分的這個函數，是必需知道它的特性曲線究竟是什麼樣子的一個形狀呢？如果連這些都不知道的話，那我們也僅僅是一個小的計算機器而已，算不上什麼知識與智慧。

2. 函數 *f(x)* 的特性曲線圖形，希望各位能先思考一下。要能夠直接的說出它的特性曲線圖形的確是有一點困難。所以，除非經過一些較爲高明的指點，否則，相信絕大部份的人，對於這個函數的圖形是不太容易想像的。但是，事實上，各位若是依照前面各章節所帶領各位的方式與思維而進行，其實它應該也並不是太困難的。

3. 要談這整個函數的特性曲線圖。整個函數是由 *x* 與 *1/exp(x)* 這兩個部分所構成。有關於 *x* 的特性我們很清楚了，而真正影響它特性的，也就是要從這個函數的主要架構說起：

$$g(x) = \frac{1}{exp(x)}$$

各位可以看到的是主要架構的這個函數 *f(x)=1/exp(x)* 。這個函數的值有一特

性，那就是它的曲線是介於 *0* 與 *1* 之間，為什麼呢？因為當

*x=0，exp(0)=1*

*g(0)=1/exp(0) =1/1=1*

而且，當 *x* 值越大的時候，原函數 *g(x)=1/exp(x)* 衰減的程度也會越大。最後，整個原函數的底線就是趨近於 *0* 值。它的特性曲線圖如圖 Fig 11-13.1 所示。

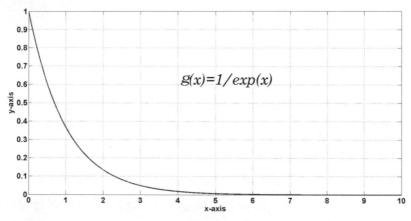

Fig 11-13.1

4.　原函數 *f(x)* 的分子是一個變數 *x*，各位也許會認為一個 *x* 這個變數是線性的，如圖 Fig 11-13.2 之所示，不會對整個函數有太大的影響，最多也只是對整個函數的曲線會位移而已，畢竟它是線性的，大家都很熟習的這一點。

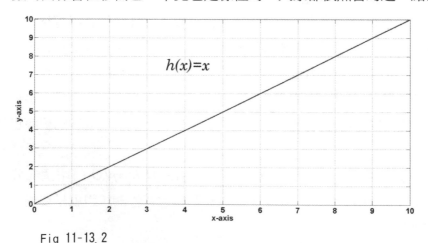

Fig 11-13.2

5.　但是，事實上卻並不竟然，它對於整體的影響，尤其是在指數或對數上面，並沒有想像中的那麼單純。它的關鍵點卻是出現在 x=1 這一點上面，讓我們看一

看：

當 *x=0* ，

   *g(x)=1/exp(x)= 1/exp(0)=1/1=1*

當 *x=1* ，

   *g(x)=1/exp(x)= 1/exp(1)=1/2.718=0.367*

原函數 *x/exp(x)* 在 *x =1* 之前，*exp(x)* 本身的值還小，所以，原函數受變數 *x* 的影響較大，曲線成上昇的趨勢。但是，過了 *x =1* 這一點，*exp(x)* 本身的值開始快速的變大，此時變數 *x* 原函數 *x/exp(x)* 影響開始急劇的變小，所以，整個曲線也開始急劇的下降，如圖 Fig 11-13.3 所示。

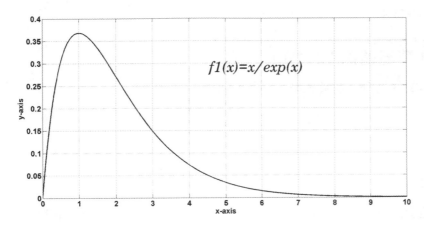

Fig 11-13.3

6. 對於原函數的積分結果其特性曲線的狀態，事實上，希望各位能夠根據已往的經驗，應該可以大略的「估略」出一個概要來。現在，就讓我們先來「估略」一下。首先，就 Fig 11-13.3 來看，對於面積的累積在前半段所能累積的數量會必較大得多，所以，積分後的曲線會在此時快速的上昇。但是，到了後半段，就 Fig 11-13.3 中可以很明顯的看得出來，它可以累積的面積快速的在縮小，故而，可以累積的面積也快速的在縮小中。而曲線也會在趨近於 *0* 的時候，而趨於飽和。

7. 我們是用這樣的一種方式推斷，事實上是符合結論的，這整個函數的積分結果的特性曲線，誠如我們之前的「估略」，的確是相互符合的。如圖 Fig 11-13.4 之所示。

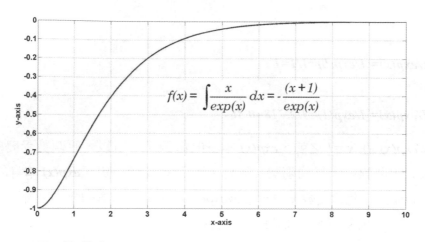

$$f(x) = \int \frac{x}{exp(x)}\,dx = -\frac{(x+1)}{exp(x)}$$

Fig 11-13.4

★★★★【典範範例 11-14】

求下列函數的積分，並解釋該積分結果及其相關的意義。

$$f(x) = \int ln(\frac{1}{x})\,dx$$

## 【解 析】：

1. 這是一題很好的題目，對於函數 *lnx* 的積分，相信各位都已經非常的熟習了，但是，不要輕忽了這一題的積分，或是被它所迷惑了。甚至，疑惑到不知從何著手？事實上，這一題是不可能直接求曲答案的。當然，我們做過 *ln(x)* 的積分，對於 *ln(x)* 的積分可以直接的求取答案。但是，這一題不同。那麼，我們應該如何進行呢？答案還是「分部積分法」：

設 *u=ln(1/x)*，*dv=dx*，　則　*du= -(1/x)dx　v=x*

所以

$$f(x) = uv - \int v\,du$$
$$= ln(\frac{1}{x}) \cdot x - \int x(\frac{-1}{x})\,dx$$
$$= ln(\frac{1}{x}) \cdot x - (-1)x$$
$$= xln(\frac{1}{x}) + x$$

## 【研究與分析】

1. 當我們在解這個函數 *ln(1/x)* 積分的時候，我們不應該僅僅是在計算而已，而是應當能夠進一步的知道我們所面對的這個函數，它是什麼樣子的一個函數？如此，我們才會知道，我們究竟是在做什麼？在圖 Fig 11-14.1 中所顯示的是 *f(x)=ln(x)* 與 *f(x)=ln(1/x)* 這兩個函數式的特性曲線圖。要略微聲明的是 *f(x)* 這個符號只是代表一個函數式的意思，並不數於那一個特定的函數式專用，所以，有可能在一個圖表中使用了同一個 *f(x)* 符號來代表分別不同的個函數，重點是 f(x) 這個符號後面的函數式是不同的，各位注意它們的區別。

2. 對於 *f(x)=ln(x)* 與 *f(x)=ln(1/x)* 這兩個函數式，有一個有趣而特有的現象，那就是在 *y=0* 的這條水平軸，剛好成為它們對稱的一條軸線。各位可以看到，這兩個函數的特性曲線圖完整的以這條軸線為中心而對稱。這是一種奇蹟，更是十分有趣的事情，在所有的數學函數式中，這種的特殊現象也確實是並不多見。但也正因為是如此的特殊，各位更應該去認識它，記得它。

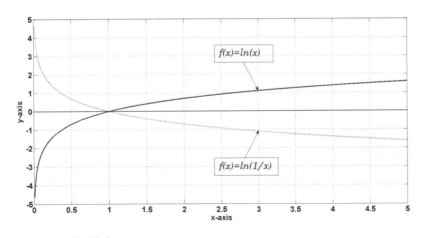

Fig 11-14.1

3. 但是，各位千萬不要以為所有的函數都是如此，只要是函數的倒數就一定是以對稱的形式出現，那就大錯特錯了。就以函數 *f(x)=x* 與 *f(x)=1/x* 這兩個函數而言，那就完全的不同了，更不要說是對稱的問題了，各位可以比較一下圖 Fig 11-14.2 所顯示的這兩個函數式，它們雖互為倒數，但是，它們的曲線圖卻是一點關係都沒有。

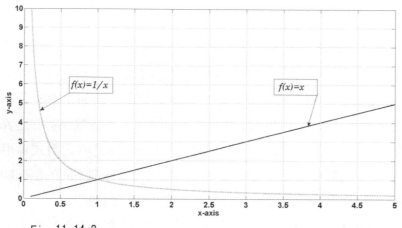

Fig 11-14.2

4. 在圖 Fig 11-14.3 中有三個觀察重點：

(1). 首先是當 **x=0** 的時候，**g(x)=0** ，**f(x)=+Inf** 。

(2). 當 **x=1** 的時候，**g(x)=1** ，**f(x)=0** 。

(3). 當 **x→−∞** 的時候，**g(x)→−∞**，**f(x)→−∞** 。

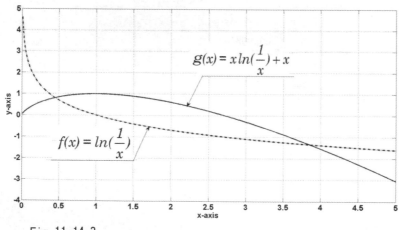

Fig 11-14.3

### ★★★★★【典範範例 11-15】

　　求下列定積分的面積為 1 平方單位時，則該定積分的上限 (a) 與下限 (b) 該是如何？。

$$f(x) = \int_a^b \frac{1}{x} dx$$

# 【解 析】

1. 這是一題五星級的題目，也是一題了不起的一個好題目。事實上，它的真正重點並不是在求這個上限 (a) 與下限 (b) 的數值，這裏有一個非常重要的觀念，那就是在面對這個問題的時候，若以傳統積分通式的方式來處理，（先讓我們不必設定 a 與 b 的數值），就以一般的通識來解，則可得

$$g(x) = \frac{1}{x} = x^{-1}$$

$$f(x) = \int g(x)\,dx = \int x^{-1}\,dx$$

$$= \frac{x^{-1+1}}{-1+1}$$

$$= -x^0$$

$$= -1$$

這樣的結果，各位應該感覺到有大「問題」存在。為甚麼會有大「問題」存在呢？我們都知道，積分是微分的「反微分」。例如：

$$f(x)=x^2$$

則該函數的微分可得 　　$f'(x)=2x$

而該微分的「反微分」，也就是積分

$$\int f'(x)\,dx = \int 2x\,dx = x^2$$

所以，各位可以很清楚的看得出來，微分與積分是可以相互還原的。那麼，根據這個原則，在上面 $g(x)=x^{-1}$ 的這個運算中，所得到的結果就回不來了，那很顯然的就有大「問題」了。到了這裏，我們應該要想到這個「自然對數」與「自然指數」的問題，對於它們不論是微分或積分都要特別小心。而如果這一題 $f(x)$ 積分的結果，將它依照上述通式的積分方式，而將它積分成為 $-1$，那就差得十萬八千里啦。

2. 從自然對數 $ln\,x$ 的微分 $(\ln x)' = \frac{1}{x}$ 可知。若是反過來的話，對兩邊同時積分，則得：

$$ln\,x = \int \frac{1}{x}\,dx$$

反過來說，也就是

$$\int \frac{1}{x} dx = ln\ x$$

所以，如果將做在的區域值代入，則可得到下列的式子：

$$f(x) = \int_{1}^{2.718} \frac{1}{x} dx = \frac{ln\ x}{1} \Big]_{1}^{2.718}$$
$$= ln(2.718) - ln(1)$$
$$= 1 - 0$$
$$= 1\ (平方單位)$$

## 【研究與分析】

「*e*」是一個數學常數，也是「自然對數（The base of the natural logarithm.）」的底數，它又稱之為「歐拉數（Euler's number）」，是以瑞士的數學家「歐拉(Euler)」命名。該數值約是：

$$e = 2.718281828 \dots\dots$$

自然對數的一般表示方法為 *ln x*，它的「全寫」為 *log_e x*，但為了避免與底數為 *10* 的 *log_10* 混淆，所以一般的寫法，仍多採用 *ln x* 的寫法。那麼現在要問，這個 *e* 究竟是什麼意義呢？

事實上，*e* 的基本定義是：

$$\int_{1}^{x} \frac{1}{t} dt = 1$$

這個數學式代表的是什麼意義？是的，這個式子所表達的意義是相當深遠的，而且也是有相當深層的學問。這其中關鍵的數值是 *x*，而 $\frac{1}{t}$ 是一個函數式。這整個積分式子是在說：

$$f(t) = \frac{1}{t}$$

這個函數式在積分的時候，要底要積到多少？它的面積才會等於 1 呢？

$$\int_{1}^{x} \frac{1}{t} dt = 1$$

正確的答案，正就是 *e* =2.71828 這個值。在上一頁，我們已經略微的解答了，現在，就讓我們實際的看一看，將 *e* 值代入，以及在特性曲線圖所表現的結果

如何？如圖 Fig 11-15.1 所示。

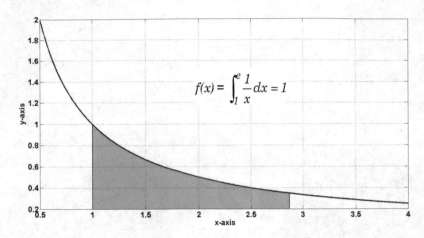

Fig 11-15.1

# 12

# 卓越的三角函數積分

【本章你將會學到下列的知識與智慧】：

# 三角學是大自然的祕密

　　在整個數學之中，三角函數是居於非常重要的地位。然而，這卻又是大多數人所忽略與忽視的。事實上，三角函數及其相關性的存在，在我們日常的生活中，處處都有，比比皆是。這其中的原因並不只是因為它們是結合了三角形中角與邊的關係，更重要的是，它們所具有的週期函數的特質及其結合其他函數所產生的波動變化。諸位想必知道，在我們這個世界中，甚至是擴及宇宙的現象，都具有某種週期性的變化與波動的現象。所以，若是認真一點的說，三角函數其實是與大部分的自然現象都有著密切而不可切割的關係。例如日出、日落，水波、聲波、光波、音樂、各類震動、電磁波、星球運動等等，這其中所呈現的一切現象與表現，甚至是它的作用原理等等，這一切所涉及的都與三角函數脫離不了關係，而且有著密切的關係。事實上，這一切大自然的祕密就隱藏在這其中。

　　在初學三角函數的時候，許多教學者或是學習者，都會證明，同時也會背誦得出一連串的三角函數恆等式。但是，會證明數學方程式的成立是一回事，能懂得這裡面的含意是另一回事。許多人選擇了背誦而放棄了它的意義，實在可惜。這個道理正如我常問：「(-2)×(-2)=+4」，「為什麼負負會得正？」，卻很少有人能正確的回答出來，甚至包含許多的教學者在內，都不明所以，但卻人人都是朗朗會背，這種現象是不好的，重要的大家要能把到道理講出來。也許有人說，三角函數不就是那六個基本式子嗎？是的，但是，若是將這六個基本式與其他數學函數式混合在一起，事情就沒有那麼簡單了。而事實上，這種相互混合的現象，卻是比比皆是，它幾乎是可以用來表達萬物一切。更重要的是，它們可以合成其他一切的波形，也就是可以應用在絕大部分的應用科學與自然科學之中，那都少不了它們。

# ☆ 12.2
# 從天文到地理

　　大多數人可能都不知道，三角函數在我們日常生活中佔有極大的份量。例如我們使用眼睛看東西時的「雙眼視覺 (Binocular vision)」，它是指我們在使用雙眼看東西時，在視野範圍中與兩眼的差異之下所產生的視覺。雙眼視覺在觀測物體時會形成的「視差 (Parallax)」，因為雙眼在觀測物體時，該物體的光線到達左右兩眼的距離並不相同。這是由於兩眼之間的瞳距會有一段距離。這種因兩眼在視覺上對於距離的差異，因而在視網膜產生有差別性的圖像，這種由焦點上的物體到達我們兩眼距離上的差異，其實是一種三角形的關係，而這種視覺差異信號傳送至大腦之後，即可判斷出眼睛到物體之間的距離關係。

　　在地面上我們經常可以使用三角測量法來測量相關的距離、長度或是高度。三角測量在三角學上是一藉由測量目標點與一個固定基準線的已知端點的角度，就可以測量目標的距離的方法。也就是說，當已知一個邊長及兩個觀測角度時，觀測目標點就可以被標定為一個三角形的第三個點，也因此可以求出所需要的距離。事實上，古代的天文學家就知道使用地球對太陽公轉的直徑，分別在該公轉直徑的兩端觀測同一個天體恆星，藉由公轉的直徑與兩個夾角，就可以用三角學測量出太陽系之外恆星的距離。三角學當然並不是只有用在測量上面，否則，那在使用上就太狹小了。若是說得大一點，實際上，整個宇宙的學問都跟三角學有關。也許各位會懷疑的問：「有那麼偉大嗎？」是的，就整個宇宙而言，不論是「巨觀」或是「微觀」都跟三角學有關。真的是這樣嗎？各位不妨想一想，只要是圓周運動都跟三角學有關。正弦波或是餘弦波不都是圓周運動嗎？各位再深入的想一想，各行球的運轉，太陽系的運行，天體各恆星的運行，乃至銀河系的旋轉。在「微觀」上，所有電子的環繞以及其他基本粒子的運動，不都是圓周運動嗎？要研究它們，當然就離不開三角學。所以，你說三角學偉大不偉大？

# ☆ 12.3
# 三角函數的數值觀念

三角函數在計算上面由於各種角度的變幻，如果不是特定的角度或數值，的確在計算上面會面臨相當的難度與複雜度。但是，近代由於計算機 (computer) 的發展與普及，甚至是掌上型的計算器 (caculator)，都具有計算任何三角函數的「角度 (angle)」或「弧度或稱弳度 (radian)」的能力。請注意，角度或弧度是完全不同的觀念與定義。但是，它們之間卻是可以相互轉換的。弧度是平面角的單位，也是一種國際單位，單位「弧度」的定義為圓弧長度等於半徑時的圓心角。

「弧度」在書寫時通常不寫單位，有時或記為 rad。一個完整的圓的弧度是 *2π*，所以 *2π = 360°*，*1 π = 180°*，*1 rad = 180°/π*。所以，以度數表示的「角度」，把「角度」數字乘以 *π/180* 便轉換成「弧度」。同理，以「弧度」表示的角度，乘以 *180/π* 便轉換成「度數」，如下所示：

$$rad = \frac{\pi}{180} \times deg$$

$$deg = rad \times \frac{180}{\pi}$$

在微積分中，所有的三角函數都以弧度為其單位，如此，得以獲得簡潔的結果。下列【**範例 12.3**】其實是相當有意義的一道題目，但是，也很容易被忽略，因此，特地提出來，希望各位能夠注意到。

**【範例 12.3】求 *sin(x)* 函數下列的積分結果如何？**

1. $f(x) = \int_0^\pi \sin(x)dx = ?$

2. $f(x) = \int_0^{2\pi} \sin(x)dx = ?$

## 【解 析】：

1.  *sin(x)* 自 0 至 $\pi$ 的積分等於 +2，如下圖 Fig 12.3 所示。

$$f(x) = \int_{0}^{\pi} sin(x)dx$$
$$= -cos(x)\Big|_{0}^{\pi}$$
$$= -(-1 - 1)$$
$$= 2$$

2.  *sin(x)* 自 0 至 $2\pi$ 的積分等於 0。

$$f(x) = \int_{0}^{\pi} sin(x)dx + \int_{\pi}^{2\pi} sin(x)dx$$
$$= -cos(x)\Big|_{0}^{\pi} + ( -cos(x)\Big|_{\pi}^{2\pi} )$$
$$= -(-1 - 1) + (-1 - 1)$$
$$= +2 - 2$$
$$= 0$$

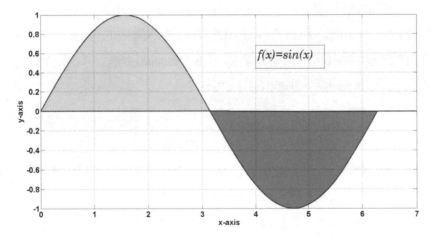

Fig 12.3

# ☆ 12.4
# 熱門的手機是三角函數的產品

　　這個標題的說法，各位可能一時之間還不一定能體會這裡面深層的意義。現在，就舉一個如今世界上最熱門的通話器具「手機 (cell phone)」來說好了。「手機」的本身是靠「天線」的收發在傳遞電磁波訊號的。「手機」是人類科技進步也是科技文明的一大產物，它幾乎捉住了每一個人，而不是人們捉住了它。在全世界的現在，幾乎每半年都要更新一次產品，讓全世界的人們追逐不捨，而且，似乎還要一直的追逐下去。事實上，「手機」就電子的領域而言，它不過是一種通訊的器具而已。「手機」它的正式名稱是「行動電話 (mobile phone)」，又稱「移動電話 (cell phone)」簡稱「手機 ( hand phone )」或是「phone」。它最主要的功用是一具可以攜帶式的影音機具。它自 1990 年後期被大量的使用，如今已成為現代人日常不可或缺的電子用品之一。

　　所有的通訊都需要經過「調變 (Modulation)」。「調變」的目的是為了要以高頻率做為傳輸之用，而之所以必須是用高頻率做為傳輸的目的，那是因為電磁波的傳輸直接的與天線相關。頻率越高則天線 (antenna) 越短。如果我們想要以頻率 60Hz 的電磁波來通訊的話，那經由公式可知：

$$C = \lambda \cdot f$$

$C$ 光速 ， $\lambda$：波長 ， $f$：頻率。

　　光速是 300，000Km/sec，若頻率是 60Hz 的話，則用來通訊的電磁波的波長

$$\lambda = C/f = 300，000/60 = 5000Km$$

　　這個結論在告訴我們，如果我們要使用 60 Hz 的電磁波來通訊的話，那天線就要長達 5000 公里。即使以正弦波對稱的關係而言，四分之一長度的天線也要 1250 公里，那是不可思議的。所以，近代的手機的通訊頻率可以達 $3GHz\ (3 \times 10^9\ Hz)$ 以上，而天線則可以短得沒有感覺。

　　高頻的通訊需要經過「調變」。就以收音機而言，早期的收音機使用「振幅

調變（Amplitude Modulation，AM」的方式，通訊電磁波的振幅 (Amplitude) 變化是原始訊號高低的函數關係，也就是電磁波的振幅隨聲音的大小而高低變化。它調變過後的數學式如下：

$$y(t) = \left[C + m(t)\right]\cos(w_c t)$$

在上述的公式中，我們先不必在乎其他參數所代表的意義。但是，我們卻無論如何都可以明顯的看得出來，它的本質就是一個三角函數中的餘弦波 (cos wave)。當然，我們也可以是用正弦波 (sin wave) 來表示，它們之間的差別只是在相位 (phase) 上相差 90 度而已。調幅的 (AM) 的頻率多在 500 KHz 至 1600KHz 之間，這「K」是「Kilo( 千 ) $10^3$」的意思。

再看看現代收音機用得最多的「頻率調變 (Frequency Modulation. FM)」的方式。它是一種以載波的瞬時頻率變化來表示信息的調變方式。也就是說，載波的「頻率」跟隨著輸入訊號的「振幅」直接成等比例變化。它調變過後的數學式如下：

$$x_c(t) = A\cos(2pf_c t)$$

毫無疑問的，它的載波信號的主體仍然是一個三角函數。任何高頻率的通訊它們之間的傳播都必須要有「載波 (carrier)」的處理。所謂「載波 (carrier)」就是將原有的信號載乘在高頻率的電磁波上。而這些「載波」的電磁波訊號，也幾乎都是由三角函數所構成的。事實上，並不是只有通訊中的電磁波這個部分是在使用正弦波及餘弦波。其餘如光波、聲波、音樂，以及一切具有波動的科學，都用得到三角函數，所以，你說三角函數重要不重要。

# 三角函數的相關公式

$$sin^2(x) + cos^2(x) = 1$$

$$sin(x) \times csc(x) = cos(x) \times sec(x) = tan(x) \times cot(x) = 1$$

$$sin(a+b) = sin(a)\,cos(b) + cos(a)\,sin(b)$$

$$sin(a-b) = sin(a)\,cos(b) - cos(a)\,sin(b)$$

$$sin^2(x) = \frac{1}{2}(1 - cos\,2\,x)$$

$$cos^2(x) = \frac{1}{2}(1 + cos\,2\,x)$$

$$\int sin(x)\,dx = -cos(x) + c$$

$$\int cos(x)\,dx = sin(x) + c$$

$$\int tan(x)\,dx = ln\left|sec(x)\right| + c$$

$$\int cot(x)\,dx = ln\left|sin(x)\right| + c$$

$$\int sec(x)\,dx = ln\left|sec(x) + tan(x)\right| + c$$

$$\int csc(x)\,dx = ln\left|csc(x) - cot(x)\right| + c$$

# 【典範範例】集錦

## 【★★★典範範例 12-01】

求下列函數的積分，並請解釋該積分之結果及其意義。

$$f(x) = \int sin(x) dx$$

## 【解 析】

1. 這一題其實就是一個基本定義的題目，因為三角函數在基本上只有六個函數而已，而 *sin(x)* 函數是所有三角函數的最基本函數。它雖然是基本，但各位卻不可以輕視它，而是必須確切與真實的瞭解其真正的意義，也就是必須知道究竟是為什麼。首先，根據公式我們知道：

$$f(x) = \int sin(x) dx$$
$$= -cos(x)$$

2. 凡是學過三角函數與積分的人，每一個人都知道這個結果。但是知道是一回是，懂得究竟為什麼則是另一回事。而這裡面真正的重點，則是應該要問：

**「為什麼 *sin(x)* 的積分會等於 *-cos(x)* ？」**

當然，這其中有一種解答會回答道：

「(1) 設 *f(x)=cos(x)* ，則其微分：*f '(x)=-sin(x)*。」

「(2) 設 *f(x)=-cos(x)* ，則其微分：*f '(x)=sin(x)*。」

也就是說，*-cos(x)* 的微分正就是 *sin(x)*。所以，反過來說，*sin(x)* 的積分，當然就是等於 *-cos(x)*。如圖 Fig 12-01.1 所示。

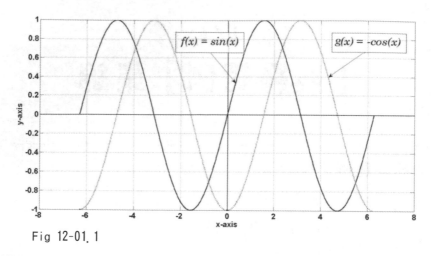

Fig 12-01.1

3. 這樣的回答當然不能說是錯。但是,那似乎並沒有解決真正所要問的問題的重點所在。我們真正要問的是:「**為什麼 *sin(x)* 的積分會等於 *-cos(x)*?**」事實上,積分是微分的一種還原性的方法,有的時候使用積分去思考問題會不容易想像。所以,在必要的時候,我們先用微分的思維去思考問題,然後再用反過來的方式,就可以反推出該項積分的的道理來。

## 【研究與分析】

1. 在圖 Fig 12-01.1 中所顯示的是不定積分中 **sin** 的「**x**」值之變化對應 **cos**「**x**」值的變化情況。但是,如果是定積分情況就會有點不一樣了。首先,讓我們用實際的數字來驗證 **sin(x)** 這個函數。

$$f(x) = \int_0^\pi sin(x) = -cos(x)\Big|_0^\pi = -\big[\ cos(\pi)\ cos(0)\ \big] = -[-1-1] = +2$$

要直接由 Fig 12-01.1 中看出這其中的奧妙還是需要有一點深度的。現在請各位回到 Fig 12-01.1 這個圖之中。各位可能沒有想到:

**g(x) 函數曲線正就是 *sin(x)* 函數的積分結果。**

我們不可以用一個「點」來看它,因為,如果我們用的是「定積分」,也就是說,它是有一個「區域」與「範圍」的。在上面的這個式子中,我們積分的範圍是自 0 至 **π**。在這個時候,我們可以看到 **sin(x)** 的波形由 0 經 *π*/2 的 +1 然後再回到 **π**,此時 **sin(x)** 的波形回到了 0。然而,**sin(x)** 的積分結果 **g(x)** 的

值則是由「曲線」上的 *x=0* 的 *-1* 值而至 *x=π* 時的 *+1* 值。由 *g(x)* 曲線上定積分自 *x=0* 至 *x=π*，*g(x)* 曲線的結果則是由 *-1* 到 *+1*，其結果之差值則正是 *+2*，而也就是我們積分的結果。請各位再仔細的觀看 Fig 12-01.2 這個圖所表現的相關現象，應該就可以看得出來。

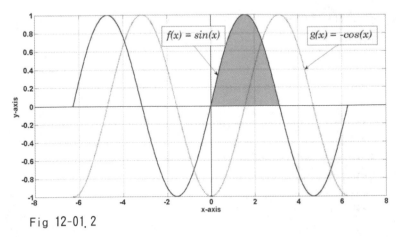

Fig 12-01.2

相對於 Fig 13-01.2 圖，下列的 5 個式子可以提供給各位，做進一步詳細的參考與印證之用。

$$(1). \quad f(x) = \int_0^{\pi/2} sin(x)\,dx = 1$$

$$(2). \quad f(x) = \int_0^{\pi} sin(x)\,dx = 2$$

$$(3). \quad f(x) = \int_0^{3\pi/2} sin(x)\,dx = 1$$

$$(4). \quad f(x) = \int_{\pi}^{2\pi} sin(x)\,dx = -2$$

$$(5). \quad f(x) = \int_0^{2\pi} sin(x)\,dx = 0$$

2. 現在，讓我們更進一步的用微分的觀念來看這個問題：

$$f(x)=-cos(x)，則其微分\ f'(x)=sin(x)$$

同樣的，還是讓我們用圖解來進行詳細的解說。首先，我們看 Fig 12-01.3 圖，再說一次，我們先使用微分的「斜率 (slope)」觀念來看這一個問題。事實上，微分與積分本來就是一體兩面的，兩者是可以相互推導的。在圖中，我們可以看出當函數 *f(x)=-cos(x)* 於 *x=0* 的時候，其最大值為 *f(0)=-cos(0)=-1*，此時其斜率為 0，而此時的 *sin(x)=0*。請注意，*f '(x)=sin(x)* 實際上就是 *f(x)=-cos(x)* 的

微分式。同理再看，當 **f(x)=-cos(x)** 於 **x=π/2** 的時候，也就是在 **x=1.57** 的時候，**f(x)=0**，故此時其斜率 **f '(x)=sin(x)** 達到最高點，其值為 +1。過了此點則開始由正轉負。再來，就是 **x=π(3.14)** 值的時候了。此時函數 **f(x)** 達到最高的正值點，其值為 +1。而它的斜率 **f '(x)** 則是為零。結論是，整個 **f '(x)=sin(x)** 的曲線圖，就是 **f(x)=-cos(x)** 的斜率，這在前面的章節中，也曾詳細的提及過，各位可以回憶一下。

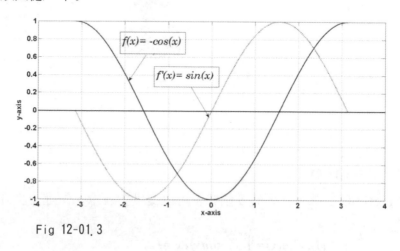

Fig 12-01.3

3.　在瞭解上述的整個狀況之後，各位應當很清楚的瞭解這兩個函數 **f(x)=-cos(x)** 與 **f '(x)=sin(x)** 它們之間的關係了。但是，我們現在需要的是積分啊！當然，各位應該非常清楚的，微分與積分是互為因應的，故而，將微分式 **f '(x)=sin(x)** 進行積分，就還原成原來的 **-cos(x)**，也就是我們所要的結果了。

$$f(x) = \int sin(x)dx$$
$$= -cos(x)$$

---

### 【★★★典範範例 12-02】

求下列函數的積分，並請解釋該積分之結果及其意義。

$$f(x) = \int cos(x)dx$$

---

### 【解 析】

1.　在上一題中我們所要求的是 **sin(x)** 的積分，而所得到的結果是 **-cos(x)**。那麼，

可能很多人會想，*cos(x)* 的積分就是 *-sin(x)* 吧！這是很正常的聯想。但是，這樣的想法卻是錯了。首先，各位應該知道，*sin(x)* 與 *cos(x)* 並不是互為因果的，所以，它們之間是不能互相更換或代替的。*cos(x)* 的積分是：

$$f(x) = \int cos(x)dx$$
$$= sin(x)$$

2. 為什麼會如此？如果我們仔細的觀察，從圖 Fig12-02.1 大致就可以得知它的一些重要的資訊。在圖中我們可以看得出來，*cos(x)* 在經過積分後，成為 *sin(x)*，雖然它們都是正值的，但是，它們之間的相位卻相差了 *π/2* 的位置。各位再仔細的看一看：

**為什麼 *cos(x)* 積分後的值會是 *sin(x)* 呢？**

現在，讓我們看一看下列的一些相關數值與結果，也就多少可以有一點眉目了：

$$f(x) = \int_0^{\pi/2} cos(x) = 1$$

$$f(x) = \int_0^{\pi} cos(x) = 0$$

$$f(x) = \int_{\pi}^{3/2\pi} cos(x) = -1$$

$$f(x) = \int_{\pi}^{2\pi} cos(x) = 0$$

3. 在上面的一些定積分式中，我們可以看到當 *cos* 的積分自 0 至 *π/2* 的時候，它的值是 +1。回過頭來，再看 Fig12-02.1 圖，我們可以看到 *cos(x)* 自 0 至 *π/2* 的積分結果是 *sin(x)* 的值，而此時累積到最大值，也就是 +1。同樣的道理，當 *cos* 的積分自 0 至 *π* 的時候，其值為 0，各位可以在 *sin(x)* 的曲線上看到，此時 *sin(x)* 的值亦為 0 值。其餘各相關的數值，就不一一列舉，各位可以自行的比對，相信也可以更深入與更進一步的獲益。

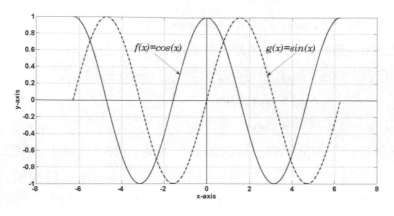

Fig12-02.1

## 【研究與分析】

　　*cos(x)* 的積分是 *sin(x)*，它的原因，讓我們不再用實際的數值來看，而用另外一種不同方式與角度來看，那就是我們可以用逆向思考的方式來看，也就是反過來用微分來思想，看看可否求出答案來。*sin(x)* 的微分是 *cos(x)*，也就是：

$$\frac{dsin(x)}{dx} = cos(\text{x})$$

那麼，同時對兩邊進行積分，再移動 dx 這個項目，於是就成了：

$$sin(x) = \int cos(x)\,dx$$

這正是我們的答案了。

　　對於 *sin(x)* 與 *cos(x)* 的微分以及它們的積分，大多數的人都很容易混淆，那是由於它們之間相互變化的結果十分的相似，很容易在這之間的轉換下迷惑了。因此，在此特地的分別將它們的微分及其積分相關結果列示如下，以便於各位可以相互的比對與認識：

$$\frac{dsin(x)}{dx} = cos(\text{x})$$

$$\frac{dcos(x)}{dx} = -sin(\text{x})$$

$$\int sin(x)\,dx = -cos(x) + c$$

$$\int cos(x)\,dx = sin(x) + c$$

　　從這樣的對照裡面，我們可以清楚的看得出來，*sin(x)* 與 *cos(x)* 這兩者之間，

有著相當密切關係的。事實上，*sin(x)* 與 *cos(x)* 這兩者的波型或是特性曲線幾乎是完全相同的，唯一的不同那就是它們的相位 (phase)。所謂相位 (phase)，就是一種描述訊號的波形其變化的度量或狀態，通常以角度 (degree)，自 0 度至 360 度為一變化週期。微積分中常用「弧度 (radian)」來做為度量的單位，從 0 至 $2\pi$ 為一週期。為了便於記憶而又不會弄錯，各位只需要記住：

「*sin(x)* 的微分是 *cos(x)*。」

「*cos(x)* 的微分是 *-sin(x)*。」

「*sin(x)* 的積分是 *-cos(x)*。」

「*cos(x)* 的積分是 *sin(x)*。」

只要記得 *sin(x)* 的微分一開始是「正」的 *cos(x)*，*sin(x)* 的積分一開始是「負」的 *-cos(x)*，其中的差異則是先正後負，這樣記憶就方便得多了。

---

### 【★★★★典範範例 12-03】

求下列函數的積分，並請解釋該積分之結果及其意義。

$$f(x) = \int \sin 3x\, dx$$

---

### 【解 析】

1. 在上列的 [ 典範範例 ] 中，我們談到的是 *sin(x)* 與 *cos(x)* 的積分。如今，就這個函數 *sin(3x)* 而言，各位可以依照 *sin(x)* 的積分是 *-cos(x)*，那麼，這一題 *sin(3x)* 的積分答案應該就是 *-cos(3x)* 了，這樣的想法其實是蠻不錯的，只是，在這裡犯了一個小錯誤，而忘了 *(3x)* 這個部分必須還要處理一下。完整的解答與圖解 Fig12-03.1 如下所示，這個特性曲線圖其實相當精彩，希望各位能仔細的觀賞。

$$f(x) = \int \sin 3x\, dx$$
$$= \frac{1}{3} \int \sin 3x (d\, 3x)$$
$$= -\frac{1}{3} \cos 3x + c$$

### 【研究與分析】

各位在看完這一題的圖 Fig12-03.1 之答案後，我們可以理解三件事情：

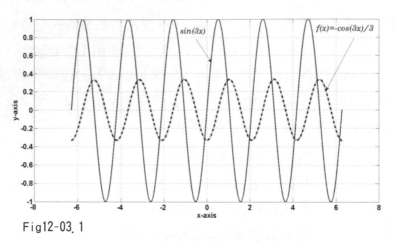

Fig12-03.1

(1) 函數 *sin(x)* 在經過積分後會成為 *-cos(x)*。請注意，「正」的 *cos(x)* 函數與「負」
的 *-cos(x)* 函數，這之間究竟差別在哪裡呢？各位請看 Fig12-03.2 所示，很明顯
的，它們之間的差異只是在「相位 (phase )」上面相差了 180 度，也就是一個
$\pi$ 值，這一點各位在圖中可以很明顯的看得出來。

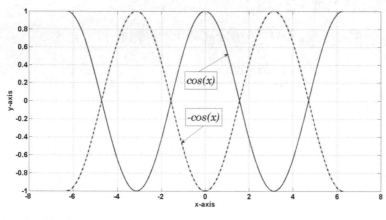

Fig12-03.2

(2) *sin(3x)* 在經過積分後它的「振幅」減少到只剩下 *sin(3x)* 值的三分之一。這一
點很重要，一般人大多不會有這種印象。然而，事實上，我們也同樣的很明顯
的看得出來，那是因為 *sin(3x)* 的關係。當然，如果是 *sin(2x)* 則積分後它的振
幅會減少二分之一。而如果是 *sin(x)* 則積分後當然它只是變成 *-cos(x)* 而已，
振幅是不有影響的。這一點在 Fig12-03.1 圖中很明顯的看得出來。

(3) 各位可能還會想到兩個問題。

**第一問題是 *sin(3x)* 與 *sin(x)* 的差別在哪裡呢？**

**第二問題是 *sin(x)* 與 *sin(x)³* 究竟又有什麼不同呢？**

這「第一問題」我們可以看一看下列的圖 Fig12-03.3，在圖中我們很明顯的可以看得出來，*sin(3x)* 與 *sin(x)* 它們之間唯一的差異，就是在於頻率上的不同，在 *sin(x)* 的一個週期裡，*sin(3x)* 變化了三個週期，而其他的現象並沒有什麼變異。

當然，頻率的改變也必然會造成相位上的變化。但無論如何，它們的值都是介於 +1 與 -1 之間。

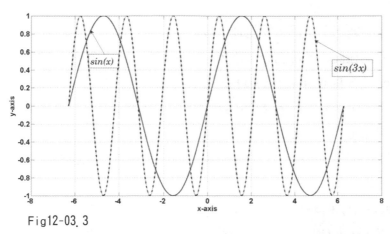

Fig12-03.3

這「第二問題」是要探討 *sin(x)* 與 *sin(x)³* 這之間究竟又有什麼不同的差異呢？首先，各位可能會認為 *sin(x)³* 是 *sin(x)* 的三次方倍率，故而當然它的頻率也必然會是三倍才是。如果真是如此這麼想，那是難免的，但是，卻是非常的錯誤。各位要知道 *sin(x)³* 的意義所代表的是 *sin(x)* 這個函數所得到的函數值的三倍，而不是「角度」或是「徑度」上的三倍。就讓我們以下列實際的數據來證明所說的一切。

當 *x=0*，*sin(x)=0* ，*sin(x)³=0*

當 *x=0.1π=0.3142*，*sin(x)=0.3090*，*sin(x)³=0.0295*

當 *x=0.9π=2.8274*，*sin(x)=0.3090*，*sin(x)³=0.0295*

當 *x=π=3.1415* ，*sin(x)=0* ，*sin(x)³=0*

當 *x=1.1π=3.4558*，*sin(x)=-0.3090*，*sin(x)³=-0.0295*

我們共取用了五個樣品來檢驗，從這些數據中，我們可以發現兩個事實，其一

是 *sin(x)* 與 *sin(x)³* 它們的頻率是相同的，它的最高與最低值也相同。其二是 *sin(x)* 值的三次方等於 *sin(x)³* 的值。

---

### 【★★★★典範範例 12-04】

求下列函數的積分，並請解釋該積分之結果及其意義。

$$f(x) = \int sin(x) \cdot cos(x)\, dx$$

---

### 【解 析】

1.  對於這樣的題目，是為了能夠進一步的提升各位對於三角函數在運算上與思維上的能力。在此，各位請先「不要」考慮這兩個函數積分的問題，而是先把問題放在函數本身的 *sin(x)•cos(x)* 的這個問題上面。能夠懂得源頭，始終是最重要的事情，也唯有如此，才能由始而終的一路走下來，相信必然可以提升各位的思維與超越能力，更因為如此才能一舉而數得。

2.  首先，我們來看 *sin(x)* 與 *cos(x)* 相乘會是什麼樣的一個結果呢？它可以歸納出下列兩個重點：

(1) *sin(x)* 與 *cos(x)* 相乘的結果，其頻率必然加倍。

因為，當 *sin(x)* 值為零的時候，*sin(x)* 與 *cos(x)* 相乘的值為零，而當 *cos(x)* 值為零的時候，*sin(x)* 與 *cos(x)* 相乘的值也會為零。也就是說 *sin(x)* 與 *cos(x)* 相乘的結果通過零點的頻率加倍了。也因此可知，整體的頻率在表現上也必然是加倍的。

(2) *sin(x)* 與 *cos(x)* 相乘的結果，會產生振幅 (Amplitude) 減半的現象。

各位可能會想，為什麼會產生振幅減半的現象呢？道理其實不難，讓我們看看一些相關的數值。

在弧度 *π/4= (0.7853)* 也就是角度 *45* 度的時候，

$$sin(π/4)=0.7071 ， cos(π/4)=0.7071$$

這兩條函數曲線在這個地方相交的時候，所得到的值是：

$$sin(π/4)•cos(π/4)= 0.7071•0.7071=0.5 。$$

這是 *sin(x)•cos(x)* 的最大值。事實上，*sin(x)* 與 *cos(x)* 的最大值是 1 ，所以

是減了一半。故而，各位可以在圖 Fig12-04.1 各相關的位置上，看到函數 **sin(x)·cos(x)** 相乘後，振幅 (Amplitude) 減半的現象，就是這個道理。同時，各位也可以在 Fig12-04.1 圖中看到，**sin(x)·cos(x)** 相乘的值在從 **-π(-3.14)** 到 **+π(+3.14)** 之間，共有五次通過 **x** 軸。所以，也可以看得出來它的頻率加倍。相乘的結果是單獨的 **sin(x)** 或是 **cos(x)** 頻率的兩倍，而且它的值也縮減至介於 -0.5 到 +0.5 之間。

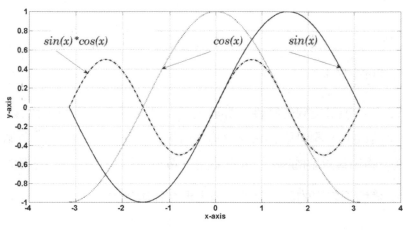

Fig12-04.1

3.  下一步讓我們看一看 **sin(x)·cos(x)** 積分的結果如下：

$$f(x) = \int sin(x) \times cos(x) dx$$
$$= \int sinx \, dsinx$$
$$= \frac{sin(x)^2}{2} + c$$

## 【研究與分析】

1.  **sin(x)·cos(x)** 積分的結果得到的是 **sin(x)²/2**。在這個式子中我們可以看到它的頻率也是 **sin(x)** 或 **cos(x)** 的兩倍，但是由於積分的結果在分母的部分是除以 **2**，所以，它的振幅會比 **sin(x)·cos(x)** 的振幅再小 **1/2**，也就是說，它的振幅只有 **sin(x)** 或 **cos(x)** 的 1/4。**sin(x)·cos(x)** 與其積分的結果 **f(x)=sin(x)²/2** 如圖 Fig12-04.2 所示。

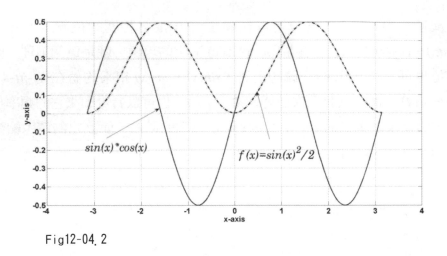

Fig12-04.2

2. **$sin(x)^2/2$** 有一項最重要的特性。那就是它的值永遠都是正值，也就是僅存在於 y 軸的零值以上，那是因為 **$sin(x)$** 的值被平方了，所以不存在有「負值」。然而，現在有一個相當重要的議題，也是觀念，希望各位必須要慎重思考的，那就是：

   **$sin(x)^2/2$ 這個函數它的最大值應該會出現在什麼地方？**

   各位請仔細的想一想。

3. 其實，這個議題與觀念雖然重要，但如果仔細的思考，它應該是有脈絡可循的。分述如下：

   (1) **$sin(x)^2/2$** 的頻率是 **$sin(x)$** 頻率的兩倍。

   (2) **$sin(x)^2/2$** 的振幅是 **$sin(x)$** 的振幅 **1/4**，這是因為 **$sin(x)^2$** 的振幅會是原有 **$sin(x)$** 的振幅 1/2。

   (3) 這裡又出現了一個問題：

   **「為什麼 $sin(x)^2$ 的振幅會是原有之 $sin(x)$ 振幅的 1/2 呢？」**

   (4). 要瞭解這個問題各位請看 Fig12-04.3 圖，這是 **$sin(x)$** 與 **$sin(x)^2$** 的函數特性曲線圖。各位可以看得出來，**$sin(x)^2$** 的頻率是 **$sin(x)$** 頻率的兩倍，這一點是毫無疑義的，但是，**$sin(x)^2$** 的振幅卻是只有 **$sin(x)$** 振幅的一半 **(1/2)** 而已。事實上，它的原因很簡單，因為 **$sin(x)^2$** 的值被平方了，所以，它的值僅能介於最小的 0 值至最大的 +1 之間而已，故不可能出現負值。

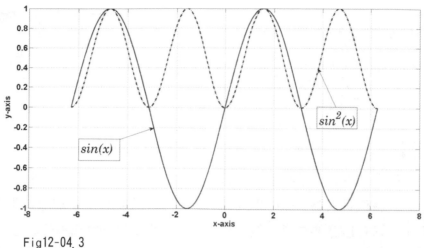

Fig12-04.3

也因為上述的這個原因，$sin(x)^2$ 再除以二分之一，也就是 $sin(x)^2/2$ 的振幅當然只有原來 $sin(x)$ 的振幅 1/4 了。

4. 至此，各位應該可以明確的知道函數 $sin(x)^2/2$ 與函數 $sin(x)$ 之間的差異是在於振幅減小而頻率加倍。因此，對於下述的這個問題

**$sin(x)^2/2$ 這個函數它的最大值應該會出現在什麼地方？**

各位應該在心中有一個概要了。由於 $sin(x)^2/2$ 的頻率加倍，所以，由 $sin(x)$ 函數每 360 度才有一個峰值，變為每 180 度就有一個峰值，也就是會在 360 度中會出現兩個峰值。如圖 Fig12-04.4 所示。

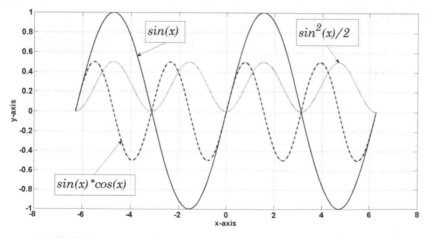

Fig12-04.4

求下列函數的積分，並請解釋該積分之結果及其意義。

$$f(x) = \int x \, sin(x) \, dx$$

## 【解 析】

1. 想要提醒各位的是，千萬不要小看這種看起來很簡單而又不起眼的題目。我經常說，我們是人類，而不是計算的機器，最重要的是要知道與明白，我們究竟是在做什麼？要知道一個「究竟」，而不是算一算就好了。若是以為數學只是算一算而已，那就人不如機器，而且一輩子也不會知道自己究竟是在做什麼？這一題的 *xsin(x)* 是由兩個最基本函數相乘而得。我們都很清楚的知道 *y=x* 這個函數的特性，同時也很明確的知道 *y=sin(x)* 這個函數的特性曲線。它們單獨的特性我們都很瞭解。但是，若是這兩個數相乘呢？它的結果會是如何呢？恐怕就沒有那麼簡單了，需要多想一想，它的結果並不是完全憑直覺就可以決斷的。

2. 想要知道函數 *f(x)=xsin(x)* 的積分結果，就必須先瞭解這個函數的一些基本特質與特性。首先，我們會想到變數 *x* 是線性的，而 *sin(x)* 是一個正弦波。當這兩個函數相乘的時候，它的結果將會是兩者的綜合體。想想看變數 *x* 在增加的時候，而 *sin(x)* 函數在做正弦波的變化，那麼，合成的結果在道理上應當會是正弦波的形式才對。

3. 但是，有一個特質卻必須是各位要知道與注意並且是不可以忽略的。那就是函數 *x・sin(x)* 的值與 *sin(x)* 這兩個函數最大的不同點是在於合成的時候，它在 0~180 度 $(0 \sim \pi)$ 的範圍中是不會出現有負值的現象，也就是在 *0~π* 的範圍中 *x・sin(x)>0*。原因是在這個範圍中，當 *x>0*，*sin(x)>0*，如圖 Fig12-05.1 及 Fig12-05.2 所示。現在，面對這兩個函數圖形，讓我們進一步思考下一步的結果會是如何？

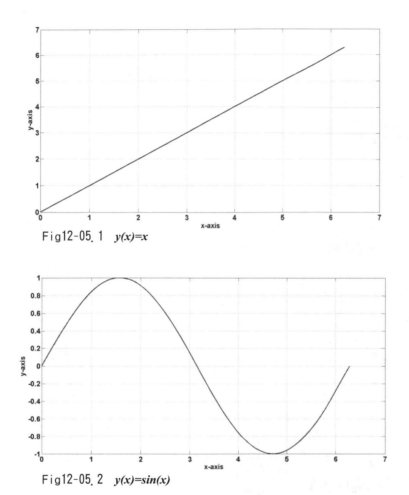

Fig12-05.1  *y(x)=x*

Fig12-05.2  *y(x)=sin(x)*

4. 在見到結果之前，先讓我們分析它的合成結果。首先，我們一定可以發現 *x* 與 *sin(x)* 它們相乘的結果，大致上特性曲線的形狀還是近似於 *sin(x)* 的波形。但是，會有一個非常明顯的現象，那就是 *sin(x)* 波形正半波 (0~180 度) 的增值會較小，而負半波 (180~360 度) 則會被加倍的放大。還有一個重點要注意的，那就是 *sin(x)* 波形的週期不會改變。那是因為 *y(x)=x* 的本質是線性的，不會產生週期上的變化，如圖 Fig12-05.3 所示。

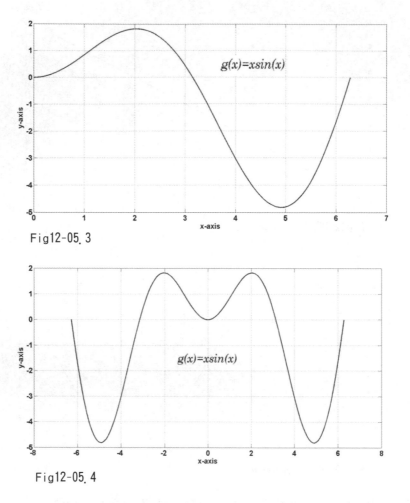

Fig12-05.3

Fig12-05.4

5.  但是，各位也千萬不要以爲如圖 Fig12-05.3 中的特性曲線的波形就是如此的
    一直來回不斷地循環下去。事實上，各位剛才所看到的是屬於 **x>0** (0~360
    度) 的這個部分。但是，若是將圖形涵蓋的部分延伸到 **x** 的正負兩邊的話。
    各位你能想像它會是如何的嗎？結論是，你會看到的是一個馬鞍形狀，如圖
    Fig12-05.4 中所示，就不是許多人想像的那個樣子了。其實，這是一種反相式
    的對稱，在 0 至 (-$\pi$) 的時候，**x<0**，**sin(x)<0** 由於「負負得正」的原因，所以
    出現 **y>0** 的現象。而在 (-$\pi$) 至 (-2$\pi$) 的時候，正負的現象就分開了，所以得
    出負值。

6.  在 Fig12-05.4 圖中的這個馬鞍的形狀，事實上，主導的仍然是 **sin(x)** 這個函
    數。我們可以看出在 **x** 介於 0 至 **$\pi$(3.14)** 的範圍，也就是介於 0 度至 180 度

之間，**sin(x)** 的值是正值。而在 **π** 至 **2π** 的範圍，**sin(x)** 的值開始進入負值的領域。就以橫軸 **x>0** 這個部分來看，**f(x)=xsin(x)** 這個函數的最高點並不是落在 **x=π/2** 這個部分，雖然 **sin(π/2)=1** 是最大值，但是，當 **x** 的數值一直增加的時候，會讓這個趨勢落後。而在 **x=2.0300** 之處，**f(x)=xsin(x)** 得到最大值，亦即 **f(2.03)=1.8197**。各位比對圖 Fig12-05.4 就可以看得出來。當波型的「相位 (phase)」進行到 **π(x=3.14)** 的時候回到零點。但是，在 **π(x>3.14)** 之後至 **2π(x=6.28)** 之間的時候，整個波形就完全的不一樣了。因為，在這期間，**x** 的值雖然為正，但是 **sin(x)** 的值則是為負，**sin(x)** 的值雖是最大是 1，然而，**x** 的值卻一直的在增大之中，故而必然會造成 **f(x)** 的負值會遠大於 1 的狀況。

7. 現在，讓我們開始進行積分的計算。各位應該能夠想到，兩個不同性質的函數如果結合在一起，要解決它們的積分問題，最好的方式就是「分部積分」法。現在，面對這道題目，也必須要用「分部積分」法才能完成。

$$f(x) = \int xsin(x)\,dx$$

$$u=x \quad , \quad dv=sin(x)dx ,$$

$$du=dx \quad , \quad v=-cos(x)$$

由「分部積分」法：

$$\int udv = uv - \int vdu$$

故 
$$f(x) = \int xsin(x)\ dx$$

$$= -xcos(x) + \int cos(x)dx$$

$$= -xcos(x) + sin(x) + c$$

$$= sin(x) - xcos(x) + c$$

## 【研究與分析】

1. 當我們開始要思考這積分後的結果的時候，首先，就必須對於前面的各項說明要瞭解得非常清楚，然後再來談這積分的結果。當我們對於前面的「解析」都能夠很清楚了之後，現在就讓我們來看看原函數在積分過後所得到的這個式子，其中的 c 值我們暫不列入討論，因為它不會改變特性曲線圖的形狀，最多

只是「平移」一些而已。

$$f(x) = \int xsin(x) \ dx$$
$$= sin(x) - xcos(x) + c$$

2. 如圖 Fig12-05.5 所示，是積分過後的結果 **f(x)=sin(x)-xcos(x)** 的特性曲線圖，從這個特性曲線圖表面上看起來，它與 **g(x)=xsin(x)**，也就是 Fig12-05.3 圖其實是相像的。但是，如果仔細比對的話就會發現，它們會在相位上有一些出入的。事實上，在三角函數中的 **sin(x)** 或 **cos(x)** 不論是微分或是積分，都是在「相位」上改變而已。

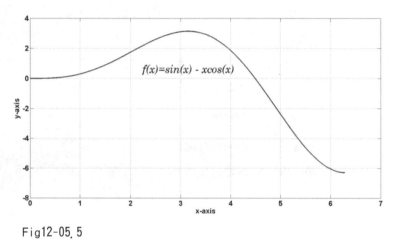

Fig12-05.5

3. 在 Fig12-05.6 圖中是一個涵蓋的範圍比較大的積分特性曲線圖，它包含了由 **-2π** 到 **+2π** 的整個範圍。比較重要的是，在位於 **x<0** 的這個範圍裡，它的特性曲線圖完全不同於 **x>0** 的特質，這可能會讓許多人難以體會。事實上，這個圖的看法是要考慮到整個函數式的負面效應。也就是，各位如果將 **x>0** 的這個部分的函數曲線「倒」過來看，然後再疊加的話，其實，我們就會發現它們是以另一種對稱的方式存在著。

4. 圖 Fig12-05.7 是非常好的一個比對圖。圖中 **g(x)=xsin(x)** 代表的是原函數的特性曲線圖，**f(x)=sin(x)-xcos(x)** 代表的是原函數積分後的特性曲線圖，現在將它們同時列在同一張圖表中，如此，我們可以比對原函數以及積分過後的函數式這之間的所有相關性與差異性。在這個圖中，在 **x>0** 這個區域很容易看到原函數面積累積的效果。但是，另外在 **x<0** 這個區域，我們可以看出它的累

積剛好是相反的。各位要知道的是,即使是負值的區域,面積還是存在的,要
注意的是符號(負號)的問題而已。

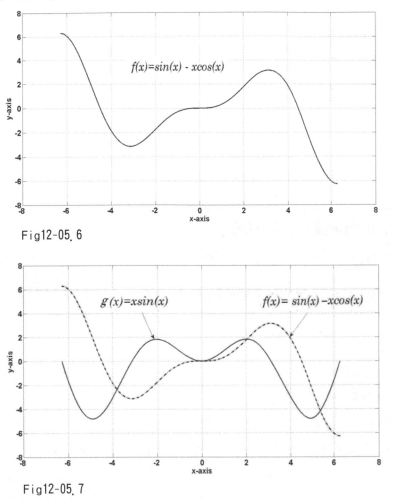

Fig12-05.6

Fig12-05.7

5.　在圖 Fig12-05.8 中,我們可以看到積分所得到的函數式中它的「常數」項「C」
的變化所產生的影響。在書中也一再的強調,這個常數並不會扭曲函數的特性
曲線,它只是「平移」而已,甚至連相位都不會受到影響,這一點各位應當要
明瞭才是。

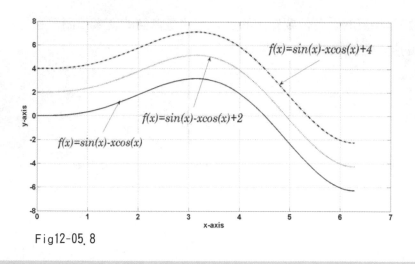

Fig12-05.8

---

【★★★★典範範例 12-06】

求下列函數的積分,並請解釋該積分之結果及其意義。

$$f(x) = \int (sin(x) + cos(x)) \ dx$$

---

## 【解 析】

1. 在上面的題目中,我們曾仔細的分析過 **sin(x)・cos(x)** 相乘的問題,有許多地方是值得好好學習與理解的。現在,這一題是 **sin(x)** 與 **cos(x)** 的相加而不是相乘。那麼,就讓我們再來看看它們之間的相加又會產生如何的結果呢?各位可以先在心裡面盤算與想一想,經過書上的這些訓練之後,相信應該會有長遠的進步與超越的表現才對。

2. 首先,第一個觀念,那就是 **sin(x)** 與 **cos(x)** 相加的結果會讓結果的「振幅」加大,並同時包含正值與負值這兩個部分。也就是說,所謂加大並不是只有正值的部分加大,同樣的,而負值的部分也會變得更負。但是,無論如何,它們相加的結果必然是「小於」2。為什麼是「小於」2 而不是「等於」2 呢?**sin(x)** 的最大值是 1,而 **cos(x)** 的最大值也是 1,照理說它們的相加最大值的結果會得到 2。但是,各位應該知道的,它們彼此之間的「相位」並不是同相的,如 **sin(x)** 在 **π/2** 處會有最大值,而 **cos(x)** 的最大值卻不在那裡。所以,整體來說,各位可以看到它們相加的結果仍是會低於 2 這個值的。故而就整體

性來說，各位可以在圖 Fig12-06.1 中看到 *sin(x)+cos(x)* 相加之後的結果，可以歸納出下列的結論：

(1) 它們相加之後的「振幅」會加大。

(2) 它們相加之後的「相位」會改變，且與 *sin(x)* 及 *cos(x)* 各自的「相位」皆不相同。它們相加之後的「週期」沒有改變，自 *-2π* 至 *+2π* 均為兩個週期。

(3) 事實上，*sin(x)* 與 *cos(x)* 相加之後所形成的曲線，我們只要同時看著 *sin(x)* 與 *cos(x)* 這兩個曲線的波形，將它相互疊加，就可以得到相加之後的結果。如圖 Fig12-06.1 所示。

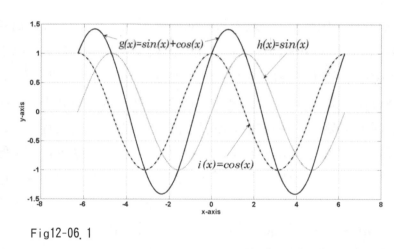

Fig12-06. 1

3.　對 *g(x)=sin(x)+cos(x)* 的積分而言，這其實是很有意思的一道題目。各位看看，*sin(x)* 的積分是 *-cos(x)*，而 *cos(x)* 的積分是 *sin(x)*，那麼，就以這個事實，我們應該可以想得到，把這兩個結果加在一起就是積分的答案了，然而，事實上，也的確是如此。

$$f(x) = \int (sin(x) + cos(x))\, dx$$
$$= \int sin(x)\, dx + \int cos(x)\, dx$$
$$= -cos(x) + sin(x)$$
$$= sin(x) - cos(x)$$

## 【研究與分析】

1.　這一道題目的積分是十分有趣的，原來是相加的，但在積分之後卻變成了相

減：

$$f(x) = \int (sin(x) + cos(x))\,dx$$
$$= sin(x) - cos(x)$$

*sin(x)+cos(x)* 積分的結果卻得到的是 *sin(x)-cos(x)*。各位如果能夠再深入的思考一些，應當可以想像得出，這兩個函數式 *sin(x)+cos(x)* 與 *sin(x)-cos(x)* 之間，其實，它們之間相差的地方究竟在哪裡？事實上，這兩者之間的差異，只是在於「相位」的不同而已。*sin(x)* 與 *cos(x)* 在相互的加減之中，彼此都會互有增減，所差異的只是在相位上的偏移而已。現在，就讓我們進一步的深究看看積分後的 *sin(x)-cos(x)* 這個函數式它究竟是如何的？

2. 如圖 Fig12-06.2 中所示。在這張特性曲線圖裡面，我們可以看到 *sin(x)* 的特性曲線，它主要是用來做為比對之用。比較重要的是函數式 *sin(x)+cos(x)* 與 *sin(x)-cos(x)* 它們在特性曲線圖上面究竟有什麼不同呢？當各位看到函數式 *sin(x)-cos(x)* 所表現的特性曲線時，就會知道函數式 *sin(x)+cos(x)* 與 *sin(x)-cos(x)* 這兩個函數式的特性曲線竟會是如此的相似。在這裡有一個相當重要的認知與觀念，那就是 *sin(x)* 與 *cos(x)* 這兩個三角函數的值，它們不但具有相位相對的關係，而且在函數值方面，則又是具有相對的相反的關係。也就是說，當 *x=0* 時，此時 *sin(x)* 其值為零，*sin(0)=0*。但是，此時的 *cos(x)* 卻有最大值，也就是 *cos(0)=1*，它們之間的相位相差了 90 度。因此，我們說它們之間是具有相對而相反的關係就是這個道理。各位可以在下列的圖 Fig12-06.2 中，明顯的看得出來，函數式 *sin(x)+cos(x)* 與另一個函數式 *sin(x)-cos(x)* 這兩個函數式之間，可以說僅僅是「相位」不同而已。

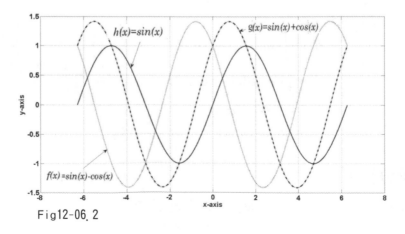

Fig12-06.2

【★★★★典範範例 12-7】

求下列函數的積分，並請解釋該積分之結果及其意義。

$$f(x) = \int (sin^2(x) + cos^2(x))\,dx$$

## 【解 析】

1.  這是一道看起來好像很熟而又非常好的題目，但是，若是沒有概念的人卻又不知道該如何著手。對於 *sin(x)* 的平方加上 *cos(x)* 的平方，當然，我們可以分開來個別處理，求得積分的結果，那雖然會有一點困難，但卻是相當的穩當。事實上，請各位再仔細的想一想，在前面的公式中也列出了這個恆等式。

$$sin^2x + cos^2x = 1$$

2.  現在，也讓我們看一看 *sin²x+cos²x* 這個函數式所繪製出來該函數的特性曲線，如圖 Fig12-07.1 所示。在圖中所顯示的 *y* 值爲 *y=1*。而這個 *y* 也就是 *sin²x+cos²x*。故而，實際上，這一題的積分就是在對「1」這個數值的積分。

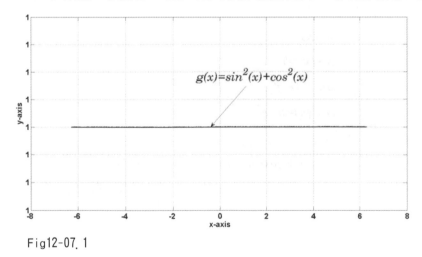

Fig12-07.1

3.  對於常數 1 的積分，就又回到了本身的 *x* 這個變數值上面了。如下所示：

$$f(x) = \int (sin^2(x) + cos^2(x))\,dx$$
$$= \int 1\,dx$$
$$= x$$

4. 積分後的特性曲線圖則如圖 Fig12-07.2 所示。

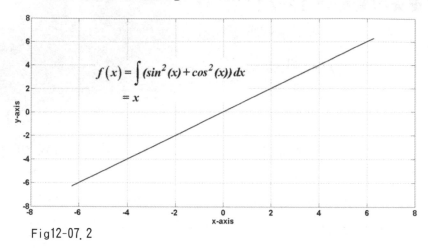

Fig12-07. 2

## 【研究與分析】

1. 要證明 $sin^2(x)+cos^2(x)=1$ 這一個恆等式是相當容易的，即使是從直角三角形斜邊 c、對邊 a 與鄰邊 b 的關係，都可以直接的導出來。設 $sin(x)$ 的對邊是 a，鄰邊是 b，斜邊是 c，則：

$$sin(x)= a/c$$
$$cos(x)=b/c$$
$$sin^2(x)= a^2/c^2$$
$$cos^2(x)=b^2/c^2$$

所以

$$sin(x)^2+ cos(x)^2 = (a^2 + b^2)/c^2 = c^2/c^2=1$$

2. 如果不使用直角三角形斜邊、對邊與鄰邊的基本定義關係式，那麼，也可以使用三角函數等式，進行恆等式的實證。如下所示：

$$sin^2 x+ cos^2 x$$
$$= sinx \times sinx+ cosx \times cosx$$
$$= cos(x- x)$$
$$= cos(0)$$
$$= 1$$
$$Rem:$$
$$cos(a - b) = cos(a)cos(b) + sin(a)sin(b)$$

3. 在這所有的一切演算法裡面，所運用的符號是依數學的邏輯與相關的定義進行演算，並加以證明 **sin(x)²+cos(x)²=1** 是恆等式。事實上，如果各位再看一看下列的這張 Fig12-07.3 圖，必當恍然大悟。原來 **sin(x)²** 的波形與 **cos(x)²** 的波形，不但是完全的對稱，大小相等，而且，更重要的是，它們的相位完全相反，因為 **sin(x)²** 與 **cos(x)²** 都是平方，故不存在於負值區域。故而，兩者相加的結果當然是為 1。

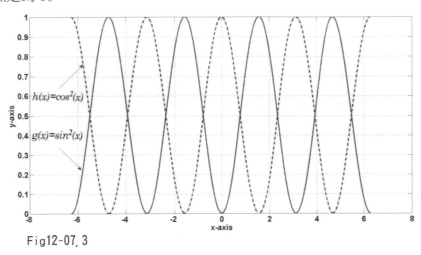

Fig12-07.3

---

### 【★★★★典範範例 12-08】

求下列函數的積分，並請解釋該積分之結果及其意義。

$$f(x) = \int e^x \sin(x)\,dx$$

---

## 【解 析】

1. 面對這個題目，各位所見到的是由兩個完全不同性質的函數，結合在一起而成為綜合性的一個函數。在面對這種函數的時候，首先要想到的是：

    $$e^x \sin x$$

    這個合成的函數之特質是甚麼？它由兩個完全不相同的函數所組成，一個是指數函數，另一個則是三角函數。那麼，讓我們先看看想想看，這兩個函數它們相乘的結果會是如何呢？也許，我們會按照固有的想法，由於函數 $e^x$ 是一

條由平坦而後則是急劇的向上昇起的函數，如圖 Fig12-08.1 所示。而 sin(x) 在 Fig12-08.2 所示的是一個標準的正弦波形。

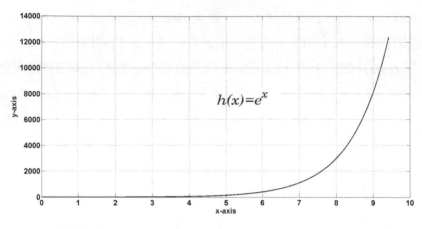

Fig12-08.1

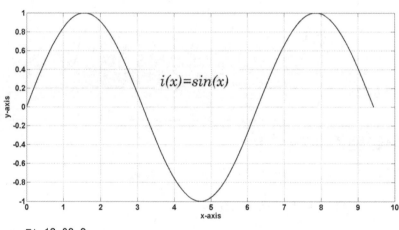

Fig12-08.2

2.　在通識的思惟中，由於正弦波這個函數 *sin(x)* 的值是介於 *+1* 與 *-1* 之間，其數值的本身不大，故而相對的影響也較小。但指數函數 *eˣ* 所表現的值相對而言，那就不同了。它可以由 *h(0)=e⁰=1* 開始，而在同樣的 *2π* 範圍內，急劇的上昇。所以，兩者相較，正弦波函數 *sin(x)* 的值對於指數函數 *eˣ* 的值而言，影響是不大的，而指數函數 *eˣ* 的表現將是極為明顯而突出的。所以，這整個函數 *eˣsinx* 的特性曲線我們可以直接的想像成為是 *eˣ* 與 *sinx* 這兩個函數的合成之下的「併合」產物。是一條彎曲向上而略為曲扭的指數形式的曲線，並一直的向上快速的延伸。這樣的想法看來是不錯的。但是，事實的真相卻沒有如

此的單純。

3.　這些想法大致上並沒有太大的錯誤。但是，不要忘了，正弦波函數 *sin(x)* 會有
　　負半波的時候，而當 *sin(x)* 處於負半波的時候，它的值是負值。最重要而有最
　　容易被疏忽的，那就是不論指數函數的值增加有多大，只要跟「負數」相乘，
　　它的結果就會立即的向下彎曲。而當指數的正值越大的時候，相乘為負值之
　　後，它向下彎曲的深度也越大。能夠體會出這一的點的人，就是一種層次頗高
　　的超越。Fig12-08.3 中所顯示的曲線圖，就是指數函數 $e^x$ 與正弦波函數 *sinx* 相
　　乘的而合成之後結果。從這個特性曲線中，我們可以歸納出下列它的特質：

(1).　特性曲線的波形第一次進入「負」值區域是在 *x=π(3.14)* 值的時候。然　　後由
　　負值區域回到正值區域是在 *x=2π(6.28)* 值的時候。這個情況正是 *sin(x)* 函數在
　　「負數」區域的週期期間。

(2).　*$e^x$sinx* 函數第二次進入「負」值區域是在 *x=π+2π= 3π(9.42)* 的時候。各位可以
　　在圖 Fig12-8.3 看得出來。

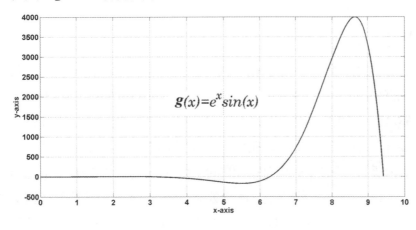

Fig12-08.3

4.　對於 *f(x)* 的積分

$$f(x) = \int e^x \sin(x)\,dx$$

我們首先要想到的就是必須要用到「分部積分」法才能解決這個問題。這樣的
想法是對的。現在，就讓我們以此方法來解決這個問題。

*u=$e^x$　,　dv =sinxdx　　　　,　du= $e^x$dx　　　,　v= -cosx*

$$\int u\,dv = uv - \int v\,du$$

$$f(x) = \int e^x \sin x \, dx$$

$$= -e^x \cos x - \int -(e^x \cos x) \, dx$$

$$= -e^x \cos x + \int (e^x \cos x) \, dx$$

再設

$$u = e^x, \, dv = \cos x \, dx, \, du = e^x \, dx, \, v = \sin x$$

可得

$$\int e^x \sin x \, dx = -e^x \cos x + \left[ e^x \sin x - \int e^x \sin x \, dx \right]$$

$$2 \int e^x \sin x \, dx = -e^x \cos x + e^x \sin x + c$$

$$\int e^x \sin x \, dx = \frac{1}{2} (e^x \sin x - e^x \cos x) + c$$

## 【研究與分析】

1.  在 Fig12-08.3 圖中所顯示的特性曲線。它所表現的現象與特性，正如在我們在上面所說的那些道理一樣。各位可以注意正弦波 *sinx* 在 *180* 度 *(π=3.14)* 至 360度 *(2π=6.283)* 時，它的函數曲線值為零。所以，在這個區段裏會有略微向下（負數）的變化。因為，*sinx* 的值在位於 *π* 至 *2π* 之間時，雖為負值，但指數函數 *eˣ* 的變化不大，所以，才會略為的向下彎曲。真正大的變化是起自 *sinx* 函數再度過了 *2π* 之後，這個時候它的函數值急劇的增加。這是因為指數函數在此之後快速上昇，而 *sinx* 函數也在增加中，所以相乘的結果，其值倍增。各位可以在 Fig12-08.3 圖中明顯的看得出來。但是，*sinx* 的函數在過了經過了 *2π+π/2* 之後，它的函數值開始減少，所以整個曲線的上昇開始趨緩。而在 *x=8.635* 的地方，整個 *eˣsinx* 函數值會達到最高點，過了這一點之後，則整個函數就急劇且急速向下降落，最後在 *x=3π* 的地方再次的回歸到零值，這是對圖 Fig12-08.3 進一步的解讀。

2.  根據上面的分析，可以清楚的知道原函數的整個變化過程。現在，要更進一步的分析的是原函數 *eˣsinx* 在積分之後的狀況了：

$$f(x) = \int e^x sinx dx = \frac{1}{2}(e^x sinx - e^x cosx) + c$$

各位看看，它有多麼的高難度。原因是積分後所得到的是兩個「複合函數」的相減值。許多人看到上面積分得到的數學式，可能很難想像這個 *f(x)* 函數它的特性曲線圖會是如何？事實上，這正是這一個題目最具有關鍵思維與精華的所在。為什麼會這樣說呢？是的，若是這一個題目的積分的結果各位若是能夠徹悟的話，相信，對於未來的解題與思維，更重要的是對於數學（包含微分與積分）上的新思維，一定會有很大的助益，而且是一種新的超越。

3.  現在，我們看

$$f(x) = \int e^x sinx dx = \frac{1}{2}(e^x sinx - e^x cosx) + c$$

在這個式中又出現了 $e^x sinx$ 這個函數，事實上，這也正是 $e^x$ 指數函數的特質，不論是微分或是積分，它永遠都存在。而它的特性曲線圖我們已經在圖 Fig12-08 及相關的解析中講得很清楚了。現在，函數 *f(x)* 除了具有 $e^x sinx$ 這一個函數之外，還要再減掉另一個 $e^x cosx$ 函數。在思維上，若以「絕對值」的觀念來看，它們的「絕對值」應該是相同的。但是，絕對值的相同並不代表它們的特性是相同的。因此，若是將它們彼此的相位 (phase) 考慮進去的話，那實際上就會產生些微的差異。但無論如何 $e^x sinx$ 這個函數與 $e^x cosx$ 這個函數在特性曲線上是非常相似的。所以，這整個函數式 *f(x)* 的特質會與 $e^x sinx$ 這個函數式的特質非常相似。

5.  指數函數 $e^x$ 才是這個題目的主角。當在 *x=0-2π(6.283)* 之間的時候，此時的 $e^x$ 變化值還不大。但是，當 *x* 數值再逐漸變大的時候，指數函數 $e^x$ 的威力就會顯現出來了。所以，特性曲線在經過 $2\pi$ 之後，其值突然變得很大。那是因為除了有 $e^x sinx$ 的值之外，另外還會增加 $e^x cosx$ 的值。因為此時會是兩個負值在負負得正的情況下，使得曲線急劇的上昇。但是，到了 $3\pi$ (9.424) 的時候會達到最大值，而過了此點，$e^x cosx$ 的抵銷做用開始發揮作用了，故而曲線就開始下降了。如此，周而復始的循環著。如圖 Fig12-08.4 之所示。

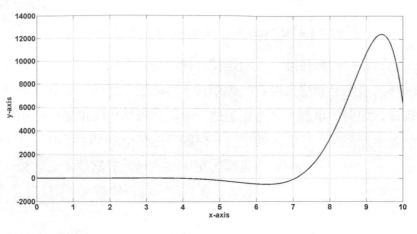

Fig12-08.4

【★★★★典範範例 12-09】

求下列函數的積分，並請解釋該積分之結果及其意義。

$$f(x) = \int \frac{cos(ln\ x)}{x}\ dx$$

## 【解 析】

1.  在表面上看來，這一題似乎是難度頗高的一個題目。因爲它包含了三種不同的
    函數在一個式子內，而且還包含了彼此之間的相乘與與相除。但是，其實還是
    那句老話，要想解開這種多函數組合而成之函數式的積分，首先要想到的除了
    必須要使用「分部積分法」才能解決問題之外。另一個非常重要的「技巧」，
    提供給各位讀者諸君的，那就是「綜觀法」。

2.  什麼是「綜觀法」呢？簡要的說，就是要提升我們自己觀察事物的高度，也就
    是拉高自己本身在思維與觀察上的高度與距離。更進一步的說：

**「綜觀法」就是以綜合性的觀察方式，先對整個函數式做多面性的觀察與思考。**

    千萬不要急於一看到題目，就想要立刻著手去解題目，那往往是浪費時間的，
    也是盲目的，更是不智的。希望各位在這方面多隨著本書中的 [ 典範範例 ]，
    多學習這方面的能力，有了能力之後自然就能對問題看出一些眉目出來，有了
    眉目之後才開始著手進行解題，能培養出這般的能力，就是一種超越的能力。

3. 在這一題中，如果我們仔細的觀察，就一定可以看得出下列的一些眉目來。首先，當看到整個函數式中有 ln x 而且還有 1/x 的時候，各位應該就可以聯想得到它們之間是有密切關連的。因為 ln x「微分」的結果正就是 1/x 。

$$f(x) = lnx$$

$$f'(x) = 1/x$$

4. 由於 *ln x* 與 *1/x* 它們之間有著密切與實質上的關係，而又同時的存在著於同一個函數式之中。所以，在「綜觀法」的綜觀形式之下，可知若設設 *u=ln x* 則正好是 *du=dx/x*。所以，我們就可以將整個式子簡化成為單純的一個變數的積分式，而可以直接的得到該積分的解答。

$$f(x) = \int \frac{\cos(\ln x)}{x} \, dx$$

$$= \int \cos u \, du$$

$$= \sin u + c$$

$$= \sin(\ln x) + c$$

## 【研究與分析】

1. 現在，讓我們再從原函數看起

$$g(x) = \frac{\cos(\ln x)}{x}$$

來看看它究竟是有什麼樣的特質？然後再看看積分之後的特質又會是如何？事實上，這個原函數 *g(x)* 的特性曲線分別是由 *cos(x)*、*ln(x)* 與 *1/x* 這三個函數組合而成的綜合體。雖然它是一個綜合體，但是，我們卻要有各個函數的觀念，有了這些觀念之後，再進一步的看一看那一些函數在這之中所表現「比重」最大。當然，「比重」越大的影響也越大，而整個特性曲線的圖形就會趨向「比重」較大的那個函數的特性，這個觀念是非常重要的，也是「綜觀法」的精隨所在，請各位一定要親身細細的思維並深自的體認它。

2. 在這個原函數之中，*cos(x)* 的值在相對的其他兩個函數，一個是 *ln(x)*，另一個是 *1/x*，則是相對而微不足道的，因為它的值最多也僅介於 *-1* 至 *+1* 之間，比起函數 *ln(x)* 與 *1/x* 的變化算是小的。至於函數 *ln(x)* 與 *1/x* 的特性曲線圖，

則分別如 Fig12-09.1 與 Fig12-09.2 所示。各位在思考上，如果將 Fig12-09.1 與 Fig12-09.2 這兩個特性曲線圖整合一下，或是大致上予以平均一下，大概多少就可以感覺得出一些眉目來。在這裏值得一提的就是 *1/x* 的這個函數波形，請各位要特別的注意，它的特性曲線圖波形在剛開始的時候變化非常的大，在很小的範圍中就急劇的大幅度的下降，比起函數 *ln(x)* 那緩慢的上昇要大得太多了。所以，這整個原函數式的特性曲線圖波形在趨近於 *x=0+* 的時候，受到 *1/x* 這個函數的影響的「比重」會非常的大。也因此，這原函數式在趨近於 *x=0+* 的時候較偏向於 *1/x* 這個函數的特性曲線。但是，*1/x* 這個函數的波形在很短的期間裏就趨近於 *0* 了。所以，這整個特性曲線的表現會在前面很劇烈，而後會趨於平坦。但是函數 *ln(x)* 在同樣的趨近於 *x=0+* 的時候波形也是非常陡峭而向下延伸，雖然沒有 *1/x* 那麼劇烈，但是，畢竟它們的現象是一致的。所以，這個綜合這些函數，它們在趨近於 *x=0+* 的時候會有一個反凸，那是因為 *1/x* 在趨近於 *x=0+* 的時候正值很高，而在逐漸離開後就趨於平坦了，最後也就趨近於 *0*。，整個原函數的特性曲線圖如圖 Fig12-09.3 之所示。

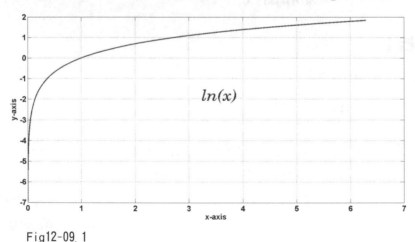

Fig12-09.1

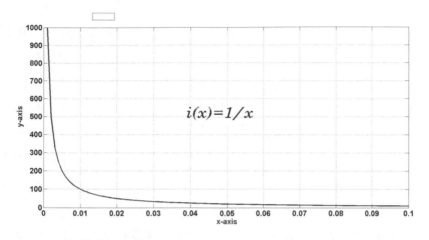

$$i(x) = 1/x$$

Fig12-09. 2

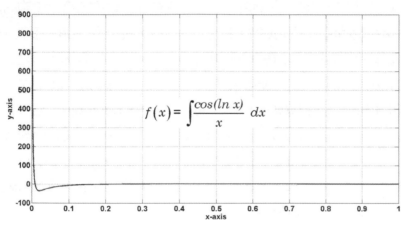

$$f(x) = \int \frac{cos(ln\ x)}{x}\ dx$$

Fig12-09. 3

3. 現在,我們需要進一步的看看原函數積分的結果如何?其所代表的含意又是如何?原函數積分的結果如上之所述:

$$f(x) = \int \frac{cos(ln\ x)}{x}\ dx$$

$$= \int cosu\ du$$

$$= sinu + c$$

$$= sin(lnx) + c$$

其所表現的特性曲線圖如圖 Fig12-09.4 之所示。現在,讓我們對 *f(x)* 做進一步的分析與思考,而所使用的方法,還是如上一個項目中所說的方法,先對這個 *f(x)* 的函數式以及相關的各函數之整合,做出「綜觀性」的研判。

4. 在積分的結果中，首先，我們又看到了 *ln(x)* 這個函數。我們多次說過，指數函數是一條打不死的龍，就是這個道理。對於這個函數我們已經是很清楚的了，就如 Fig13-09 圖之所示。但是現在，有一點必須特別注意的，那就是 *ln(x)* 這個函數是被包涵在 *sin(x)* 的變數中。*sin(lnx)* 這個函數真的是非常的有趣，各位一定要記住它。從這個 *sin(lnx)* 函數的本身來說，不論 *ln(x)* 這個函數如何的在變化，但都跑不出 *sin(x)* 這個函數的範圍之中。也就是說，不論孫悟空有多麼厲害，都跑不出如來佛的手掌心。能夠有這樣的思維與認知，就是又是一種現在超越。現在，就讓我們進一步的看一看，它的結果究竟是如何？

6. 在 Fig12-09.4 的圖中，初期的看起來還滿怪異的。但是，我們如果再仔細的思考一下，就會覺得它應該就是我們所預期的那個模樣。首先，可以看到的就是整個特性曲線圖就如前面所預期的，是包含在 *-1* 至 *+1* 之間，這是受到 *sin(x)* 值的限制，整個特性曲線圖必須是介於這之間。再其次可以看出來的是它具有非常明顯的 *ln(x)* 的特質，在一開始的時候，曲線急劇的下降，然後在快速的攀升而逐漸的拉平。由於 *ln(x)* 的值逐漸的變大，整個 *sin(lnx)* 的值隨著周期變大而逐漸下降。因為 *sin(x)* 是一個週期函數，所以，*f(x)* 函數圖形最後還是會穿越 *0* 值，而來到水平線的下方得負數端。圖 Fig12-09.5 是將 *f(x)* 整個特性曲線的週期放大到由 *0* 至 *4π*，因此，可以明確的看得出來在 *x* 介於 *20* 至 *25* 之間，會穿越 *y=0* 的界限而到達負值區域。

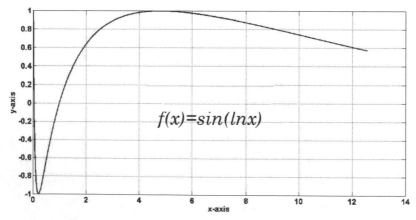

Fig12-09.4

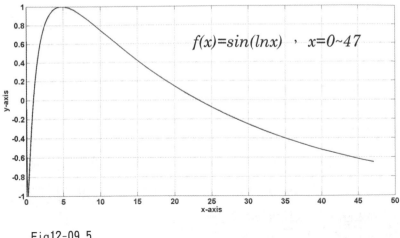

$f(x)=sin(lnx)$ ， $x=0\sim47$

Fig12-09.5

【★★★★典範範例12-10】

求下列函數的積分，並請解釋該積分之結果及其意義。

$$f\left(x\right)=\int sin^2\left(x\right)dx$$

## 【解 析】

1.　這是一題四顆星的題目，為什麼它可以是四顆星的題目呢？這看起來並不是很難的一個題目。事實上，這一題有許多地方需要各位特別注意的，也是許多人很容易混淆不清的。因此，本題最重要的目的是要各位能夠清楚並且明確的認知，究竟那些地方是容易混淆不清而弄錯的。首先，請各位先區別出下列各式，這每一個函數它們的特質究竟是甚麼？彼此之間又有甚麼不同？

     *(1).　f1(x)=sin(x)*

     *(2).　f2(x)=sin(2x)*

     *(3).　f3(x)=sin²(x)*

     *(4).　f4(x)=sin(x²)*

     *(5).　f5(x)=sin(x)²*

究竟這5個函數有什麼不同？它們有沒有相同的地方？最大的差異又在那裡？這才是這一個題目如今所真正要呈現給各位的。要想分析上述的 *f1(x)*、 *f2(x)*、*f3(x)*、*f4(x)*、*f5(x)* 這 5 個函數的差異究竟在哪裏？我們會在本題的【研究與分析】再詳細的分析。

2. 現在，先讓我們看看原函數 $sin^2(x)$ 這個函數所表現的特質是如何？在這裏有一個非常重要的觀念大家需要注意的，那就是有許多人會以為函數 $sin^2(x)$ 它只是 *sin(x)* 的平方倍而已。也就是說，它的「值」與「頻率」都被加倍放大而已。但問題顯然並不全然是那麼簡單，這其中有些地方是容易被疏忽的，各位請先看 Fig 12-10.1 圖，是 *sin(x)* 與 $sin^2(x)$ 這兩個不同的函數的特性曲線同時顯示在同一張圖表圖中，以利參閱比較。

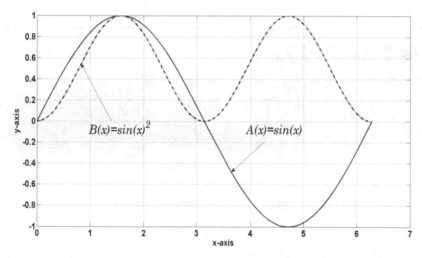

Fig 12-10.1

3. 很明顯的，$sin^2(x)$ 對 *sin(x)* 而言，在頻率上的確是加倍了。但是，在振幅上卻只有原來的一半。原因很簡單，因為 $sin(x)^2$ 的平方倍率，將負值的部分變成正值。現在，讓我們來解這一題的積分。在解這一題的時候，其中最主要的一個關鍵式是三角函數式中常用到的是下列的這個公式：

$$f(x) = \int \sin(x)^2 \, dx$$

$$= \int (1 - \frac{\cos 2x}{2}) \, dx$$

$$= \frac{1}{2} \int (1 - \cos 2x) \, dx$$

$$= \frac{1}{2} (\int dx - \int \cos(2x) \, dx$$

$$= \frac{1}{2} (x - (\frac{1}{2} \sin(2x))) + C$$

$$= \frac{1}{2} x - \frac{1}{4} \sin(2x) + C$$

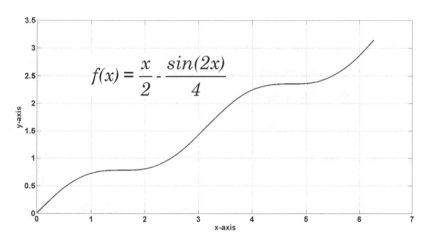

Fig 12-10. 2

5. 面對積分的結果

$$f(x) = \frac{x}{2} - \frac{\sin(2x)}{4}$$

對於它的特性曲線，許多人也許會感到很難思考。但是，事實上，各位跟著本書學習到現在，應該已經可以約略的對這一類函數的特質會有概念才是。就以本題來說，經過前面的這些章節以及超越性的思維，我們應該可以想像得到，*f(x)* 這個函數的重點與特質，其實就表現在 *f(x)* 最前面的這個函數 *x* 的特性上。我們曾經提過，*sin(x)* 函數的特性它只是介於 *-1* 至 *+1* 之間在做周期性波動得一種函數而已，比起 *f(x)=x* 這個項目，那就差得很遠了。雖然 *f(x)=(1/2)x* 這個直線上昇的一個函數除以 *1/2*。但是，其特質並沒有太大的改變，還是會直線上昇形式的。所以，以它跟 *sin(2x)* 相減，*sin(2x)* 是減不過它的，只是略為

表現的呈現彎曲狀的上昇現象。也可以說，在 *f(x)=x* 直線上昇的過程中，有 *sin(x)* 函數的影子。如圖 Fig 12-10.2 所示。

## 【研究與分析】

1.　現在，讓我們來進一步的看一看下列的五個式子，它們之間有什麼區別？是同還是不同？

$$(1).\quad f1(x)=sin(x)$$
$$(2).\quad f2(x)=sin(2x)$$
$$(3).\quad f3(x)=sin^2(x)$$
$$(4).\quad f4(x)=sin(x^2)$$
$$(5).\quad f5(x)=sin(x)^2$$

2.　首先看到的是 *f1(x)=sin(x)* 這個式子，它是一個基本的正弦函數式，可做為與其它波形的比較之用。第二個是 *f2(x)=sin(2x)*，這是將 *sin* 的變數值乘以兩倍後再取 *sin* 值。所以，它的頻率也會是 *sin(x)* 的兩倍，但是，它的振幅的最大與最小值卻與 *sin(x)* 一般，限制在 *-1* 至 *+1* 之間。因為，*sin(2x)* 的意思是該 *x* 變數值乘以兩倍後再取 *sin* 值，也由於它最終取的是 *sin* 值，所以它的範圍仍必須是在 *-1* 至 *+1* 之間。如圖 Fig 12-10.3 所示。

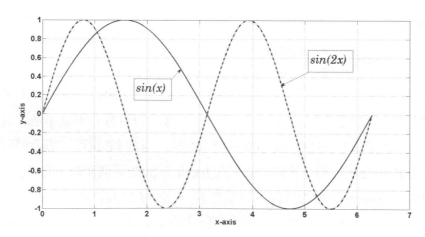

Fig 12-10.3

3.　第三個是 *f3(x)= sin²(x)*，它是整個 *sin* 函數的平方倍，而不是只有其中的變數

而已。故而，雖然它的頻率也會是 *sin(x)* 的平方倍，但是，它的值被平方之後，所以只有正值的部分會存在，振幅縮小。如圖 Fig 12-10.4 之所示。

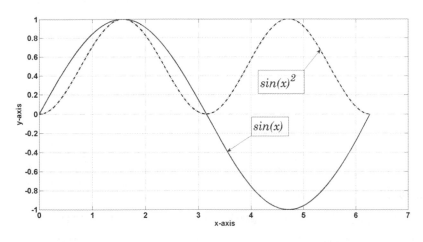

Fig 12-10.4

4. 這第四個是 *f4(x)=sin(x²)*，這是 *sin* 其內的變數 *x* 被平方了，而不是整個 *sin* 函數的被平方。所以，*f4(x)=sin(x²)* 的意義與上述的 *f3(x)= sin²(x)* 意義是完全不同的。*f4(x)=sin(x²)* 變數 *x* 被平方是要特別小心的。因為，變數 *x* 被平方後，它會出現有「指數」的效應。整個正弦 *sin* 的值並不會有什麼改變，因為，無論如何它都是被包含在 *sin* 函述內，故其值是介於 *-1* 至 *+1* 之間。但是，它的頻率則是被「指數」化，故而頻率會快速的被加倍，而成為一種「變頻 (Frequency conversion)」的現象。如下圖 Fig 12-10.5 所示。各位請仔細的看一看該特性曲線圖，它就是一種「調頻 (FM)」的波形，因為，它的頻率一直的在改變。事實上，它的頻率是以指數的方式在一直的遞增之中，所以才會出現這種形式的波形。

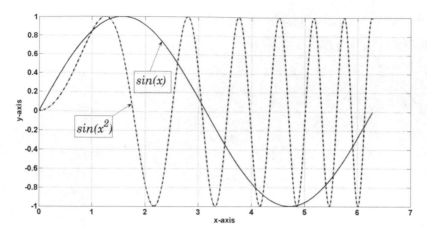

Fig 12-10.5

5. 在收音機中，一般都區分的有「調幅 (Amplitude Modulation.AM)」與「調頻 (Frequency Modulation.FM)」這兩種頻道。「調幅」是人類最早使用的通訊方式，它用的是「振幅 (Amplitude)」的調變方式，以脈衝波 (Pulse) 的高低、大小或快慢來傳遞訊息。但是，這太容易受到外界的打雷或干擾了。「調頻」則是頻率 (Frequency) 的調變，它以改變頻率的方式來通訊，對於外界的打雷或干擾，不會改變該信號的頻率，所以，它是一種非常穩定的通訊方式。

6. 這第五個 $f5(x)=sin(x)^2$ 相信各位是可以認得出來，這各式子其實是與第三式，也就是 $A3(x)=sin^2(x)$ 是完全相同的，只是寫法不一樣而已。

7. 下列所示的這個 Fig 12-10.6 圖是相當難得的一種三合一的特性曲線圖，它同時呈現了較為重要的三個函數的特性曲線圖，藉此可以相互的對照與比較，也因此可以讓各位更清楚的區別出來，並能與前述的解說相互對比，讓思維可以更進一步的超越。

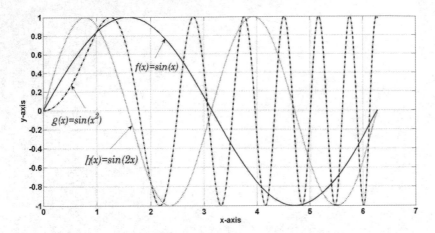

Fig 12-10. 6

# 13

## 特異的奇函數與偶函數

【本章你將會學到下列的知識與智慧】：

# ☆ 13.1
# 不可不知的函數對消作用

在數學的各式各樣函數式中，有一種函數它的本身是具有相當奇特與特異的一種特質，而這種特質則是其他函數所沒有的。所以，需要特別的提出來，讓各位能夠在接觸這一類函數的時候，知道它具有哪些不同的特異與特質，更重要的是，希望藉此讓各位知道將如何面對問題以及如何處理它們。現在，就讓我們進入並討論這種雖是普遍但卻也很特異的函數，這種函數又稱之為「奇函數 (odd function)」與「偶函數 (even function)」。

那麼，它們究竟有什麼特別之處呢？「奇數」或「偶數」不是很平常嗎？那有什麼奇特之處呢？是的，就一般人而言，「奇數」或「偶數」是很平常的事，好像也沒有什麼值得特別該注意之處。事實上，這是對於「奇數」或「偶數」的特質不瞭解之故。首先來說，有一個很重要的觀念，那就是它們具有特殊的「對稱」性質。由於具有這種特殊的「對稱」關係，故而在計算積分的時候，可以藉由這種特殊的「對稱」的關係，尤其是當它們在做「定積分」的時候，它們會對於 $x$ 軸或 $y$ 軸具有上下或左右的對稱關係，在這樣的一種關係下，就必然會產生相互「抵消」的作用，這種「抵消」的作用，會使得整個函數在繁雜的計算過程中，也因而大大的得到了減化的作用，也大大的節省了人力與時間，這是不可不知的。

在下列的這個積分式中，其實，我們不必經過正式的計算過程，對懂得奇函數與偶函數「對消」作用的人而言，他可以直接的寫出答案來，而不必再一步一步演算。下列的這個積分式就是一個典型的例子，它是直接等於「0」的，不必經過演算，其原因將會在下列的章節中再詳論之。

$$f(x) = \int_{-2}^{2} x^3 \, dx = 0$$

## ☆ 13.2
# 奇函數的定義

什麼是「奇函數 (odd function)」呢？它的定義是：

> 「若 *f(-x)=-f(x)*，則 f 為奇函數」。

上面這個式子是「數學」的說法，不一定是每個人都看得懂。讓我們用白話一點的說法。根據上述「奇函數」的定義，它是在說：

**當函數中的變數換為「負」值的時候，整個函數會成為「負」函數。**

那麼，這句話又是什麼意思？用舉例的方式相信更可以說得清楚。

例如：     *f(x)=x* ，*f(-x)=-x*

   *f(x)=x³* ，*f(-x)=-x³*

奇函數有一個特質，那就是奇函數的函數圖形是必然對稱於座標軸的原點的。舉例而言，在奇函數中，當 *x* 值為正的時候，整個奇函數是為正值，而當 *x* 值為負的時候，整個奇函數則又為負值。各位如果注意圖 Fig 13.2.1 的 *f(x)=x* 與圖 Fig 13.2.2 的 *f(x)=x³*，這兩個奇函數的函數圖形，可以發現它們既不對稱於 *x* 軸，也不對稱於 y 軸，它是對「原點」對稱的。

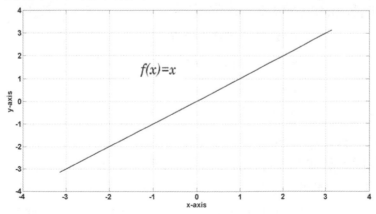

Fig 13. 2. 1　奇函數 *f(x)=x* 圖形

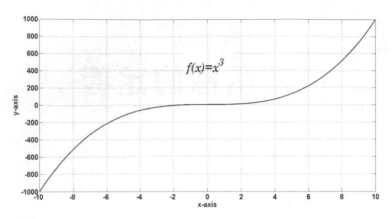

Fig 13.2.2　奇函數 $f(x)=x^3$ 圖形

# ☆13.3
# $sin$ 函數是奇函數還是偶函數？

在三角函數中，$sin(x)$ 究竟是可不可以算是奇函數呢？那就讓我們先來看看 $sin(x)$ 這個函數所表現的現象，是不是符合奇函數的定義。今設：

$x=π/4$　，$sin(x)=0.707$

$x=π/2$　，$sin(x)=1$

$x=π$　　，$sin(x)=0$

$x=-π/2$　，$sin(x)= -1$

$x=-π/4$　，$sin(x)= -0.707$

根據上面的數據，這個 $f(x)=sin(x)$ 的波形，在 $-π$ 至 $π$ 之間，它完全符合奇函數的定義，所以，我們可以說 $sin(x)$ 函數的確是一種奇函數。但是，在所有的奇函數中 $f(x)=sin(x)$ 這個函數要算是相當特殊的了，它不但是對原點對稱，而且它還永

遠不斷地循環著，如圖 Fig 13.3.1 所示。

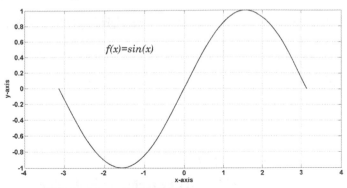

Fig 13.3.1 *sin(x)* 的奇函數範圍

　　然而，我們雖說 **sin(x)** 函數是一種奇函數，至少在 **f(x)=sin(x)** 的波形，在 -π 至 π 之間屬於奇函數是沒有問題的，而它也完全符合數學上對於奇函數的定義 **f(-x)=-f(x)**，但是，問題並沒有如此簡單，若是 **x** 值的範圍不是落在這個範圍之內，則就需要另行定義了。

$$x=(\pi/4)+\pi=5\pi/4 \ (225°)，sin(x)= -0.707$$

$$x=3\pi/2 \ (270°)，sin(x)= -1$$

這顯然就不符合奇函數的定義了。因此，若要論 **sin(x)** 函數是否屬於奇函數，那就要看它論述的是哪一段落。

# 偶函數的定義

　　那麼，什麼是「偶函數 (even function)」呢？它的定義是：

「若 *f(-x)=f(x)*，則 *f* 為偶函數」。

根據上面「偶函數」的定義，它是在說：

**當函數中的變數若換為「負」值的時候，整個函數會成為「正」函數。**

從上列的公式，那麼，這句話又是什麼意思？我們可以直覺的反應出，這種偶函數多為偶數值的倍率，因為，偶數的平方必然為正值。若由定義上來看一看實質的例子就更清楚了：

$$若\ f(x)=x^2$$
$$則\ f(-2)=4=f(2)$$

毫無疑問的，這個函數式表達對於函數 *f(x)* 的定義域內的任意一個 *x* 值，都滿足 *f(x)=f(-x)* 的關係，所以，它當然是偶函數。

但是，如果我們以三角函數中的 *cos(x)* 而言，它是偶函數還是奇函數呢？事實上，這裡有一個同樣的問題出現，那就是要看 *cos(x)* 函數是在哪一個範圍而言。如果 *cos(x)* 函數的範圍是在 $-\pi$ 至 $\pi$ 之間，則是屬於偶函數是沒有問題的。我們可以直接的看圖 Fig 13.4.1 所示，但是，也很明顯的，若是 *x* 值的範圍不是落在這個範圍之內，則就需要另行定義了。所以，若論三角函數是偶函數還是奇函數的時候，必須注意所要談的究竟是哪一個段落？如此才不會錯判。

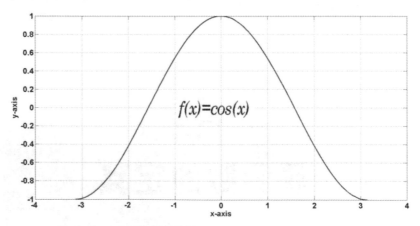

Fig 13. 4. 1　*cos(x)* 的偶函數範圍

# ☆ 13.5
# 由一半而推知另一半

　　根據上述偶函數的定義，我們可以知道，偶函數的函數圖形不僅是對稱於「**y**軸」而已，而且根據偶函數的定義域，它必須也要對稱於原點，否則不能成為偶函數。當 **x** 值分別處於正負的兩邊而又可以使 **y** 值相等的話，當然，它們的波形一定是左右對稱的。例如：**f(x)=x²** 函數等，如圖 Fig 13.5.1 所示。

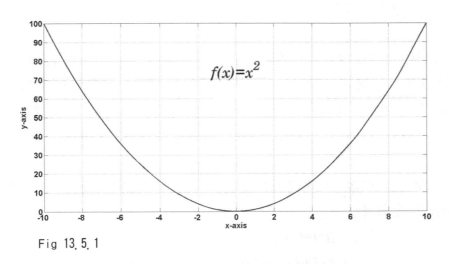

Fig 13.5.1

　　當然，類似於 **f(x)=x²** 函數這種的題目，每一個人都可以一眼就看出來它是偶函數。但是，如果問題略微複雜一些，如果觀念不是很清楚的話，恐怕就不是一眼可以當機立斷的。例如

$$f(x)=(x+2)^2$$

　　這個函數，若是問它究竟是不是偶函數？恐怕，這就要想一想了。它的特性曲線圖如 Fig 13.5.2 所示。

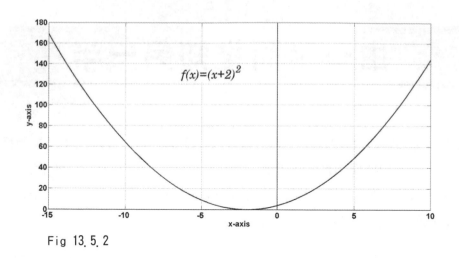

$f(x)=(x+2)^2$

Fig 13.5.2

在 Fig 13.5.2 圖中，函數的最低頂點並不在「原點」上面，而是向左偏移兩格。除此之外，整個函數的外形並沒有任何的改變。事實上，如果我們將該圖向右再移回兩格，則整個圖形就跟 Fig 13.5.1 完全一模一樣了。而我們都知道，

圖 Fig 13.5.1 是一個標準的偶函數。那麼，現在的這個 $f(x)=(x+2)^2$ 算不算是偶函數呢？

要判斷一個函數究竟是偶函數或是奇函數就必須根據定義而行。那麼，讓我們依偶函數的定義來看：

$$f(x)=(x+2)^2$$
$$f(-3)=(-3+2)^2=+1$$

也就是說無論在任何時候，f(x)=(x+2)2 這個函數都符合下列偶函數的這個定義 **f(-x)=f(x)**，所以，它是一個偶函數。故而，就函數的本身而言，只要知道這個函數是奇函數或是偶函數，在整個函數的特性曲線圖上，就可以由其中的一半推知而得到另外的一半，實在是無比的便捷，也大大的拓展了對於函數宏觀與整體性的視野。

**13** 特異的奇函數與偶函數

# ☆ 13.6
# 奇函數與偶函數的特異功能

那麼，對我們解題目而言，奇函數與偶函數究竟有什麼意義或是幫助呢？是的，它們對於一個較為難解或是複雜的函數，最重要的是可以得到「簡化」的功能。也就是說，對於一個相當複雜的函數，當我們進行積分的時候，一定會感覺到相當不容易去對付它，既不容易解出答案來而又非常容易出錯。在這種狀況下，便可以透過這種奇函數與偶函數的技巧，將原先複雜的積分函數，化繁為簡，並簡化為易於處理的模式或函數式，並能很快的求取答案。

根據上述的奇函數與偶函數的定義所賦予的特質，我們可以得到下列對於奇函數與偶函數的組合組態，它們共有下列八種組態：

1. **奇函數 ± 奇函數 = 奇函數**
2. **偶函數 ± 偶函數 = 偶函數**
3. **奇函數 × 奇函數 = 偶函數**
4. **偶函數 × 偶函數 = 偶函數**
5. **奇函數 × 偶函數 = 奇函數**
6. **奇函數 ÷ 奇函數 = 偶函數**
7. **奇函數 ÷ 偶函數 = 奇函數**
8. **偶函數 ÷ 偶函數 = 偶函數**

上述的這些規則，看起來似乎是蠻複雜的，其實，若能仔細的研讀就會發現它們其實具有某種程度的規則性。有一點請注意的是，我們在這裡所談的是「函數(function)」，而不是在談單純的「數值 number)」，不可以將「函數」與「數值」弄混淆了。如果將它誤解或聯想為四則運算的模式，那不但完全的不通，也全然的離譜了。例如，1+3=4 那不是奇數加奇數而得到了偶數嗎？這的確是偶數，但是，這卻不是函數，所以，那就完全的不對了。因此，請特別注意，在下列的論述中，我們將會進一步深入而詳細的來討論這種函數積分的相關問題。

對函數的積分而言，在基本上一定會有它的複雜度與困難度，沒有任何一個人可以說他能隨意或是輕易的解出任何的積分題目或問題。也因此，如何化簡具有複雜度與困難度的函數，是相當重要的一個課題。對於積分簡化的問題與方法上，根據奇函數 (odd function)「定積分」之定義，可得下列的等式：

若 $f$ 為奇函數，則

$$f(x) = \int_{-t}^{t} f(x)\,dx = 0$$

由於奇函數是對稱於座標軸的原點的，就根據這種特性，對於整個積分式而言就可以產生完全的「抵消」作用。現在就以 $f(x)=sin(x)$ 這個函數來看好了。

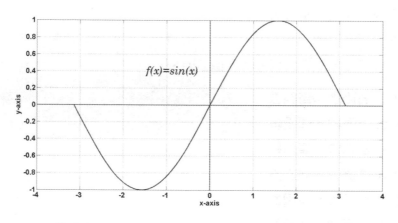

Fig 13.6.1

這個函數各位應該都已經知道了，它是一個「奇函數」，它不但是對稱於原點，而且還是一直的在循環。也就是說，它們是一直而永遠的處於對稱狀態。這種對稱的現象，當要進行「定積分」的時候，只要「定積分」的上下限是對稱的話，相信，各位是可以想像得出來的，它們會產生全面性的抵消作用，而最終會歸於零。各位可以在 Fig 13.6.1 圖中明顯的看得出來，若論面積的話，它的正半波與負半波是可以完全抵消的。

通常，我們對於 $f(x)=sin(x)$ 的積分會按照正常程序做下去，如下所示，所以，它積分的步驟及結果是：

$$f(x) = \int_{-\pi}^{\pi} sin(x)dx$$

$$= -cos(x)\big]_{-\pi}^{\pi}$$

$$= -(cos(\pi) - cos(-\pi))$$

$$= -(-1 - (-1))$$

$$= -(-1 + 1)$$

$$= 0$$

但是，當我們學過了「奇函數」與「偶函數」的知識之後，知道三角函數中的 *f(x)=sin(x)* 這個函數在 *-π* 至 *+π* 的範圍內，它是一個「奇函數」，它不但是對稱於原點，而且是上下對稱的。所以，當我們在實際的運算的時候，就可以直接的寫出下列的結論來：

$$f(x) = \int_{-\pi}^{\pi} sin(x)dx$$

$$= 0$$

由於「奇函數」它的對稱性，積分的結果正好是正負相抵，所以它積分的結果也必然會是零，直接就寫上去了，而不必再花時間去記算它的結果。

現在，再來看看偶函數 (even function) 的積分。根據偶函數 (even function)「定積分」之定義，可得下列的等式：

$$\int_{-t}^{t} f(x)\,dx = 2\int_{0}^{t} f(x)\,dx$$

各位可以看到，偶函數積分的結果並不是等於零，但是，它有一個好處，那就是它可以直接的：

**偶函數積分的結果等於原函數一半的積分，而結果卻是 2 倍。**

這句話是什麼意思呢？各位請先看一看上面的式子就可以瞭解。原函數的積分其上限與下限，在積分後只剩下一半。這其中最大的好處是可以節省一半的步驟，因為，如果是自 *-t* 至 *t* 的積分，那麼這上下的兩道步驟都不能省略。但是，如果自 0 開始積分，它本身自然就可以省下一半的時間與步驟，然後，再將它積分的結果乘以 2 倍即可得到解答。所以，不要小看上述奇函數與偶函數這兩個積分的式子。事實上，在這個宇宙中，絕大多數的現象與作用都是對稱的，這種對稱的現象與作

用也就是奇函數與偶函數的作用。為了能夠進一步的明瞭這兩個函數實際運作的狀況，就讓我們用【典範範例】來做為例子，詳細的做進一步說明與解說。

# ☆ 13.7
# 【典範範例】集錦

## 【★★★典範範例 13-01】

求下列函數的積分，並請說明該積分與結果的意義。

$$\int_{-2}^{2} x^3 \, dx$$

## 【解 析】

1.  就這一題的定積分而言，對現在的各位而言，也許你會覺得實在是太容易了，根本就可以直接的寫出答案來。各位如果有這種感覺，那要恭喜你。因為，你已經學到了這方面相關的知識，也懂得馬上就可以使用這方面的技巧與認知。但是，如果沒有學過奇函數與偶函數這方面相關的知識，或是沒有這方面認知的人，必然是經由傳統式的思維，使用下列的解題方式來解題目。雖然，這一題並不難。

$$f(x) = \int_{-2}^{2} x^3 dx = \frac{1}{4}\left[x^4\right]_{-2}^{2} = \frac{1}{4}\left[(16) - (+16)\right]$$
$$= 64 - 64 = 0$$

2.  當然，對於上述的解題方法是無可厚非的，它是根據積分最基本的定義而來的。但是，對學過奇函數與偶函數的人而言，它的解法就不一樣了。從偶函數與奇函數的定義中，我們知道這是一個奇函數，而奇函數的對稱積分為「零」。所以，直接就可以寫答案了，根本不必再計算，各位看看，這是不是高明多了。

$$f(x) = \int_{-2}^{2} x^3 \, dx = 0$$

## 【研究與分析】

1.  $f(x)=x^3$ 毫無疑問的，這是一個奇函數。

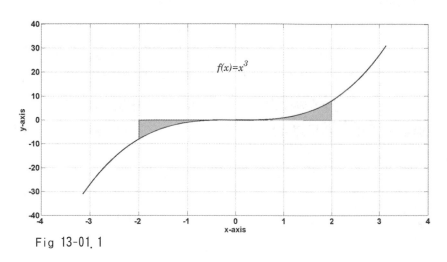

Fig 13-01. 1

但是，它究竟是怎麼樣的一個奇函數呢？如圖 Fig 13-01.1 所示，圖表的確是說明一切最有利的器具，不但如此，甚至它的來龍去脈都可以完全清楚的顯示出來。各位如果看到這個圖表灰色地區的面積，相信會毫無疑問的，在直覺上就認為它們的總面積和當然是為「零」的。

2.  現在，讓我們略微深入的討論這個 $f(x)=x^3$ 函數的特性曲線圖，對於這種三次方的特性曲線之走向，在這裡提供一個簡要的思維給各位。凡是具有單純三次方的一個函數，或是說得更確切些，凡是奇數次方的曲線，它的特性曲線圖的特質均為「斜角」對稱式的，而且也與「原點」對稱。與「原點」對稱會有一個特性，那就是函數圖形所在的位置，多是位於第一與第三象限，或是在第二與第四象限之中。在這一題中，我們可以明顯的看得出來，當 $x=+2$ 的時候，函數 $f(x)$ 的對稱點則必然會 $x$ 落在它的另一邊的對稱點上，也就是 $x=-2$ 那個地方。

3.  剛才說了，凡是奇數次方的曲線，它的特性曲線圖均與「原點」對稱。現在，就讓我們再看看下列的圖形究竟如何？是不是我們所說的那個樣子呢？就再以

$f(x)=x$ 與 $f(x)=x^5$ 這兩個函數式來看，如此，再加上前面的 $f(x)=x^3$，則總共就有三個函數式 $f(x)=x$、$f(x)=x^3$ 與 $f(x)=x^5$，這都是奇函數的最基本代表式。現在，就讓我們進一步的以圖表來解說。

下圖是一張難能可貴的圖表，它將三個函數式 $f(x)=x$、$f(x)=x^3$ 與 $f(x)=x^5$ 同時放在一張圖表之中，如此可便於相互比對，更可舉一反三。

4. 各位應該注意到，在 Fig 13-01.2 圖中的是 $f(x)=x$ 是一條斜線，我們就不再討論它。至於 $f(x)=x^3$ 與 $f(x)=x^5$ 它們其實是非常相似的，但是，如果注意它們的彎曲度，就可以明確的看得出來它們之間的彎曲度是不同的，次方越高，彎曲的程度也會越大。但是，無論如何，各位都應該可以看得出來，它們完全是對「原點」對稱的，所以，若是以 -t 到 +t 之間的積分，它的面積總和必然是等於「零」的。

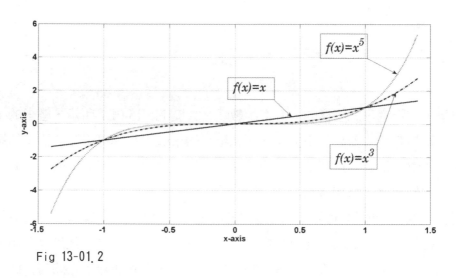

Fig 13-01.2

求下列函數的積分值，並請說明該積分的各項實質意義。

$$f(x) = \int_{-2}^{2} (x^3 + x^4)\,dx$$

## 【解析】

1. 這一題的重點是以一個奇函數與一個偶函數兩個不同的函數形式 $x^3$ 與 $x^4$ 搭配在一起相加然後再積分。也許有人認為 $(x^3+x^4)$ 直接相加就可以化簡得很簡單了。

$$x^3 + x^4 = x^7$$

這樣的想法是錯誤的，也是完全不懂指數函數的。各位應當知道，這是兩個完全「不同的函數」，它們是不可以直接相加的，而是必須各自分開來處理。由於必須分開來處理，那麼，各位應該可以看得出來，原函數是混合了一個奇函數與另一個偶函數所組合而成的，而這也是這一題的妙處。

2. 原函數是分別由兩個不同的函數組合而成，所以，在積分的時候，依照積分的定理可以分開來積分。而對於奇函數這個項目的積分，可以直接的使之等於「零」，而不必再經過繁雜的計算，而直接跨越到下一步。故而，我們只需要將注意力放在偶函數這部分的計算就可以了，然而，依據偶函數的這個部分根據定義，則又可以使用等式原則，精簡而節省一半的計算時間，故而這整道題目相對的就可以簡化得多了。這整個過程其實是相當有趣而又精彩的。也正因為如此，它也相對的可以顯示我們在積分這方面能力的強與弱，與在功夫上的高與低，所以說，這其實就是一種卓越與超越。該函數正確的答案如下所示。

$$\int_{-2}^{2} (x^3 + x^4)\,dx = \int_{-2}^{2} x^3\,dx + \int_{-2}^{2} x^4\,dx = 0 + \int_{-2}^{2} x^4\,dx$$

$$= 2\int_{0}^{2} x^4\,dx = 2 \times \frac{x^5}{5}\bigg]_{0}^{2} = \frac{2}{5}(2^5 - 0^5)$$

$$= \frac{64}{5}$$

## 【研究與分析】

1. 剛才說了，這一題可能會有另外一個做法，那就是

$$f(x) = \int_{-2}^{2} (x^3 + x^4) \, dx$$

$$= \int_{-2}^{2} x^7 \, dx$$

$$= 0$$

各位看到這道題目很直接的想法就是想到要將這兩個不同的函數相加。而成為 $x^3+x^4=x^7$ 這種形式，再根據「奇函數」的定義，而可以直接的得到它的答案，也就是 $f(x)=0$。

2. 然而，這樣的做法是個很嚴重的錯誤。但是，事實上，有許多人卻常會犯這樣的錯誤，所以，還是要小心一點。類似的題目很多，在沒有警覺的狀況下，非常容易造成這樣的疏忽與錯誤，而直接的把這兩個函數的指數相加，合併計算。所以，提醒諸位要小心這種地方。剛剛說了，$x^3$ 與 $x^4$ 是兩個完全不相干的函數，但如果還是有人想不透，而又無法深切的體會這個道理的話，那麼，就以下列的例子來看，相信就很清楚的可以知道所要表達的，究竟是對還是錯了。今假設函數式為

$$F(x)=x^3+x^2+x^1$$

那麼，要問各位的是，它是不是可以化簡為下式呢？

$$F(x)=x^3+x^2+x^1$$

$$=x^{(3+2+1)}$$

$$=x^6$$

至此，相信各位一定可以領悟到，之前說過 $x^3$、$x^2$、$x^1$ 這三個變數彼此之間是完全不相關的三個函數。指數函述當然可以相加，但它的前題必須是：

$$a^x \bullet a^y = a^{(x+y)}$$

例如

$$2^2 \bullet 2^3 = 2^{(2+3)} = 2^5 = 32$$

驗證一下就知道了

$$2^2 \cdot 2^3 = 4 \cdot 8 = 32$$

---

## 【★★★★典範範例 13-03】

求下列函數的積分，並請說明該積分的結果與意義。

$$\int_{-9}^{9} x^3 (3x^4 + 5)^5 \, dx$$

---

## 【解 析】

1. 哇！這道題目看起來很嚇人，的確，這道題目用它來嚇一般的人真的是很好用，讓人看了就怕。不但是如此，用它來考別人也是很好用的，被「考」的人往往都是投降了。但是，這卻是一道非常有意思與有技巧的題目。的確，乍看之下，它的難度很高，但是，若是能懂得訣竅之所在，這種題目反而變得是非常容易，而且也很有趣，更能成為一種超越的成就。

2. 首先，可以看到這其中的一個函數 $(3x^4+5)^5$，要化解這個函數就已經有一定的難度了，更何況這個函數還要乘上 $x^3$，那計算起來也就更不容易了。事實不然，這整個函數是分別由兩個不同的函數合成的，但是，更重要的是，它們這兩個函數之間卻是相乘的。所以，只要懂得這種積分技巧的人，一眼就能看出它的整個積分的結果，答案是「0」，而時間是一秒鐘。

$$\int_{-9}^{9} x^3 (3x^4 + 5)^5 \, dx = 0$$

## 【研究與分析】

1. 這一題是可以直接在問題之後，寫出「0」這個答案。為什麼會是如此呢？現在，讓我們再詳細進一步的分析看看：

   今設

   $$g(x) = x^3$$
   $$h(x) = (3x^4+5)^5$$

   由上式可知：

   $$g(x) = x^3 \text{ 是「奇函數」}$$

$$h(x)=(3x^4+5)^5$$ 是「偶函數」。

各位不要看 $h(x)=(3x^4+5)^5$ 是五次方就以為它是「奇函數」，事實上，必須要看它的內容。根據「偶函數」的定義，將 $x$ 置換為負數的時候，函數的值為正。所以，我們可以看出 $h(x)=(3x^4+5)^5$ 是一個「偶函數」。根據 13.6 節的定義可知：

**奇函數 × 偶函數 = 奇函數**

$$f(x)=x^3 \cdot (3x^4+5)^5 = g(x) \cdot h(x)$$

$$f(x) = \text{奇函數}$$

故得：

$$\int_{-9}^{9} x^3(3x^4+5)^5 dx$$

$$= \int_{-9}^{9} g(x) \cdot h(x) dx$$

$$= \int_{-9}^{9} f(x) dx$$

$$= 0$$

## 【★★★★典範範例 13-04】

求下列函數的積分，並請說明該積分的結果與意義。

$$f(x) = \int_{-pi}^{+pi} sin(x) \, dx$$

## 【解 析】

1. 毫無疑問的，大家都知道，$sin(x)$ 的積分是一個奇函數，而奇函數的對稱積分其值為零。但是，如果我們按照規矩來做，可得

$$f(x) = \int_{-\pi}^{+\pi} sin(x) \, dx$$

$$= -cos(x)\big]_{-\pi}^{+\pi}$$

$$= -cos(\pi) - (-cos(-\pi))$$

$$= 1 + (-1)$$

$$= 0$$

2. 但是，像這樣的題目，我們當然應該會立即的想到奇函數的問題，尤其是像 $sin(x)$ 這樣的函數，它是奇函數的典型代表，所以，我們在看到題目的時候，

當然，應該就可以直接的判定整個函數值

$$f(x) = \int_{-\pi}^{+\pi} sin(x)\, dx = 0$$

## 【研究與分析】

1.  為什麼這一題會是四顆星的題目呢？那麼，我想在這裡再問一次：

    **為什麼 *sin(x)* 的積分會是 *-cos(x)* 呢？**

    $$f(x) = \int sin(x)\, dx$$
    $$= -cos(x)$$

    不要只是會背公式，那意義並不大。正如我們記憶一個人的名字，而卻完全不知道這個人的任何事蹟，則那個人名對我們來說是沒有意義的，而我們記憶那樣的事情也是沒有意義的，即使勉強記住一時，時間一過就一定忘記。所以，我要問，究竟是為什麼？為什麼 *sin(x)* 的積分會是 *-cos(x)* 呢？也許會有人說，那是由公式證明出來的。是的，即使是由公式證明出來的，那是一種就符號邏輯演算而來的。但是，除了符號之外它的真正道理呢？有沒有道理可講呢？當然，這一切都是有道理，也是可以理解的。

    現在，就讓我們看一看下列的積分，並說出它的道理來。

    $$f(x) = \int_{0}^{\pi} sin(x)\, dx = ?$$

    它的答案會是什麼？請各位好好的想一想。

    現在，讓我們求解如下：

    $$f(x) = \int_{0}^{\pi} sin(x)\, dx$$
    $$= -cos(x)\Big]_{0}^{\pi}$$
    $$= -(cos(\pi) - cos(0))$$
    $$= -(-1 - 1)$$
    $$= -(-2)$$
    $$= +2$$

2.  那麼我要問了，為什麼一個 *sin(x)* 的積分會要用 *-cos(x)* 來計算呢？相信這個問題是值得許多學微積分的人去仔細思考的。我常說：「數學並不等於計算。」所以，當然我們要瞭解真相，這就讓我們看 Fig 13-04.1 圖中所示。

**g(x) 的函數曲線是 *f(x)=sin(x)* 函數積分的結果。**

那麼，*g(x)* 這個函數曲線究竟代表的是什麼意義呢？事實上，*g(x)* 這條函數曲線是非常重要的。也就是說，*f(x)=sin(x)* 這個函數的積分結果，完全的顯示在 *g(x)* 這條函數曲線上面。

3. 舉例而言，就讓我們看看下列整個積分的過程，它又在說些什麼？

$$f(x) = \int_{0}^{\pi} sin(x)\,dx$$
$$= -cos(x)]_{0}^{\pi}$$
$$= -(cos(\pi) - cos(0))$$
$$= -(-1 - 1)$$
$$= -(-2)$$
$$= +2$$

首先，我們可以看到的是 *sin(x)* 的積分成為 *-cos(x)*，而自 *0* 至 *π* 積分的結果是2。現在，就讓我們以再進一步仔細的看看，為什麼 *f(x)* 積分結果會是等於 2 呢？從 Fig 13-04.1 圖中可以同時得到印證，*sin(x)* 自 0 至 *π* 積分的結果是我們可以在 *-cos(x)* 這條曲線上找到答案。各位請看，當 *x=0* 至 *π* 的這個範圍中，*-cos(x)* 這條曲線的值從 -1 至 +1，這剛好就是 +2。也正是本題的答案。

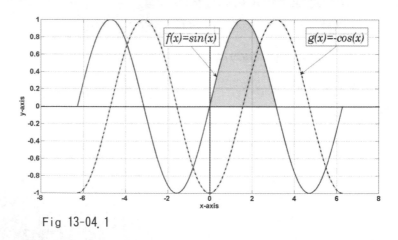

Fig 13-04.1

4. 實際上，在 *g(x)* 這條函數曲線上所表達的一切，正是我們對 *sin(x)* 函數積分所演算的整個過程與結果。再看，*f(x)* 的積分式中，這其中有一個步驟，在上式的第三個步驟，也就是

$$f(x)= -(cos(\pi)-cos(0))$$

這個步驟計算的結果也就是 -(-1-1)=-(-2)=2。這也就是說，當 *sin(0)* 積分到 *sin(π)* 的時候，它的結果顯示在 *-(cos(π)-cos(0))* 這之間，而這兩者之間的值則是等於 *-cos(x)* 的最大的兩個上下峰值，故而加起來為 2。所以，這是它的根由與道理之所在。同理，我們可以由 *g(x)* 這條函數曲線上看得出 *f(x)=sin(x)* 這個函數在每一個段距離，或是每一個定積分的結果，都可以由 *g(x)* 這條函數曲線上面得知。

【★★★★典範範例 13-05】

求下列函數的積分，並請說明該積分的結果與意義。

$$f(x) = \int_{-\pi}^{\pi} cos(x)dx$$

## 【解 析】

1. 我們應該對 *sin(x)* 或 *cos(x)* 函數波形的特性曲線很瞭解了。事實上，像這一題的積分，相信在心目中略為盤算，就可以通達而瞭解它的結果了。就以這一題而言，它是對 *cos(x)* 函數自 *-π* 到 *π* 的積分。我們可以根據「偶函數」的定義，直接的認定它的積分結果為零。但是，這並不是這道題目的真正用意。

$$f(x) = \int_{-\pi}^{\pi} cos(x)dx$$
$$= 2\int_{0}^{\pi} cos(x)dx$$
$$= 2\, sin(x)\big|_{0}^{\pi}$$
$$= 2[sin(\pi) - sin(0)]$$
$$= 2[0 - 0]$$
$$= 0$$

## 【研究與分析】

1. 這道題目真正的用意，是要各位使用 *cos(x)* 函數波形的特性曲線，來明白它積分的結果及其原因，如 Fig 13-05.1 所示。由於它是完全的對 *y* 軸對稱，所以從 *-π* 到 *π* 的積分結果因 *y* 軸對稱而相抵消，故為零。現在，要問的是為什麼 *cos(x)* 從 *-π* 到 *π* 的積分會是零？答案在 Fig 13-05.2 的圖中就可以看得出來。在這個

圖中 *cos(x)* 自 *-π* 到 *π* 的所涵蓋上下的面積剛好完全相等，當然它的積分結果
必然會是零。

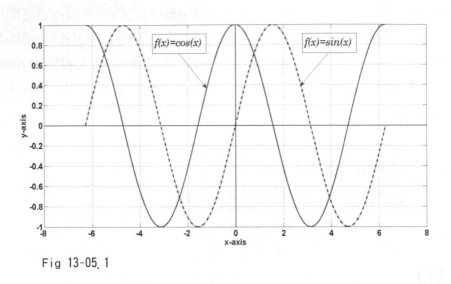

Fig 13-05.1

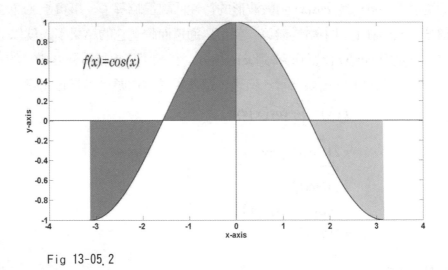

Fig 13-05.2

2. 現在，把剛才的分析做進一步的推廣擴大，並以此希望各位能得到舉一反三的
   效果與好處。我們已經知道了在上式中 *f(x)=cos(x)* 自 *-π* 到 *π* 積分的結果為零
   是如何思考的。如今，就根據這些概念進一步的可以推知其他相關的積分結
   果，那麼請看下式：

$$f(x) = \int_0^\pi \cos(x)\,dx$$

希望的是，各位先不要使用計算的方式，看看是否可以直接的從上式中就看出答案來呢？答案應該是肯定的。就單純的從 Fig 13-05.2 圖來看，若是 *f(x)=cos(x)* 自 *0* 到 *π* 積分，它剛好是 *f(x)=cos(x)* 的一半，而在這一半的曲線圖中，同時可以明確的看出它不但是上下對稱，而且還是面積完全的相等。所以，我們幾乎可以立即判讀出：

$$f(x) = \int_0^\pi \cos(x)\,dx = 0$$

3.  如果再以這樣的思維及觀念來看下一題的結果如何呢？

$$f(x) = \int_0^{\pi/2} \cos(x)\,dx$$

毫無疑問的，根據上述的思維及觀念，我們可以立即在圖中判讀得出來，它的結果必然是 *f(x)=1*，而事實也的確是如此。

$$f(x) = \int_0^{\pi/2} \cos(x)\,dx$$
$$= \sin(x)\big|_0^{\pi/2}$$
$$= \sin(\pi/2) - \sin(0)$$
$$= 1 - 0$$
$$= 1$$

## 【★★★★典範範例 13-06】

求下列函數的積分，並請說明該積分的結果與意義。

$$f(x) = \int_0^\pi \sin(2x)\,dx = ?$$

## 【解 析】

1.  有關於 *sin(x)* 的積分，經過上述這些題目與相關的分析及解說，相信各位已經都能充分的瞭解這其中的道理了。如今再看這一題，則應該會覺得這一題太容易了吧！而如果真的是有這種的感覺，那就好極了。代表您在這方面的認知與理解上，真的是有大的進步了，是超越的。的確，函數 *f(x)=sin(2x)* 它所表現

的特性曲線，正就是 *g(x)=sin(x)* 函數頻率的兩倍，原因很簡單，因為，*sin(2x)*
與 *sin(x)* 相比，當 *x=π* 的時候，而 *2x=2π*。也就是 *sin(x)* 在 *180* 度的時候，
*sin(2x)* 已經來到 *360* 度了。所以，頻率當然是加倍的。除此之外，它的「振幅」
還是與 *sin(x)* 相同，都限制在 *-1* 至 *+1* 之間，並沒有任何被放大的現象。

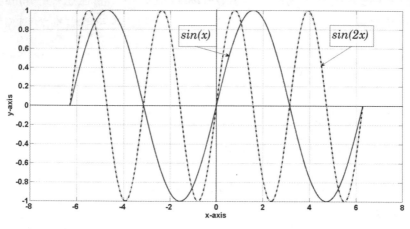

Fig 13-06.1

2. 所以，若是自 *0* 至 *π* 對 *g(x)=sin(x)* 進行積分的話，只有正半波，所得到的會
是 *+2*。但是，若對函數 *f(x)=sin(2x)* 以定積分的範圍是自 *0* 至 *π* 而言，則是剛
好一個週期。所以，上下面積的總和當然是為零。故而，從圖 Fig 13-06.1 中，
就可以直接的判讀函數 *f(x)=sin(2x)* 自 *0* 至 *π* 定積分的結果為「零」。根本就
不必經過任何的計算。

$$f(x) = \int_0^\pi \sin(2x)\,dx = 0$$

而事實上，計算的結果當然也的確是如此

$$f(x) = \int_0^\pi \sin(2x)\,dx$$
$$= -[\cos(2\pi) - \cos(0)]$$
$$= -[+1-1]$$
$$= 0$$

## 【研究與分析】

現在，有一個很重要的問題，希望各位能夠想一想。那就是

**「sin(x) 是一個奇函數，那麼 sin(2x) 或 sin(3x) 是奇函數還是偶函數呢？」**

這是很有趣的一個問題。原則上，我們必須跟著下列的定義去走，那就必須使用數值去驗證，這個部分就留待各位讀者可以詳加研習與驗證。

「若 *f(-x)=-f(x)*，則 *f* 為奇函數」。

但是，除此之外，還有一個可以讓人很容易理解的方式來判斷 **sin(2x)** 與 **sin(3x)** 究竟是不是「奇函數」？那就是用圖解法。各位請看 Fig 13-06.2 圖。它分別顯示的是 **sin(x)** 與 **sin(2x)** 的特性曲線圖。事實上，我們可以直接的從特性曲線圖中來進行研判，同樣是正確與精準的。在函數的特性曲線圖中，要判斷一個函數是否是「奇函數」有三個準則：

(1). 該函數在特性曲線圖中所顯示的是具有與「原點」對稱的關係。

(2). 該函數在特性曲線圖中以「原點」為中心，成斜角對稱的關係。

(3). 在 *x* 軸上，具有正負對稱的關係。

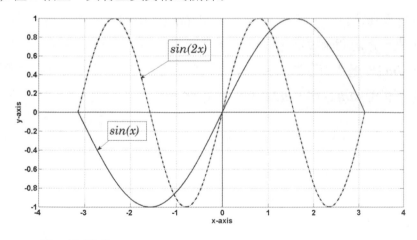

Fig 13-06.2

在這裏各位可能有一個疑慮，那就是 **sin(2x)** 還會是「奇函數」嗎？因為，*(2x)* 這個變數是「偶數倍」，而一個具有偶數倍的函數，會不會就是「偶函數」。事實上，「偶函數」的本身並不是如此定義的。如果各位還是難以想像的話，那麼，各

位不妨再想一想

$$f(x)=x$$

$$f(x)=2x$$

　　這兩個函數是「奇函數」？還是「偶函數」？毫無疑問的，**f(x)=x** 當然是「奇函數」。那麼 **f(x)=2x** 呢？它是「奇函數」？還是「偶函數」？在圖 Fig 13-06.3 中看得出來，**f(x)=2x** 當然還是「奇函數」，這是毫無疑義的。

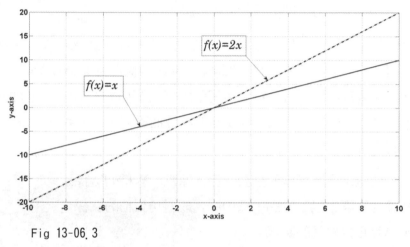

Fig 13-06.3

　　現在，回到前面這個 Fig 13-06.2 所顯示的 **sin(x)** 與 **sin(2x)** 特性曲線圖中，可以明顯的看得出來，這兩個函數是充分的符合「奇函數」的在特性曲線圖上的這三點標準。所以，**sin(2x)** 是「奇函數」是毫無疑義的。那麼，我們再進一步的看 Fig 13-06.4 圖中所顯示的是 **sin(x)** 與 **sin(3x)** 特性曲線圖。

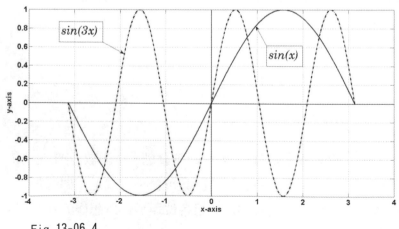

Fig 13-06.4

**13** 特異的奇函數與偶函數

明顯的看得出來，這 *sin(3x)* 函數仍然是充分的符合「奇函數」這三點標準的。所以，*sin(3x)* 仍是一個「奇函數」。綜合以上的論述，可以歸納出下列的一些積分式都是「奇函數」，並依此類推之。Fig 13-06.5 是將 *sin(x)*、 *sin(2x)* 及 *sin(3x)* 合併在一起，提供各位進一步的參考使用。

$$f\left(x\right) = \int_{-\pi}^{\pi} sin(x)\, dx = 0$$

$$f\left(x\right) = \int_{-\pi}^{\pi} sin(2\,x)\, dx = 0$$

$$f\left(x\right) = \int_{-\pi}^{\pi} sin(3\,x)\, dx = 0$$

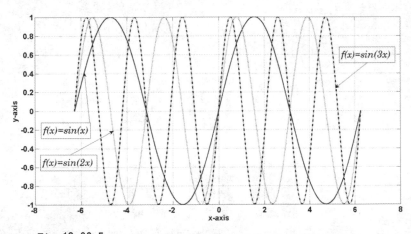

Fig 13-06.5

# 14

# 高階的面積分
# 與體積分

【本章你將會學到下列的知識與智慧】：

# ☆ 14.1
# 積分的進階思維

　　「積分」的本質就是一種「微量加總」的意思。這個「微量」究竟有多微小呢？理論上，這個 $\Delta x$ 可以小到無限小，這個「無限小」也正是數學了不起的地方，它可以小到接近於 0，也就是 $\Delta x \to 0$，但是就是不等於 0。加總的意思就是將無數最細微的量加在一起的總和。各位應當還記得，在「微分」的思維中，它是在求得最微量的「因果變化」。而「積分」則是「微分」的反運算，故又稱之為反導 (antiderivative)。「微分」是將「總量」化解為「微量」，然後再來看它與分析它最細微的狀況下的變化。而「積分」則是相反的，也就是說，它是「反過來」思考與運算。它是將最細微狀況下的變化加總，而求得總體性的結果。所以，「微分」與「積分」在事實上，它們就有着極為相連一體兩面的關係。

　　例如說，就一條函數曲線而言，「微分」是在告訴我們在該曲線上每一點的變化情況。也就是藉由「微分」我們可以確切而真實的知道，在該曲線上任何一個地方最細微的變化如何。反過來說就是「積分」了，「積分」是將該曲線上每一個地方最細微的變化，將它逐一的加總起來，求得它加總結果的如何。「曲線」可以是這個觀念，而「面積」在積分上，當然也是相同的觀念在相互的運用著。

　　「不定積分」是一種總體性的觀念。因為，該函數的積分並沒有界限的限制。它將邊界的界線 $x=a$ 與 $x=b$ 的範圍取消，而不再有邊界的界線上限制，在這種狀況下，可以想見的是由於不具有限性的範圍，所以，任何能夠滿足其導函數的函數 F 都成立。故而，一個函數的不定積分並不是唯一的。但是能夠滿足其導函數是函數 f 的函數 F 卻也不是任意隨便都可以。上面這句話聽起來矛盾，事實上，由於常數的微分等於零，而「積分」簡單的說則是「微分」的反運算。所以，在「積分」的結果中，必須將該常數予以恢復是理所當然的事情。也因此我們最常用的就只是將與相差一個常數的函數 $F+c$ 的方式來表達該「不定積分」的結果。這個 c 代表的是一個常數，是一個不定的常數。所以說一個函數的不定積分並不是唯一的就是這

個意思。「不定積分」就是透過該函數的原函數,可以廣泛的計算出它在整體性上的累積數值。

「定積分」的發展由於它是可以滿足特定使用者之特定需求,很自然的就面對了直接應用上的問題,也是最常被用來解決面積或體積上的問題。任何的曲線,只要有方程式可循,而又可以界定出上下限的所在,那麼當然就可以使用「定積分」的方式,用以求得所界定與所需要的該項的面積、體積與各項的累積和。就面積而言,它必須具備「高度」與「寬度」的範圍,雖然,函數方程式所表現的曲線不一定是直線,但是,它無論如何都必須是有規範的,這一點在計算面積的時候,觀念上首先是必須被確立的。

函數式或是方程式是所有數學理論與實用的根基,函數式或是方程式的數學只能說是「算數」,人類在「算數」上打滾了幾千年都沒有什麼進步,直到有了函數式與方程式的出現,人類在數學上才有了突飛猛進的表現,也才有今日科學的成果與科技的文明。

就積分而言,人類對於面積的計算跨越了固定的規則形體,而進入的不定形面積的計算,它可以是任何形狀的面積,甚至是可以相互交叉或交越,這都不成問題。這就讓人類走入了大自然,而與大自然的現象結合在一起,因為,大自然的現象多是不規則的。這世界上的山脈,沒有一座是方形的,也沒有一座是圓形的,它們幾乎都是不規則形狀的。所以:

**「在任何的研究中,如何將數據轉換成對應的方程式,是所有科學家都夢寐以求的。」**

美國著名的天文學家哈伯(Edwin Powell Hubble,1889~1953),哈伯證實了銀河系外其他星系的存在,並發現宇宙中所有的星體都存在有「紅位移 (redshifts)」的現象。「紅位移」是一種光的「都卜勒效應 (Doppler shift)」,當發光的星球遠離我們的時候,它所發的光會被拉長,而向紅光偏移,因為,在可見光中,紅光的波長最長,而來自星系光線的紅位移現象,顯示它們與我們之間的距離成正比。哈伯為瞭解釋這個現象,發表了哈伯定律 (Hubble's law),以方程式表示:

$$V=H^0D$$

式中 V 是由紅位移現象測得的星系遠離之速率,$H^0$ 是哈伯常數,$D$ 是星系

與觀察者之間的距離。由於這個方程式的確立，而成為宇宙起源的「大霹靂 (Big Bang)」及宇宙膨脹的有力證據。

故而，在任何的研究中，如何將所取得的相關數據，轉換成所對應的一個方程式，是所有科學家都夢寐以求的事情。即使是最簡單的自由落體運動，我們都無法用語言去描述它。但是，義大利物理學家「伽利略 Galileo Galilei，1564~1642）的一個「自由落體運動方程式」，就成了千古不移的定律。

$$s = \frac{1}{2}gt^2$$

式中的 $s$ 是位移的距離，$g$ 為重力加速度，$t$ 為下落時間。如圖 Fig 14.1.1 所示。各位不要小看了這個特性曲線圖，事實上，它也是由「自由落體運動方程式」積分而成，圖中的每一點都是任何物質的自由落體之時間與距離的關係，在圖中，我們約略的可以看出，自由落體 10 秒後，其掉落的距離約達到 500 公尺，這其實是相當快速的 ( 註 : 各形式的物體其對空氣的阻力略 )。

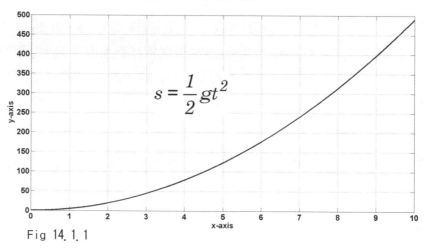

Fig 14.1.1

如果對於上圖不習慣的人，可以看下一個圖的「自由落體運動方程式」，它與上一個方程式只差一個負號而已。所以，同樣的道理，如果將物體向上拋擲，除非本身有動力系統，否則受地心引力的影響，該物質受地心引力重力加速度這個常數 **9.8m/sec²** 的影響，就會越來越慢，而距離就會越來越少，在圖中，我們依然可以看出，在第 9 秒至第 10 秒之中，其減少的距離達到將近 100 公尺，而到達第 10 秒時，其距離漸少了 500 公尺。如圖 Fig 14.1.2 所示。

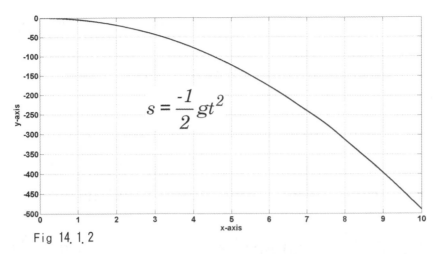

$$s = \frac{-1}{2} gt^2$$

Fig 14. 1. 2

　事實上，不論是對於線段或是面積或是任何形狀之體積的積分，真正居於關鍵性地位的，不在於微分或積分的本身，更不是在於它的難度上面，真正的關鍵是要知道它的源頭是如何？它是用來什麼的？所以，如何取得足以代表現象本身的「方程式」，這才是居於關鍵性的地位，其餘的都是客觀條件。如果不懂得方程式的意義，而只知道計算，那不是人類該有的行為，那只是個機器。所以，一個好老師一定要先讓學生懂得所面對的函數或是方程式的特性曲線，然後再來談計算。否則，算了半天也不知道自己究竟是在做什麼？那就完全是沒有理性的，當然也就是沒有意義的。

# ☆14.2
# 不規則平面面積之處理

　對於不規則平面面積之處理，幾乎唯一可以選擇的就是「積分」。「積分」是《微積分學》與《數學分析》裡的核心概念。平面積分的處理則又可以分為「定積

分 (definite integration)」」和「不定積分 (indefinite integration)」這兩種方式。

所謂「定積分」是：

對於一個定值的實函數 *f(x)*，該 *f(x)* 在一個實數區間 [a，b] 固定的區域裡，則定積分為：

$$\int_a^b f(x)\,dx$$

在直角座標上，函數 *f(x)* 可以是任何形狀的函數或方程式，再經由其間的邊界之界線 *x=a* 與 *x=b* 及 *x* 軸所圍成的曲邊之面積值，而這個面積值必然是一個確定的實數值，所以稱之為「定積分」。

至於「不定積分」，從字面上就可以瞭解到，該函數的積分是沒有界限的限制的。也就是將邊界的界線 *x=a* 與 *x=b* 的範圍取消，而不再有邊界的界線上限制。在這種狀況下，由於不具有限定性或是固定的範圍，所以，任何能夠滿足其導函數的函數 *F* 都成立。故而，一個函數 *f* 的不定積分並不是唯一的，但是能夠滿足其導函數是函數 *f* 的函數 *F* 卻也不是任意隨便都可以。事實上，各位不妨想一想，在微分的過程中，常數的微分等於零。而「積分」簡單的說則是「微分」的反運算。所以，在「積分」的結果中，必須將該常數予以恢復，這是理所當然的事情。也因此我們最常用的就是以 *F+C* 的方式來表達該「不定積分」的結果，式中的 *C* 是代表一個常數。「積分」就是透過該函數的原函數，計算它在某一個區域上的累積數值。「積分」已成為高等數學中最基本常用的工具，並在所有的科學與工程及經濟的學科中，得到廣泛的運用。

「定積分」的發展由於它是可以滿足使用者特定的需求，很自然的就面對了實際上的應用，也是最常被用來解決面積的問題。任何的曲線，只要有方程式可循，而又可以界定出上下限的所在，那麼當然就可以使用「定積分」的方式，用以求得所界定與所需要的該項的面積、體積與各項的累積和。就面積而言，它只要具備「高度」與「寬度」的範圍，雖然，函數方程式所表現的曲線可以是任何形狀，但是，它無論如何都必須要有「長度」與「寬度」才能夠圍成所需的面積。所以，不論曲線的形狀如何，「上下的高度」與「左右的寬度」是一定要有的，這一點在觀念上一定要有。

「積分」的本質就是一種微量加總的意思。微量「加總」這個「加總」的意思

就是將無數最細微的量「相加總合」在一起。當然，我們不可能逐一的一個一個用人工加總，但是，「積分」這個方法可以幫我們去將它們充分加總在一起。但是，各位應當還記得，在「微分」的思維中，它是在求得最微量的「因果變化」。而「積分」則是「微分」的反運算，故又稱之為反導 (antiderivative)。「微分」是將「總量」化解為「微量」，然後再來看它與分析它最細微的狀況下的變化。而「積分」則是相反的，也就是說，它是「反過來」思考與運算。它是將最細微狀況下的變化加總，而求得總體性的結果。所以，「微分」與「積分」在事實上，它們就有着極為相連一體兩面的關係。

例如說，就一條函數曲線而言，「微分」是在告訴我們在該曲線上每一點的變化情況。也就是藉由「微分」我們可以確切而真實的知道，在該曲線上任何一個地方最細微的變化如何。反過來說就是「積分」了，「積分」是該曲線上每一個地方最細微的變化，將它逐一的加總起來，求得它加總結果，它告訴我們，總量的結果或是結論的答案是如何？

值得一提的是，積分所得到的面積是有正負之分的。就以 *sin(x)* 這個函數來說，如果積分的範圍是自 0 至 $\pi$，其結果是 +2，而如果積分的範圍是自 $\pi$ 至 $2\pi$，則其結果是 -2。所以，*sin(x)* 這個函數積分的範圍如果是一個週期，也就是自 0 至 $2\pi$，則其最終的結果將會是 0，因正半周的正面積與負半周的負面積相互抵消了。

$$\int_0^{2\pi} sin(x) = \int_0^{\pi} sin(x) + \int_{\pi}^{2\pi} sin(x) = 2 + (-2) = 0$$

# ☆ 14.3
# 如何求兩曲線之間的面積

單一的一條曲線，它的面積可以界定在範圍限制與曲線的本身及 X 軸或 Y 軸

所圍成的區域或面積。再依據定積分的方式就可以求得所需要或所指定的面積，無論該面積的形狀如何？重要的是它是可以規範的。「積分」本身的難易程度不是問題，現代的「電腦 (Computer)」會做得比我們好太多了，把計算的部分留給電腦，我們所要的是「思」與「想」。正如人類單憑兩隻腳走路而要與汽車、飛機比快慢或是路程，那同樣的是沒有意義。

在這之前，我們所需要求得的面積之底線都是以 X 軸或 Y 軸為底限的。但是，如果進一步所要求的面積，其底限不是在 X 軸或 Y 軸上面的時候，那麼，該如何處理這個面積的「積分」問題？這個問題是很真實而層次則是比較高一些，各位可以先思考一下，再看下一步。

事實上，我們可以使用「減法定則」，在曲線中定下「左右」兩邊的限制或範圍，於是「左右的寬度」就有了。再讓兩條曲線都以 X 軸為其底線，從「減法定則」中，我們就可以取得中間區塊的面積了。這也就是「兩曲線間面積」定理：

**若函數 $f(x)$ 與 $g(x)$ 在〔a，b〕區間為連續，則在函數 $f(x)$ 與 $g(x)$ 及〔a，b〕之間所形成的面積為：**

$$A = \int_a^b \left[ f(x) - g(x) \right] dx$$

這個定理究竟是在說什麼呢？我們應該可以看得出來，它在求這兩個函數方程式中間的夾層的面積。如圖 Fig 14.3.1 所示。

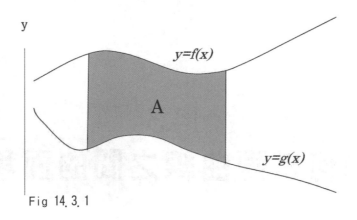

Fig 14.3.1

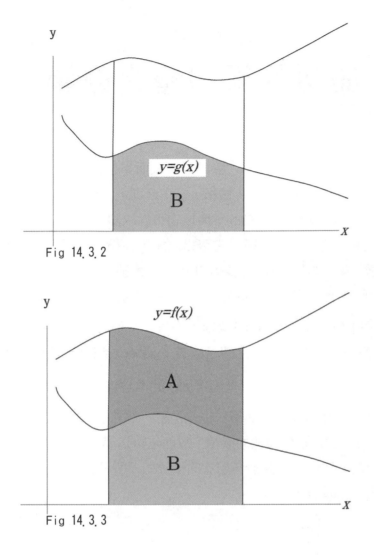

Fig 14.3.2

Fig 14.3.3

　　事實上，這兩個函數方程式所產生的面積並不是僅僅只有中間夾層的面積。它總共會產生三個不同型態的面積。其一是面積 A，也就是這兩個函數方程式中間夾層的面積。其二是如圖 Fig 14.3.2 位於 *y=g(x)* 下方的面積 B，對於這塊面積，我們僅需要用到函數式 *y=g(x)* 的積分就可以了。而第三個就是位於 *y=f(x)* 下方的面積 A+B 了，如圖 Fig 14.3.3。所以，在實際應用上，我們都必然可以看得出來，位於兩個函數方程式中間的夾層的面積 A，在積分的時候，用到的正是函數的「減法定理」，也就是 *f(x)* 積分 *-g(x)* 積分之後所到的面積。

☆ 14.4

# 如何計算物體之體積

　　積分是由「線段」開始，再由「線段」擴展而累積到「面積」，當然，若是再對「面積」進行累積就會進展到「體積」。在原則上，也是基本上的認知，對於 dx 的積分是屬於一個變數，是一維的，所以它可以求出「線段」，對於 dxdy 的積分是屬於兩個變數，是二維的，所以它可以求出「面積」。而對於 dxdydz 的積分是屬於三個變數，是三維的，故而它求出來的是「體積」。

　　但是，在進一步談「體積」的積分之前，我們必須要先懂得如何處理多重積分的問題。對於 $\int f(x)\,dx$ 這種形式的積分，事實上，這種形式的積分，我們已經用它積出了許多函數的面積，但它卻是只有一個 $dx$，那麼，為什麼單獨的一個 dx 卻可以求得二維的「面積」？那是因為 $f(x)$ 的本身就是一個維度。所以，對於 $\int f(x)\,dx$ 的積分，當然就是二維的面積。也就是說，當 $f(x,y)$ 為固定單位的時候，則 $\int f(x,y)\,dxdy$ 所計算的就是單位面積的累積，故而它可以是一個體積。所以，它也就是等同於單積分的 $\int f(x)\,dx$。有關於各層次的積分如下所示。

1. 一維「線段」的積分：

$$\int dx$$

$$\int 1\,dx$$

2. 二維「面積」的積分：

$$\int f(x)\,dx$$

$$\iint 1\,dxdy$$

3. 三維「體積」的積分：

$$\iint f(x,y)\,dxdy$$

$$\iiint 1\,dxdydz$$

4. 四維時空的積分（包含時間變數）：

$$\iiint f(x, y, t)\,dxdydt$$

若函數 *f(x,y)* 是一個具有兩個變數的函數，而且是在一個封閉的方形區域（closed rectangular region）R 內，且是連續的，則 *f(x,y)* 函數在 R 內是可以積分的。可以以其積分求得所需的體積：

$$V(s) = \iint_R f(x, y)\,dA$$

這個數學式子的意義同樣是在說，在積分求體積的時候，所使用的基本原理，是以小方塊 *dA* 依函數 *f(x，y)* 累加而成。當然，這裡所謂的小方塊其體積在理論上是趨於無限小的，只有越小才會越精準。上式中的 dA 如果用另一個方式寫，也就是 *dxdy* 所代表的面積，而 *R* 則代表的是一塊我們所求該體積的封閉區域。

多重積分 (multiple integration) 可以用來計算「體積」，以及超過體積以上的維度。什麼叫做「超過體積以上的維度」？也就是說，它可以進行超過三維以上的積分。例如一個正在膨脹的氣球，它有三維的體積，但它的體積卻又隨時間而不斷地變大，這時候需要使用到四重積分，也就是

$$\iiiint dxdydzdt$$

因為，這裡面除了 *x*、*y*、*z* 的維度之外，還必須包含了時間 (t) 的因素。而如果還有其他特殊而不同的變數，當然還可以使用更高的維度來表達。

多重積分的計算也如多次微分一樣，微分在整個的過程中，可以在微分之後再微分，二次微分、三次微分，不論它有多少次，由內而外，一次一次的來。同樣的，多重積分的計算也是不論它有多少「重」，我們在計算多重積分的時候，仍然是一次一次的來，也就是一步一步的由內而往外做。

對於一個物體或是相關事物的處理，包含形狀、段落或大小等，尤其是對於不規則形體的物體甚至是流體，絕大多數的時候能夠想到的解決方法就是「積分」了。在這個章節中，將會教導各位使用一種較為特殊的處理方式。這種方式就是先使用「定積分」，然後再將定積分所得到的面積予以「旋轉」處理，因為面積的旋轉所得到的就是一個「體積」。這樣的一種方式，我們又稱之為「旋轉體積法 (Volumes of Solids of Revolution）」。旋轉體積法是可以求得任何形狀的體積，它的體積可以隨著任何形狀之曲線或是面積之不同而產生不同的體積。在「旋轉體積法」中則又可以區分為 (1) 圓盤法 (circular-disk method)：它是在直角座標軸中，以任何一個平面區域或是平面的面積，若是將它繞著 $x$ 軸或 $y$ 軸做 360 度的旋轉，則該旋轉過的區域就會產生一個固定形狀的體積。使用這種方式求得的體積就稱之為「圓盤法」。(2) 柱殼法 (cylindrical shell method)：以一塊極細微長條形狀的面積，圍繞座標軸旋轉，並以此而逐漸的從積分中而累積。也就是以積分的概念累積小面積，再將累積的面積做 360 度的旋轉，如此可以得到一個體積，這種方式稱之為「柱殼法」。下面的章節將會有詳細的論述。

# ☆ 14.5
# 圓盤法 *(circular-disk method)*

這也是體積的積分最原始的思維的起點。將一個物體沿著 $x$ 軸予以切成薄片而成為一個「圓盤」式的極薄片形狀，然後再將該物體所切出來的薄片，依函數式的條件將所有的薄片累加而成總和，這個總和的值就是所求該物體之體積。如圖 Fig 14.5.1 所示。

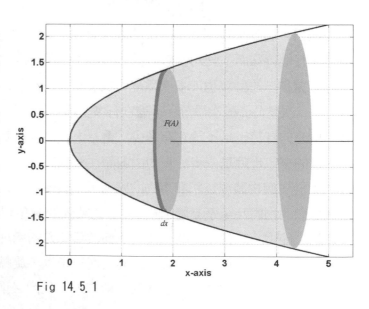

Fig 14.5.1

在圖 Fig 14.5.1 中，由「雷曼和 (Riemann Sum)」可以求得整個體積為：

$$V\ (Volume) = \lim_{\Delta x \to 0} \sum_{i=1}^{n} F(A) \cdot \Delta x_i = \iint\limits_{R} f(x,y)\,dxdy$$

這種由雷曼和 (Riemann Sum) 所求得整個體積又稱之為「雷曼積分 (Riemann integral)」。這個式子正如在上一節所述，它雖然是二重積分，但是，所積分出來的則是一個體積。因為，*f(x,y)* 的本身所代表的就是第三維的一個高度，而 *x*、*y* 是另外兩個維度。這種「切片法」也是在體積的積分中，最常被使用到的一種方式與方法，它幾乎可以解決絕大部分體積的積分問題與需求。

但是，這種「切片法」切成薄片的方式，要取得整個「切片」完整的三維資料，卻也是有實質上的困難。不但三維的資料取得困難，在實際上的計算也不容易。但是，相對於這三維的資料，對於取得微量的平面資料 *(dx)* 卻是相對容易得多。於是，將微量的平面 dx 加以積分累積，就會得到一個屬於所需要的「面積」，再將該面積依據一個軸線予以旋轉，就會產生我們所需要的體積。

任何一個平面的面積之旋轉都會產生一個對應的體積，這就是「圓盤法」進一步的基本觀念與精神。平面的面積在旋轉的時候必須要有基準的軸線，在直角座標中，為了方便，大多時候使用的是以 *x* 軸或 *y* 軸為中心而旋轉。如果使用 *x* 軸為中心旋轉，這個時候我們就需要對 *dx* 積分。相對的，如果使用 *y* 軸為中心旋轉，則需對 *dy* 進行積分。根據「雷曼積分 (Riemann integral)」可得「雷曼積分公式」如下：

$$V\ (Volume) = \pi \int_{a}^{b} \left[ f(x) \right]^2 dx$$

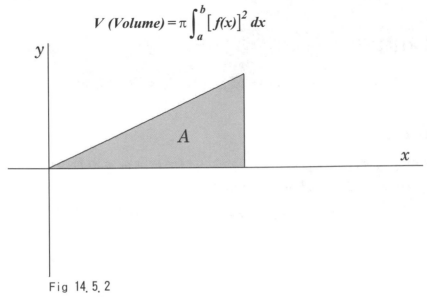

Fig 14.5.2

在圖 Fig 14.5.2 所示的是一個平面的三角形。它的面積是 A，當它繞著 *x* 軸旋轉的時候，就產生了一個體積，如圖 Fig 14.5.3 所示的體積 V。

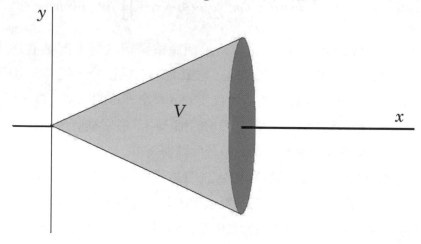

Fig 14.5.3

使用這個方法所產生的體積稱之為「圓盤法」。對於該平面繞 x 軸旋轉時所產生的旋轉體積公式如下：

$$V\ (Volume) = \pi \int_{a}^{b} \left[ f(x) \right]^{2} dx$$

式中的 *f(x)* 即為曲線的函數式。現在就讓我們以「範例」來做進一步的解說與論述。

## 【範例 -01】

求函數 f(x)= $\sqrt{x}$ 在 *x=1* 至 *x=3* 的範圍中旋轉所產生的體積。

## 【解 答】

該曲線函數 f(x)= $\sqrt{x}$ 具有根號，許多人對於根號會感覺有些迷惑。事實上，如果我們由另外一個方向 *y²=x* 這個函數來看，就比較容易明白。其特性曲線如圖 Fig 14.5.4 所示。這個灰色區域若以 *x* 軸為中心線旋轉時，所產生的體積如圖 Fig 14.5.5 所示。

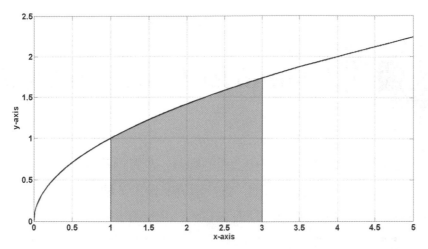

Fig 14.5.4

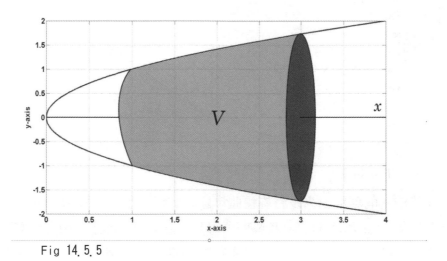

Fig 14.5.5

使用「圓盤法」體積之公式，可得：

$$V = \pi \int_{1}^{3} (\sqrt{x})^2 \, dx = \pi \int_{1}^{3} x \, dx$$

$$= \pi \left[ \frac{x^2}{2} \right]_{1}^{3} = \pi \left[ \frac{9}{2} - \frac{1}{2} \right]$$

$$= \pi \left[ \frac{8}{2} \right]$$

$$= 4\pi$$

故得該體積 (V)： $V = 4\pi$ ( 立方單位 )

# ☆ 14.6
# 柱殼法 *(cylindrical shell method)*

「柱殼法」是用來計算直角座標上面的圖形，在與軸垂直的狀態下，取得微長方形 **Δx** 進而可以累加得到區域面積，然後環繞 **y** 軸或 **x** 軸旋轉，經由旋轉而產生得到的體積，這種方法也簡稱為「柱殼法 (Shell Method)」。

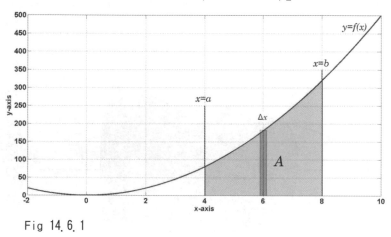

Fig 14.6.1

「柱殼法」的理論由來是將旋轉體，區分成很多很薄的柱殼 **(Δx)**，然後使用定積分的觀念，再將這些柱殼在旋轉時所得到的體積累加起來，而得到整體的旋轉體之體積。事實上，柱殼法的這個方法有其特殊與方便之處，它的圖形是繞 y 軸在旋轉，這是它的特色，但是體積卻是沿著 **x** 軸而積分，如圖 Fig 14.6.1

一般的微積分的教科書中，在「定積分 (definite integral)」的基本原理這個部分，常使用一個很有名的「雷曼總合 (Riemann Sum)」的方法做為基本的論述。這個方法也就是我們最常使用的細微「分段 (partition)」的方式，然後再將各極微的各小段相加求得「總和 (Sum)」的一種方法。這是積分的基本起點，它不但是可以用在線段上，也可以用在面積上。同樣的，它也可以用在體積上。今有一段曲線 **y=f(x)**，設在該曲線中有一段 **x=a** 與 **x=b** 的區間，這段區域為未知，但重要的是它必須是與 **y** 軸或 **x** 軸是完全垂直的，則由 **x=a** 與 **x=b** 所圍成的區間，經由 **Δx** 的積分可以

獲得該區域之面積 A，如圖 Fig14.6.2 所示。該切成一個「殼」狀的細微薄片與 *y* 軸成垂直狀態，累加以後再依 *y* 軸或 *x* 軸之軸予以做 360 度的旋轉，如圖 Fig14.6.2 所示。

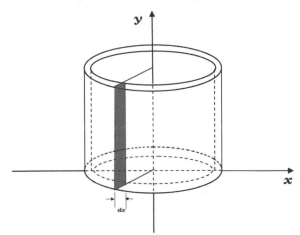

Fig 14.6.2

$$V = 2\pi \int_a^b xf(x)dx \text{ --------- (1)}$$

$$V = 2\pi \int_a^b yf(y)dy \text{ --------- (2)}$$

圖 Fig 14.6.2 所示意的圖形，*dx* 垂直於 *y* 軸，在繞 *y* 軸旋轉時會產生一個圓殼形 (Cylindrical -shell) 的體積，該 *dx* 再經由積分則可以得到整個函數 *f(x)* 的體積。有一點需要說明的，各位不要認為這種圓殼法所求出來的一定是一個圓柱形的體積，在 Fig 14.6.2 圖中只是一種示意的圖形，並非都是圓柱體這種形式，至於所積分的體積將會是如何，則必須依 *y=f(x)* 與 *x* 軸之間所界定的區域而定。凡是依照這種旋轉求得體積的方式，均可以使用這個方式，很方便的就可以求得該函數的體積。所以，這個方法是在積分求體積的時候最常用的方法。這整個過程還是依雷曼和定理 (Riemann Sum) 延伸而得，只是由於旋轉的關係而產生了一個增加的 *π* 值。若函數 *f* 在 [*a*，*b*] 的區間是連續，則在 *y=f(x)* 與 *x* 軸之間所界定的區域，繞 *y* 軸旋轉，如圖 Fig 14.6.2 所示，可得「柱殼法」旋轉體積公式。

請使用柱殼法求函數 $f(x) = \sqrt{x}$ 在 $x=1$ 至 $x=3$ 的範圍中，
依 $y$ 軸旋轉時所產生的體積。

【解　答】

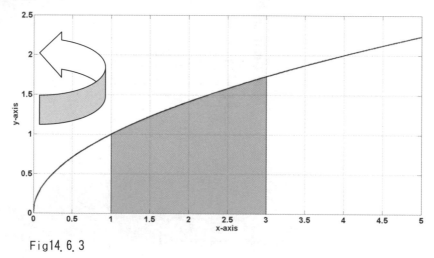

Fig14.6.3

　　這一題與上一個【範例 -01】是完全相同的一道題目，但是卻是依 $y$ 軸而旋轉，
如圖 Fig14.6.3 所示，可得體積如圖 Fig14.6.4 所示。

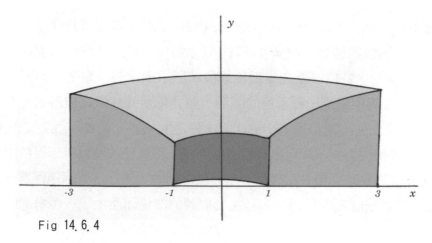

Fig 14.6.4

依「柱殼法」(1) 之公式，可得旋轉體積：

14　高階的面積分與體積分

$$V = 2\pi \int_{1}^{3} x \times \sqrt{x}\,dx = 2\pi \int_{1}^{3} x^{3/2}\,dx$$

$$= 2\pi \times \frac{1}{\frac{3}{2}+1} x^{5/2}\Big|_{1}^{3} = 2\pi \times \frac{2}{5} x^{5/2}\Big|_{1}^{3}$$

$$= 2\pi \times \frac{2}{5} x^{5/2}\Big|_{1}^{3} = \pi \frac{4}{5} x^{5/2}\Big|_{1}^{3}$$

$$= \pi \frac{4}{5} 3^{(5/2)} - \pi \frac{4}{5}$$

$$= \frac{4}{5}\pi(3^{(5/2)} - 1)$$

$$= \frac{4}{5}\pi(9\sqrt{3} - 1)\ (\text{立方單位})$$

# ☆ 14.7
# 【典範範例】集錦

## 【★★★典範範例 14-01】

設直線方程式為：

**f(x)=2x+10**

求下列圖示中，陰影 A 部分所涵蓋的面積。

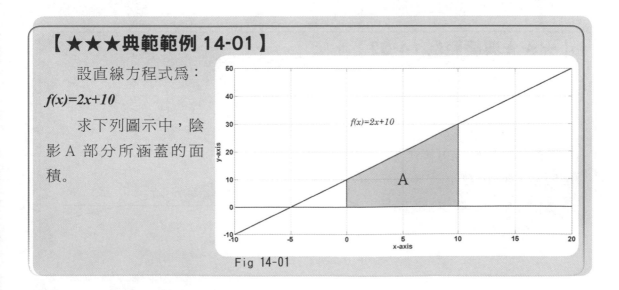

Fig 14-01

## 【解 析】

1. 這是一題具有直角的梯形形狀的面積。事實上，就積分而言，所求的面積或體積的形狀與是否具有規則性並沒有太大的關係，而積分也正是因為如此而發明的。在這道題目中，有兩個因素決定著這道題目的答案。其一是 **f(x)=2x+10** 這個函數，另一個是積分的範圍。就這一題而言由圖中可以判斷出，其左右是自 **x** 軸的 **x=0** 至 **x=10** 的這個範圍之中。僅就這兩個條件就可以構成面積的積分。有了函數，也有了上下限，故其面積 ( 平方單位 ) 可以由積分得知如下：

$$A= \int_0^{10} f(x)dx$$
$$= \int_0^{10} (2x+10)dx$$
$$= \int_0^{10} 2xdx + \int_0^{10} 10dx$$
$$= \frac{2x^2}{2}\bigg]_0^{10} + \frac{10x}{1}\bigg]_0^{10}$$
$$= 100+100$$
$$= 200$$

2. 事實上，諸位可以就上面所顯示的 Fig 14-01 圖中，以圖中約略的方格來估算，並將多餘的部分填補凹缺的部分，其實，在圖表上就可以估算得出來 **A=10×20=200**( 平方單位 )，就可以得知該項的結果，當然，也可以用為驗證之用。

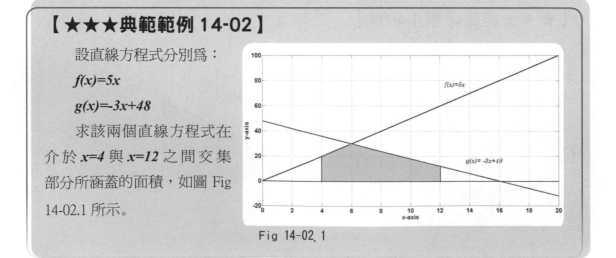

## 【★★★典範範例 14-02 】

設直線方程式分別為：

**f(x)=5x**

**g(x)=-3x+48**

求該兩個直線方程式在介於 **x=4** 與 **x=12** 之間交集部分所涵蓋的面積，如圖 Fig 14-02.1 所示。

Fig 14-02.1

## 【解 析】

1.  這一道題目在表面上看起來會難了一點,但是,若是懂得方法,則並不會有太大的困難存在。在這道題目之中,總共有四個因素會決定著它最後的結果。其一是函數式 *f(x)=5x*,另一個是函數式 *g(x)=-3x+48*,最後才是積分的上下限。也就是 *x=4* 與 *x=12* 這兩個邊界因素。

2.  事實上,這一題是無法直接進行積分的,不但是因為它有兩個函數方程式,所求的面積夾在這兩者之間。因此,在面對這種題目的時候,就需要再根據該圖形與相關的實際狀況進行求解就不難獲得所需要的答案了。在本題中,我們可以將實際的面積分開來計算,如圖 Fig 14-2.2 所示。由於有兩個函數方程式,所以,我們就必須並分別的對這兩個不同的函數方程式進行「分段」式的積分。總面積 ( 平方單位 )A 是可以分為 A1+A2 這兩個部分相加之和。

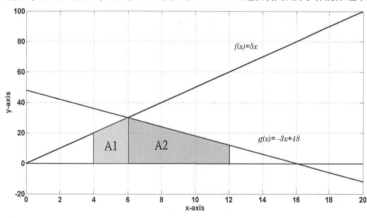

Fig 14-2.2

總面積 ( 平方單位 ) *A=A1+A2*

$$A = A1 + A2$$

$$= \int_4^6 f(x)dx + \int_6^{12} g(x)dx$$

$$= \int_4^6 5xdx + \int_6^{12} (-3x+48)dx$$

$$= \frac{5x^2}{2}\Big]_4^6 + \frac{-3x^2}{2}\Big]_6^{12} + \frac{48x}{1}\Big]_6^{12}$$

$$= 90 - 40 - (216 - 54) + 576 - 288$$

$$= 50 - 162 + 288$$

$$= 176$$

## 【★★★典範範例 14-03】

求下列函數曲線介於 *x=0* 至 *x=π* 之間所涵蓋的面積。

$$f(x)=sin(x)$$

## 【解 析】

1. 三角函數 *f(x)=sin(x)* 在 *x=0* 與 *x=π* 的範圍之間各位都知道它是一個正值，最大值是 1 而最小值是 0。但是，若要論起這個範圍內的面積，當然就不是這個數值了。但無論如何，它也是相當有趣的問題。要求面積當然就得使用積分，這是三角函數的定積分，其上下範圍為自 *x=0* 至 *x=π*。就定積分而言，它的面積 A( 平方單位 ) 為：

$$A\ (Area) = \int_0^\pi f(x)\,dx = \int_0^\pi sin(x)\,dx$$

$$= -cos(x)\Big]_0^\pi$$

$$= -(cos(\pi) - cos(0))$$

$$= -(-1 - (+1))$$

$$= -(-2)$$

$$= +2$$

所得之面積如圖 Fig 14-03.1 所示。

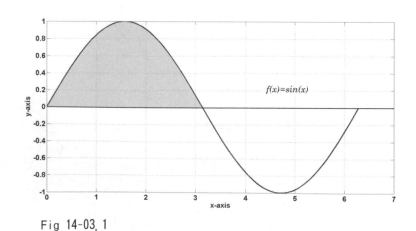

Fig 14-03. 1

2. 我們剛才積分的範圍為自 **x=0** 至 **x=π**。但如果把這個範圍延伸至自 **x=0** 至 **x=2π**，那麼它的面積是原有的兩倍？事實上，函數 **f(x)=sin(x)** 自 x=0 至 **x=2π**，它實際的積分得到的答案如下：

$$A\ (Area) = \int_{0}^{2\pi} f(x)\,dx$$

$$= \int_{0}^{2\pi} sin(x)dx$$

$$= -cos(x)\big]_{0}^{2\pi}$$

$$= -(cos(2\pi) - cos(0))$$

$$= -(1 - 1)$$

$$= 0$$

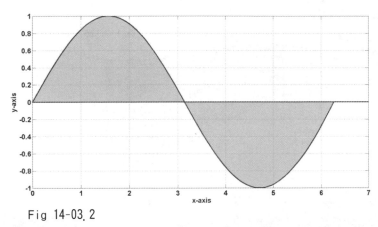

Fig 14-03.2

3. 這個答案當然是正確的，上下的面積被完整的抵消了。如圖 Fig 14-03.2 所示。各位請看，下列的是 **sin(x)** 函數在負半周的自 **x=π** 至 **x=2π** 積分的結果。它的面積與正半波當然是完全相等的，但卻是一個負的面積。

$$A\ (Area) = \int_{\pi}^{2\pi} f(x)\,dx$$

$$= \int_{\pi}^{2\pi} sin(x)dx$$

$$= -cos(x)\big]_{\pi}^{2\pi}$$

$$= -(cos(2\pi) - cos(\pi))$$

$$= -(1 + 1)$$

$$= -2$$

至此，各位應該很清楚了，對於面積的積分是有「正面積」與「負面積」之分的。也許有人會希望能夠求得的是總面積的和。那麼，各位在計算積分面積的時候，一定要特別注意，最好是要能夠繪製出該函數的特性曲線圖來，從該函數的特性曲線圖再來判斷自己究竟需要的是什麼。否則，很有可能所求得的總和是經過「抵消」之後的結果，這與面積的「絕對值」相比，往往是有很大的差異，這是必須注意的。

【★★★典範範例 14-04】

求下列兩個函數之交集所涵蓋的面積，如下圖 Fig 14-04.1

$$f(x) = x^3-6x^2+10x+16$$

$$g(x) = x^3-6x^2+5x+14$$

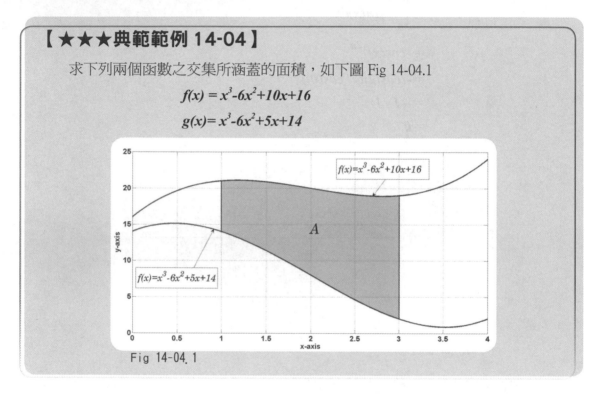

Fig 14-04.1

## 【解 析】

1. 這道題目對於沒有經驗的人可能在乍看之下會覺得很難，但是，對一個有經驗的人，就這一題而言，應該是並不困難的。在這個時候應該想到的就是「減法定則」，它們都位於 $x$ 軸之上，而且具有重疊性。所以「減法定則」會很好用，也就是將大的面積減去不需要的面積，就是我們所需要的面積了。

2. 如圖 Fig 14-04.2 所示，這是對函數方程式 $f(x)=x^3-6x^2+10x+16$ 積分的面積，它涵蓋了 A+B 的這兩個部分。因此，我們必須要進一步的求出面積 B，再將 A+B 的面積減去 B 即得剩下的面積 A，也就是我們所求的面積。

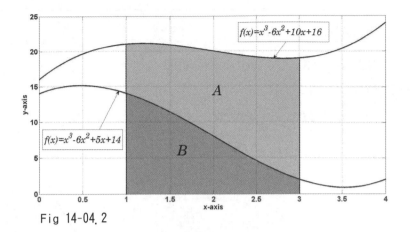

Fig 14-04.2

$$A+B = \int_1^3 f(x)dx = \int_1^3 (x^3 - 6x^2 + 10x + 16)dx$$

$$= \left[ \frac{1}{4}x^4 - \frac{6}{3}x^3 + \frac{10}{2}x^2 + 16x \right]_1^3$$

$$= (\frac{81}{4} - \frac{162}{3} + \frac{90}{2} + 48) - (\frac{1}{4} - 2 + 5 + 16)$$

$$= (\frac{81}{4} - 54 + 45 + 48) - (\frac{77}{4})$$

$$= \frac{237}{4} - \frac{77}{4}$$

$$= 40$$

$$B = \int_1^3 f(x)dx = \int_1^3 (x^3 - 6x^2 + 5x + 14)dx$$

$$= \left[ \frac{1}{4}x^4 - \frac{6}{3}x^3 + \frac{5}{2}x^2 + 14x \right]_1^3$$

$$= (\frac{81}{4} - \frac{162}{3} + \frac{45}{2} + 42) - (\frac{1}{4} - 2 + \frac{5}{2} + 14)$$

$$= (\frac{81}{4} - 54 + \frac{45}{2} + 42) - (\frac{59}{4})$$

$$= \frac{123}{4} - \frac{59}{4}$$

$$= 16$$

故得所求之面積 $A=(A+B)-B=40-16=24$（平方單位）

## 【★★★典範範例 14-05】

求下列兩函數介於其間之交集所涵蓋的面積，
如下圖 Fig 15-8 所示。

$$f(x)=x^2 \quad , \quad g(x)=9$$

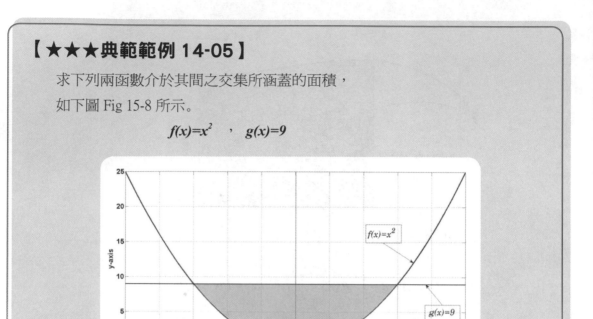

Fig 14-05.1

## 【解 析】

1.  乍看之下，這是一道相當普通的題目嘛！有什麼困難嗎？其實不然，太過於印象化，則很可能就會出錯，這一題很有可能各位在不注意的情況下就會出錯。在表面上看來，它似乎並不難嘛！其實它是蠻有趣的，它是一個基本而標準的拋物線方程式。曲線涵蓋 $x$ 軸的兩邊，開口向上，最低位置是位於 $x=0$ 的地方。而直線方程式 $g(x)=9$ 平直的橫切而過，與 $f(x)=x^2$ 交集而形成圖中所顯示灰色的這個區域面積。

2.  為什麼說它是相當有趣的一道題目呢？各位想一想，我們在積分求面積的時候，該對誰來積分？哪一個段落來積分？我們一般的積分方式都是該函數對 x 軸積分而求得的面積。但是，在這一題中，$x$ 軸是位於整個圖形的最下方。那麼，該如何獲得灰色這個區域的面積？這個問題也就是說，該如何積分？是對 $f(x)$ 積分？還是對 $g(x)$ 積分？事實上，這一題我們還是必須使用到「減法定理」才能解決問題。

3.  為了便於解說與計算起見，先將圖 Fig 14-05.1 中所顯示灰色的這個區域面積對
    等的區分為 A 與 B 兩塊，如圖 Fig 14-05.2 所示。

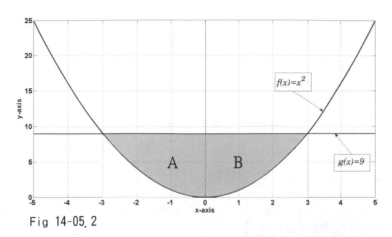

    Fig 14-05.2

    以上面這個圖形的區域是無法直接求得結果的。故而，我們需要進一步取得直
    線方程式在交集點下方的面積，也就是如圖 Fig 14-05.3 中所示的 A、B、C、D
    這四個區域的面積。

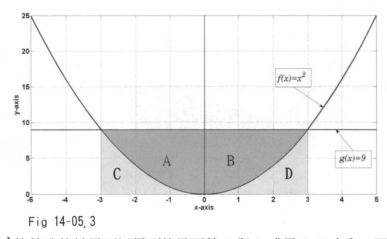

    Fig 14-05.3

4.  對 $f(x)=x^2$ 的積分的結果可以得到的是面積 C 與 D 或是 C+D 之和。函數 $f(x)$ 與
    函數 $g(x)$ 會相交在 $x=3$，$y=9$ 以及 $x=-3$，$y=9$ 這兩個地方。於是，我們可以先
    求得長方型 Sum=A+B+C+D 的總面積，也就是方形的總面積。然後再以 Sum
    減掉 C+D 的面積，就可以得到所需要 A+B 之和了。所以，總面積：

$$Area=A+B$$

    相關的計算如下所示：

$$Sum = A+B+C+D = 6*9 = 54 \text{（平方單位）}$$

$$C + D = \int_{-3}^{3} f(x)dx = \int_{-3}^{3} x^2 dx$$

$$= \frac{1}{3}x^3 \Big]_{-3}^{3}$$

$$= \frac{27}{3} - (\frac{-27}{3})$$

$$= 18 \text{（平方單位）}$$

故而，可得

面積 *(Area)* =54-18= *36*（平方單位）

---

## 【★★★典範範例 14-06】

求下列介於兩函數之間其交集之面積，如下圖 Fig 14-06.1 所示。

$$f(x) = x^2 \quad , \quad g(x) = 4x + 32$$

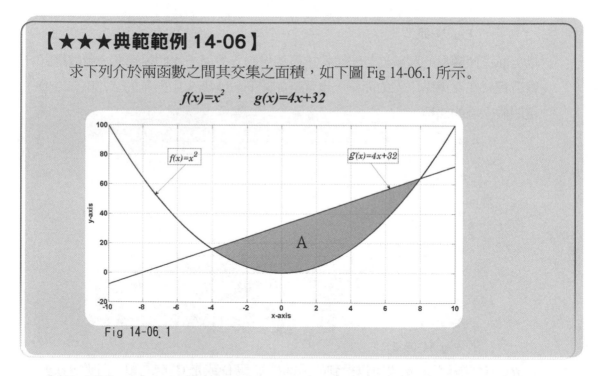

Fig 14-06.1

## 【解 析】

1.　很顯然的，首先，我們需要知道的是思考的方向是什麼？而不是計算上的難度問題，只要思考的方向正確，這道題目就可以迎刃而解。這兩個函數方程式其中一個是直線方程式，另一個則是拋物線方程式，它的開口向上，而最低位置則是位於 *x=0* 的地方。在面對這種交集而且是不對稱的交集之面積時，需要

特別注意該如何去面對這樣的問題，以及該使用什麼方法來解決問題。

2. 事實上，在前面已經有過相當多的範例，但這時候有一個觀念非常重要，那就是必須先要估量在交集的那塊面積中，究竟哪一個函數式的位置比較高，以便於以高的位置函數減去低位置的函數，才可以正確的得到該交集的面積。這時候，又要用到「減法定理」了。在 Fig 14-06.1 圖中，我們可以明確的看到這兩個函數的交集所形成的面積區域，在該區域中，直線方程式則是位於較高的位置。所以，依據「兩曲線間面積定理」可知，該交集所形成的是一個梯形的形狀，其總面積設為 Sum=A+B1+B2，如圖 Fig 14-06.2 所示：

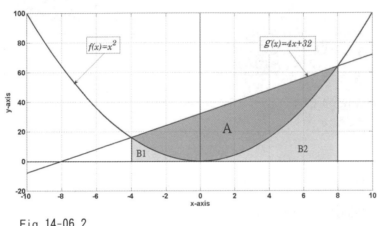

Fig 14-06.2

3. 在 Fig 15-06.2 所示的相關區域的圖形中，首先求得這兩個函數方程式的交點所在，它們分別是位於 *x* 軸的 *x=-4* 與 *x=8* 的這兩個地方，而我們所求的總面積 A 則是由直線方程式自 *x=-4* 至 *x=8* 所形成的面積。總面積 Sum 是直線方程式 *g(x)* 的積分，而 (B1+B2) 的面積則是函數 *f(x)* 的積分。故而，A=Sum-(B1+B2) 的面積，則剩下的就是所求的面積 *A(Area)*（平方單位）了，計算如下：

$$A = \int_{-4}^{8} (4x + 32)dx - \int_{-4}^{8} x^2 dx$$

$$= \frac{4}{2} x^2 + 32x \Big]_{-4}^{8} - \frac{1}{3} x^3 \Big]_{-4}^{8}$$

$$= (128 + 256) - (\frac{512}{3} + \frac{64}{3})$$

$$= 384 + 96 - 192$$

$$= 480 - 192$$

$$= 288$$

求下列函數曲線在陰影部分所涵蓋之面積，如圖 Fig 14-07.1。

$$f(x)=x^2-4x$$

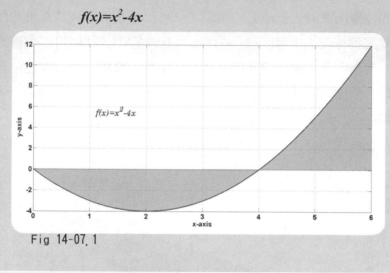

Fig 14-07.1

## 【解 析】

1.　這是一道比較有趣的題目，我們會發現，表面上看起來比較複雜一些，因為它有兩塊分離開來的面積，而且其中一塊是「負面積」。但如果不注意，以為我們所求的面積直接的積分就好了，如下所示。

$$Area = \int_0^6 f(x)dx = \int_0^6 (x^2 - 4x)dx$$

$$= \frac{1}{3}x^3 - \frac{4}{2}x^2 \Big]_0^6$$

$$= \frac{216}{3} - \frac{144}{2}$$

$$= 72 - 72$$

$$= 0$$

積分的結果卻發現其值為零。

2.　這個積分是代表面積的，而積分的結果顯示面積為 0，這當然是有問題的。這是因為它其中有一塊面積是位於「負面積」區。而剛巧的是正負的面積是相等的，故而加在一起其總數為零。所以，在計算這一類的面積之時，仍是需要分開來處理的，但要記得在加總的時候，要將「負面積」區的負號去掉才可以如

圖 Fig 14-07.2 所示，我們計算面積時，須分開來處理。

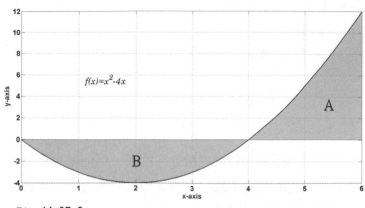

Fig 14-07.2

A 區域面積：

$$A = \int_4^6 f(x)dx = \int_4^6 (x^2 - 4x)dx$$

$$= \frac{1}{3}x^3 - \frac{4}{2}x^2 \Bigg]_4^6$$

$$= (\frac{216}{3} - \frac{144}{2}) - (\frac{64}{3} - \frac{64}{2})$$

$$= +\frac{32}{3}$$

B 區域面積：

$$B = \int_0^4 f(x)dx = \int_0^4 (x^2 - 4x)dx$$

$$= \frac{1}{3}x^3 - \frac{4}{2}x^2 \Bigg]_0^4$$

$$= \frac{64}{3} - 32$$

$$= -\frac{32}{3}$$

故得總面積為：

$$Area = A - (-B) = \frac{32}{3} - \left(-\frac{32}{3}\right) = \frac{64}{3}$$

求函數式 $y=x^2$ 與直線方程式 $x=1$ 與 $x=2$ 所圍成的區域，
在對 $x$ 軸旋轉之後，所產生的體積如何？

## 【解 析】

1. 這是一道相當典型與標準的體積之積分的題目，為什麼說它是典型與標準的題
   目呢？首先是因為它的難度不高，其次是如果能夠透徹的瞭解這一題所因應的
   方法，則對於將來相關而類似的題目均得以舉一反三並迎刃而解。

2. 單獨的只看題目並不易獲得具體的印象，故需要繪製這道題目相關函數的特性
   曲線來才得以清楚。首先，請看 Fig 14-08.1 圖所表現的是函數式 $y=x^2$ 的特性
   曲線圖。它是一個完全對 $y$ 軸對稱的一條曲線。

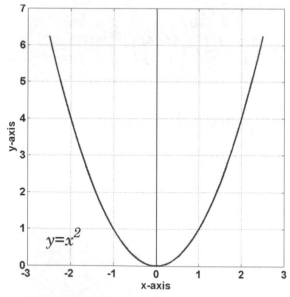

Fig 14-08.1

3. 在題目中需要我們擷取的是它與直線方程式 $x=1$ 與 $x=2$ 所圍成區域的體積。
   如圖 Fig 14-08.2 所示。

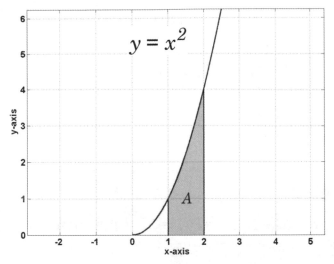

Fig 14-08.2

4. 根據雷曼和定理 (Riemann Sum) 於旋轉時，則產生對稱於 **x** 軸的狀態，該面積
的旋轉則產生了體積，其積分之體積公式爲：

$$V \ (Volume) = \pi \int_a^b \left[ f(x) \right]^2 dx$$

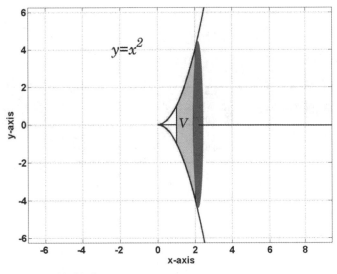

Fig 14-08.3

$$V \ (Volume) = \pi \int_a^b \left[ f(x) \right]^2 dx = \pi \int_1^2 x^4 dx$$

$$= \pi \left[ \frac{x^5}{5} \right]_1^2 = \pi \left( \left[ \frac{32}{5} - \frac{1}{5} \right] \right)$$

$$= \pi \frac{31}{5}$$

其結果則如圖 Fig 14-08.3 所示。

## 【★★★典範範例 14-09】

求函數式 $y^2=x$ 與直線方程式 $x=1$ 與 $x=3$ 所圍成的區域
對 $x$ 軸旋轉之後，所產生的體積如何？

## 【解 析】

這一題的本身由於是屬於函數 $y^2=x$，故可以區分為兩個部分：

$$y = +\sqrt{x} \ and \ -\sqrt{x}$$

這是上下兩個部分完全
相互對稱於 $x$ 軸的，其特性
曲線圖如圖 Fig 14-09.1 所示。
在直線方程式 $x=1$ 與 $x=3$ 所
圍成的區域對 $x$ 軸的旋轉後
會產生一個體積，如圖 Fig
14-09.2 。故而所需要使用的
體積計算的公式為「雷曼積
分 (Riemann integral)」，如下
所示。所得之體積則如圖 Fig
14-09.3 。

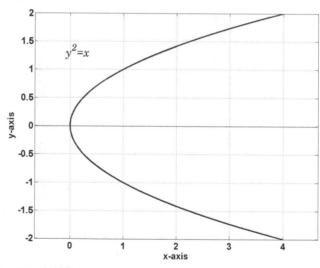

Fig 14-09. 1

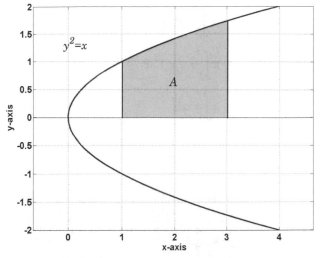

Fig 14-09.2

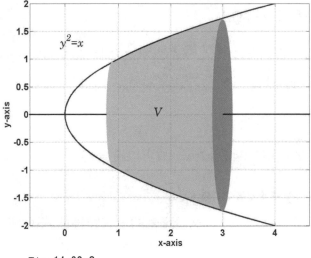

Fig 14-09.3

雷曼積分 (Riemann integral):

$$V \; (Volume) = \pi \int_{a}^{b} \left[ f(x) \right]^{2} dx$$

故得：

$$V\ (Volume) = \pi \int_a^b \left[ f(x) \right]^2 dx$$

$$= \pi \int_1^3 (\sqrt{x}\,)^2 dx$$

$$= \pi \int_1^3 x\,dx$$

$$= \pi \left[ \frac{x^2}{2} \right)_1^3$$

$$= \pi \left( \frac{9}{2} - \frac{1}{2} \right]$$

$$= \pi \left[ \frac{8}{2} \right]$$

$$= 4\pi$$

## 【★★★典範範例 14-10】

求函數式 $y^2=x$ 與直線方程式 $x=1$ 與 $x=3$ 所圍成的區域
對 $x$ 軸旋轉之後，所產生的體積如何？

## 【解 析】

這一題的本身由於是屬於函數 $y2=x$，故可以區分為兩個部分：

### $y = +\sqrt{x}\ and\ -\sqrt{x}$

這是上下兩個部分是完全相互對稱於 $x$ 軸的，其特性曲線圖如圖 Fig 14-10.1 所示。在直線方程式 $x=1$ 與 $x=3$ 所圍成的區域對 $x$ 軸的旋轉後會產生一個體積，如圖 Fig 14-10.2。故而所需要使用的體積計算的公式為「雷曼積分 (Riemann integral)」，如下所示。所得之體積則如圖 Fig 14-10.3。

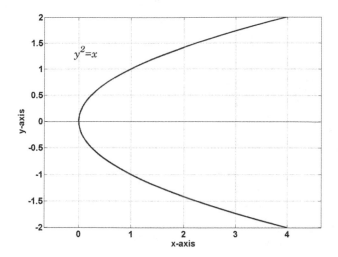

Fig 14-10. 1

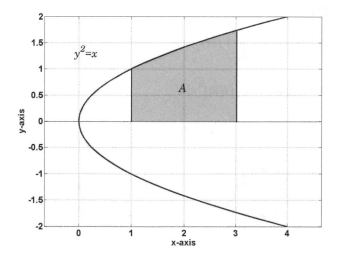

Fig 14-10. 2

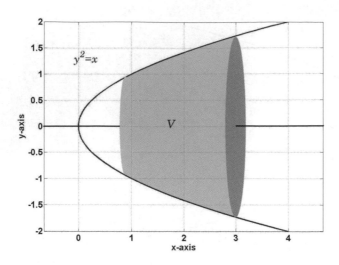

Fig 14-10. 3

雷曼積分 (Riemann integral):

$$V \; (Volume) = \pi \int_a^b \left[ f(x) \right]^2 \, dx$$

故得：

$$\begin{aligned}
V \; (Volume) &= \pi \int_a^b \left[ f(x) \right]^2 \, dx \\
&= \pi \int_1^3 (\sqrt{x})^2 \, dx \\
&= \pi \int_1^3 x \, dx \\
&= \pi \left[ \frac{x^2}{2} ) \right]_1^3 \\
&= \pi \left( \frac{9}{2} - \frac{1}{2} \right] \\
&= \pi \left[ \frac{8}{2} \right] \\
&= 4\pi
\end{aligned}$$

14   高階的面積分與體積分

【★★★★典範範例 14-11】

求下列函數位於 *x=0* 至 *x=4* 之間的面積。

$$f(x) = \sqrt{x}$$

## 【解 析】

1.  這是一題帶有根號的題目，雖然在數值的計算上面常會帶來一些困擾，但是，對於積分而言，卻是不成問題的。這個函數根據積分的定義，可以直接的積分而得到其面積 A（平方單位）：

$$A = \int_0^4 f(x)\,dx = \int_0^4 \sqrt{x}\,dx$$

$$= (2\,x^{(3/2)})\,/\,3\,\Big]_0^4$$

$$= (2 \cdot 4^{(3/2)})\,/\,3$$

$$= 2\sqrt{4^3}\,/\,3$$

$$= 16\,/\,3$$

2.  經過積分所得到的面積其圖形如圖 Fig 14-11.1 所示。在非線性的函數或是不具有周期與循環式的函數式，在這個領域之中，已經難以使用一般的《幾何學》所能夠求解的範圍，故而使用積分的方式，幾乎是唯一的選擇了。

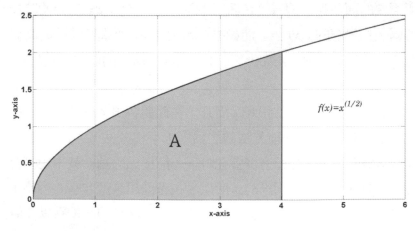

Fig 14-11.1

## 【研究與分析】

我們所求的函數是 $f(x) = \sqrt{x}$，它是一個正值，也就是該曲線僅分部在第一象限。這是因為 $x$ 值不能為負數值，否則就會出現虛數。但如果將題目的範圍擴大一些，而是要繪製出一個完整的拋物線，如此則該如何？因此，題目的函數式則應改為 $y^2 = x$。如圖 Fig 14-11.2 所示。

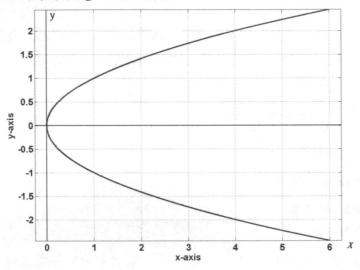

Fig 14-11.2

事實上，在面對這樣的一種函數式的時候，我們該如何根據這個函數式求取整個錐形範圍中所需要的面積呢？因為，在面對這個函數式而以 $dx$ 積分的時候，所面對的則是會有兩個相對應的 $y(x)$ 值。而如果一定要用 $dx$ 來進行積分的時候，則會有一半的面積會「積分」不到。正如上面計算所得到「$A$」的面積，它只有 $y^2 = x$ 這個函數一半的面積。

事實上，要解決這個問題的方法很多，而且，在面對各式各樣的問題，往往有需要各種不同的方法來解決。有一種方法稱之為「水平積分法」，所使用的是 dy 來進行積分就沒有這個問題了，這種方法會在將下一節提出討論。就本題而言，由於這個函數式的特性曲線圖是完全對稱的，所以，在處理起來就非常的容易了。我們只需要計算其中一半的面積即可，也就是可以直接的將原有的面積乘以 2 倍。

【★★★★典範範例 14-12】

求下列函數介於 x=0 與 x=2π 之間所涵蓋的面積之和。

$$f(x)=sin(x)+cos(x)$$

## 【解 析】

1.  這個題目，就題目所要求的意義而言，是難以知道我們究竟是該如何去做的？也許有人會說，把這個函數直接積分不就是可以得到答案了嗎？因為，它已經具有明確的邊界條件了。所以，積分應該不會是難事。是的，雖然該式可以直接的積分而得到答案，但是，事情並沒有想像那麼簡單。積分的結果將會是爲「0」。這一切究竟是怎麼一回事？

2.  首先，諸位可以看到圖 Fig 14-12.1 所顯示的有三個函數式，分別是 *g(x)=sin(x)*，*h(x)=cos(x)*，*f(x)=sin(x)+cos(x)* 這三個函數式，由於將它們同時的呈現在一起，故而我們可以深入的相互比較它們之間的差異性究竟是在那裡？如果仔細看的話， *f(x)=sin(x)+cos(x)* 的曲線就是 *g(x)=sin(x)* 與 *h(x)=cos(x)* 的這兩條曲線相加的和。

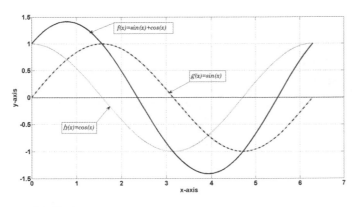

Fig 14-12.1

3.  函數 *f(x)=sin(x)+cos(x)* 依題目積分的結果如下所示：

$$f(x) = \int_0^{2\pi} (\sin(x) + \cos(x))\,dx$$

$$= \int_0^{2\pi} \sin(x)\,dx + \int_0^{2\pi} \cos(x)\,dx$$

$$= -\cos(x)\big]_0^{2\pi} + \sin(x)\big]_0^{2\pi}$$

$$= -(1-1) + (0-0)$$

$$= 0$$

4. 它明明是有面積的，為何積分的結果卻是為「*0*」。其實，這個原因並不難理解，因為它們都是對稱的週期函數。這種對稱的週期函數在一個週期之後，其正負各自的半週會完全相互抵銷，故而為零。因此，必需繪製該函數的特性曲線圖加以輔助，並從該函數的特性曲線圖再進一步的判斷自己究竟是需要的是甚麼？如此才不會造成失算與失誤。

5. 由於在 Fig 14-12.1 中無法看出 *f(x)=sin(x)+cos(x)* 這個函數積分的結果。現在，讓我們進一步的在 Fig 14-12.2 圖中把所要積分的區域標示出來，相信各位可以看得出來，這個函數自 *x=0* 與 *x=2π* 的積分結果的確是等於零。曲線原本在左端缺失的一塊，在圖中的最右端被補足了。

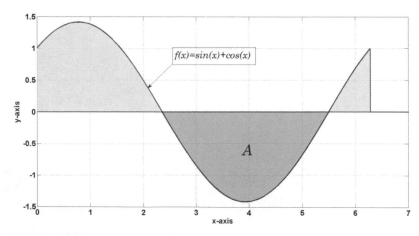

Fig 14-12.2

6. 根據圖 Fig 14-12.2 可知，這個 *f(x)=sin(x)+cos(x)* 曲線有兩點通過 *y=0* 的 *x* 軸，分別是 *x=2.356* 與 *x=5.496* 這兩個地方。這是因為函數 *f(x)* 第一個通過 *x* 軸的

地方是介於 *cos(x)* 與 *sin(x)* 第一次通過 *x* 軸的中間，也就是在 *π/2* 與 *π* 之間，所以 *x=2.356*。*f(x)* 第二個通過 *x* 軸的地方則是介於 *cos(x)* 與 *sin(x)* 第二次通過 *x* 軸的中間是在 *x=5.496* 之處，如圖 Fig 14-10.1 所示。我們可以針對這個地方設定為邊界線而進行積分，再將積分的結果乘以 *2* 倍即得。圖 Fig 14-12.2 所示，對於面積 *A* 的積分可得

$$A = \int_{2.356}^{5.496} (\sin(x) + \cos(x))\,dx$$

$$= \int_{2.356}^{5.496} \sin(x)\,dx + \int_{2.356}^{5.496} \cos(x)\,dx$$

$$= -1.412 - 1.415$$

$$= -2.827$$

這的確是一塊「負」的面積，但是，我們要的是「涵蓋的面積之和」，故而去其「負」號，再將積分的結果乘以 2 倍即得

總面積 = *2.827*2 =5.654* ( 平方單位 )

## 【研究與分析】

1. 不要認為所有的題目都是剛好是「整數」的題目與答案。事實上，絕大多數在應用上的問題，不論是微分或是積分，它們的常數項都不會是「剛好」是整數的數值。各位必須要練習使用相關的設備來幫助自己解決計算上的問題，否則，正如本題的積分，若是沒有輔助的相關設備來幫助自己，那麼，在進行這類或是絕大多數的微分或是積分等相關的問題，則在計算上必然會遭遇到很大的困難，甚至是茫然而不知所措。有一個觀念要重視的，那就是數學絕不是單純的僅依靠用「徒手」來計算的。在必要的時候，當然要用儀器設備來輔助才可。正如，沒有人可以回答得出 *sin(2.356)* 或是 *sin(5.496)* 的值是多少？但是，相關的儀器設備卻可以輕易的回答我們。

2. 在這裏有一個很有趣的「觀念」，那就是 *sin(x)* 與 *cos(x)* 這種具有周期性的函數，無論是它們之間的相互加、減或相乘，經過一個週期 *(0-2π)* 的積分，所得到的結果都是為 *0* 。

$$\int_0^{2\pi} \sin(x) = 0$$

$$\int_0^{2\pi} \cos(x) = 0$$

$$\int_0^{2\pi} \sin(x) + \cos(x) = 0$$

$$\int_0^{2\pi} \sin(x) - \cos(x) = 0$$

$$\int_0^{2\pi} \sin(x) \cdot \cos(x) = 0$$

但是,有一點請特別注意的,那就是 $sin(x)^2$ 與 $cos(x)^2$ 的積分並不為 $0$ 。原因很簡單,各位看 Fig 14-12.3 應該就能夠立即明白的。因為不論是 $sin(x)$ 或是 $cos(x)$ 經過平方之後,就不再有負值出現,當然就不再會有「抵銷」的作用產生。

$$\int_0^{2\pi} \sin(x)^2 = \pi$$

$$\int_0^{2\pi} \cos(x)^2 = \pi$$

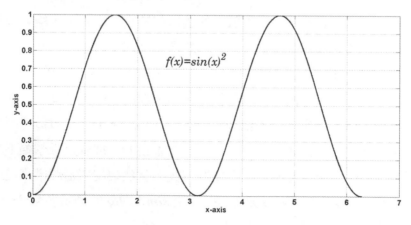

Fig 14-12.3

14 高階的面積分與體積分

【★★★★典範範例 14-13】

求下列兩個函數於交集區域所共同涵蓋的面積。

$$y(x) = x^3 - 6x^2 + 8x$$

$$g(x) = x^2 - 4x$$

## 【解 析】

1.  這是頗為有趣的題目，關鍵點是在於面對這種題目，沒有第二種方法，首先，一定要先詳細的繪製出 $y(x) = x^3 - 6x^2 + 8x$ 與 $g(x) = x^2 - 4x$ 這兩個方程式的特性曲線圖。否則，那就完全無法著手了。絕大部分微積分的教課書或課本並沒有提供這樣的繪圖觀念。如果遇上這樣的問題。不必猶豫，自己立即先動手將它們的特性曲線圖繪製出來，也唯有如此，才能面對問題並迎刃而解。

2.  如圖 Fig 14-13.1 所示。這是分別是 $y(x) = x^3 - 6x^2 + 8x$ 與 $g(x) = x^2 - 4x$ 這兩個方程式的特性曲線圖。它看起來像是一條鯨魚似的，十分有趣。現在，面對於這樣的圖形，讓我們想一想，該如何去求解呢？

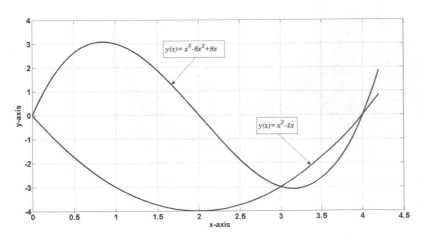

Fig 14-13. 1

3.  在 Fig 14-13.1 圖中所顯示的共有兩塊不規則形狀的面積，而面對如此兩塊不規則形狀的面積必需將它加總求其面積之和。由於它們的形狀不一、大小不一、位置不一，將會增加一些難度，但如果想通了，是實上，也不是會有太大的困

難。現在，讓我們在思考一下，在這種狀況下究竟該如何求得它們的面積之和呢？

4. 毫無疑問的，再處理的時候，我們必須要區分爲兩個部分，分別的計算。如圖 Fig 14-13.2 所示。

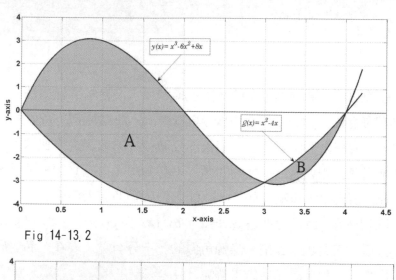

Fig 14-13.2

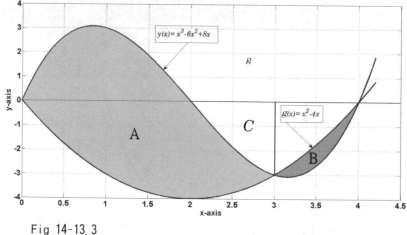

Fig 14-13.3

4. 首先，計算 **A** 這個部分面積的大小。請注意，面積 **A** 的大小仍然包含有「正面積」區域與「負面積」區域這兩個部分，還有一個區域是容易被忽略的，那就是「**C**」這個區域，如圖 Fig 14-13.3。因此，在計算面積的時候都需要注意到。面積 A 的大小範圍自 **x=0** 至 **x=3**。由於函數 **f(x)** 的位置高於 **g(x)**，所以，在計算面積的時候應當以「減法原理」來處理，但是，在進行 **f(x)-g(x)** 兩個函數相減而積分之狀況下，有一個問題產生了，那就是面積「**C**」這個部分該如

**14** 高階的面積分與體積分

何處理？事實上，它的結果剛好就是不要讓我們不要去處理它。因爲函數 $f(x)$ 的積分雖少了一塊面積「$C$」，而函數 $g(x)$ 的積分則正好多了一塊面積「$C$」，兩個函數相減正好將「$C$」抵銷了。故而，面積 A 等於：

$$\text{Area } A = \int_0^3 \left[ f(x) - g(x) \right] dx$$

$$= \int_0^3 \left[ (x^3 - 6x^2 + 8x) - (x^2 - 4x) \right] dx$$

$$= \int_0^3 (x^3 - 7x^2 + 12x) dx$$

$$= \left[ \frac{1}{4}x^4 - \frac{7}{3}x^3 + 6x^2 \right]_0^3$$

$$= \frac{81}{4} - \frac{189}{3} + 54$$

$$= \frac{243}{12} - \frac{756}{12} + \frac{648}{12} = \frac{135}{12}$$

$$= \frac{45}{4}$$

6. 在求得面積 $A$ 之後。現在要開始計算面積 $B$。對於面積 $B$ 的計算，有一點需要特別注意的，那是因爲它們都正好全部都是在「負」值區。所以，相減的時候函數方程式就必須完全的相反過。於是由於函數 $f(x)$ 的位置低於 $g(x)$，所以，在計算面積的時候應當以 $g(x)-f(x)$ 之方式。而相減的結果剩下來的正好就是面積「$B$」。故而面積 $B$ 等於：

$$\text{Area } B = \int_3^4 \left[ g(x) - f(x) \right] dx$$

$$= \int_3^4 \left[ (x^2 - 4x) - (x^3 - 6x^2 + 8x) \right] dx$$

$$= \int_3^4 (-x^3 + 7x^2 - 12x) dx$$

$$= \left[ \frac{-1}{4}x^4 + \frac{7}{3}x^3 - 6x^2 \right]_3^4$$

$$= (\frac{-256}{4} + \frac{448}{3} - 96) - (\frac{-81}{4} + \frac{189}{3} - 54)$$

$$= \frac{-175}{4} + \frac{259}{3} - 42$$

$$= \frac{-525}{12} + \frac{1036}{12} - \frac{504}{12}$$

$$= \frac{7}{12}$$

故而，總面積爲：

$$Total\ Area = A + B$$

$$= \frac{45}{4} + \frac{7}{12}$$

$$= \frac{135}{12} + \frac{7}{12}$$

$$= \frac{142}{12}$$

$$= \frac{71}{6}$$

$$= 11\frac{5}{6}$$

## 【★★★★典範範例 14-14】

求下列兩個函數交集所涵蓋的面積：

$$f(x)^2 = 2x$$

$$g(x) = x\text{-}4$$

## 【解 析】

1. 同樣的，想要求得這一題目的答案，就必須有繪製方程式的特性曲線圖的能力。所以，在於面對這種題目的時候，沒有第二種方法可想，那就是先繪製方程式的特性曲線圖。首先，繪製出這兩個方程式的特性曲線題目上的 $y^2(x) = 2x$ 與 $g(x) = x - 4$，如圖 Fig 14-14.1 所示。現在，面對於這樣的圖形，

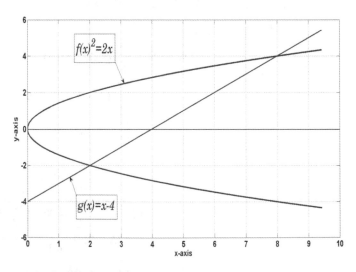

Fig 14-14. 1

才能進一步的讓我們想一想，該如何去求解呢？

2. 事實上，這是一題非常精彩的題目，表面上看起來兩個函數式並沒又太大的困難，但是，在這一題中將會提供給各位相當精彩的論述，更可以相信，這些論述將可以給各位帶來有舉一反三的效果。事實上，這個範例不論是在幾何學或是在積分的觀念上，都做了相當程度的延伸，也必然可以提供給各位很大的效益與收穫。在面對這一個題目的時候，請各位在內心中，再仔細的想一想，究竟應該要如何著手？因為，這不但是涉及到兩個函數方程式而已，而且分別跨越了兩個象限，更重要的是，它們的上下之間並不對稱。

3. 雖然，這是一題函數方程式 $y^2=2x$ 是標準形式的拋物線方程式，但是，用 $y^2=2x$ 這種寫法可能會相當的不習慣，於是可以改成另外的一個方式來寫，而成為下列的形式。：

$$f(x) = \pm \sqrt{2x^2}$$
$$g(x) = x-4$$

4. 只是這樣的寫法較為不普遍，那是因為 f(x) 函數之後同時帶有正負兩個符號在數學的表達方式上，那也是不十分安當的。因為它變成了不是唯一的函數等式。而如果只寫正號而不列負號，則又是不完整的。所以，對於 *f(x)* 有另一種正確的寫法，那就是：

$$f(x) = \sqrt{2x^2} \text{ and } f(x) = -\sqrt{2x^2}$$

這中間用 and 做連結。但是，這樣的寫法則又顯得太冗長了。所以，在題目上還是將它寫成 $y^2=2x$ 這樣的形式，就不會有任何的問題了。

5. 首先要說的是，對於具有根號的方程式有許多人士感覺到是畏懼的。那是因為具有根號的方程式很難獲得具體的印象，也不知道該如何去構圖，而一個數學方程式如果缺乏了構圖，那就只剩下一堆符號而已了。面對一堆的符號當然就相當的困擾了，讓人不知道這個數學方程式它究竟是在表達什麼？而最後也只能把人變成一部記算的機器一般，去計算它的數值而已，這也就是進入了所謂的知其然而不知其所以然的狀態。對於這種具有根號的數學方程式有一個方法可以是用，那就是將它們的等號兩邊同時加以平方，平方之後的樣式就成了題目中的那個樣子。以這種型態而言，較容易為一般大眾所接受。

6.	在題目上我們看得到對稱於 *x* 軸的拋物線與直線相交而成的交集之面積。想要求的面積當然要用積分的方式。問題是,該從那裡「積」起,而這裏面同時存在有兩個方程式,該用那一個去「積」另一個那一個方程式?或是用那一個方程式的積分減去另一個方程式的積?諸位再仔細的看一看,答案是:「都不是」。所以,這也正就是這一個題目之所以有可觀及有趣之處。

7.	有關於這一題對於面積的解法。首先,請諸位看 Fig 14-14.2 圖 ,我們要求的面積可以先將它區分爲面積 A 與面積 B 這兩塊,所以,總面積:

$$A(Area) = A + B。$$

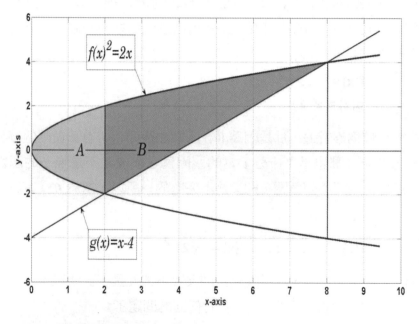

Fig 14-14.2

8.	首先我們需要求得的是面積 A,但是,我們不可能直接對函數 *f(x)* 進行積分,很明顯的,面積 A 剛好被 *x* 軸橫切爲二,而成爲對等的正負兩塊。故而,如果對函數 *f(x)* 進行整體積分的時候,所得到的結果將會是上下的面積相互抵消,而其面積之和爲零。爲了避面發生這種面積相互抵消的狀況,所以,在積分的時候選擇該函數正值的部分,然後將積分中的面積直接先乘以兩倍,就會是真正面積 A ( 平方單位 ) 的結果。

$$A = 2\int_{0}^{2} f(x)\,dx = 2\int_{0}^{2} \sqrt{2x}\,dx$$

$$= 2\left((2\sqrt{2}\cdot\sqrt{x^3})\,/\,3\right)\Big]_{0}^{2}$$

$$= \frac{4}{3}\sqrt{16} = \frac{4}{3}\cdot 4$$

$$= \frac{16}{3}$$

9.　面積 B：

$$A = \int_{2}^{8} f(x)\,dx - g(x)\,dx$$

$$= \int_{2}^{8} \sqrt{2x}\,dx - \int_{2}^{8} (x-4)\,dx$$

$$= \left((2\sqrt{2}\cdot\sqrt{x^3})\,/\,3\right)\Big]_{2}^{8} - \left((x-4)^2\,/\,2\right)\Big]_{2}^{8}$$

$$= \frac{56}{3} - 6$$

$$= \frac{38}{3}$$

請各位要特別注意的，那就是在上面的積分式中所使用的是兩函數式相減的方式，以 *f(x)* 來減 *g(x)*，也就是 *f(x)-g(x)* 的方式，而不是用相加的。原因很簡單，因為在 B 面積下面的那一塊較小的面積是負值的，所以才用減法處理，得以負負得正。

10.　總面積 A (Area)：

$$Area = A + B$$

$$= \frac{16}{3} + \frac{38}{3} = \frac{54}{3}$$

$$= 18\ (平方單位)$$

## 【研究與分析】

1.　這一題的【研究與分析】是非常好的。希望對各位會有相當大的助益與增進的作用。我們一般在進行「積分」的時候，絕大部分的人在意識上都習慣於以「垂直法（Vertical rectangular elements）」的方式進行積分，也就是將所要積分的面積以「垂直」的小方塊進行累加而成。但是，就本題而論，我們使用「垂直法」

的方式來進行積分而求取面積，所以會比較難以進行，而無法一次完成對於它的積分，故而才要將它們分成爲「兩段式」的積分，再加總而成，這也是不得已的一種做法。

2. 事實上，在有些情況下，則是可以用：

   **「水平方格原件法（Horizontal rectangular elements）」**

   來進行積分。這個方法同樣的可以求得積分的結果，道理是相同的，只是所示用的是水平的小方框 **Δy** 來累加。它不但是同樣的方便使用，有的時候在不同的狀況下，甚至，會比我們所熟習的「垂直法」還要來得方便。

3. 在進行「水平方框法」的時候，首先，必需要進行函數所對應「變數」的轉換，我們一直以來都是將函數對 *x* 軸進行積分。但是，現在換過來了，而是要對「y 軸」進行積分。故而需將原有的 **y2=2x**，**g=x-4**，轉換爲：

$$x= y2/2$$

$$x=g+4$$

再來進行積分。故而，整個式子就成爲：

$$Area = \int_{-2}^{4}(y+4)dy - \int_{-2}^{4}(y^2 / 2)dy$$

$$= \frac{1}{2}\int_{-2}^{4}(-y^2 + 2y + 8)dy$$

$$= \frac{1}{2}\left[-\frac{1}{3}y^3 + y^2 + 8y)\right]_{-2}^{4}$$

$$= \frac{1}{2}\left[(\frac{-64}{3} + 16 + 32) - (\frac{8}{3} + 4 - 16)\right]$$

$$= 18 \text{ (平方單位)}$$

4. 各位可以發現，在這一題中使用「水平法」，它的積分範圍是取自於它們的共同交點。也就是自 *y=-2* 至 *y=+4*，如此可以得到更爲便捷方式來計算該項積分，而可以同樣的得到的所需的面積，如圖 Fig 14-14.3 是以「水平法」將所需的面積橫切成與無數的小方框 **Δy**，再累加起來，所以，對 y 軸進行積分，就沒有所謂的分開來相加的問題了。而 Fig 14-14.4 則是一次之所示累加起來後所求得的整體性之面積，故不再是用兩個顏色別，而是爲同一個顏色了。

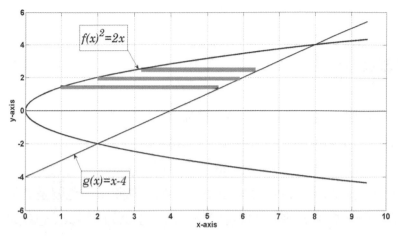

Fig 14-14.3　　　水平小方框 △y 的積分

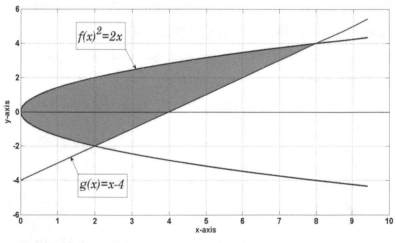

Fig 14-14.4

5. 上述所使用的「水平法」它與使用「垂直法」所得到的積分面積是完全相同的。但是，諸位應當也發現，它並沒有分段式的使用兩個面積相加，而是一次就完成了。所以，對於面積的積分，我們並不需要只專注於「垂直法」的積分，有的時候使用「水平法」的積分會來得更方便，也更直接。

6. 現在，讓我們進一步的深入一點，再來探討若函數方程式的本身做了一些微小的變化，那麼，整個方程式究竟會起什麼樣的改變呢？正如下列的兩個函數方程式，它們看來非常的相似，但是，如此究竟會有什麼不同與變化呢？

$$y^2 = x$$
$$y^2 = 2x$$

如果我們仔細的想想，應該可以想像得出來，這兩個式子有幾個相同的共通點：

(1). 它們有共同的中心點，也就是它們的中心點都是位於座標軸原點的位置，也就是當 $x=0$ 時 $y=0$，這是原點。

(2). 是 $y^2 = 2x$ 與 $y^2 = x$ 的最大不同是在於它的「曲率 (Curvature)」變「小」了。「曲率」變小的意思是曲線彎曲的程度變小了，比較不彎曲了，也就是整個曲線越來越開闊。為什麼會如此呢？各位可以想想看，原來的 $y^2 = x$，也就是一個 $x$ 就可以滿足 $y^2$ 這個項目了。而如果變成了 $y^2 = 2x$，各位再想想看，那就表示需要兩倍的 $x$ 值才能滿足 $y^2$ 這個項目，所以 $x$ 的值變大了，也就是 $x$ 的範圍變大了。當然，它就比較不彎曲，而整個曲線也變得開闊。所以，當 $y^2 = 3x$ 或 $y^2 = 4x$ 等，可以預知的是拋物線會越來越開闊，「曲率」越來越小，整個曲線也越來變得開闊。在 Fig 14-14.5 中看得出來。

7. 那麼，讓我們再進一步的看看下列函數式，它們之間在基本觀念上又有什麼重要的變化與不同呢？
$$y^2 = x$$
$$y^2 = x-1$$
$$y^2 = x-2$$

是的，這樣的狀況在前面我們已經提過了，但是，x 軸的數值是減掉的，而不是用加的。各位不要小看這小小被減掉的數值，它對整個拋物線的影響卻是相當的大。因為它讓整個拋物線頂點的位置移動了，也因而造成整個拋物線在水平軸上的移動。如圖 Fig 14-14.6 所示。

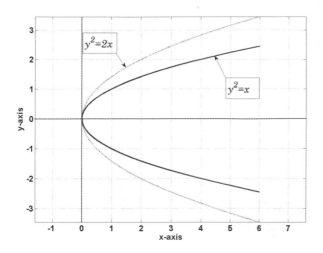

Fig 14-14.5

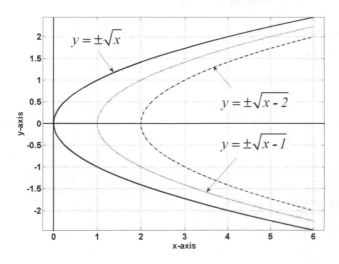

Fig 14-14.6

## 【★★★★典範範例 14-15】

求三角函數式 *f(x)=sin(x)* 於 *x=0* 至 *x=π* 的範圍中，求該
曲線下的面積，以及該面積對 *x* 軸旋轉一圈所產生的體積如何？

## 【解 析】：

1.  正弦波形於 *x=0* 至 *x=π* 的範圍中的面積，如圖 Fig 14-15.1 所示。這個部分我
    們可以直接使用面積的積分公式，可得 *Area A=2*（平方單位）。

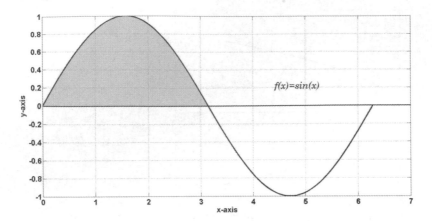

Fig 14-15. 1

$$\text{Area A} = \int_0^\pi \sin(x)dx = -\cos(x)\big]_0^\pi$$
$$= -\cos(\pi) + \cos(0)$$
$$= -(-1) + 1$$
$$= 2$$

2. 正弦波形在 *x=0* 至 *x=π* 的面積，將該面積以 *x* 軸為軸心，旋轉時可以產生一個體積，該體積依雷曼積分公式可得，並如下圖 Fig 14-15.2 所示：

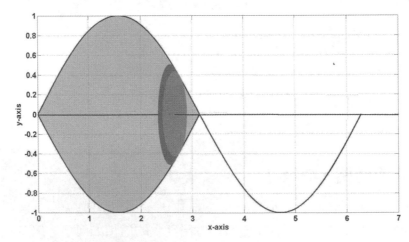

Fig 14-15. 2

14 高階的面積分與體積分

$$V \ (Volume) = \pi \int_a^b \left[ f(x) \right]^2 dx$$

$$= \pi \int_0^\pi sin(x)^2 \, dx$$

$$= \pi \left[ \frac{x}{2} - \frac{sin(2x)}{4} \right]_0^\pi$$

$$= \pi \, ( \frac{\pi}{2} - \frac{sin(2\pi)}{4} ) - ( 0 - \frac{sin(0)}{4} )$$

$$= \frac{\pi^2}{2}$$

## 【研究與分析】

這一題有一個關鍵點，那就是 $sin(x)^2$ 的積分會是如何？事實上，$sin(x)^2$ 是不可以直接積分的，它必須先經過轉化，下列的這兩個式子在三角函數的轉化過程中相當的重要，希望各位能夠牢記：

$$sin^2(x) = \frac{1 - cos(2x)}{2}$$

$$cos^2(x) = \frac{1 + cos(2x)}{2}$$

$sin(x)^2$ 的特性曲線圖如 Fig 14-15.3 所示：

$$f(x) = \int sin(x)^2 \, dx$$

$$= \int ( \frac{1 - cos2x}{2} ) dx$$

$$= \frac{1}{2} \int (1 - cos2x) dx$$

$$= \frac{1}{2} ( \int dx - \int cos(2x) dx$$

$$= \frac{1}{2} (x - (\frac{1}{2} sin(2x))) + C$$

$$= \frac{1}{2} x - \frac{1}{4} sin(2x) + C$$

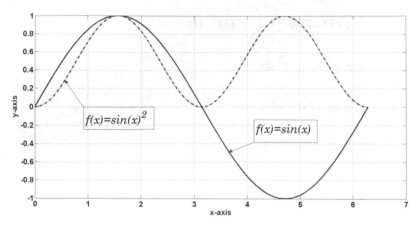

Fig 14-15.3

求指數函數式 $f(x) = e^x$ 在位於 $x=2$ 至 $x=3$ 的範圍曲線下面積對 $x$ 軸旋轉一圈所產生的體積。

## 【解 析】

1. 這一題容易犯下一個錯誤,那就是以一般函數的「積分通式」來積分。

$$\int x^n \, dx = \frac{x^{n+1}}{n+1} + c$$

故而,指數的積分就成為:

$$\int e^x \, dx = \frac{1}{x+1} e^{x+1} + c$$

這樣的做法就犯下了指數的積分的大錯。

2. 原因是指數的積分與一般函數的積分完全不同,這在前面的章節已經詳細的說過了。希望各位記得:「指數不論是微分或積分,都是一條打不死的龍」。如果能夠常記得這句話,相信一定可以避開許多的錯誤。現在,再略微的把指數的積分看一遍:

$$\int e^x \, dx = e^x + c$$

指數函數的特性曲線圖如圖 Fig 14-16.1 所示。在本題中要求得在 $x=2$ 至 $x=3$

範圍的面積對 $x$ 軸旋轉一圈所產生的體積，其形狀如圖 Fig 14-16.2 所示，積分
的結果 V ( 立方單位 ) 如下：

$$V \text{ (Volume)} = \pi \int_a^b [f(x)]^2 \, dx$$

$$= \pi \int_2^3 \exp(x)^2 \, dx$$

$$= \pi \left[ \frac{1}{2} \exp(2x) \right]_2^3$$

$$= \frac{\pi}{2} \left[ \exp(6) - \exp(4) \right]$$

$$= 547.9419$$

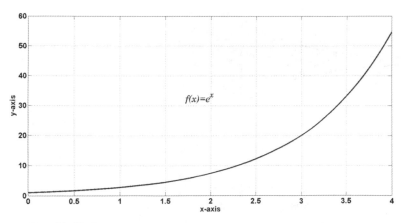

Fig 14-16. 1

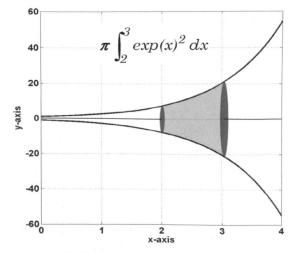

Fig 14-16. 2

## 【研究與分析】

令人很好奇的是，對於指數而言，不論是對它微分或是積分，它都是一條打不死的龍，它的本質都不會改變。那麼，讓我們再深入的探討，若是將圖 Fig 14-16.2 中各個區段分別加以積分，也就是將整個體積區分為 A、B、C、D 這四個段落，如圖 Fig 14-16.3 所示，它們的體積分配會是如何？

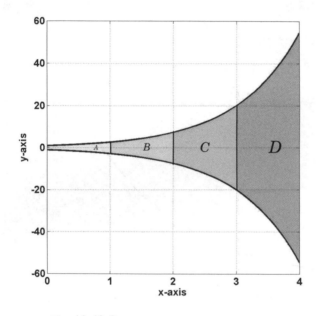

Fig 14-16.3

$$A = \pi \int_0^1 exp(x)^2 \, dx = 10.03 \qquad B = \pi \int_1^2 exp(x)^2 \, dx = 74.15$$

$$C = \pi \int_2^3 exp(x)^2 \, dx = 547.94 \qquad D = \pi \int_3^4 exp(x)^2 \, dx = 4048.8$$

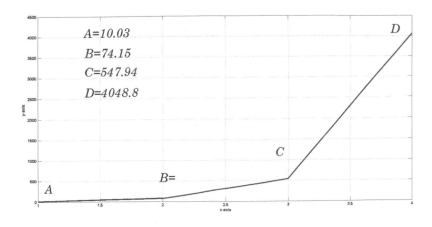

A=10.03
B=74.15
C=547.94
D=4048.8

Fig 14-16.4

在這一題中，依題目所求的體積是位於「C」的這個位置。我們對於指數的確是很好奇。那麼就「A」、「B」「C」、「D」而言，它們的的體積分布狀況如何？在圖 Fig 14-16.4 可以得到答案，它們各個體積大小的分佈形態，也同樣是「指數」形式的。

【★★★★典範範例 14-17】

設函數如下，求與 *x=3* 相交的這個區塊中，沿著 *y* 軸旋轉時所產生之體積如何？

$$f(x) = x^2$$

【解 析】

1. 請注意，這一題在表面上看起來與前面幾題幾乎是相同的。但是，最重要的是，這一題的函數曲線卻是指定要繞著「*y* 軸」旋轉，而不是「*x* 軸」。並求在旋轉後所產生的體積是若干？平面的面積對 *y* 軸旋轉時所產生的體積，有一個對應的公式，很容易記憶，如下所示：

$$V(Volume) = 2\pi \int_{a}^{b} xf(x)\,dx$$

根據上式，可以計算得知：

$$V \text{ (Volume)} = 2\pi \int_0^3 x \cdot x^2 \, dx = 2\pi \int_0^3 x^3 \, dx$$

$$= 2\pi \left[ \frac{x^4}{4} \right]_0^3 = 2\pi \left( \frac{81}{4} \right)$$

$$= \pi \left( \frac{81}{2} \right) \quad \text{立方單位}$$

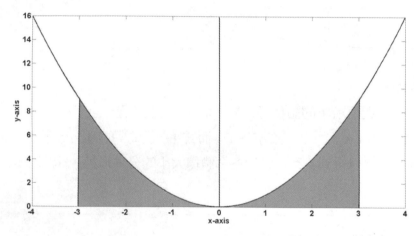

Fig 14-17.1

## 【研究與分析】

圖 Fig 14-17.2 灰黑色的部分是一個立體平
面透視圖，是該函數 *f(x)* =*x²* 這灰黑
色的部分對 *y* 軸旋轉時所產生之體積
的平面透視圖，它的中間是空心的。
在上列所計算的體積 *V*，各位應該可
以想像，它是一個由「*aob*」所組成
的平面，沿著 *y* 軸旋轉時所產生的體
積。

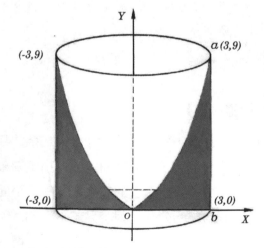

Fig 14-17.2

有一點請各位需要小心留意的，那就是不論是 Fig 14-17.1 圖或是 Fig 14-17.2 圖，
這兩個圖的 *x* 軸與 *y* 軸，並沒有完全依照 1 比 1 的刻度 (scale) 顯示，其原因是

避免佔用過大的圖面與篇幅。這是由於指數函數在 $y$ 軸上所佔的距離遠遠的大於 $x$ 軸的距離，所以，如果還是依照 1 比 1 的刻度，那在 $x$ 軸與 $y$ 軸在相差數千倍甚至數萬倍的狀況下，就不是書面可以容納得下了。所以，各位在看圖的時候必須要注意它實際的刻度才好。

## 【★★★★典範範例 14-18】

設有一球體，其半徑為 $r$，請以積分的方式，求得一球體的體積公式。

## 【解　析】

1. 這其實是很有趣的一題，對於如何求球體的體積之公式，相信各位從小就會背了。但是，現在我們要直接的使用積分的方法，去求證球體的體積的公式，看看究竟是否是一致的。首先，如 Fig 14-18.1 所示是一個球形的體積。為了便於解說，故將圖中的三個軸 $(x,y,z)$ 的方向改變，$x$ 軸在水平，$y$ 軸在垂直，而 $z$ 軸則指向我們，也就是指向書面這個方向，在圖中橢圓灰暗色的面積設其為 $A(x)$，則該截面之半徑及截面積為

$$y = \sqrt{r^2 + x^2}$$

$$A(x) = \pi y^2 = \pi(r^2 + x^2)$$

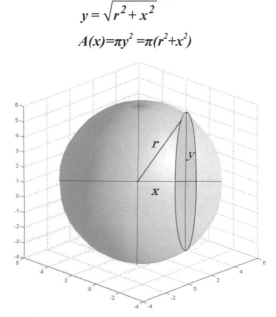

Fig 14-18.1

2. 該圓球體的體積為：

$$V = \int_{-r}^{r} A(x)\,dx$$

$$= \int_{-r}^{r} \pi(r^2 - x^2)\,dx$$

$$= \pi\left(r^2 x - \frac{1}{3}x^3\right)\Big]_{-r}^{r}$$

$$= \pi\left(r^3 - \frac{1}{3}r^3 - (-r^3 + \frac{1}{3}r^3)\right)$$

$$= \pi\left(2r^3 - \frac{2}{3}r^3\right)$$

$$= \pi\left(\frac{6}{3}r^3 - \frac{2}{3}r^3\right)$$

$$= \frac{4}{3}\pi r^3$$

## 【研究與分析】

　　從這一題中，我們應該可以看出積分在「應用數學」中是極為重要的，而它所展現的威力也是無可比擬的。它是一切科學的基石，缺少了「微積分」，人類將退回工業革命以前的時代。這一題如果各位不使用這種積分這個方法，相信，那將會是困難得多的。所以，各位能夠學到《微積分》，而且能夠運用到日常生活之中並且與相關的知識連結，這才是根本。

　　這一段文字的目的，是要告訴各位《微積分》不是「獨善其身」的一門學問，它是所有現代科技學問的一種總和。各位不必太在意數值計算的問題，機器可以幫我們解決。重要的是我們要有積分的思維及觀念。如果真的有某些老師喜歡用計算題來難倒學生，那麼，我的建議是，各位也可以出一些計算題去考一考那位老師，看他能否計算得出來？「例如」：求

$$f = \sqrt{e^{2.369} \cdot \ln(3.587)} = ?$$

答案是 $f = 3.694$。這是用機器算出來的，約 6 秒鐘，幾乎全是在打字。但是，如果使用人力來計算，各位猜一猜，它要花多少時間呢？那有意義嗎？

求由下列三個函數所圍集出來之區域，沿著 $y$ 軸旋轉時
所產生的體積如何？

$$y = \sqrt{x}$$
$$x=1$$
$$x=2$$

## 【解 析】

1.  面對這個題目，首先，我們必須要做的是將這整個題目先繪製出平面特性曲線
    圖來，有了正確的平面特性曲線圖，如此才能夠知道我們究竟「在」做甚麼？
    與究竟「要」做甚麼？本題的平面特性曲線圖如圖 Fig 14-19.1 所示。灰色的部
    分就是這三個函數方程式的交集所在區域。

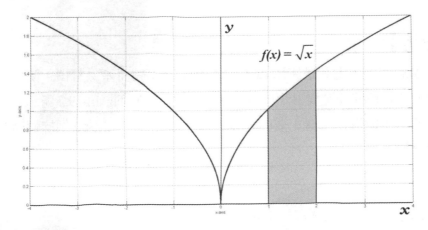

Fig 14-19.1

2.  如圖 Fig 14-19.1 所示是由 $y = \sqrt{x}$ ， $x=1$ 以及 $x=2$ 這三個函數所界定的面積區
    域，該區域在繞行 y 軸旋轉之後會產生體積。由於它是依 $y$ 軸旋轉。所以，在
    積分的時候我們可以直接的引用「柱殼法」的公式來處理與進行計算，如下所
    示：

$$V = \int_1^2 2\pi\, x f(x)\, dx$$

$$= 2\pi \int_1^2 x\sqrt{x}\, dx$$

$$= 2\pi \left[\frac{x^{\frac{3}{2}+1}}{\frac{3}{2}+1}\right]_1^2 = 2\pi \left[\frac{x^{\frac{5}{2}}}{\frac{5}{2}}\right]_1^2$$

$$= 2\pi \left[\frac{2x^{\frac{5}{2}}}{5}\right]_1^2$$

$$= 2\pi \left[\frac{2*2^{\frac{5}{2}}}{5}\right] - \left[\frac{2*1^{\frac{5}{2}}}{5}\right]$$

$$= 2\pi \left[\frac{2*4*\sqrt{2}}{5}\right] - \left[\frac{2}{5}\right]$$

$$= 2\pi \left[\frac{8\sqrt{2}-2}{5}\right]$$

$$= 11.704 \quad \text{(立方單位)}$$

## 【研究與分析】

處理這一類的問題，尤其是使用 *dx* 積分並對 *y* 軸旋轉而產生體積，使用「柱殼法」的公式將會使問題變得簡單而容易。各位請看圖 Fig 14-19.2 所示，該圖僅顯示立體一半的圖形，最主要的是要表達 *dx* 的積分，並對 *y* 軸旋轉而產生體積的觀念。

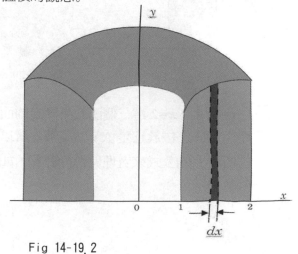

Fig 14-19.2

　高階的面積分與體積分

【★★★★典範範例 14-20】

如下圖 Fig 14-20.1 所示，函數 *y=-x+1* 分別與 *y* 軸及 *x* 軸相交時產生了面積，求該面積沿 *y* 軸在旋轉時候所產生的體積.

並請在【研究與分析】中，進行對 *x* 軸在旋轉，求其所產生的體積。

並進一步驗證它們的結果是否一致？

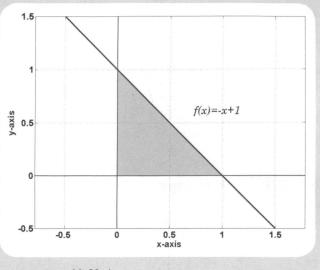

Fig 14-20.1

## 【解 析】

1. 這一題表面上看起來並不難解，主要的因素是在【研究與分析】中。我們將進一步的分別的驗證在體積的積分中，先求得所需要的面積，再使用「柱殼法」，分別所對 *y* 軸旋轉與對 *x* 軸旋轉的方式，經由這兩種不同形式的旋轉的方式，驗證所積分出來的體積是否一致？在本題中，依所顯示面積之積分如下所示：

$$f(x) = \int_0^1 (-x+1)\,dx$$
$$= \left[ (-\frac{1}{2}x^2 + x) \right]_0^1$$
$$= -\frac{1}{2} + 1$$
$$= \frac{1}{2}$$

2. 在體積方面，首先是該面積對 *y* 軸旋轉 *(dy)* 時所產生的體積。其體積計算可以直接引用「柱殼法」的公式計算。

$$(Volume) = 2\pi \int_a xf(x)\,dy = 2\pi \int_0 xy$$

$$2\pi \int_0^1 (1-y)\,y\,dy$$

$$2\pi \int_0^1 (y-y^2)\,dy$$

$$2\pi \left[ \frac{1}{2}y^2 - \frac{1}{3}y^3 \right]_0^1$$

$$2\pi \left[ \frac{1}{2} - \frac{1}{3} \right]$$

$$\frac{\pi}{3}$$

其旋轉體積爲 $V$ *(Volume)* $= \dfrac{\pi}{3}$（立方單位）。如圖 Fig 14-20.2 所示。

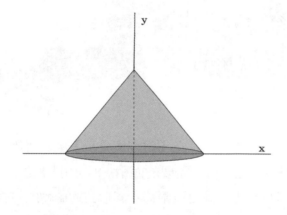

Fig 14-20.2

## 【研究與分析】

在上式的計算中我們所使用的是以面積對於 *y* 軸旋轉 *(dy)* 所產生的體積。現在，讓我們使用該面積對於 *x* 軸旋轉，此時所產生的體積會又是如何呢？同樣的，我們同樣的引用「柱殼法」法，進行對 *dx* 積分可得：

14 高階的面積分與體積分

$$V \text{ (Volume)} = \int_a^b 2\pi \, x(x) \, dx$$

$$= \int_0^1 2\pi \, x(-x+1) \, dx$$

$$= 2\pi \int_0^1 (-x^2 + x) \, dx$$

$$= 2\pi \left[ -\frac{1}{3}x^3 + \frac{1}{2}x^2 \right]_0^1$$

$$= 2\pi \left[ -\frac{1}{3} + \frac{1}{2} \right]$$

$$= \frac{\pi}{3}$$

所得到其旋轉體積同樣是為 $V$ *(Volume)* $= \frac{\pi}{3}$ （立方單位）。如 Fig 14-20.3 所示。

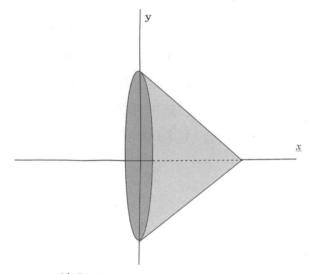

Fig 14-20.3

結果證實了不論是在「柱殼法」法中是對 $x$ 軸或是對 $y$ 軸旋轉，所得到的結果是完全相同的。至於，何時應該使用對 x 軸旋轉或是對 $y$ 軸旋轉，則必須根據函數方程式的條件而定。當對 $x$ 軸旋轉困難的時候，就應該毫不考慮的選用對 y 軸旋轉。同樣的，當對 $y$ 軸旋轉困難的時候，就應該立即的選用對 $x$ 軸旋轉的方式。如此才可以達到最佳的活用效果。

【★★★★典範範例 14-21】

求由一個三維的曲面函數

$$f(x, y) = 4 - \frac{x^2}{4} - \frac{y^2}{9}$$

與平面 $x=3$ 及 $y=2$ 以及與三個座標平面所圍成的體積。

## 【解 析】

1. 這一題首先要知道的是題目的真正意思是什麼？首先，有一個三維的曲面，它的函數式是：

$$f(x, y) = 4 - \frac{x^2}{4} - \frac{y^2}{9}$$

要解出這一題，首先，必須要先繪製出整個的立體圖形來。請注意，這一題的函數式是 $f(x,y)$，也就是變數 $x$ 與 $y$ 是同時在變化的。在這之前我們看到的幾乎都是單一的變數 $x$ 或是 $y$。對於這一題的繪圖，如果能夠藉助於相關的計算機器，將可以得到很大的助益。而如果缺乏正確的立體圖示，將使我們甚至不知道該如何著手。本題的立體圖式如圖 Fig 14-21.1 所示。而我們所要求得的就是圖中較為深色的那一塊立體的體積。

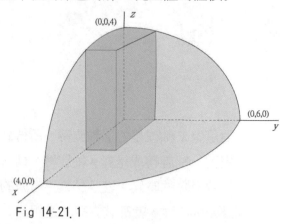

Fig 14-21. 1

2. 由於它具有兩個不同的變數，所以，我們在考慮積分的時候，首先就要考慮到是用「二重積分」的方式，如公式

$$V(s) = \iint\limits_{R} f(x, y)\, dA$$

3. 根據所賦與的條件，經由下列的二重積分可得所求之體積如下：

$$V(s) = \iint\limits_{R} f(x,y)\,dA$$

$$= \int_0^3 \int_0^2 4 - \frac{x^2}{4} - \frac{y^2}{9})\,dy\,dx$$

$$= \int_0^3 \left[ 4y - \frac{x^2 y}{4} - \frac{y^3}{27}) \right]_0^2 dx$$

$$= \int_0^3 \left( 8 - \frac{2x^2}{4} - \frac{8}{27} \right) dx$$

$$= \int_0^3 \left( \frac{198}{27} - \frac{x^2}{2} \right) dx$$

$$= \left( \frac{198}{27} x - \frac{x^3}{6} \right)_0^3$$

$$= \left( \frac{594}{27} - \frac{27}{6} \right)$$

$$= 16.265 \, (\text{立方單位})$$

## 【研究與分析】

　　這一個題目其實是具有相當大意義的題目一個，而不是用來做為純粹計算之用。也就是說，它的「實質」意義是要超過它的「計算」意義的。在這一題中有兩個重點：

(1). 正確的繪製符合題意的三維特性曲線圖來輔助。很顯然的，如果沒有三維特性曲線圖的輔助，即使是計算得非常正確，答案都對了，那也是沒有意義的，對於我們一點幫助也沒有。因為，我們將完全不知道究竟在做什麼事情？

(2). 它是一題屬於二重積分的題目，這是相當重要的一個重點。讓各位可以充分的理解二重積分它所包含的意義。如同「高階微分」一般，「多重積分」的做法仍然是一步一步的由內往外做。二重積分所計算的結過會是一個體積，除了 $x$ 與 $y$ 這兩個變數外，再加上 $f(x,y)$，每一個變數都可以得到三個數據。所以，一連串的變數就可以獲得一連串的三個為一體的數據。故而，各位不必覺得二重積分就會很難。事實上，它反而是非常的有趣，也希望各位能多思考這一類型的題目，那才是能夠真正提昇自己的能力與程度的，而且，也必然使自己更加超越而受益匪淺。

# 15

# 進入虛幻世界

【本章你將會學到下列的知識與智慧】：

# 虛數就是「虛幻的數」嗎？

　　「虛數」這個詞是從英語中的「Imaginary number」直接翻譯過來的。「Imaginary」這個單字的英文意思就是幻想的、虛構的、充滿想像的，就是沒有一個意義是「實在、真實」等的正面意思。為什麼說它是「虛」的呢？這是不是「虛假」或是「虛構」出來的數呢？的確也是，面對這樣的問題，真能理直氣壯的敢回答「不是」的人，還是不多的。事實上，這是古人冤枉了它，而直到現在還沒有「平反」過來。

　　在我們人類的日常生活與工作中，「虛」這個字也常常被用到。例如，我們說某一個人在做「虛」工。這表示說它的確是有在做事，但是，卻沒有效果。我們要把東西向前推，而你卻在「橫向」用力，這也是在做虛工。在數值方面，一個數「平方後為負的數」稱為「虛數 (imaginary numbers)」，古人認為它是不存在的，所以說它是「想像的數是虛的」。而將「平方後為 -1 的數」特別寫成 i ( 這個 i 就是 imaginary) 的簡稱。我們是生存在「實數」領域的世界上。說得更精確一點，這世界上所顯現出來的一切數目，不論是有多大或是多小，都可以在一條「實數線 (Real line)」上找到它們。所以，自古以來，一切也都要以實物為憑。正因為如此，人們於是認為「虛數」的存在，可以視為跟我們所生活的現實世界完全無關。我們不能給人家一個虛的「蘋果」，也不能給人家一個虛的「房屋」。於是有人問，我們為什麼要學習這種「虛幻而不存在的數」呢？或許人們會認為，「虛數」只是個數學遊戲，與真實世界沒有任何關係的。其實啊！這個「虛」字端看事情是如何去定義的？我想問各位，是不是只有將鈔票拿在手上的才叫錢？放在銀行裡，而我們所拿到的只是一堆數字，那是虛的嗎？那就不是錢了嗎？非得要雙手拿著鈔票才是錢嗎？一百萬的現金的確是一大堆的鈔票，但是，它並不容易攜帶與使用，然而，同樣一張一百萬的支票，它不但方便攜帶，而且還方便使用，它代表的是同樣等級的現金與鈔票，而我們卻不可以說那張支票就是虛幻的，「虛數」同樣的是有這種

存在的實質與意義。

　　「實證主義（positivism）」是一門哲學性質的科學，它是以視覺與親體感知爲基石，並以邏輯導向與數學理論爲歸依的一種以「感知驗證 (sensory experience)」爲中心的科學思想。「實證主義」帶領著人類走到了二十一世紀的科技文明的今天。但是，就以「實證主義」的觀點而言，我們在這個「宇宙」中，有太多的事情與時候，是無法斷言什麼才是真實的？什麼才是虛幻的？事實上，「時間」的本身就是人類的一種幻覺而已。在宇宙中使用「現在」這兩個字是沒有意義的。例如，我們「現在」正在觀看織女星，但是，我們的現在卻是二十六年前的它，因爲，它與我們的距離是二十六光年。至於距離我們最近的一個銀河系是仙女座銀河系，我們現在看到的它，對它而言，那已經是 230 萬年前的事了。

　　對於「時間」而言，「明天」還沒有來，當然是虛妄的。要到了明天才拿出來的「東西」，總是預先要準備好才是，總不能臨時去胡亂的找出來吧！事實上，全世界的人類，沒有人可以找得到所謂的「明天」究竟是藏在宇宙中的哪裡？那麼，「今天」總是真實的吧！其實，也未必。不要說「今天」了，哪怕是「現在」都未必是真，當各位看到這裡的時候，前一秒的「現在」以已經過去了。「現在」究竟是多短才能稱之爲「現在」？是十分之一秒是現在？還是萬分之一秒是現在？還是百萬分之一秒是現在？人類的手機 (cell phone) 通話的載波 (carrier wave) 頻率已經是 2GB 以上了，每一個載波 (carrier wave) 的週期是 20 億分之一秒。人類在日常生活中可以掌握的時間，已經精準到這個程度，那麼，說那還不是現在，那什麼才是現在？至於「過去」，就更是「虛幻」了，絕對沒有人說得出來，「過去」的時間藏到哪裡去了？更沒有人可以把「昨天」快樂的日子找出來，再過一次。但是……但是……過去的「昨天」也不能說完全是「虛幻」，昨天欠的錢，卻不能說那就是「虛幻」，可以不算數。所以說，我們在這個「宇宙」中，其實是無法斷言什麼才是真實的？什麼才是虛幻的？同樣的，我們不能憑「虛數」這兩個字，就認定「它」是虛幻而不是真實的。

# ☆ 15.2
# 在實數中無解的問題

人類的數學至十六世紀的時候，就已經是突飛猛進到了相當完善的階段。但是，就數學的本身而言，也終於遭遇到了無數的「無解問題」，這些問題的確是存在的，但是卻是「無解」。也就是說，人類一直找不到它的答案，也就是它的「解」。現在，就讓我們進一步的來看一個問題，這個問題是義大利在十六世紀的時候，由一位數學家「卡當諾 (Gerolamo Cardano)」出版的一本《偉大之數 (The Great Art)》中提到一個問題，那就是：

---

### 【宇宙中這個數在哪裡？】

設若兩數的和為 10，積為 40，則此兩數分別是多少？

$$x+y=10 \qquad (1)$$
$$x \times y=40 \qquad (2)$$

---

我們可以用 $x$ 自 1 開始，看看有哪些可以同時符合 (1) 與 (2) 式的

$x=1$，$y=9$ 則 $x+y=10$，$x \times y=9$

$x=2$，$y=8$ 則 $x+y=10$，$x \times y=16$

$x=3$，$y=7$ 則 $x+y=10$，$x \times y=21$

$x=4$，$y=6$ 則 $x+y=10$，$x \times y=24$

$x=5$，$y=5$ 則 $x+y=10$，$x \times y=25$

$x=6$ 之後則 $x \times y$ 的值就開始相對的逐漸下降。因此，從上面所有的列示中，$x$ 一直到 10 為止，我們完全找不到任何一個數值，是可以同時滿足我們在上面所述的 (1) $x+y=10$，(2) $x \times y=40$ 所要求的答案，那該怎麼辦？而如果在所有的實數中，沒有任何一個數值是可以同時滿足我們的需要，那這個聯立式豈不成了無解的「懸案」？那麼 $x+y=10$，$x \times y=30$ 呢？也同樣是「無解」而成為「懸案」了。宇宙中這

類類似的問題，幾近於無窮多，也都一概是「無解」了。是不是我們的視野太窄了呢？可以讓這種事情一直的發生下去嗎？當然不行。那問題究竟要不要解決？又該如何解決？答案就在這個「虛數」上面。

# 虛數讓任何「難題」都可以找到答案

現在就讓我們來「解」上述的這一道題目，看看究竟有什麼問題？

在這 (1)，(2) 的兩個式中：

$$x+y=10 \qquad (1)$$

$$x \times y=40 \qquad (2)$$

由 (1) 式可得

$$y=10-x$$

代入 (2) 式，可得

$$x(10-x)=40$$

移項 $\qquad 10x-x^2=40$

則得 $\qquad x^2-10x=40$

由二次方程式 $\qquad ax^2+bx+c=0$

由其通解

$$x = \frac{-b \pm \sqrt{b^2-4ac}}{2a}$$

可得答案：

$$x = 5+\sqrt{-15} \quad 與 \quad x = 5-\sqrt{-15}$$

現在，讓我們來驗證一下，這個答案是不是可以符合我們的所求

$$(5 + \sqrt{-15}) + (5 - \sqrt{-15}) = 10 \quad \text{-------------} \quad (1)$$

$$(5 + \sqrt{-15}) * (5 - \sqrt{-15}) = 5^2 - (-15) = 40 \quad \text{-----} \quad (2)$$

是的，這就對了。終於找到了我們所要的答案了，那就是：

$$5 + \sqrt{-15} \quad 與 \quad 5 - \sqrt{-15}$$

也就是：

$$x = 5 + \sqrt{-15}$$

$$y = 5 - \sqrt{-15}$$

但是，問題是 $\sqrt{-15}$ 究竟是什麼？在這之前，人類的數學中從來沒有任何一個數的平方會是「負數」的。於是，「卡當諾」引進了「虛數」，這是他唯一能夠選擇的。若是有了「虛數」，則可以讓數學中任何的「難題」，都能夠找到答案，而且，從今而後再也不會有所謂的「懸案」的問題。

因此，當「虛數」真正的解決了我們所有「困難」之後，你說它究竟是「有」還是「沒有」？它究竟是「存在」還是「不存在」？那真的是「虛無」嗎？當然不是。

所以，我們幾乎可以說，如果沒有這個看起來是虛無之數的「虛數」，也就沒有數學可以繼續往上發展的條件，更沒有可能發展出近代科學可言。

它幾乎包括了近代所有的科技學識，如《電路學》、《電機機械學》、《電磁學》、《光電學》、《波動光學》、《近代物理》、《相對論》、《量子力學》等等。

「虛數」有它偉大的一面，只是太多的人忽略了它，總認為是「虛幻之數」，沒有什麼值得學的，事實上，「虛數」才是真正解決我們科學之數與方程式的鎖匙。

# ☆ 15.4
# 宇宙中最大的數系

　　「虛數」的真實價值已經被確定了，人類所使用的數已經不再被限制於僅僅的「實數」的領域。雖然人類的生活世界都是在「實數」的領域中，「時間」不斷地在飛逝，而且是一去永不回頭。仔細的研究，「時間」卻未必是實數，「過去」的時間去了哪裡？「未來」的時間存在哪裡？沒有一個人知道，但「時間」就是存在。「實數」是存在於一條「數線 (Number line)」上，這條「數線」可以由負無窮大到正無窮大。但無論任何的數目，都在這一條「數線」上可以找得到對應點。「實數」僅存在於這一條「數線」上，脫離這一條線之外，則所有的「實數」都不存在的。

　　結合了「實數 (Real Number)」與「虛數 (Imaginary Number)」而成為數系中最大的，也是最頂尖的一種數，那就是「複數 (Complex Number)」。因此：

**複數 = 實數 (a)+ 虛數 (bi)=(a+bi)**

在虛數中，其定義如下：

$$i = \sqrt{-1} \quad , \quad i^2 = -1 \quad , \quad i^3 = -i \quad , \quad i^4 = +1$$

在複數系統中它所構成的平面稱之為「複數平面」，又稱之為「Z 平面」，也就是：

$$Z=a+bi$$

由於虛數所扮演的角色非常奇特，讓我們看看下列的一些虛數特性：

1. 虛數自我相乘時，會產生每四次就會出現循環。

2. 在複數平面的乘法中，每次的相乘都會讓座標旋轉 90 度，而在第四次的循環後，又回到了起始點 1 的位置。如圖 Fig 15.4.1 所示：

3. 在複數平面 $Z=a+bi$ 中，具有下列的定義：

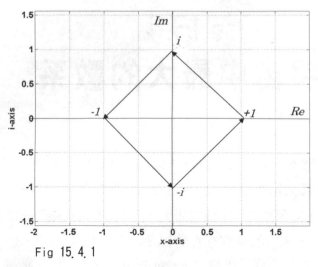

Fig 15.4.1

(1) 水平軸為實數軸，定義為 Re。

(2) 垂直軸為虛數軸，定義為 Im。

(3) 絕對值$|Z| = r = \sqrt{a^2 + b^2}$。

(4) 偏角 (Argument) $\theta = \text{Tan}^{-1}(b/a)$。

(5) 虛數是不能比較大小的。它們所代表的是複數平面中的「位置」，而「位置」與「位置」之間是座標的問題，沒有大小。

(6) 兩個虛數之間只有相等和不等這兩種關係。

4. 複數平面 **Z=a+bi** 如圖 Fig 15.4.2 所示。

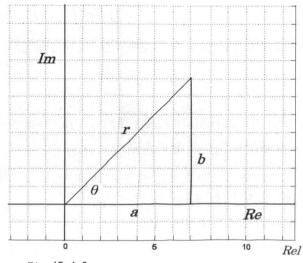

Fig 15.4.2

# 複數平面的運算

　　複數中的「虛數」是不能比較大小的，因為它們所代表的是複數平面中的「位置」，而「位置」與「位置」之間是沒有什麼大小問題的，故而兩個虛數之間只有相等和不相等這兩種關係。兩個複數若是相等的，「若且唯若」它們的實數是相等的並且它們的虛數也必須是相等的。所以，若是複數 $a+bi = c+di$，則 $a = c$ 且 $b = d$。

(1) 加法： $(a+bi)+(c+di)=(a+c)+(b+d)i$

(2) 減法： $(a+bi) -(c+di)=(a-c)+(b-d)i$

(3) 乘法： $(a+bi) (c+di)=ac+bci+adi+bdi^2$

$$=(ac-bd)+(bc+ad)i$$

(4) 除法： $\dfrac{(a+bi)}{(c+di)} = \dfrac{(a+bi)(c-di)}{(c+di)(c-di)} = \dfrac{ac+bci-adi-bdi^2}{c^2-(di)^2} = \dfrac{ac+bd+(bc-ad)i}{c^2+d^2}$

$$= \left(\dfrac{ac+bd}{c^2+d^2}\right)+\left(\dfrac{bc-ad}{c^2+d^2}\right)i$$

　　除法最重要的處理方式，就是要先將「分母」中的虛數去除，因為分母中若有虛數將使得整個運算式相當難以處理。所以，在「複數」的除法中，首先的要務就是要將分母乘上一個「共厄複數」。註：(a+bi) 與 (a-bi) 互為「共厄」。

　　【例如】： $z1 = (1+3i).$ $z2 = (2+4i)$. 求 $z = \dfrac{z1}{z2} = ?$

　　【解答】 $z = \dfrac{z1}{z2} = \dfrac{1+3i}{2+4i} = \dfrac{(1+3i)(2-4i)}{(2+4i)(2-4i)} = \dfrac{2-4i+6i-12i^2}{4-4i+4i-16i^2}$

$$= \dfrac{2-2i+12}{4+16} = \dfrac{14+2i}{20} = \dfrac{7}{10}+\dfrac{1}{10}i = 0.7+0.1i$$

如果 $z = a+bi$

$$|z|=\sqrt{a^2+b^2}$$

$|z|$是 $z$ 的「絕對值 (absolute value)」。

則根據「尤拉公式 (Euler's formula)」，對於任何實數下列的式子都可以成立：

極座標形式的符號則是：

$$z e^{ix} = cosx + isinx$$
$$z = r(cos\varphi + isin\varphi)$$

「尤拉公式 (Euler's formula)」還可以寫為「指數形式」：

$$z = r\,e^{i\varphi}$$

使用「極座標」形式或是「指數」形式運算，將會使所有的運算過程都變得容易許多。

$$r_1 e^{i\varphi_1} \times r_2 e^{i\varphi_2} = r_1 r_2 e^{i(\varphi_1 + \varphi_2)}$$

和

$$\frac{r_1 e^{i\varphi_1}}{r_2 e^{i\varphi_2}} = \frac{r_1}{r_2} e^{i(\varphi_1 - \varphi_2)}$$

故而，根據以上的相關定義，我們可以知道，兩個複數的「相加」，只是兩個向量的「向量加法」。「相乘」則是可以被看作為是一種旋轉和伸縮的變化。這些觀念將會在【點範範列】中有詳細的解說。

# 複變數之微分

我們常說的「複數 (complex number)」，它與「複變數 (complex variable)」是不相同的，也不可以混爲一談。「複數」的型態是：

$Z=a+bi$。式中之 $a$ 爲實數，$bi$ 爲虛數。

但是，「複變數」的型態是：

$Z=x+yi$。式中之 $x$ 爲實數變數，$yi$ 爲虛數變數。

請注意，「實數」與「實數變數」是不相同的。同理，「虛數」與「虛數變數」也是不相同的。那麼，對「虛數」而言，它究竟可不可以微分呢？這句話問得非常直接。但要直接回答這句話，卻不是很容易的。因爲，它必須分開來講才會比較淸楚。如果是單獨的對虛數本身而言，我們是不可以對虛數的本身加以微分的。但是，如果虛數的本身伴隨著其他相關的「變數」，那它就是「複變數」的一部分，則是可以微分的。

所以，分開來講這個道理就比較淸楚了。我們無法對單獨的虛數「$i$」進行微分，畢竟虛數「$i$」它是一個「特殊的符號」，而如果我們對一個特殊的符號進行微分的話，並沒有特殊意義的。雖然這個「特殊的符號」有它固定的值的存在，但也因爲是如此，對它進行微分則是沒有意義的。正如同任意一個常數，它的微分都會是「零」。同樣的，對於虛數「$i$」的微分也是「零」。這個觀念可以從實數變數的微分一直延伸到「虛數變數」。請注意，「虛數變數」並不等同於「虛數」。如果我們使用「$2i$」，則它還是一個虛數，但是，如果使用的是「$3ix$」，則它就成爲「複變數」的一部分，它是可以按照正常的微分方式加以微分的，而它的運算規則仍如同一般的微分方式一樣，而「虛數 i」也仍依其運作方式。

【例如】 $y=3ix$ 求 $dy/dx=$ ？

【解答】 $y=dy/dx=3ix/dx=3i$

# 複變數之積分

對「虛數」而言，它究竟可不可以積分呢？答案是它可以積分，但也是不可以積分。這答案豈不是很奇怪嗎？是實不然，如果是對單獨的虛數本身而言，我們不可以對虛數的本身積分，所以答案是不可以。但是，如果虛數的本身伴隨著其他相關的「變數」，那它就是「複變數」的一部分，則是可以積分的。例如，我們無法對單獨的虛數「$i$」進行積分，畢竟虛數「$i$」它是一個「特殊的符號」，而如果我們對一個特殊的符號進行積分的話，那是沒有意義的。同樣的，如果對於「$3i$」這個虛數的數值進行積分的話，它同樣的是沒有意義的。這個情況正如同 $f(x)=3$ 這個式子，對積分而言，也是沒有意義的。因為，函數在不定積分的結尾中都會帶有一個常數項 C，這個 C 可以是任何的數值。而如果是要求定積分的話，而 $f(x)=3$ 的本身就是一個定值，如此則沒有什麼定積分可言。

但是，如果我們要積分的對象是一個包含有虛數的「函數」式，那情況就不同了。只要是符合積分的定義就應該被允許積分的，在所有積分的「定義」之中，並沒有排除「複變數 (complex variable number)」函數不能微分或積分。所以，如果函數式是 $z(x)=3ix$，則這個帶有虛數的函數式，事實上，它就是「複變數」的一部分，所以，它是可以積分的。它的運算規則仍如同一般的積分方式一樣：

【例如】 設 $z(x)=2ix$ 求積分的結果。

【解答】
$$z(x) = 2ix$$
$$Z = \int z(x)dx = \int 2ixdx = \frac{2i}{2}x^2 = ix^2$$

依此原則，讓我們再進一步的以「典範範例」來說明清楚。

# 【典範範例】集錦

## ★★★【典範範例 15-01】

設複數 $z=3+2i$ 則該複數的微分 $z'$ 會是如何？

## 【解析】

各位不需要想得太遠，也不需要想得太深，其實，各位需要的是正確的觀念。$z=3+2i$ 這是一個複數，而不是複變數。在上一節曾經提過，「複數」是不可以微分或積分的，而「複變數」才可以微分或積分。所以，答案就在眼前。爲何如此說呢？請各位再想一想，$z=3+2i$ 這個數，只是一個「複數」而已，它並沒有包含「變數」在內。所以，不論是前面的實數「3」，或是後面的「$2i$」，它們都是「數值」而已，也就是說，它們都是「常數」，而「常數」的微分當然只有一個答案，那就是「零」。故而：

$$z=3+2i$$
$$z'=0$$

## 【★★★典範範例 15-02】

設 1. $z(x)=2x+3i$  則 $dz/dx = $ ?

2. $z(x)=i^2x$  則 $dz/dx = $ ?

## 【解析】

1. 「複變數」與「複數」不同，它可以被看作是複數平面的變數或是函數。所以，在對複變數函數 $z(x)=2x+3i$ 的微分法則中，依照規則，我們仍然可以視爲是對它們各自分開的微分。式中的「$3i$」，我們可以視爲一個常數，故我們僅需要

對「2x」這個變數微分即可。故可得：

$$(1)\quad \frac{dz}{dx} = \frac{(2x+3i)}{dx} = \frac{2x}{dx} + \frac{3i}{dx} = 2$$

2. 請注意，具有變數的虛數式它已經不再是純的虛數，而是一種「複變數」，只是這個複變數的實數部分為零。所以，它在微分的時候，其運算規則仍如同一般的微分方式一樣，故而，

$$(2)\quad z(x) = i^2 x \qquad 則\ dz/dx = i^2 = -1$$

【★★★典範範例 15-03】

請繪製出下列複數函數的特性曲線圖，並說明其相關之變化如何？

$$z(x) = xi$$

【解 析】：

這一題是將「實數」與「虛數」直接相乘，這樣的相乘方式，是會彼此相互影響的，也就是說，當「實數」變數增減的時候，會造成整個複變數的結果對等的改變，而且是等比值的改變。所以，它是一條以 45 度上升的直線，如圖 Fig 15-03.1 所示。有兩點需要請各位注意的，其一是在圖中所使用的不再是實數座標，而是複數座標。其二是在圖中所使用的「刻度 (scale)」並非等比，其原因是避免佔用垂直太大的篇幅。

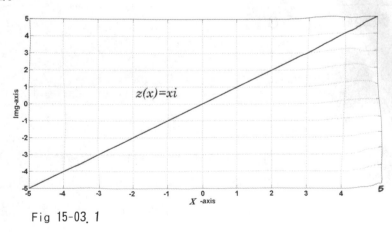

Fig 15-03. 1

15　虛幻世界

## 【★★★典範範例 15-04】

請繪製出下列複變數函數的微分，並請分別繪製其特性曲線與詳加解說。

$$z(x) = x^2 i$$

## 【解 析】

1. 首先，讓我們看一看 $z(x) = x^2 i$ 的微分式：

   $$z(x) = x^2 i$$

   $$dz(x)/dx = 2xi$$

   相當的簡易，直接依照微分的方式就可以完成了。事實上，也的確是如此。只要虛數是落在複數的「乘數」部分，而不是在「指數」的部分，則它對於整個複變數的微分或積分特性都不會有影響與變化。也就是說，這個時候，我們若依照「實數」的思維去想它，在實質上，不會有太大的差異。

2. 由 $z(x) = x^2 i$ 與微分後的 $z'(x) = 2xi$ 在下列的這兩個「複變數」所產生的特性曲線分別如圖 Fig 15-04.1 與 Fig 15-04.2 所示。在圖中，我們可以看到在 $z(x) = x^2 i$ 拋物線的函數式中，最重要的是它是以虛數軸做為對稱軸，其他並沒有太大的變化，也都與實數領域的特質相同。而複變數 $z(x) = x^2 i$ 微分後的結果也是一條直線，代表該拋物線的斜率是非常穩定的在變化，這也與實數的特質符合。

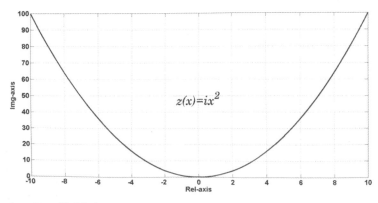

Fig 15-04.1

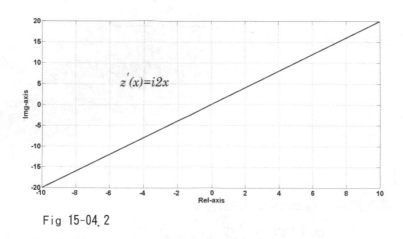

Fig 15-04.2

## 【★★★★典範範例 15-05 】

請繪製出下列複變數函數的特性曲線圖，並說明各相關之變化如何？

$$z(x) = \frac{x}{i}$$

## 【解 析】

1. 這是一道非常好的題目，請各位先不要往下看答案，而是先去面對這個問題仔細的思考一下，看看各位能夠在心中呈現的是如何的想法與觀念。如果各位還是用「實數」的觀念去思考或是思想它，肯定是不太容易想出它的結果的。因此，各位必須要以「超越」的心性來看這個問題。那麼，各位在思考過之後，請看它的答案如圖 Fig 15-05.1 所示。

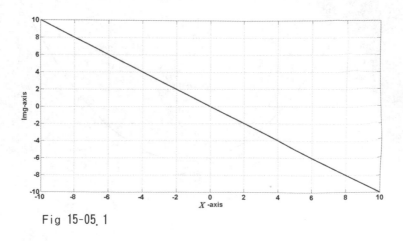

Fig 15-05.1

2. 各位可能會覺得相當奇怪，怎麼會是一條向下的斜直線呢？這不是很難思考嗎？是的，各位一定要記住，我們不可以用「實數」的模式，去判讀「複變數」的特性曲線圖，本題就是一個非常好的例子。在面對這種問題的時候，也就是說在複變數函數的題目中，請特別注意，我們不希望看到它的分母是包含有虛數的數值在內的，那將會使我們很難思考，所以，在面對分母有虛數的時候，我們必須將它淨化，也就是將分母的虛數去掉。去掉分母的虛數並不困難，我們只需要將分子與分母再各乘上一個虛數 i 就可以了。所以，這一題就變成了

$$z(x) = -xi$$

## 【研究與分析】

複變數函數式 $z(x)=-xi$ 與上一題的題目剛好是相反的。各位請比較它們的函數式如下：

$$z(x) = xi \quad \text{------------(1)}$$
$$z(x) = -xi \quad \text{----------------(2)}$$

毫無疑問的，如果在上一題 (1) 的 $z(x)= xi$ 的特性曲線是傾斜 45 度的直線的話，那麼，這一題 (2) 的特性曲線則是傾斜 -45 度的一條直線。如果各位嘗試著將一些數據代入上式的話，相信情況就會明朗得多了。

現在，讓我們將一些數據代入到這個式子裡，看一看它的變化是如何的，就很清楚了。

$$x=1 \quad z(x)=0-1i$$
$$x=2 \quad z(x)=0-2i$$
$$x=10 \quad z(x)=0-10i$$
$$x=-10 \quad z(x)=0+10i$$

這個道理其實是很明顯的，這也正是 $z(x)=-xi$ 這個複變數函數式的真面目。

### 【★★★★典範範例 15-06】

請繪製出下列複變數函數的特性曲線圖，並說明其因果變化？

$$z(x) = x + 2i$$

## 【解 析】

1. 毫無疑問的這是一個複變數，但它會是如何的一條線呢？請注意，在縱座標上所顯示的標示是「虛數 (Im)」的位置，它不是實數領域的數值。而橫座標則是「實數 (Re)」。我們在看這種「複數」特性曲線圖的時候，一定要排除以前所熟悉的「直角座標」的方式，而用完全不同形式來閱讀，因為，這種「複數」的特性曲線圖是不同於傳統的「直角座標」特性曲線圖，這一點一定要特別注意。

2. 「複變數」特性曲線圖顯示的是，不論 $x$ 值是如何的在變化，虛數 i 值一直不會變動。因為變化的是「實數」$x$，「虛數」部分根本就沒動到，所以，它一直的展開就是一條水平線，如圖 Fig 15-06.1 所示。

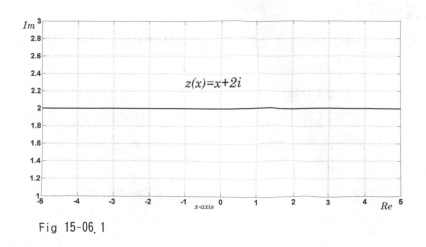

Fig 15-06.1

## 【研究與分析】

　　這是一道四顆星的題目，各位也許會覺得奇怪，它並不是很複雜的問題。事實上，不要小看這一道題目，有非常多的人一時之間在思維上改不過來，而總以為應該是如圖 Fig 15-06.2 的那個樣子才是。事實不然，它們是完全不同的。

　　Fig 15-06.2 圖是我們所熟悉的「實數」領域的特性曲線圖。但是，回到了「複變數」的特性曲線圖就完全不是這個樣子了，這之間的區別是相當巨大的，故而，請各位務必特別注意才是。

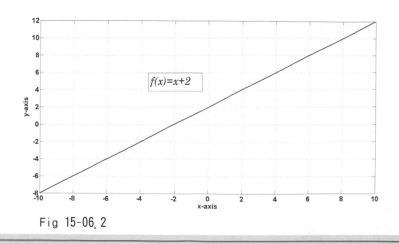

Fig 15-06.2

## 【★★★★典範範例 15-07】

在複數平面中有五個連續的點，各點分別為：

　　$a=1+3i$，$b=2+1i$，$c=3+2i$，$d=4+1i$，$e=5+3i$

若將各點均乘上另一個複數 $z=3+2i$，則對於該五個連續的點會產生何種變化？請詳細的說明該變化的實質意義。

## 【解 析】

1. 如下圖 Fig 15-07.1 所示，在複數平面中的五個連續的點可以連結成一個「W」形的圖案。

2. 複數的相乘與「實數」的相乘有很大的不同點，「實數」的相乘只有放大的作用，但是，「複數」的相乘除了具有放大的作用之外，同時具有旋轉的作用。各位可以仔細的回想一下，在實數的領域

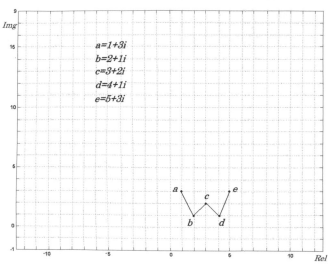

Fig 15-07.1

中，要一個圖形做任意的旋轉並不是一件容易的事。然而，在「複數」的領域中，不但是可以任意放大，而且，還可以隨意的旋轉。這是很了不起的一種特性。

3.  如 圖 Fig 15-07.2 所 示。由 a、b、c、d、e 這五點共同構成一個「W」的形狀。當這個「W」形狀的圖形乘上 **Z=3+2i** 之後，各位可以看到它出現了的兩項特殊的功能：

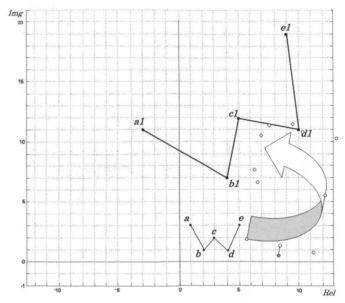

Fig 15-07.2

 (1) 它將一個「圖形」放大了。

 (2) 它讓該「圖形」旋轉了一個角度。

4.  就放大的「倍率」而言，那麼它究竟「放大」了多少倍呢？答案就是每一點所乘上的倍率 **Z=3+2i**：

$$a=1+3i \qquad a1=a\times z=-3+11i$$
$$b=2+i \qquad b1=b\times z=4+7i$$
$$c=3+2i \qquad c1=c\times z=5+12i$$
$$d=4+i \qquad d1=d\times z=10+11i$$
$$e=5+3i \qquad e1=e\times z=9+19i$$

5.  這個原有的「W」字形被放大的倍率是 **z=3+2i** 倍。那麼，這個複數的數值 **z=3+2i** 的倍率究竟是多少「倍率」呢？。在複數中很難讓我們有具體的觀念。事實上，這時候它的「絕對值」就很有用了。因為，它真實的放大倍率不是 **z=3+2i**，而是它的「絕對值」。

$$|z| = \sqrt{3^2 + 2^2} = \sqrt{13} = 3.605$$

6.  就讓我們使用這個 **z** 的絕對值的數值來檢驗一下「W」這個字中的任何一個位置。

【例如】求 *a=1+3i* 這一點乘上複數 *z=3+2i* 後的新位置 ( 放大倍率 )。

【解 答】

$$a=1+3i$$

$$|a| = \sqrt{1^2 + 3^2} = \sqrt{10} = 3.162$$

所以，放大的結果是：

$$|a| \underset{\times}{*} |z| = 3.162 \underset{\times}{*} 3.605 = 11.402$$

這與放大後 *a1=-3+11i* 的絕對值：

$$|a1| = \sqrt{(-3)^2 + 11^2} = \sqrt{130} = 11.402$$

是完全相同，而無絲毫的差異的。

# 【研究與分析】

現在，進一步來探討它旋轉角度的問題，我們的「乘數 (multiplier)」是 *z=3+2i*，所以它的角度是：

$$sin^{-1}(\sqrt{13}\,/\,2) = sin^{-1}(2\,/\,3.605) = sin^{-1}(0.554)$$

$$\theta = 33.64^o$$

如 圖 Fig 15-07.3 所示。在這裡，我們看到了一個非常有趣的事實，那就是「複數」的相乘，不但是對於原函數具有放大的作用，而且，它同時還具有「旋轉」的作用，所以，它的確是非常的好用。

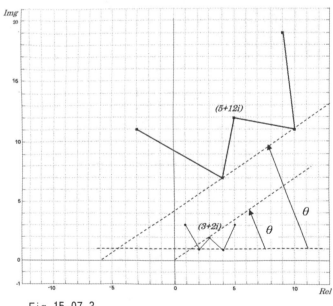

Fig 15-07.3

1. $z(x) = xi$
2. $z(x) = \dfrac{1}{xi}$
3. $z(x) = x^i$
4. $z(x) = e^{-xi}$

## 【研究與分析】

這四個題目表面上看起來都非常得相似，但是，若是不留意則還是非常容易造成錯誤。所以，還是要請各位小心仔細得對應才好，這些題目除了它本身具有相當的重要性外，同時，也請各位必須仔細留意它們運算的方式與結果。所以，在這一題中直接的就以【研究與分析】做為開始。

1. 第 1 題的微分是常見到一種形式，它完全與實數的微分相同。所以，$z(x)=xi$ 的微分結果為：

$$z(x) = xi$$
$$\frac{z(x)}{dx} = \frac{dxi}{dx} = \frac{idx}{dx} = i$$

2. 第二題的 $z(x) = \dfrac{1}{xi}$ 在這題的微分之前，先讓我們複習一下實數 $y(x)=1/x$ 的微分情況：

$$y(x) = \frac{1}{x} = x^{-1}$$
$$\frac{dy(x)}{dx} = \frac{-1}{x^2}$$

但是，在【典範範例 15-05】中曾經特別的提出來談過，在複變數運算的時候它的分母不可以有虛數的存在。因為，那將會導致我們在運算上的困難。所以，在這一題進行複變數微分之前，先將它的分母去虛數化。然後在進行微分，則它們所有的運算幾乎就與一般微分運算的方式完全相同了。

$$z(x) = \frac{1}{xi} = \frac{i}{-x} = -ix^{-1}$$
$$\frac{z(x)}{dx} = \frac{d(-ix^{-1})}{dx} = \frac{i}{x^2}$$

3. 虛數的本身不可以微分或積分，但是卻可以進行四則運算。所以，在這題 $z(x)=xi$ 中， 它的虛數是在指數位置，而底數則是一個變數，故依一般微分的基本運算法則可得：

$$\frac{dz}{dx} = \frac{dx^i}{dx} = ix^{(i-1)}$$

4. 在解這一題之前，各位可以進行與比較一下，下列一般「指數」的微分，您將會發現整個指數的整體本身不變，而它的指數若有常數項，則需移至整個指數之前，如下所示。

(A) 一般「指數」的微分

$$f(x) = e^{3x}$$

$$\frac{df(x)}{dx} = \frac{de^{3x}}{dx} = 3e^{3x}$$

(B) 「複變數」的指數微分如下：

$$z(x) = e^{xi}$$

$$\frac{dz(x)}{dx} = \frac{de^{xi}}{dx} = ie^{xi}$$

---

## 【★★★★典範範例 15-09】

請繪製出下列複數函數的特性曲線圖，求其一次微分，
並請分別以圖表解說之？

$$z(x) = e^{xi}$$

---

## 【解 析】

1. 這一題的微分在上一題中已經解答過了。但是，這一題真正的用意則是希望各位能知道並了解「複變數」的特性曲線圖是有它特殊與不凡之意義的。首先，我們在前面一直常說，指數是一條「打不死的龍」。的確，即使是在「複變數」中，它還是沒有改變，下列中我們可以看到指數的微分如下所示。它的微分除了多了一個虛數 $i$ 之外，其餘都沒有變化。

$$z(x) = e^{xi}$$
$$z'(x) = ie^{xi}$$

2. 下圖 Fig 15-09.1 所示是一般指數 $f(x)=e^x$ 的特性曲線圖，這是我們非常熟習的。

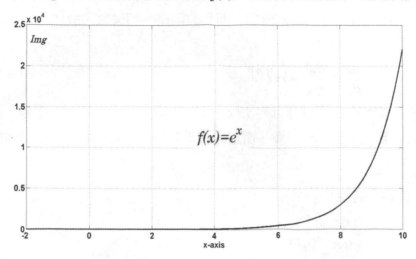

Fig 15-09.1

但是，「複變數」畢竟還是不一樣的。當然，它不可能與實數完全的相同，否則，就沒有必要「複變數」的存在了。事實上，「複變數」的特性曲線圖不但是與「實數」的特性曲線圖不同，而且，它們的差異性甚大。現在，就讓我們來看看這一題 $z(x)$「複變數」函數的特性曲線圖。如圖 Fig 15-09.2 所示。

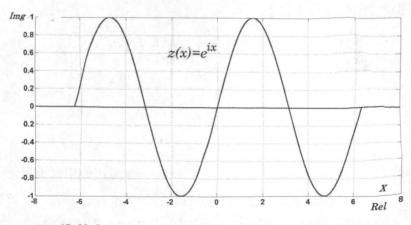

Fig 15-09.2

這個特性曲線圖會讓絕大多數的人嚇了一大跳。「指數」的特性曲線圖不是成倍率性的上昇嗎？如圖 Fig 15-09.2 之所示。如何卻又會成了這個正弦波的樣式呢？這之間的差異性太大了吧！

15 虛幻世界

## 【研究與分析】

1.  對於如圖 Fig 16-09.2 所示的 $z(x)=e^{xi}$ 的特性曲線圖許多人覺得似乎是不可思議。事實上,這有兩個理由是很容易通過理解而讓各位知道究竟的。首先,各位必須知道的,$z(x)=e^{xi}$ 這個數是個「虛數」的函數。請不要忘了這世界上最有名的「尤拉公式 (Euler's Formula)」:

$$e^{xi} = cos(x) + isin(x)$$

它正是我們的這個式子,而它也是 *sin(x)* 與 *cos(x)* 的合成。

2.  現在就讓我們進一步的驗證相關真實的數據。我們不可能直接用 $e^{xi}$ 這個形式來驗證,但是,我們卻可以用「尤拉公式」來進行細部的比對。看一看我們能夠得到什麼?請注意,事實上在 f(x)=cos(x)+isin(x) 的這各式子中,共有三個變數:分別是 *f(x)*、*cos(x)* 與 *isin(x)*。我們無法在一個座標系統之內同時展現三個變數,故而下列的特性曲線圖是以便數 x 為實數橫軸,而以 *i* 為虛數縱軸來表達。

3.  相關的數值的如下。

$$z(x) = e^{xi} = cos(x) + isin(x)$$

1.  $x = 0$ , $z(x) = e^{0i} = 1.0000 + 0.0000\,i$
2.  $x = 1$ , $z(x) = e^{1i} = 0.5403 + 0.8415\,i$
3.  $x = \dfrac{\pi}{2}$ , $z(x) = e^{\frac{\pi\,i}{2}} = 0.0000 + 1.0000\,i$
4.  $x = 2\pi$ , $z(x) = e^{2\pi\,i} = +1.0000 - 0.0000\,i$
5.  $x = -\dfrac{\pi}{2}$ , $z(x) = e^{\frac{-\pi\iota}{2}} = +0.0000 - 1.0000\,i$
6.  $x = -\pi$ , $z(x) = e^{-\pi\,i} = -1.0000 + 0.0000\,i$
7.  $x = -2\pi$ , $z(x) = e^{-2\pi\,i} = 1.0000 + 0.0000\,i$

各位可能會覺得這條虛數的「指數」的特性曲線圖好像與 *sin(x)* 的波形 相似。的確是如此,它不是相似,而是相同。各謂再看看「尤拉公式 (Euler's Formula)」。因為,我們展現的就是變數 *x* 與 *isin(x)* 的關係圖,也就是,它們之間的對應關係圖。

2. 原函數的微分如下：

$$z(x)=e^{xi}$$

$$dz(x)/dx=e^{xi}/dx$$

$$=ie^{xi}$$

由這個微分的結果，我們應該一眼就可以看得出來，它旋轉了 90 度。因為就角度而言，$i$ 的本質上度就具有旋轉 90 度的作用，所以，任何一個數只要乘上一個 $i$ 值，則勢必就會旋轉 90 度。故而各位看到這個微分式與原函數式只相差一個虛數 i 值，而在它們的特性曲線圖上，就相差了九十度的相位。如圖 Fig 15-09.3 所示：

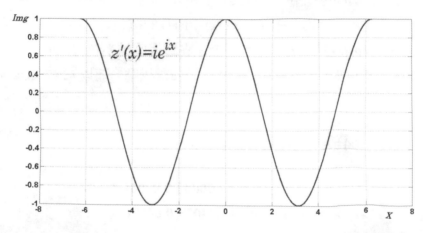

Fig 15-09.3

【★★★★典範範例 15-10】

請仔細的思考並完成下列各題的微分，它們是非常基礎但卻非常的重要，希望藉此加強各位在這方面的觀念與認知。

1. $f(x)=e^{x}$.　　2. $f(x)=e^{2x}$.　　3. $z(x)=e^{i}$

4. $z(x)=e^{-i}$.　　5. $z(x)=x^{i}$.　　6. $z(x)=x^{-i}$

7. $z(x)=e^{xi}$.　　8. $z(x)=e^{-xi}$.　　9. $z(x)=e^{x^{i}}$

## 【研究與分析】

1.  這是對於指數的微分，它是一條「打不死的一條龍」，所以，微分之後仍能保持它原有的指數形式：

$$f(x) = e^x . \quad f'(x) = e^x .$$

2.  如果是「自然對數的底數」，而且其指數另具有常數項，則該常數須移至前方，而成為：

$$f(x) = e^{2x} . \quad f'(x) = 2e^{2x} .$$

3.  對於 $f(x) = e^i$ 這個函數該如何微分呢？它還是「打不死的一條龍」嗎？請各位不要光看答案，而是好好的思考一下。對於這一題的函數，事實上，我們有一點是可以非常確定的，那就是在這個函數式中不論是 $e$ 或是 $i$，它們都是一個常數值，而任何常數值的微分都會是零。所以

$$f(x) = e^i . \quad f'(x) = 0 .$$

4.  如果上面的這一題能夠了解了，那麼，對於這一個題目則當然可以立即明白的。它們仍然都還是常數項，雖然多了一個負號，但不影響結果。

$$f(x) = e^{-i} . \quad f'(x) = 0 .$$

5.  不要猶豫，這是屬於「複變數」了，而複變數是可以微分的，它不但是可以微分，而且與微分的基本公式相同。所以

$$f(x) = x^i . \quad f'(x) = i x^{(i-1)} .$$

6.  這一題同樣是屬於是可以微分的複變數。所以，該微分的結果是

$$f(x) = x^{-i} . \quad f'(x) = \frac{-i}{x^{(i+1)}} .$$

7.  對於 $z(x) = e^{xi}$ 這個函數而言，在微分的時候，$i$ 可以被當作常數而移到前面來。所以

$$z(x) = e^{xi} . \quad z'(x) = i e^{xi}$$

8.  這個函數是，可以根據上面例子的敘述，$-i$ 可以被當作常數而移到前面來，而其他不變。

$$z(x) = e^{-xi} . \quad z'(x) = \frac{-i}{e^{xi}}$$

9. 這是一題非常好的題目，在做法上，我們可以將 $x^i$ 看做是單一的數來看，如此在微分時，則可以經由一般正常的方式來處理。然後在乘上指數本身所包含的一切。所以

$$z(x) = e^{x^i} . \quad z'(x) = ix^{(i-1)}e^{x^i} .$$

【★★★★典範範例 15-11】

解出下列虛數函數的積分，並請加以解說之。

$$(1). \quad z(x) = ix , \qquad Z = \int z(x)\,dx = ?$$

$$(2). \quad z(x) = ix^2 , \qquad Z = \int z(x)\,dx = ?$$

【研究與分析】

1. 剛一開始，面對這種題目，簡直不知道該從何處手？甚至，許多人連想都無法想像該如何去思考這種題目。事實上，在面對這種題目是有基本的邏輯方法的。這是一題含有複變數的積分，由於複變數本身有變數也有虛數。所以，在做法上就是將虛數 i 當成是一個「符號」來看待，而需要積分的則是「變數」的本身。因此，在在寫法上是 *ix* 而不是如複數中 *xi* 的寫法。在積分的時候，變數放在盡可能接近 *dx* 的位置。雖然在做法上很簡單，但是在觀念上卻是要相當清楚的，這一點請多加注意的。

2. 在這一題中，我們就是將「*i*」被當成是一個「符號」來處理，故而，會先被提了出來，而沒有參與積分的運算。如此，整個的運算亦如同一般的運算方式一般。有了這個清晰而明確的觀念，則對於這種「複變數」的積分，就可以有依循的法則得以遵行，而不再會有無從著手的感覺。故而，對於第 (1). 題與第 (2). 題的計算過程分別如下。

$$(1). \quad z(x) = ix , \qquad Z = \int z(x)\,dx = \int ix\,dx = \frac{i}{2}x^2$$

$$(2). \quad z(x) = ix^2 , \qquad Z = \int z(x)\,dx = \frac{i}{3}(x^3)$$

請解出下列虛數函數的積分，並加以解說。

$$z(x) = i^2 x , \qquad Z = \int z(x)\,dx = ?$$

## 【解 析】

許多人可能會有一點擔心，因為如果是 $i^2$ 在積分符號內，該如何處理？是當做一個「特殊的符號」而不理它呢？還是該加入積分的運算中呢？或是還有其他的方式來處理呢？就以這一題來說，它是虛數的本身的平方再乘上變數，然後再加以積分，那會是如何的呢？這也就是本題所要談的一個問題。根據上面兩題的說法，虛數 i 是一個「特定的符號」，那麼如果這個「特定的符號」它本身的平方再乘上變數的積分則該如何呢？這的確是一個很好的問題。答案其實還是很容易思考的。那是因為，這個「特定的符號」還是有它「特殊」的運算規則。因為 $i^2 = -1$。所以

$$z(x) = i^2 x , \qquad Z = \int z(x)\,dx = \frac{-1}{2}(x^2)$$

## 【研究與分析】

讓我們分別以 $i$ 的四個不同值，做一個整體性的研究與分析如下。這個「特定的符號」還是有它「特殊」的運算規則。

(1).　$z(x) = ix ,$　　$Z = \int z(x)\,dx = \int ix\,dx = \frac{i}{2}x^2$

(2).　$z(x) = i^2 x ,$　　$Z = \int z(x)\,dx = \frac{-1}{2}(x^2)$

(3).　$z(x) = i^3 x ,$　　$Z = \int z(x)\,dx = \frac{-i}{2}(x^2)$

(4).　$z(x) = i^4 x ,$　　$Z = \int z(x)\,dx = \frac{x^2}{2}$

請解出下列虛數函數的積分,並詳加解說。

$$z(x) = (ix)^2 , \qquad Z = \int z(x)\,dx = ?$$

## 【解 析】

1.  這一題是不是還是如上面一題所述的一樣呢?也就是將「$i$」視為一個「特定的符號」,以其「特殊」的運算規則來運算,答案是肯定的。於是,我們可以直接的寫出它的結果來。

$$z(x) = (ix)^2$$

$$Z = \int (ix)^2 dx = \int i^2 x^2 dx$$

$$= -1 \int x^2 dx$$

$$= \frac{-x^3}{3}$$

## 【研究與分析】

圖 Fig 15-13.1 是 $x$ 對 $z(x)$ 的特性曲線圖。這是一個標準的底部在下的拋物線形狀,請注意圖 Fig 15-13.1 它的函數式是 $f(x)=x^2$。但是,如果換成是

$$z(x)=(ix)^2$$

可能就會有許多人產生迷惑了。這該如何著手?它是一個什麼樣的圖形?事實上,如果我們能再略微深入的想一想,應個就會有所感悟的。因為,$i^2 = -1$ 這應該是非常清楚的。故而,這整個式子在實際上就是:

$$z(x)=-x^2$$

虛數的部分已經不存在了。這整個 $z(x)$ 的曲線的方向與 $f(x)$ 曲線的方向完全相反了。也就是說,f(x) 曲線的方向是開口向上,而如今的 $z(x)$ 曲線則是開口向下而頂部在上,如圖 Fig 15-13.2 所示。

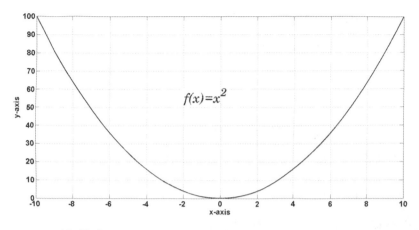

Fig 15-13.1

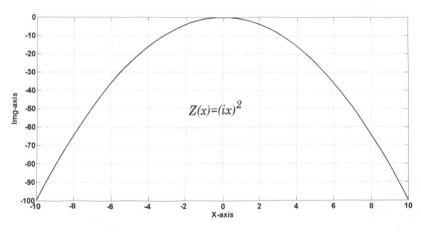

Fig 15-13.2

★★★★【典範範例 15-14】

請解下列複變數函數的積分，並請詳加解說。

$$z(x) = x + i, \quad Z = \int z(x)\, dx = ?$$

## 【解析】

1.  什麼？這會是一題四顆星的題目，有沒有弄錯？沒有錯，這的確是一題值得四顆星的題目。各位不要小看這一題看起來很簡單的題目。遇見這個題目，我們反而要小心才好。對於這種題目，各位可能直接的反應就是只要把它們分開來積分不就立刻解決了嗎？也就是

$$z(x) = x + i \ ,$$

$$z = \int z(x)\,dx = \int (x+i)\,dx = \int x\,dx + \int i\,dx$$

$$= \frac{1}{2}x^2 + ix$$

2.　事情如果真是如此，那也就簡單了。但是，這樣的做法，其實是卻犯了非常嚴重的錯誤。各位知道，在「不定積分 (indefinite integral)」的法則中：

$$\int cos(x) = sin(x) + C$$

其中 C 為任意值。有些時候為了簡單起見，會省略不定積分的常數，但並不代表它不存在。既然 C 是為任意值，所以我們就不可以用它來還原成任何數。

3.　所以，這一題在處理積分的時候就要特別的小心了。它必須是被當作是一個「整體」的物件來處理的。也就是說 *(x+i)* 在積分的時候，它是一體而不可分割的，虛數 i 必須隨同有相關的變數存在，才可以加以運行，故而其計算的結果如下所示：

$$z(x) = x + i \ , \quad Z = \int (x+i)\,dx = \frac{1}{2}(x+i)^2$$

## 【研究與分析】

各位可能會覺得蠻奇怪的。所以，若是各位覺得還不放心的話，那麼就讓我們使用驗證法，驗證看看能不能回得來，從結果反過來開始，看看會不會回到原來的出發點上。由函數積分的結果

$$z(x) = x + i \ , \quad Z = \int (x+i)\,dx = \frac{1}{2}(x+i)^2$$

設：

$$f(x) = \frac{1}{2}(x+i)^2$$

$$= \frac{1}{2}(x^2 + 2xi + i^2)$$

$$= \frac{1}{2}(x^2 + 2xi - 1)$$

$$f(x) = \frac{1}{2}(x^2 + 2xi - 1)$$

$$\frac{df(x)}{dx} = \frac{1}{2}d(x^2 + 2xi - 1)\,dx$$

$$= \frac{d(x^2)}{2\,dx} + \frac{2xi}{2\,dx} - \frac{1}{2}\,dx$$

$$= x + i$$

★★★★【典範範例 15-15】

請解出下列複變函數的積分，並請詳加解說。

$$(1).\ z(x) = \frac{i}{x}\ ,\quad Z = \int \frac{i}{x}\,dx = ?$$

$$(2).\ z(x) = \frac{x}{i}\ ,\quad Z = \int \frac{x}{i}\,dx = ?$$

## 【研究與分析】

(1). 這一題的一個關鍵點其實就在對於 1/x 的積分上。各位應該知道，單獨的一個虛數根 (i) 是不能微分或是積分的。它必須跟另一個變數結合，才能進行微分或是積分的處理。

【例如】：

1. $z(x) = 2i$ ， $d(2i)/dx = [\ ]$.

2. $z(x) = xi$ ， $d(xi)/dx = i$

3. $z(x) = x^2 i$ ， $d(x^2 i)/dx = 2xi$

4. $z(x) = xi^2$ ， $d(xi^2)/dx = -1$

就這第 (1) 題而言，可以改寫為

$$(1).\ z(x) = \frac{1}{x}i\ ,\quad Z = i\int \frac{1}{x}\,dx = ?$$

諸位應該還記得，對 *1/x* 的積分，它的本質正是標準而基本的 *log(x)* 函數，我們曾經多次說過，「*i*」的本身就是一個「特定的符號」，我們不能對「特定的符號」微分或積分。所以，整個式子的演變即如下所示，可以說是非常簡潔的。

$$z(x) = \frac{i}{x}$$

$$Z = \int z(x)\,dx = \int \frac{i}{x}\,dx = i\int \frac{1}{x}\,dx$$

$$= i\log(x)$$

(2). 這二題看起來也是相當困難的。但是，如果各位還記得我在書中常說的一句話，那問題幾乎就解決了。那是一句什麼話呢？那就是在複變數的函數中，我們盡量不讓該「虛數 *i*」出現在分母之中，那將會使我們難以處理。各位如果懂得這句話，其實用目視法就應該可以知道答案了。虛數本來就是一個「特定的符號」，所以，應該被提出積分之外，剩下的就是單獨對 *x* 的積分了。

$$z(x) = \frac{x}{i}$$

$$Z = \int z(x)\,dx$$

$$= \int \frac{x}{i}\,dx$$

$$= \int \frac{xi}{i^2}\,dx$$

$$= -i\int x\,dx$$

$$= \frac{-ix^2}{2}$$

---

### ★★★★【典範範例 15-16】

請解下列複變數函數的積分，並請詳加解說。

(1). $z(x) = e^{ix}$　　,　　$Z = \int e^{ix}\,dx = ?$

(2). $z(x) = log(ix)$　,　　$Z = \int log(ix)\,dx = ?$

## 【研究與分析】

(1). 當一看到這個題目的時候，又很可能會感到有一些困擾，甚至一時之間竟然不知該如何著手去進行。其實，這是一個習慣上的問題，很多人不習慣於具有指數與對數的方程式。事實上，在科學上的使用，偏偏指數與對數的方程式居多，所以，各位一定要在這方面多去熟練才好。在第(1).個式子中，這是對「指

數複變數」的積分。這一題其實不必在意它的指數是虛數，關鍵點是 $dx$ 這個項目上，它與 $e$ 的指數 $ix$ 並不同於 $d(ix)$，故而不能立即的進行積分。但是，這也不難，我們可以將 $dx$ 多乘上一個 $i$，那麼形式就相同了，最後再於分母除回來即可，如下所示。

$$z(x) = e^{ix}$$

$$Z = \int e^{ix}\,dx$$

$$= \int \frac{e^{ix}}{i}(dix)$$

$$= -ie^{ix} + c$$

(2). 這第二題可能要難一些，因爲，我們無法直接的 $log(ix)$ 求出它的積分。$log(ix)$ 是一個自然對數形式的複變數，常寫成 $ln(ix)$。對於 $ln(ix)$ 的積分，我們可以先將它改寫爲 $ln(ix).1$ 的形式，於是就可以設定「分部積分 (Integration by parts)」公式如下：

$$\int u\,dv = uv - \int v\,du$$

$$\int ln(x) \cdot 1\,dx$$

$$設\ u = ln(x)\ \ ;\ \ du = \frac{1}{x}dx$$

$$v = x\ \ ;\ \ dv = 1 \cdot dx$$

$$\int ln(x) \cdot 1\,dx = xln(x) - \int x \cdot \frac{1}{x}dx$$

$$= xln(x) - \int 1\,dx$$

$$= xln(x) - x + C$$

$$= x(\,ln(x) - 1) + C$$

國家圖書館出版品預行編目(CIP)資料

微積分勝典:微積分究竟在說什麼?進階版 / 張之嵐著.
-- 第一版 . -- 臺北市 : 樂果文化出版 : 紅螞蟻圖書發行,
2020.11
　　面 ; 　公分 . --(樂科普;3)
ISBN　978-957-9036-30-6(平裝)

1. 微積分

314.1　　　　　　　　　　　　　109013607

樂科普 3
# 微積分勝典:微積分究竟在說什麼?進階版

作　　　　者 ／ 張之嵐
總　編　輯 ／ 何南輝
行 銷 企 劃 ／ 黃文秀
封 面 設 計 ／ 引子設計
內 頁 設 計 ／ 沙海潛行

出　　　　版 ／ 樂果文化事業有限公司
讀 者 服 務 專 線 ／ (02)2795-3656
劃 撥 帳 號 ／ 50118837 號 樂果文化事業有限公司
印 　刷 　廠 ／ 卡樂彩色製版印刷有限公司
總 經 銷 ／ 紅螞蟻圖書有限公司
地　　　　址 ／ 台北市內湖區舊宗路二段 121 巷 19 號(紅螞蟻資訊大樓)
電　　　　話 ／ (02)2795-3656
傳　　　　眞 ／ (02)2795-4100

2020 年 11 月第一版 定價／ 550 元 ISBN　978-957-9036-30-6